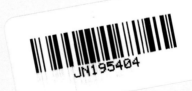

マグロウヒル　シャウムアウトラインシリーズ

テンソル解析

Tensor Calculus

デイヴィッドC.ケイ
David C. Kay

クストディオ・D・ヤンカルロス・J｜訳
Custodio De La Cruz Yancarlos Josue

プレアデス出版

Tensor Calculus
by David C. Kay

Japanese translation rights arranged with
McGraw-Hill Global Education Holdings, LLC.
through Japan UNI Agency, Inc., Tokyo

まえがき

本書は，テンソルの基礎理論や概念の習得を必要とする学部生・大学院生向けに設計されており，テンソルの明解な導入のために，構成としては基礎・応用の両方の観点から書かれている．本書の内容は理論物理（場の理論・電磁気学など）や工学系の分野（航空力学・流体力学など）にとって根本的に重要であり，問題を解く際に座標の変換が必要になった場合はいつでも，テンソル解析が直接役に立つことだろう．実際に，様々な偏微分方程式に関する技法は，見方を変えればテンソル変換であったりするからだ．物理学者は進んでそのようなテンソルの重要性・有用性を認識しているが，数学者の多くはそうではない．本書にある問題を解いていくことで，全ての読者がそれらを見出せるようになることを期待している．

テンソルの学習には 2 つの道があるが，一般に初学者にとってどれがより最適化であるかが定まっていないので，主な決定は著者によってそれぞれであった．長く授業を行ってきた私の意見としては，初期調整には苦痛を伴うかもしれないが，テンソルの（下付き添字や上付き添字がたくさんでてくる）「成分的アプローチ」の方が初学者には適切であるように思う．一方で，テンソルに関する現代的な応用に対してはさらに洗練された「非成分的アプローチ」が必要になってくる．しかし，成分的アプローチを熟知した後に，はじめてテンソルに対するこの洗練されたアプローチへの理解・評価を深められるだろうと考えている．事実として，非成分的アプローチを支持する人はしばしば成分の導入を放棄している．なので，いくつかの証明や重要なテンソルに伴う結果に関しては，完全に成分を含まない扱いではとても向かないことがある．このため，より現代的な扱いを説明する最後の第 13 章を除いて，本書は伝統的である成分的アプローチに従うことにしている．

私は長年にわたり，テンソルおよび相対性理論に関する次の主要な情報源から強く影響を受けてきた：

- J. Gerretsen, *Lectures on Tensor Calculus and Differential Geometry*, P. Noordhoff: Goningen, 1962.
- I. S. Sokolnikoff, *Tensor Analysis and Its Applications*, McGraw-Hill: New York, 1950.
- Synge and Schild, *Tensor Calculus*, Toronto Press: Toronto, 1949.
- W. Pauli, Jr., *Theory of Relativity*, Pergamon: New York, 1958.
- R. D. Sard, *Relativistic Mechanics*, W. A. Benjamin: New York, 1970.
- Bishop and Goldberg, *Tensor Analysis on Manifolds*, Macmillan: New York, 1968.

当然，幾何学的な観点からの最も完全で正確な文献は

- L. P. Eisenhart, *Riemannian Geometry*, Princeton University Press: Princeton, N.J., 1949.

である．

私は，読者による種々の不備や，誤植を見つけ出してくれた方々からの大いに助けに感謝したい：フォートヘイズ州立大学の数学教授である Ronald D. Sandstrom 教授，ミズーリ大学の数学教授である John K. Beem 教授．また，多くの有益な提案に関して，編集者である David Beckwith に感謝の意を表する．

DAVID C. KAY

目次

第1章
アインシュタインの総和規約

1.1 はじめに

テンソルの学習においては，それぞれの基礎自体は些細ではあるが，どれも先に進むためには不可欠となる，多くの前段階的な準備が必要となってくる．本章はそのひとつであるアインシュタインの総和規約を主題としている．読者は先の章で，総和規約によってテンソル解析の見晴らしが良くなっていく様を実感するだろう．

1.2 繰り返し添字

アインシュタインの総和規約は，相対性理論における代数的な表現を簡素化するためにアインシュタインによって導入されたものである．この規約は，慣習的に使われてきた総和記号（Σ）を使用せずに，数式中に表れる繰り返し添字でその総和表現を認めてしまうという省略記法である．一例として数列

$$a_1x_1 + a_2x_2 + a_3x_3 + \cdots + a_nx_n \equiv \sum_{i=1}^{n} a_ix_i$$

は a_ix_i と単純化される（このとき，$1 \leqq i \leqq n$ が総和の全体範囲として採用される）．

【例 1.1】

式 $a_{ij}x_k$ は総和を表していない．一方で $a_{ii}x_k$, $a_{ij}x_j$ の場合は，それぞれの範囲 $1 \leqq i \leqq n$, $1 \leqq j \leqq n$ での総和をとることになり，$n = 4$ と

したとき，次のようになる．

$$
\begin{aligned}
a_{\boldsymbol{ii}}x_k &\equiv a_{\boldsymbol{11}}x_k + a_{\boldsymbol{22}}x_k + a_{\boldsymbol{33}}x_k + a_{\boldsymbol{44}}x_k \\
a_{i\boldsymbol{j}}x_{\boldsymbol{j}} &\equiv a_{i\boldsymbol{1}}x_{\boldsymbol{1}} + a_{i\boldsymbol{2}}x_{\boldsymbol{2}} + a_{i\boldsymbol{3}}x_{\boldsymbol{3}} + a_{i\boldsymbol{4}}x_{\boldsymbol{4}}
\end{aligned}
$$

フリーの添字，ダミーの添字

例 1.1 で示した式 $a_{ij}x_j$ は 2 種類の添字を含む．整数 $1, 2, 3, \ldots, n$ にわたり総和をとる添字 j は，（2 つある内の）1 つの添字のみを他の添字に差し替えることはできないが，2 つ同時であれば，j という特定文字を使う必要がないことは明白である（例えば，$a_{ir}x_r$ や $a_{iv}x_v$ はいずれも正確に総和 $a_{ij}x_j$ と一致する）．この意味で，添字 j は**ダミーの添字** (*dummy index*) と呼ばれる．もう一方の添字 i は，どんな特定の値 $1, 2, 3, \ldots, n$ も独立してとることができ，**フリーの添字** (*free index*) と呼ばれる．なお，式 $a_{ij}x_j$ の i を "自由な" 添字と呼ぶとはいえ，その "自由" は一般的に，

$$
a_{i\boldsymbol{j}}x_{\boldsymbol{j}} \neq a_{k\boldsymbol{j}}x_{\boldsymbol{j}}
$$

というような点 ($i = k$ を除く) では意味が限定されている．

【例 1.2】

$n = 3$ のとき，式 $y_i = a_{ir}x_r$ を省略せずに書き表してみよう．
まず，i を固定させ，$r = 1, 2, 3$ にわたって総和すると次式が得られる．

$$
y_i = a_{i\boldsymbol{1}}x_{\boldsymbol{1}} + a_{i\boldsymbol{2}}x_{\boldsymbol{2}} + a_{i\boldsymbol{3}}x_{\boldsymbol{3}}
$$

次に，フリーの添字 $i = 1, 2, 3$ を代入することで 3 つの式が得られる．

$$
\begin{aligned}
y_1 &= a_{1\boldsymbol{1}}x_{\boldsymbol{1}} + a_{1\boldsymbol{2}}x_{\boldsymbol{2}} + a_{1\boldsymbol{3}}x_{\boldsymbol{3}} \\
y_2 &= a_{2\boldsymbol{1}}x_{\boldsymbol{1}} + a_{2\boldsymbol{2}}x_{\boldsymbol{2}} + a_{2\boldsymbol{3}}x_{\boldsymbol{3}} \\
y_3 &= a_{3\boldsymbol{1}}x_{\boldsymbol{1}} + a_{3\boldsymbol{2}}x_{\boldsymbol{2}} + a_{3\boldsymbol{3}}x_{\boldsymbol{3}}
\end{aligned}
$$

アインシュタインの総和規約

式に含まれる，2 度繰り返される任意の添字（下付き同士や上付き同士，または，一方は上付きで一方は下付きとしてあらわれる添字）は，自動的に

その添字の値 $1, 2, 3, \ldots, n$ にわたる総和を表す．断っておくが，総和の範囲を示す文字 n は本規則の例外とする．

注意 1: 特に指定のない限り，式中にあるフリーの添字の範囲はダミーの添字と同一である．

注意 2: 任意の式に同じ添字記号が 2 つより多くあらわれてはならない．

【例 1.3】

(a) 注意 2 によれば，$a_{ii}x_i$ のような式は意味を成さない．

(b) 意味を成さない式 $a^i_j x_i x_i$ は，意味を成す式 $a^i_j (x_i)^2$ とみなすことができる．

(c) $a_i(x_i + y_i)$ の形の式は，意味を成す式 $x_i + y_i = z_i$ および $a_i z_i$ の複合から得られるので，矛盾なく定義できると考えられる．つまり，添字 i のあらわれる数は $(x_i + y_i)$ の各項につき 1 回とみなされる．

1.3　二重和

式は，総和を示す添字を 1 つより多く持つことができる．例えば，$a_{ij}x_i y_j$ は同時に現れる添字 i と j についての総和を示す．もし，ある式が総和添字 (ダミーの添字) を 2 つ持つならば，その式の項の数は合計 n^2 個となり，3 つ持つならば，n^3 個となる (そのほかの個数についても同様に言える)．$a_{ij}x_i y_j$ を省略しないで完全表記するには，丁寧に添字 i での総和を示した後に添字 j での総和を示すとよい：

$$
\begin{aligned}
a_{ij}x_i y_j &= a_{1j}x_1 y_j + a_{2j}x_2 y_j + a_{3j}x_3 y_j + \cdots + a_{nj}x_n y_j \quad [i \text{ での総和}] \\
&= (a_{11}x_1 y_1 + a_{12}x_1 y_2 + \cdots + a_{1n}x_1 y_n) \quad [j \text{ での総和}] \\
&\quad + (a_{21}x_2 y_1 + a_{22}x_2 y_2 + \cdots + a_{2n}x_2 y_n) \\
&\quad + (a_{31}x_3 y_1 + a_{32}x_3 y_2 + \cdots + a_{3n}x_3 y_n) \\
&\quad \cdots\cdots\cdots\cdots\cdots\cdots\cdots\cdots \\
&\quad + (a_{n1}x_n y_1 + a_{n2}x_n y_2 + \cdots + a_{nn}x_n y_n)
\end{aligned}
$$

この結果は，j での総和を示した後に i での総和を示した場合でも同じである．

【例 1.4】

$n=2$ のとき，式 $y_i = c_i^r a_{rs} x_s$ は 2 つの式を表す．

$$y_1 = c_1^1 a_{11} x_1 + c_1^2 a_{21} x_1 + c_1^1 a_{12} x_2 + c_1^2 a_{22} x_2$$
$$y_2 = c_2^1 a_{11} x_1 + c_2^2 a_{21} x_1 + c_2^1 a_{12} x_2 + c_2^2 a_{22} x_2$$

1.4 代入

$y_i = a_{ij} x_j$ を式 $Q = b_{ij} y_i x_j$ に代入することを考えてみよう．上述した注意 2 を無視すると $Q = b_{ij} a_{ij} x_j x_j$ のような不合理な式となってしまう．正しい手順としてはまず，代入元の式において，代入先に現れる添字と一致するダミーの添字を見つける．そして，それらのダミーの添字を代入先の式にない文字に変更したうえで，通常通り代入を実行すればよい．

手順 1　$Q = b_{ij} y_i x_j,\quad y_i = a_{ij} x_j$　[ダミーの添字 j が重複]
手順 2　$y_i = a_{ir} x_r$　[ダミーの添字 j を r に変更]
手順 3　$Q = b_{ij}(a_{ir} x_r) x_j = a_{ir} b_{ij} x_r x_j$　[代入して整理]

【例 1.5】

$y_i = a_{ij} x_j$ のとき，二次形式 $Q = g_{ij} y_i y_j$ を x の変数で表す．
まず $y_i = a_{ir} x_r$，$y_j = a_{js} x_s$ とおく．そして，代入を実行することで，

$$Q = g_{ij}(a_{ir} x_r)(a_{js} x_s) = g_{ij} a_{ir} a_{js} x_r x_s$$

または，$h_{rs} \equiv g_{ij} a_{ir} a_{js}$ とおくと，

$$Q = h_{rs} x_r x_s$$

となる．

1.5　クロネッカーのデルタと総和規約の代数的な扱い

テンソル解析において良く利用される数学的記号の一つは，二重和の“非対角項”を 0 にする効果を有している．

クロネッカーのデルタ

$$\delta_{ij} \equiv \delta^i_j \equiv \delta^{ij} \equiv \begin{cases} 1 & i = j \\ 0 & i \neq j \end{cases} \tag{1.1}$$

ここで，任意の i，j に対して明らかに $\delta_{ij} = \delta_{ji}$ である．

【例 1.6】

$n = 3$ のとき，

$$\begin{aligned} \delta_{ij} x_i x_j &= 1x_1x_1 + 0x_1x_2 + 0x_1x_3 \\ &\quad + 0x_2x_1 + 1x_2x_2 + 0x_2x_3 \\ &\quad + 0x_3x_1 + 0x_3x_2 + 1x_3x_3 \\ &= (x_1)^2 + (x_2)^2 + (x_3)^2 \\ &= x_i x_i \end{aligned}$$

一般には，$\delta_{ij} x_i x_j = x_i x_i$ や $\delta^r_j a_{ir} x_i = a_{ij} x_i$ となる．

【例 1.7】

$T^i = g^i_r a_{rs} y_s$ と $y_i = b_{ir} x_r$ を仮定する．さらに $a_{ir} b_{rj} = \delta_{ij}$ とおいたとき，T^i を x_r の変数で表してみよう．
$y_s = b_{st} x_t$ とおいてから代入すると，

$$T^i = g^i_r a_{rs} b_{st} x_t = g^i_r \delta_{rt} x_t = g^i_r x_r$$

となる．

総和規約の代数的論理

テンソル解析におけるいくつかの慣例的な操作は，通常の和の性質によって容易に正当化され得るが，いくつかの注意が必要になってくる．例えば，下に示す恒等式 (1.2) は，実数の分配法則 $a(x+y) \equiv ax+ay$ を含むだけでなく，結合法則や交換法則を使った項の並び替えも要求される．いずれにしても，間違った結果を避けるためにこれらの操作に対して精密な検証を行わなければならない．

【例 1.8】

以下の恒等式がそれぞれ**成り立っていない**ことに注意せよ．

$$a_{ij}(x_i+y_j) \not\equiv a_{ij}x_i + a_{ij}y_j$$
$$a_{ij}x_i y_j \not\equiv a_{ij}y_i x_j$$
$$(a_{ij}+a_{ji})x_i y_j \not\equiv 2a_{ij}x_i y_j$$

下に列挙した式はそれぞれ恒等式として成り立っている．以後これらの (またはこれらのような) 恒等式は繰り返し利用していく．

$$a_{ij}(x_j+y_j) \equiv a_{ij}x_j + a_{ij}y_j \tag{1.2}$$
$$a_{ij}x_i y_j \equiv a_{ij}y_j x_i \tag{1.3}$$
$$a_{ij}x_i x_j \equiv a_{ji}x_i x_j \tag{1.4}$$
$$(a_{ij}+a_{ji})x_i x_j \equiv 2a_{ij}x_i x_j \tag{1.5}$$
$$(a_{ij}-a_{ji})x_i x_j \equiv 0 \tag{1.6}$$

例題

繰り返し添字

問題 1.1　次式を総和規約を用いて表せ．また，そのとき添字がとる範囲の値 n も示せ．

(a) $a_{11}b_{11} + a_{21}b_{12} + a_{31}b_{13} + a_{41}b_{14}$

(b) $a_{11}b_{11} + a_{12}b_{12} + a_{13}b_{13} + a_{14}b_{14} + a_{15}b_{15} + a_{16}b_{16}$

(c) $c^i_{11} + c^i_{22} + c^i_{33} + c^i_{44} + c^i_{55} + c^i_{66} + c^i_{77} + c^i_{88} \qquad (1 \leqq i \leqq 8)$

解答

(a) $a_{i1}b_{1i}\,(n=4)$;　(b) $a_{1i}b_{1i}\,(n=6)$;　(c) $c^i_{jj}\,(n=8)$.

問題 1.2　次式を総和規約を用いて表し，添字がとる範囲の値 n を示せ．また，そのとき式中の各添字がダミーの添字か，またはフリーの添字かを述べよ．

(a)
$$\begin{aligned} c_{11}x_1 + c_{12}x_2 + c_{13}x_3 &= 2 \\ c_{21}x_1 + c_{22}x_2 + c_{23}x_3 &= -3 \\ c_{31}x_1 + c_{32}x_2 + c_{33}x_3 &= 5 \end{aligned}$$

(b)
$$a^1_j x_1 + a^2_j x_2 + a^3_j x_3 + a^4_j x_4 = b_j \quad (j = 1, 2)$$

解答

(a) $d_1 = 2$，$d_2 = -3$，$d_3 = 5$ と置く．そのとき，式は $c_{ij}x_j = d_i\,(n=3)$ と書ける．ここで，i はフリーの添字，j はダミーの添字である．

(b) フリーの添字の範囲は，ダミーの添字の範囲 $(n=4)$ と異なるので，

$$a^i_j x_i = b_j \quad (j = 1, 2)$$

と明示しなければならない．ここで，j はフリーの添字，i はダミーの添字である．

問題 1.3　$n=4$ のとき，次の式を総和規約を用いないで完全表記し，結果を比較せよ．

$$c_i(x_i+y_i) \qquad\qquad c_jx_j+c_ky_k$$

解答

$$\begin{aligned}
c_i(x_i+y_i) &= c_1(x_1+y_1)+c_2(x_2+y_2)+c_3(x_3+y_3)+c_4(x_4+y_4)\\
&= c_1x_1+c_1y_1+c_2x_2+c_2y_2+c_3x_3+c_3y_3+c_4x_4+c_4y_4\\
c_jx_j+c_ky_k &= c_1x_1+c_2x_2+c_3x_3+c_4x_4+c_1y_1+c_2y_2+c_3y_3+c_4y_4
\end{aligned}$$

両式は，項が現れる順番を除いて同一であり，式 (1.2) の特殊な例である．

二重和

問題 1.4　$n=3$ のとき，$Q=a^{ij}x_ix_j$ を省略しないで完全表記せよ．

解答

$$\begin{aligned}
Q &= a^{1j}x_1x_j+a^{2j}x_2x_j+a^{3j}x_3x_j\\
&= a^{11}x_1x_1+a^{12}x_1x_2+a^{13}x_1x_3\\
&\quad +a^{21}x_2x_1+a^{22}x_2x_2+a^{23}x_2x_3\\
&\quad +a^{31}x_3x_1+a^{32}x_3x_2+a^{33}x_3x_3
\end{aligned}$$

問題 1.5　次式を総和規約を用いて表せ．また，そのとき添字がとる範囲の値 n も示せ．

(a) $a_{11}b_{11}+a_{21}b_{12}+a_{31}b_{13}+a_{12}b_{21}+a_{22}b_{22}+a_{32}b_{23}+a_{13}b_{31}+a_{23}b_{32}+a_{33}b_{33}$

(b) $g^1_{11}+g^1_{12}+g^1_{21}+g^1_{22}+g^2_{11}+g^2_{12}+g^2_{21}+g^2_{22}$

解答

(a) $a_{i1}b_{1i}+a_{i2}b_{2i}+a_{i3}b_{3i}\equiv a_{ij}b_{ji}\,(n=3)$.

(b) 各 $i\,(n=2)$ に対して $c_i=1$ と置く．そのとき次のように書ける．

$$\begin{aligned} g^i_{11}c_i+g^i_{12}c_i+g^i_{21}c_i+g^i_{22}c_i &= (g^i_{11}+g^i_{12}+g^i_{21}+g^i_{22})c_i \\ &= (g^i_{jk}c_jc_k)c_i = g^i_{jk}c_ic_jc_k \end{aligned}$$

問題 1.6 $n=2$ のとき，三重和 $c_{rst}x^ry^sz^t$ を総和規約を用いないで完全表記せよ．

解答

どのような完全表記の技法であっても $2^3(=8)$ つの項が生じる．今回の場合，指標の三つ組 rst を 3 桁の整数とみなし，その昇順に項を書き並べることで完全表記できる：

$$\begin{aligned} c_{rst}x^ry^sz^t = {} & c_{111}x^1y^1z^1 + c_{112}x^1y^1z^2 + c_{121}x^1y^2z^1 + c_{122}x^1y^2z^2 \\ & + c_{211}x^2y^1z^1 + c_{212}x^2y^1z^2 + c_{221}x^2y^2z^1 + c_{222}x^2y^2z^2 \end{aligned}$$

問題 1.7 $a_{ij}\equiv i-j$ のとき，$a_{ij}x_ix_j=0$ となることを示せ．

解答

すべての i と j において $a_{ij}=-a_{ji}$，$x_ix_j=x_jx_i$ となるので，“非対角項” である $a_{ij}x_ix_j(i<j;$総和でない$)$ と $a_{ji}x_jx_i(j>i;$総和でない$)$ は対になって打ち消し合う．同時に “対角項” もゼロになることから，総和はゼロとなる．

この結果は式 (1.5) からも直ちに導ける．

問題 1.8 a_{ij} を定数としたとき，次の偏導関数を計算せよ．

$$\frac{\partial}{\partial x_k}(a_{ij}x_ix_j)$$

解答

Σ 表記に立ち返ってみよう．すると，

$$\sum_{i,\,j} a_{ij}x_ix_j = \sum_{\substack{i\neq k\\ j\neq k}} a_{ij}x_ix_j + \sum_{\substack{i=k\\ j\neq k}} a_{ij}x_ix_j + \sum_{\substack{i\neq k\\ j=k}} a_{ij}x_ix_j + \sum_{\substack{i=k\\ j=k}} a_{ij}x_ix_j$$

$$= C + \left(\sum_{j\neq k} a_{kj}x_j\right)x_k + \left(\sum_{i\neq k} a_{ik}x_i\right)x_k + a_{kk}(x_k)^2$$

が得られる．ここで，C は x_k に対して独立である．x_k に関して微分すると，

$$\frac{\partial}{\partial x_k}\left(\sum_{i,\,j} a_{ij}x_ix_j\right) = 0 + \sum_{j\neq k} a_{kj}x_j + \sum_{i\neq k} a_{ik}x_i + 2a_{kk}x_k$$

$$= \sum_j a_{kj}x_j + \sum_i a_{ik}x_i$$

また，アインシュタインの総和規約で表現しなおすと，

$$\frac{\partial}{\partial x_k}(a_{ij}x_ix_j) = a_{ki}x_i + a_{ik}x_i = (a_{ik} + a_{ki})x_i$$

となる．

代入，クロネッカーのデルタ

問題 1.9　$y_i = c_{ij}x_j$，$b^{ij}c_{ik} = \delta^j_k$ のとき，$b^{ij}y_iy_j$ を x の式で表わせ．

解答

$$\begin{aligned} b^{ij}y_iy_j &= b^{ij}(c_{ir}x_r)(c_{js}x_s) = (b^{ij}c_{ir})x_rc_{js}x_s = \delta^j_r x_rc_{js}x_s = x_jc_{js}x_s \\ &= c_{ij}x_ix_j \end{aligned}$$

問題 1.10　次式と積の微分法則を用いて，問題 1.8 を解き直せ.

$$\frac{\partial x_p}{\partial x_q} = \delta_{pq}$$

解答

$$\begin{aligned}\frac{\partial}{\partial x_k}(a_{ij}x_i x_j) &= a_{ij}\frac{\partial}{\partial x_k}(x_i x_j) = a_{ij}\left(x_j\frac{\partial x_i}{\partial x_k} + x_i\frac{\partial x_j}{\partial x_k}\right)\\ &= a_{ij}\left(x_j\delta_{ik} + x_i\delta_{jk}\right) = a_{kj}x_j + a_{ik}x_i\\ &= (a_{ik} + a_{ki})x_i\end{aligned}$$

問題 1.11　$a_{ij} = a_{ji}$ が定数のとき，次式を計算せよ.

$$\frac{\partial^2}{\partial x_k \partial x_l}(a_{ij}x_i x_j)$$

解答

問題 1.8 の結果を使って，

$$\begin{aligned}\frac{\partial^2}{\partial x_k \partial x_l}(a_{ij}x_i x_j) &= \frac{\partial}{\partial x_k}\left[\frac{\partial}{\partial x_l}(a_{ij}x_i x_j)\right] = \frac{\partial}{\partial x_k}\left[\left(a_{lj} + a_{jl}\right)x_j\right]\\ &= \frac{\partial}{\partial x_k}(2a_{il}x_i) = 2a_{il}\frac{\partial}{\partial x_k}(x_i) = 2a_{il}\delta_{ki} = 2a_{kl}\end{aligned}$$

となる.

問題 1.12　線形方程式 $y^i = a^{ij}x_j$ を考える．また，すべての i，j において $b_{ir}a^{rj} = \delta_i^j$ を満たす行列を (b_{ij}) とする［行列 (b_{ij}) は行列 (a^{ij}) の逆行列である］．この線形方程式を x_i について解き，y^j の式で表せ.

解答

i 番目の式の両辺に b_{ki} をかけて，i について総和をとる：

$$b_{ki}y^i = b_{ki}a^{ij}x_j = \delta_k^j x_j = x_k$$

または，$x_i = b_{ij} y^j$ となる．

問題 1.13　一般に，$a_{ijk}\left(x_i + y_j\right) z_k \neq a_{ijk} x_i z_k + a_{ijk} y_j z_k$ となることを示せ．

解答

左辺にフリーの添字が存在しないことに注目すれば良い．一方で，右辺では第 1 項の j，第 2 項の i がそれぞれフリーの添字となっている．

問題 1.14　$c_{ij}(x_i + y_i) z_j \equiv c_{ij} x_i z_j + c_{ij} y_i z_j$ を示せ．

解答

式 (1.2) を証明しよう．

$$
\begin{aligned}
a_{ij} x_j + a_{ij} y_j &\equiv \sum_j a_{ij} x_j + \sum_j a_{ij} y_j = \sum_j \left(a_{ij} x_j + a_{ij} y_j\right) \\
&= \sum_j a_{ij}\left(x_j + y_j\right) \equiv a_{ij}\left(x_j + y_j\right)
\end{aligned}
$$

与式は，$a_{ij} \equiv c_{ji}$ と置くことで得られる．

演習問題

問題 1.15　$a_i b_i \, (n=6)$ を省略せずに完全表記せよ.

問題 1.16　$R^i_{jki} \, (n=4)$ を省略せずに完全表記せよ. どれがフリーの添字でどれがダミーの添字か？ また, 結果の式に総和は何組あるか？

問題 1.17　$\delta^i_j x_i$ を計算せよ (n は任意とする).

問題 1.18　n は任意とする. (a) δ_{ii}, (b) $\delta_{ij}\delta_{ij}$, (c) $\delta_{ij}\delta^j_k c_{ik}$ をそれぞれ計算せよ.

問題 1.19　総和規約を用いて $a_{13}b_{13} + a_{23}b_{23} + a_{33}b_{33}$ を表せ. また, n の値も述べよ.

問題 1.20　総和規約を用いて次式を表せ. また, n の値も述べよ.

$$
\begin{aligned}
& a_{11}(x_1)^2 + a_{12}x_1x_2 + a_{13}x_1x_3 \\
+ \; & a_{21}x_2x_1 + a_{22}(x_2)^2 + a_{23}x_2x_3 \\
+ \; & a_{31}x_3x_1 + a_{32}x_3x_2 + a_{33}(x_3)^2
\end{aligned}
$$

問題 1.21　総和規約と下付きのフリーの添字を用いて, 以下の線形方程式を表せ. また, n の値も述べよ.

$$
\begin{aligned}
y_1 &= c_{11}x_1 + c_{12}x_2 \\
y_2 &= c_{21}x_1 + c_{22}x_2
\end{aligned}
$$

問題 1.22　a_{ij} を定数とする．次の偏導関数を計算せよ．

$$\frac{\partial}{\partial x_k}(a_{11}x_1 + a_{12}x_2 + a_{13}x_3) \quad (k = 1, 2, 3)$$

問題 1.23　a_{ij} を定数とする．クロネッカーのデルタを用いて，以下の偏導関数を求めよ．

$$\frac{\partial}{\partial x_k}(a_{ij}x_j)$$

問題 1.24　a_{ij} が定数で $a_{ij} = a_{ji}$ を満たすとき，次式を計算せよ．

$$\frac{\partial}{\partial x_k}\left[a_{ij}x_i\left(x_j\right)^2\right]$$

問題 1.25　a_{ijk} を定数とする．次式を計算せよ．

$$\frac{\partial}{\partial x_l}(a_{ijk}x_ix_jx_k)$$

問題 1.26　a_{ij} に対する対称条件が成立しない状況下で，問題 1.11 を解け．

問題 1.27　次式を求めよ：

(a) $b^i_j y_i \quad (y_i = T^{jj}_i$ のとき)

(b) $a_{ij}y_j \quad (y_i = b_{ij}x_j$ のとき)

(c) $a_{ijk}y_iy_jy_k \quad (y_i = b_{ij}x_j$ のとき)

問題 1.28 任意の i において $\varepsilon_i = 1$ であるとき，次の等式を証明せよ．

(a) $(a_1 + a_2 + \cdots + a_n)^2 \equiv \varepsilon_i \varepsilon_j a_i a_j$

(b) $a_i(1 + x_i) \equiv a_i \varepsilon_i + a_i x_i$

(c) $a_{ij}(x_i + x_j) \equiv 2a_{ij}\varepsilon_i x_j \quad (a_{ij} = a_{ji}$のとき$)$

第2章 テンソルに関する線形代数の基礎

2.1 はじめに

本章の主題を熟知することでテンソル解析の幾何学的側面への理解がはるかに進むことだろう．本章の目的は，総和規約を用いて線形代数・行列理論の表現を別の形に再構築することにある．

2.2 行列やベクトル，行列式に対するテンソル表記

通常の行列表記 (a_{ij}) において，最初の下付き添字 i は数 a_{ij} がどの行にあるかを示しており，続く添字 j は列を示す．完全表記は $[a_{ij}]_{mn}$ となり，行の個数 m と列の個数 n を明示している．この表記方法は次のように展開される．

上付き添字の行列表記法

$$[a^i_j]_{mn} \equiv \begin{bmatrix} a^1_1 & a^1_2 & a^1_3 & \dots & a^1_n \\ a^2_1 & a^2_2 & a^2_3 & \dots & a^2_n \\ \dots & \dots & \dots & \dots & \dots \\ a^m_1 & a^m_2 & a^m_3 & \dots & a^m_n \end{bmatrix} \qquad [a^{ij}]_{mn} \equiv \begin{bmatrix} a^{11} & a^{12} & a^{13} & \dots & a^{1n} \\ a^{21} & a^{22} & a^{23} & \dots & a^{2n} \\ \dots & \dots & \dots & \dots & \dots \\ a^{m1} & a^{m2} & a^{m3} & \dots & a^{mn} \end{bmatrix}$$

（一方が上付きで，他方が下付きである）**混合添字**では，上付き添字が行，下付き添字が列を示すことに注意して欲しい．上付き添字同士の場合は，見慣れた下付き添字同士のものと枠組みは同一である．

【例 2.1】

$$[c^i_j]_{23} \equiv \begin{bmatrix} c^1_1 & c^1_2 & c^1_3 \\ c^2_1 & c^2_2 & c^2_3 \end{bmatrix} \qquad [d^j_i]_{23} \equiv \begin{bmatrix} d^1_1 & d^1_2 & d^1_3 \\ d^2_1 & d^2_2 & d^2_3 \end{bmatrix} \equiv [d^i_j]_{23}$$

$$[x^r_s]_{14} \equiv \begin{bmatrix} x^1_1 & x^1_2 & x^1_3 & x^1_4 \end{bmatrix} \quad [y^{pq}]_{42} \equiv \begin{bmatrix} y^{11} & y^{12} \\ y^{21} & y^{22} \\ y^{31} & y^{32} \\ y^{41} & y^{42} \end{bmatrix}$$

ベクトル

$\boldsymbol{n}$ 次元実ベクトルとは，実成分 $x_i \equiv x_{i1}$ を持つ任意の列行列 $\boldsymbol{v} = [x_{ij}]_{n1}$ であり，通常は単に $\boldsymbol{v} = (x_i)$ と書く．すべての n 次元実ベクトルの集まりは n 次元ベクトル空間であり，$\mathbf{R}^n$ と表される．

ベクトルの和は，行列の和と同様に座標ごとの加算によって決定される．例えば $A \equiv [a_{ij}]_{mn}$ と $B \equiv [b_{ij}]_{mn}$ の和は，

$$A + B \equiv [a_{ij} + b_{ij}]_{mn}$$

となる．ベクトルまたは行列のスカラー倍は，

$$\lambda[a_{ij}]_{mn} \equiv [\lambda a_{ij}]_{mn}$$

と定義される．

諸公式

行列，ベクトル，行列式に関する重要な諸公式は今や総和規約によって与えられる．

行列の乗法：$A \equiv [a_{ij}]_{mn}$ と $B \equiv [b_{ij}]_{nk}$ のとき，

$$AB = [a_{ir}b_{rj}]_{mk} \tag{2.1a}$$

となる．同様に，複合添字や上付き添字同士の行列においては，

$$AB \equiv [a^i_j]_{mn}[b^i_j]_{nk} = [a^i_r b^r_j]_{mk} \quad AB \equiv [a^{ij}]_{mn}[b^{ij}]_{nk} = [a^{ir}b^{rj}]_{mk} \tag{2.1b}$$

となる（ここで，i と j は総和添字でない）．

単位行列： クロネッカーのデルタから，n 次単位行列は，

$$I = [\delta_{ij}]_{nn} \equiv [\delta^i_j]_{nn} \equiv [\delta^{ij}]_{nn}$$

であり，任意の n 次正方行列 A に対して $IA = AI = A$ となる性質を有している．

正方行列の逆元：正方行列 $A \equiv [a_{ij}]_{nn}$ は，A の**逆元**と呼ばれる $AB = BA = I$ を満たす (唯一の) 行列 $B \equiv [b_{ij}]_{nn}$ が存在する場合，**可逆** (*invertible*) という．成分表示すると可逆条件は，

$$a_{ir}b_{rj} = b_{ir}a_{rj} = \delta_{ij} \tag{2.2a}$$

となるか，複合添字や上付き添字同士の行列においては，

$$a^i_r b^r_j = b^i_r a^r_j = \delta^i_j \qquad a^{ir}b^{rj} = b^{ir}a^{rj} = \delta^{ij} \tag{2.2b}$$

となる．

行列の転置：行列の転置は，任意の i, j に対して $a'_{ij} = a_{ji}$ であるとき，$A^T \equiv [a_{ij}]^T_{mn} = [a'_{ij}]_{nm}$ と定義される．ここで $A^T = A$ となるとき（すなわち，任意の i, j に対して $a_{ij} = a_{ji}$），A は**対称** (*symmetric*) と呼ばれ，$A^T = -A$ となるとき（すなわち，任意の i, j に対して $a_{ij} = -a_{ji}$），A は**反対称** (*antisymmetric*) または**歪対称** (*skew-symmetric*) と呼ばれる．

直交行列：行列 A は，$A^T = A^{-1}$(または $A^TA = AA^T = I$) を満たすとき，**直交** (*orthogonal*) であるという．

交代記号[*1]：n 個の下付き添字を持った記号 $e_{ijk\ldots w}$ は下付き添字の組が同じ数字であるときに 0 となり，そうでない場合は $(-1)^p$ となる．ここで，p は $(i\,j\,k\ldots w)$ から自然な並びである $(1\,2\,3\ldots n)$ に持っていくために行った下付き添字の互換（添字同士の交換）の回数である．

正方行列の行列式：$A \equiv [a_{ij}]_{nn}$ が任意の正方行列であるとき，次のスカラー値が定義できる．[*2]

$$\det A \equiv e_{i_1 i_2 i_3 \ldots i_n} a_{1i_1} a_{2i_2} a_{3i_3} \cdots a_{ni_n} \tag{2.3}$$

---

*1 訳注：交代記号は**エディントンのイプシロン**や**レヴィ・チヴィタの記号**とも呼ばれ，記号も $\varepsilon_{ijk\ldots w}$ として表される場合がある．

*2 訳注：ここで定義されている式は，$i_1\, i_2\, i_3 \ldots i_n$ が総和添字であることや交代記号 $e_{ijk\ldots w}$ の性質を利用している．

他の表記法としては $|A|$ や $|a_{ij}|$，$\det(a_{ij})$ などがある．行列式の主な特徴としては，次のようなものがある．

$$|AB| = |A||B| \qquad |A^T| = |A| \tag{2.4}$$

行列式のラプラス展開[*3]：各 i, j において，$A \equiv [a_{ij}]_{nn}$ の i 番目の行，j 番目の列を取り除いて得られる $n-1$ 次正方行列の行列式を M_{ij} としよう．M_{ij} は $|A|$ における a_{ij} の**小行列式** (*minor*) と呼ばれる．a_{ij} の**余因子** (*cofactor*) を次のスカラー値になるように定義する．

$$A_{ij} = (-1)^k M_{ij} \qquad \text{where} \qquad k = i + j \tag{2.5}$$

このとき $|A|$ のラプラス展開は，

$$\begin{aligned} |A| &= a_{1j}A_{1j} = a_{2j}A_{2j} = \cdots = a_{nj}A_{nj} \quad [\text{行展開}] \\ |A| &= a_{i1}A_{i1} = a_{i2}A_{i2} = \cdots = a_{in}A_{in} \quad [\text{列展開}] \end{aligned} \tag{2.6}$$

で与えられる．

ベクトルのスカラー積： $\boldsymbol{u} = (x_i)$ と $\boldsymbol{v} = (y_i)$ が与えられたとき，ベクトルのスカラー積は，

$$\boldsymbol{uv} \equiv \boldsymbol{u} \cdot \boldsymbol{v} \equiv \boldsymbol{u}^T\boldsymbol{v} = x_i y_i \tag{2.7}$$

となる．もし $\boldsymbol{u} = \boldsymbol{v}$ となるような場合は，$\boldsymbol{uu} \equiv \boldsymbol{u}^2 \equiv \boldsymbol{v}^2$ のような表記法がしばしば使われるだろう．ベクトル $\boldsymbol{u}$ や $\boldsymbol{v}$ は $\boldsymbol{uv} = 0$ を満たす場合は互いに**直交している**という．

ベクトルのノルム（長さ）： $\boldsymbol{u} = (x_i)$ が与えられたとき，ベクトルのノルム（長さ）は，

$$||\boldsymbol{u}|| \equiv \sqrt{\boldsymbol{u}^2} = \sqrt{x_i x_i} \tag{2.8}$$

となる．

2 つのベクトルのなす角： ゼロベクトルでない二つのベクトル $\boldsymbol{u} = (x_i)$, $\boldsymbol{v} = (y_i)$ 間の角度 θ は次のように定義される．

$$\cos\theta \equiv \frac{\boldsymbol{uv}}{||\boldsymbol{u}||\,||\boldsymbol{v}||} = \frac{x_i y_i}{\sqrt{x_j x_j}\sqrt{y_k y_k}} \qquad (0 \leqq \theta \leqq \pi) \tag{2.9}$$

[*3] 訳注：**余因子展開**とも呼ばれる．

ゼロベクトルでない $\boldsymbol{u}, \boldsymbol{v}$ が直交ベクトルの場合，当然 $\theta = \pi/2$ となる．

$\mathbf{R}^3$ におけるベクトル積： $\boldsymbol{u} = (x_i), \boldsymbol{v} = (y_i)$ が与えられ，標準基底ベクトルが，

$$\boldsymbol{i} \equiv (\delta_{i1}) \qquad \boldsymbol{j} \equiv (\delta_{i2}) \qquad \boldsymbol{k} \equiv (\delta_{i3})$$

と示されるとき，$\mathbf{R}^3$ におけるベクトル積は，

$$\boldsymbol{u} \times \boldsymbol{v} \equiv \begin{vmatrix} \boldsymbol{i} & \boldsymbol{j} & \boldsymbol{k} \\ x_1 & x_2 & x_3 \\ y_1 & y_2 & y_3 \end{vmatrix} = \begin{vmatrix} x_2 & x_3 \\ y_2 & y_3 \end{vmatrix} \boldsymbol{i} - \begin{vmatrix} x_1 & x_3 \\ y_1 & y_3 \end{vmatrix} \boldsymbol{j} + \begin{vmatrix} x_1 & x_2 \\ y_1 & y_2 \end{vmatrix} \boldsymbol{k} \quad (2.10a)$$

となる．式 (2.3) を用いて 2 次の行列式を表すときは，式 (2.10a) を成分のみで書き直すことができる．

$$\boldsymbol{u} \times \boldsymbol{v} = (e_{ijk} x_j y_k) \quad (2.10b)$$

2.3　逆行列

$|A| \neq 0$（正則であるための必要十分条件）を満たす，行列 $A \equiv [a_{ij}]_{nn}$ の逆行列を計算するアルゴリズムはいくつかある．n の数が大きい場合は “行の基本変形” による方法が効率的である．n が小さいときは次の公式を応用する方が実用的である[*4]

$$A^{-1} = \frac{1}{|A|} [A_{ij}]_{nn}^T \quad (2.11a)$$

これは一般化されたラプラス展開の定理 (問題 2.10) と式 (2.2a) から導かれる．例として，$n = 2$ のとき，

$$\begin{bmatrix} a_{11} & a_{12} \\ a_{21} & a_{22} \end{bmatrix}^{-1} = \frac{1}{|A|} \begin{bmatrix} a_{22} & -a_{12} \\ -a_{21} & a_{11} \end{bmatrix} \quad (2.11b)$$

となる（このとき，$|A| = a_{11}a_{22} - a_{12}a_{21}$ である）．また，$n = 3$ のときは，

$$\begin{bmatrix} a_{11} & a_{12} & a_{13} \\ a_{21} & a_{22} & a_{23} \\ a_{31} & a_{32} & a_{33} \end{bmatrix}^{-1} = \frac{1}{|A|} \begin{bmatrix} A_{11} & A_{21} & A_{31} \\ A_{12} & A_{22} & A_{32} \\ A_{13} & A_{23} & A_{33} \end{bmatrix} \quad (2.11c)$$

---

*4 訳注：A_{ij} は式 (2.5) で定義された余因子を表す．特に，各 i, j に対しての余因子を要素とした行列を**余因子行列** ($[A_{ij}]$) という．

となる．このとき，

$$A_{11} = a_{22}a_{33} - a_{23}a_{32} \qquad A_{21} = -(a_{12}a_{33} - a_{13}a_{32}) \qquad \cdots$$

である．

2.4　線形系や二次形式の行列表示

行列の積の規則と行列の相等性[*5]によって，次のような方程式系

$$3x - 4y = 2$$
$$-5x + 8y = 7$$

を行列形式で書くことができる．

$$\begin{bmatrix} 3 & -4 \\ -5 & 8 \end{bmatrix} \begin{bmatrix} x \\ y \end{bmatrix} = \begin{bmatrix} 2 \\ 7 \end{bmatrix}$$

一般に，$m \times n$ 型の連立方程式

$$a_{ij}x_j = b_i \qquad (1 \leqq i \leqq m) \tag{2.12a}$$

も行列形式

$$A\boldsymbol{x} = \boldsymbol{b} \tag{2.12b}$$

で書くことができる．ここで，$A \equiv [a_{ij}]_{mn}$, $\boldsymbol{x} \equiv (x_i)$, $\boldsymbol{b} \equiv (b_i)$ である．このような形式で書くことの一つの利点は，例えば $m = n$ を満たし A が正則であるとき，この方程式の解が完全に行列によって進めることができることにある．つまり，$\boldsymbol{x} = A^{-1}\boldsymbol{b}$ となる．また，テンソルを用いることで，n 個の変数 $x_1, x_2, \cdots, x_n$ を持つ二次形式 Q(二次の斉次多項式) もまた厳密な行列表現にできる．

$$Q = a_{ij}x_ix_j = \boldsymbol{x}^T A\boldsymbol{x} \tag{2.13}$$

ここで，行ベクトル $\boldsymbol{x}^T$ は列ベクトル $\boldsymbol{x} = (x_i)$ の転置であり，また，$A \equiv [a_{ij}]_{nn}$ である．

---

*5 訳注：2 つの行列が同じ型でかつ対応する成分が各々等しいとき，2 つの行列は等しいという性質を指す．

【例 2.2】

$$[\,x_1 \;\; x_2 \;\; x_3\,]\begin{bmatrix} a_{11} & a_{12} & a_{13} \\ a_{21} & a_{22} & a_{23} \\ a_{31} & a_{32} & a_{33} \end{bmatrix}\begin{bmatrix} x_1 \\ x_2 \\ x_3 \end{bmatrix} = [\,x_1 \;\; x_2 \;\; x_3\,]\begin{bmatrix} a_{1j}x_j \\ a_{2j}x_j \\ a_{3j}x_j \end{bmatrix}$$

$$= [x_i(a_{ij}x_j)] = a_{ij}x_ix_j$$

与えられた二次形式を作る行列 A は一意ではない．実際，行列 $B = \frac{1}{2}(A + A^T)$ は式 (2.13) の A と常に置き換えられる．すなわち，二次形式の行列は常に**対称的**だと仮定できる．

【例 2.3】

対称行列を用いて，次の二次方程式を書き表わせ．

$$3x^2 + y^2 - 2z^2 - 5xy - 6yz = 10$$

二次形式 (2.13) は，非対称となる行列

$$A = \begin{bmatrix} 3 & -5 & 0 \\ 0 & 1 & -6 \\ 0 & 0 & -2 \end{bmatrix}$$

を用いて与えられる．対称的な行列は．それぞれの非対角要素と，その要素の (主対角線に対して) 鏡像に位置する要素を足して半分にした値に置き換えることで得られる．よって，求めるべき表示は

$$[\,x \;\; y \;\; z\,]\begin{bmatrix} 3 & -5/2 & 0 \\ -5/2 & 1 & -3 \\ 0 & -3 & -2 \end{bmatrix}\begin{bmatrix} x \\ y \\ z \end{bmatrix} = 10$$

となる．

2.5　線形変換

テンソル解析の学習において最も重要なものは変換理論，座標系の変換に関する基礎知識である．次のような線形方程式の組は，各点 $(x,\ y)$ からそれらの点に対応する写像 $(\bar{x},\ \bar{y})$ への**線形変換（線形写像）**(*linear transformation* or *linear mapping*) を定義している．

$$\begin{aligned}\bar{x} &= 5x - 2y \\ \bar{y} &= 3x + 2y\end{aligned} \tag{I}$$

行列表現では，線形変換は $\bar{\boldsymbol{x}} = A\boldsymbol{x}$ と書くことができる．式 (I) のように写像が 1 対 1 であるとき，$|A| \neq 0$ となる．このような座標変換においては常に**エイリアス，アリバイ** (*alias-alibi*) な解釈が発生する．$(\bar{x},\ \bar{y})$ を $(x,\ y)$ に対して（新たな名前の）**新座標系**とみなすならば，エイリアス解釈として論じていることになり，$(\bar{x},\ \bar{y})$ を $(x,\ y)$ の（新たな場所の）**新位置**とみなすならば，アリバイ解釈があらわれる．テンソル解析では一般的にエイリアス解釈の方に関心がある．それゆえ，$\bar{\boldsymbol{x}} = A\boldsymbol{x}$ で関係づけられた二つの座標系はそれぞれ**バーなし** (*unbarred*) 座標系，**バーあり** (*barred*) 座標系といわれる．

【例 2.4】

式 (I) の下で点 $(0, -1)$ の写像を求めるためには，単に $x = 0$，$y = -1$ とおく．結果は，

$$\bar{x} = 5(0) - 2(-1) = 2 \qquad \bar{y} = 3(0) + 2(-1) = -2$$

になるので，ゆえに $\overline{(0, -1)} = (2, -2)$ である．同様に $\overline{(2, 1)} = (8, 8)$ と求める．

もし $(\bar{x}, \bar{y})$ を単に別の座標系とみなすならば，二つの固定点 P と Q はバーなし座標系において $(0, -1)$ と $(2, 1)$ の座標を有し，バーあり座標系においては $(2, -2)$ と $(8, 8)$ であると言うことができる．

バーあり座標系における距離

エイリアスな関係で結ばれる異なる二点間の（不変な）距離の式はなんだろうか？ バーなし・バーあり座標系間の可逆な線形変換を $\bar{\boldsymbol{x}} = A\boldsymbol{x}$ $(|A| \neq 0)$ と定義しよう．問題 2.20 において，距離公式が

$$d(\bar{\boldsymbol{x}}, \bar{\boldsymbol{y}}) = \sqrt{(\bar{\boldsymbol{x}} - \bar{\boldsymbol{y}})^T G(\bar{\boldsymbol{x}} - \bar{\boldsymbol{y}})} = \sqrt{g_{ij}\Delta\bar{x}_i\Delta\bar{x}_j} \tag{2.14}$$

であることが示される．ここで $[g_{ij}]_{nn} \equiv G = (AA^T)^{-1}$, $\bar{\boldsymbol{x}} - \bar{\boldsymbol{y}} = (\Delta\bar{\boldsymbol{x}}_i)$ である．もし A が直交（軸の回転など）であるとき，$g_{ij} = \delta_{ij}$ となり，式 (2.14) は通常の形となる．

$$d(\bar{\boldsymbol{x}}, \bar{\boldsymbol{y}}) = ||\bar{\boldsymbol{x}} - \bar{\boldsymbol{y}}|| = \sqrt{\Delta\bar{x}_i\Delta\bar{x}_i}$$

［式 (2.8) を参照せよ］．

【例 2.5】

例 2.4 の点 PQ 間のバーあり座標系での距離を計算する．バーなし座標系で同じ距離が求められることを確かめてみよう．

まず行列 $G = (AA^T)^{-1} = (A^{-1})^T A^{-1}$ を計算する (問題 2.13 を見よ).

$$A = \begin{bmatrix} 5 & -2 \\ 3 & 2 \end{bmatrix}, \ |A| = 10 - (-6) = 16 \quad \Rightarrow \quad A^{-1} = \frac{1}{16}\begin{bmatrix} 2 & 2 \\ -3 & 5 \end{bmatrix}$$

また，

$$G = \frac{1}{16}\begin{bmatrix} 2 & 2 \\ -3 & 5 \end{bmatrix}^T \cdot \frac{1}{16}\begin{bmatrix} 2 & 2 \\ -3 & 5 \end{bmatrix} = \frac{1}{256}\begin{bmatrix} 2 & -3 \\ 2 & 5 \end{bmatrix}\begin{bmatrix} 2 & 2 \\ -3 & 5 \end{bmatrix}$$
$$= \frac{1}{256}\begin{bmatrix} 13 & -11 \\ -11 & 29 \end{bmatrix}$$

ゆえに，$g_{11} = 13/256$, $g_{12} = g_{21} = -11/256$, $g_{22} = 29/256$ となる．そして，$\bar{\boldsymbol{x}} - \bar{\boldsymbol{y}} = [\ 2-8 \ \ -2-8\ ]^T = [\ -6 \ \ -10\ ]^T$ を用いて式 (2.14) から

$$\begin{aligned} d^2 &= g_{ij}\Delta\bar{x}_i\Delta\bar{x}_j \\ &= \frac{13}{256}(-6)^2 + 2\cdot\frac{-11}{256}(-6)(-10) + \frac{29}{256}(-10)^2 \end{aligned}$$

$$= \frac{13(36) - 22(60) + 29(100)}{256} = 8$$

を得る．

バーなし座標系では，$P(0, -1)$ と $Q(2, 1)$ 間の距離はピタゴラスの定理を用いて

$$d^2 = (0-2)^2 + (-1-1)^2 = 8$$

と与えられる．

2.6　一般座標変換

$\mathbf{R}^n$ における一般写像・変換 T は関数（またはベクトル）や成分形式で

$$\bar{\boldsymbol{x}} = T(\boldsymbol{x}) \qquad \text{or} \qquad \bar{x}_i = T_i(x_1, x_2, \ldots, x_n)$$

と表すことができる．アリバイ解釈では，T の**定義域** (*domain*) 内（あるいは $\mathbf{R}^n$ 全体）の任意の点 $\boldsymbol{x}$ は，T の**値域** (*range*) 内の写像点 $T(\boldsymbol{x})$ を有する．座標変換（エイリアス解釈）とみなされる場合，T は，各定義域内の点 P について，(x_i) と $(\bar{x}_i)$ 間の対応を 2 つの異なる系における P の座標として設定する．以下に説明する通り，T は，ある条件が満たされる場合にのみ座標変換として説明され得る．

全単射，曲線座標

写像 T は，定義域内の異なる 2 点 $\boldsymbol{x} \neq \boldsymbol{y}$ から値域内の異なる点 $T(\boldsymbol{x}) \neq T(\boldsymbol{y})$ への写像となるとき，**全単射** (*bijection*) または **1 対 1 写像** (*one-one mapping*) と呼ばれる．T が全単射となるときはいつでも，$\bar{\boldsymbol{x}} = T(\boldsymbol{x})$ の像を $\boldsymbol{x}$ に対する**許容座標** (*admissible coordinates*) の集合と呼び，そして，そのようなすべての座標の集合（アリバイ解釈：T の値域）を**座標系** (*coordinate system*) と呼ぶ．

ある種の座標系は写像 T の特性に沿って命名されている．例えば T が線形である場合，$(\bar{x}_i)$ 系は**アフィン** (*affine*) **座標系**と呼ばれ，T が剛体運動の場合，$(\bar{x}_i)$ は**直交座標系**または**デカルト** (*cartesian*) **座標系**と呼ばれる．［こ

こで，座標系 (x_i) は解析幾何学で慣れ親しんだデカルト座標系，または $\mathbf{R}^n$ のベクトルへの自然な拡張であると仮定している]

アフィンでない座標系は一般に**曲線座標系** (*curvilinear coordinates*) と呼ばれ，2 次元の極座標や，3 次元の円柱座標および球座標などが含まれる．

2.7　偏微分に対する連鎖律

曲線座標を扱う場合，ヤコビ行列（第 3 章）を必要とし，それゆえ多変量解析における連鎖律も必要となる．総和規約はこの規則の簡潔な記述を可能にし，例えば，$w = f(x_1, x_2, x_3, \ldots, x_n)$ と $x_i = x_i(u_1, u_2, \ldots, u_m)$ $(i = 1, 2, \ldots, n)$ のすべてが連続で偏導関数を持つ関数であるとき，ヤコビ行列は

$$\frac{\partial w}{\partial u_j} = \frac{\partial f}{\partial x_i}\frac{\partial x_i}{\partial u_j} \quad (1 \leqq j \leqq m) \tag{2.15}$$

となる．

例題

テンソル表記

問題 2.1　行列 (a) $[b_i^j]_{42}$,　(b) $[b_j^i]_{24}$,　(c) $[\delta^{ij}]_{33}$ を明確に示せ.

解答

$$\text{(a) } [b_i^j]_{42} = \begin{bmatrix} b_1^1 & b_2^1 \\ b_1^2 & b_2^2 \\ b_1^3 & b_2^3 \\ b_1^4 & b_2^4 \end{bmatrix} \qquad \text{(b) } [b_j^i]_{24} = \begin{bmatrix} b_1^1 & b_2^1 & b_3^1 & b_4^1 \\ b_1^2 & b_2^2 & b_3^2 & b_4^2 \end{bmatrix}$$

$$\text{(c) } [\delta^{ij}]_{33} = \begin{bmatrix} \delta^{11} & \delta^{12} & \delta^{13} \\ \delta^{21} & \delta^{22} & \delta^{23} \\ \delta^{31} & \delta^{32} & \delta^{33} \end{bmatrix} = \begin{bmatrix} 1 & 0 & 0 \\ 0 & 1 & 0 \\ 0 & 0 & 1 \end{bmatrix}$$

(a) と (b) から，必ずしも，行列 $A \equiv [a_{ij}]_{mn}$ の添字 i, j を入れ替えるだけではその転置 A^T にならないことは明白である.

問題 2.2　次の式が与えられたとき，

$$A = \begin{bmatrix} a & -a & -a \\ 2b & b & -b \\ 4c & 2c & -2c \end{bmatrix} \qquad B = \begin{bmatrix} 2 & 4 & -6 \\ -1 & -2 & 3 \\ 3 & 6 & -9 \end{bmatrix}$$

$AB \neq BA$ となることを証明せよ.

解答

$$AB = \begin{bmatrix} 2a + a - 3a & 4a + 2a - 6a & -6a - 3a + 9a \\ 4b - b - 3b & 8b - 2b - 6b & -12b + 3b + 9b \\ 8c - 2c - 6c & 16c - 4c - 12c & -24c + 6c + 18c \end{bmatrix} = \begin{bmatrix} 0 & 0 & 0 \\ 0 & 0 & 0 \\ 0 & 0 & 0 \end{bmatrix}$$

$$\equiv O$$

一方，
$$BA = \begin{bmatrix} 2a+8b-24c & -2a+4b-12c & -2a-4b+12c \\ -a-4b+12c & a-2b+6c & a+2b-6c \\ 3a+12b-36c & -3a+6b-18c & -3a-6b+18c \end{bmatrix} \neq O$$

したがって，行列に対する交換法則 $(AB = BA)$ は成り立たない．なお，$AB = O$ は，$A = O$ または $B = O$ であることを含意しているのではない．

問題 2.3　適当な任意の行列において $(AB)^T = B^T A^T$ となることを，テンソル表記法と行列の積の規則を用いて証明せよ．

解答

$A \equiv [a_{ij}]_{mn}$, $B \equiv [b_{ij}]_{nk}$, $AB \equiv [c_{ij}]_{mk}$ とおき，また，任意の i, j に対して，

$$a'_{ij} = a_{ji} \qquad b'_{ij} = b_{ji} \qquad c'_{ij} = c_{ji}$$

とする．それによって，$A^T = [a'_{ij}]_{nm}$, $B^T = [b'_{ij}]_{kn}$, $(AB)^T = [c'_{ij}]_{km}$ となるので，$B^T A^T = [c'_{ij}]_{km}$ を示せば良いことになる．行列の積の定義 $B^T A^T = [b'_{ir} a'_{rj}]_{km}$ により，そして，

$$b'_{ir} a'_{rj} = b_{ri} a_{jr} = a_{jr} b_{ri} = c_{ji} = c'_{ij}$$

から，所望の結果が得られる．

問題 2.4　$A = B^T B$ 形の任意行列が対称であることを示せ．

解答

問題 2.3，および転置作用の対合的性質*6から，

$$A^T = (B^T B)^T = B^T (B^T)^T = B^T B = A$$

となる．

*6 訳注：ある演算（写像）を考える．その演算を 2 回作用させることで被演算要素がもとに戻る場合，その演算を対合（involution）という．

問題 2.5　定義式 (2.3) から，3 次の行列式の，第 1 行の余因子による，ラプラス展開を導け．

解答

$n = 3$ の場合，式 (2.3) は

$$\begin{vmatrix} a_{11} & a_{12} & a_{13} \\ a_{21} & a_{22} & a_{23} \\ a_{31} & a_{32} & a_{33} \end{vmatrix} \equiv |a_{ij}| = e_{ijk} a_{1i} a_{2j} a_{3k}$$

となる．任意の 2 個の下付き添字が一致する場合ときは $e_{ijk} = 0$ であるから，(ijk) が (123) の置換となる項のみを書く：

$$\begin{aligned} |a_{ij}| &= e_{123} a_{11} a_{22} a_{33} + e_{132} a_{11} a_{23} a_{32} + e_{213} a_{12} a_{21} a_{33} \\ &\qquad + e_{231} a_{12} a_{23} a_{31} + e_{312} a_{13} a_{21} a_{32} + e_{321} a_{13} a_{22} a_{31} \\ &= a_{11} a_{22} a_{33} - a_{11} a_{23} a_{32} - a_{12} a_{21} a_{33} \\ &\qquad + a_{12} a_{23} a_{31} + a_{13} a_{21} a_{32} - a_{13} a_{22} a_{31} \\ &= a_{11}(a_{22} a_{33} - a_{23} a_{32}) - a_{12}(a_{21} a_{33} - a_{23} a_{31}) \\ &\qquad + a_{13}(a_{21} a_{32} - a_{22} a_{31}) \end{aligned}$$

ただし，$n = 2$ では式 (2.3) から

$$\begin{vmatrix} a_{22} & a_{23} \\ a_{32} & a_{33} \end{vmatrix} \equiv +A_{11} = e_{12} a_{22} a_{33} + e_{21} a_{23} a_{32} = a_{22} a_{33} - a_{23} a_{32}$$

と表される．$-A_{12}$ や $+A_{13}$ についても類似した展開が与えられる．ゆえに，式 (2.6) のように，

$$|a_{ij}| = a_{11} A_{11} + a_{12} A_{12} + a_{13} A_{13} = a_{1j} A_{1j}$$

となる．

問題 2.6　次の式を計算せよ：

(a) $\begin{vmatrix} b & -2a \\ -2c & b \end{vmatrix}$　　(b) $\begin{vmatrix} 5 & -2 & 15 \\ -10 & 0 & 10 \\ 15 & 0 & 30 \end{vmatrix}$

解答

(a) $\begin{vmatrix} b & -2a \\ -2c & b \end{vmatrix} = b \cdot b - (-2a)(-2c) = b^2 - 4ac$

(b) 第 2 列に 0 があるので，行展開することが最も簡単である：

$$\begin{vmatrix} 5 & -2 & 15 \\ -10 & 0 & 10 \\ 15 & 0 & 30 \end{vmatrix} = -(-2)\begin{vmatrix} -10 & 10 \\ 15 & 30 \end{vmatrix} + 0\begin{vmatrix} 5 & 15 \\ 15 & 30 \end{vmatrix} - 0\begin{vmatrix} 5 & 15 \\ -10 & 10 \end{vmatrix}$$

$$= 2\begin{vmatrix} -10 & 10 \\ 15 & 30 \end{vmatrix} = 2(10)(15)\begin{vmatrix} -1 & 1 \\ 1 & 2 \end{vmatrix}$$

$$= 300(-2-1) = -900$$

問題 2.7　$\mathbf{R}^5$ における，次の 2 ベクトルのなす角を計算せよ：

$$\boldsymbol{x} = (1, 0, -2, -1, 0) \quad および \quad \boldsymbol{y} = (0, 0, 2, 2, 0)$$

解答

次の式を得る：

$$\boldsymbol{xy} = (1)(0) + (0)(0) + (-2)(2) + (-1)(2) + (0)(0) = -6$$

$$\boldsymbol{x}^2 = 1^2 + 0^2 + (-2)^2 + (-1)^2 + 0^2 = 6$$

$$\boldsymbol{y}^2 = 0^2 + 0^2 + 2^2 + 2^2 + 0^2 = 8$$

また，(2.9) より次式を与える．

$$\cos\theta = \frac{-6}{\sqrt{6}\cdot\sqrt{8}} = -\frac{\sqrt{3}}{2} \quad または \quad \theta = \frac{5\pi}{6}$$

問題 2.8　$\mathbf{R}^4$ において，ベクトル $(3, 4, 1, -2)$ に対して垂直な，3 つの線形独立なベクトルを求めよ．

解答

ゼロ成分を多く持つベクトルを選ぶほうが有用であろう．成分 $(0,1,0,2)$ や，また $(1,0,-3,0)$ は明らかに直交する．最後に，$(0,0,2,1)$ も与えられたベクトルに対して直交し，最初に選んだ 2 つと独立しているようである．独立性を調べるために，スカラー x, y, z が次のように存在していると仮定して欲しい．

$$x\begin{bmatrix}0\\1\\0\\2\end{bmatrix}+y\begin{bmatrix}1\\0\\-3\\0\end{bmatrix}+z\begin{bmatrix}0\\0\\2\\1\end{bmatrix}=\begin{bmatrix}0\\0\\0\\0\end{bmatrix}\quad\text{or}\quad\begin{aligned}x(0)+y(1)\quad+z(0)&=0\\x(1)+y(0)\quad+z(0)&=0\\x(0)+y(-3)+z(2)&=0\\x(2)+y(0)\quad+z(1)&=0\end{aligned}$$

この方程式はただひとつの解 $x=y=z=0$ を持つので，3 つのベクトルは互いに独立である．

問題 2.9　$\mathbf{R}^3$ におけるベクトル積が反交換関係— $\boldsymbol{x}\times\boldsymbol{y}=-\boldsymbol{y}\times\boldsymbol{x}$ —にあることを証明せよ．

解答

(2.10b) より，

$$\boldsymbol{x}\times\boldsymbol{y}=(e_{ijk}x_jy_k)\qquad\text{and}\qquad\boldsymbol{y}\times\boldsymbol{x}=(e_{ijk}y_jx_k)$$

しかし，$e_{ikj}=-e_{ijk}$ であるから，そのため，

$$e_{ijk}y_jx_k=e_{ikj}y_kx_j=-e_{ijk}y_kx_j=-e_{ijk}x_jy_k$$

となる．

逆行列

問題 2.10　一般化されたラプラス展開の定理を立式せよ：$a_{rj}A_{sj}=|A|\delta_{rs}$

解答

次の行列を考える.

$$A^* = \begin{bmatrix} a_{11} & a_{12} & \dots & a_{1n} \\ \cdots & \cdots & \cdots & \cdots \\ a_{r1} & a_{r2} & \dots & a_{rn} \\ a_{r1} & a_{r2} & \dots & a_{rn} \\ \cdots & \cdots & \cdots & \cdots \\ a_{n1} & a_{n2} & \dots & a_{nn} \end{bmatrix} \begin{matrix} \\ \\ \text{r 行} \\ \text{s 行} \\ \\ \\ \end{matrix}$$

この行列は行列 A の s 行を r 行に置き換えることで得られる ($r \neq s$). 式 (2.6) を A^* の r 行に適用すると,

$$\det A^* = a_{rj} A^*_{rj} \qquad (r \text{ について総和はとらない})$$

となる. ここで, r 行と s 行が同等であることより, すべての j において,

$$A^*_{rj} = (-1)^p A^*_{sj} = (-1)^p A_{sj} \qquad (p \equiv r - s)$$

となる. したがって, $\det A^* = (-1)^p a_{rj} A_{sj}$ となる. 一方で, 二つの行が同じである行列において $\det A^* = 0$ であることは容易にわかる (問題 2.31). こうして, $r = s$ のときの式 (2.6) とともに,

$$a_{rj} A_{sj} = 0 \qquad (r \neq s)$$

であり, 一般の定理を与えることが証明された.

問題 2.11 行列 $A \equiv [a_{ij}]_{nn}$ ($|A| \neq 0$) が与えられたとき, 問題 2.10 の結果を用いて,

$$AB = I \qquad \text{where} \qquad B = \frac{1}{|A|} [A_{ij}]^T_{nn}$$

となることを示せ.

解答

B の要素 (i, j) は $A_{ji}/|A|$ であるから,

$$AB = [a_{ik}(A_{jk}/|A|)]_{nn} = \frac{1}{|A|}[|A|\delta_{ij}]_{nn} = \frac{|A|}{|A|}[\delta_{ij}]_{nn} = I$$

となる．

[線形代数の基本的事実から $BA = I$ でもある．したがって，$A^{-1} = B$ となり，(2.11a) を確立する]

問題 2.12 次の行列の逆行列を求めよ．

$$A = \begin{bmatrix} -2 & 0 & 1 \\ 3 & 1 & 0 \\ 2 & -2 & 3 \end{bmatrix}$$

解答

(2.11c) を使う．3 列目の 2 倍を 1 列目に加えてから，1 行目で展開する：

$$|A| = \begin{vmatrix} 0 & 0 & 1 \\ 3 & 1 & 0 \\ 8 & -2 & 3 \end{vmatrix} = 1 \cdot \begin{vmatrix} 3 & 1 \\ 8 & -2 \end{vmatrix} = -6 - 8 = -14$$

それから，余因子計算して，

$$A^{-1} = \frac{1}{-14} \begin{bmatrix} 3 & -2 & -1 \\ -9 & -8 & 3 \\ -8 & -4 & -2 \end{bmatrix} = \begin{bmatrix} -3/14 & 1/7 & 1/14 \\ 9/14 & 4/7 & -3/14 \\ 4/7 & 2/7 & 1/7 \end{bmatrix}$$

となる．

問題 2.13 A と B を同次数で可逆な行列とする．次式が成り立つことを証明せよ．(a) $(A^T)^{-1} = (A^{-1})^T$ (転置と逆演算の交換関係); (b) $(AB)^{-1} = B^{-1}A^{-1}$

解答

(a) 問題 2.3 の結果を思い出して $AA^{-1} = A^{-1}A = I$ を転置させ，

$$(A^{-1})^T A^T = A^T (A^{-1})^T = I^T = I$$

を得ることで，A^T が可逆であり $(A^T)^{-1} = (A^{-1})^T$ となることを示せる．

(b) 行列の積における結合法則により，

$$(AB)(B^{-1}A^{-1}) = A(BB^{-1})A^{-1} = AIA^{-1} = AA^{-1} = I$$

また同様に，

$$(B^{-1}A^{-1})(AB) = I$$

となることから，$(AB)^{-1} = B^{-1}A^{-1}$ を得る．

線形系，二次形式

問題 2.14　下の連立方程式を行列形式で記述し，逆行列を用いて解け．

$$\begin{aligned} 3x - 4y &= -18 \\ -5x + 8y &= 34 \end{aligned}$$

解答

方程式の行列形式は，

$$\begin{bmatrix} 3 & -4 \\ -5 & 8 \end{bmatrix} \begin{bmatrix} x \\ y \end{bmatrix} = \begin{bmatrix} -18 \\ 34 \end{bmatrix} \tag{1}$$

である．2×2 型の係数行列の逆は次のようになる：

$$\begin{bmatrix} 3 & -4 \\ -5 & 8 \end{bmatrix}^{-1} = \frac{1}{24-(+20)} \begin{bmatrix} 8 & 4 \\ 5 & 3 \end{bmatrix} = \begin{bmatrix} 2 & 1 \\ 5/4 & 3/4 \end{bmatrix}$$

この行列を (1) の左からかけることにより，

$$I \begin{bmatrix} x \\ y \end{bmatrix} = \begin{bmatrix} 2 & 1 \\ 5/4 & 3/4 \end{bmatrix} \begin{bmatrix} -18 \\ 34 \end{bmatrix} = \begin{bmatrix} -2 \\ 3 \end{bmatrix}$$

や $x = -2,\ y = 3$ が得られる．

問題 2.15　$[b^{ij}] = [a_{ij}]^{-1}$ のとき，次の $n \times n$ 型の方程式 y_i を x_j について解け．

$$y_i = a_{ij}x_j \tag{1}$$

解答

(1) の両辺に b^{ki} をかけて i について総和する：

$$b^{ki}y_i = b^{ki}a_{ij}x_j = \delta^k_j x_j = x_k$$

したがって，$x_j = b^{ji} y_i$ となる．

問題 2.16 $\mathbf{R}^4$ 上の二次形式

$$Q = 7x_1^2 - 4x_1x_3 + 3x_1x_4 - x_2^2 + 10x_2x_4 + x_3^2 - 6x_3x_4 + 3x_4^2$$

を A が対称となる行列形式 $\boldsymbol{x}^T A\boldsymbol{x}$ で書け．

解答

$$Q = [x_1 \ \ x_2 \ \ x_3 \ \ x_4] \begin{bmatrix} 7 & 0 & -4 & 3 \\ 0 & -1 & 0 & 10 \\ 0 & 0 & 1 & -6 \\ 0 & 0 & 0 & 3 \end{bmatrix} \begin{bmatrix} x_1 \\ x_2 \\ x_3 \\ x_4 \end{bmatrix}$$

$$= [x_1 \ \ x_2 \ \ x_3 \ \ x_4] \begin{bmatrix} 7 & 0 & -2 & 3/2 \\ 0 & -1 & 0 & 5 \\ -2 & 0 & 1 & -3 \\ 3/2 & 5 & -3 & 3 \end{bmatrix} \begin{bmatrix} x_1 \\ x_2 \\ x_3 \\ x_4 \end{bmatrix}$$

線形変換

問題 2.17 座標変換 $\bar{x}_i = a_{ij}x_j$ の下で，二次超曲面 $c_{ij}x_ix_j = 1$ が $\bar{c}_{ij}\bar{x}_i\bar{x}_j = 1$ に変換されることを示せ．ここで，

$$\bar{c}_{ij} = c_{rs}b_{ri}b_{sj} \qquad \text{with} \qquad (b_{ij}) = (a_{ij})^{-1}$$

である．

解答

ここで行列を用いて実行し．そこからその行列の成分形式で容易に答えが導き出される．この超曲面はバーなし座標において式 $\boldsymbol{x}^T C\boldsymbol{x} = 1$ を有し，バーあり座標系は $\bar{\boldsymbol{x}} = A\boldsymbol{x}$ で定義される．$\boldsymbol{x} = B\bar{\boldsymbol{x}}$ $(B = A^{-1})$ を二次曲面の式に代入すると，

$$(B\bar{\boldsymbol{x}})^T C(B\bar{\boldsymbol{x}}) = 1 \qquad \text{or} \qquad \bar{\boldsymbol{x}}^T B^T CB\bar{\boldsymbol{x}} = 1$$

を得る．したがって，二次曲面の式はバーあり座標系において $\bar{\boldsymbol{x}}^T\bar{C}\bar{\boldsymbol{x}} = 1$ となる ($\bar{C} = B^TCB$).

バーあり座標系における距離

問題 2.18　$\mathbf{R}^2$ 上で $\bar{x}_i = a_{ij}x_j$ と定義されるバーあり座標系において，距離公式 (2.14) における係数 g_{ij} を計算せよ．ここで，$a_{11} = a_{22} = 1$，$a_{12} = 0$，$a_{21} = 2$ である．

解答

$A = (a_{ij})$ である $G = (AA^T)^{-1}$ を単に計算すればよい：

$$AA^T = \begin{bmatrix}1 & 0\\ 2 & 1\end{bmatrix}\begin{bmatrix}1 & 2\\ 0 & 1\end{bmatrix} = \begin{bmatrix}1\cdot 1+0 & 1\cdot 2+0\\ 2\cdot 1+0 & 2\cdot 2+1\cdot 1\end{bmatrix} = \begin{bmatrix}1 & 2\\ 2 & 5\end{bmatrix}$$

式 (2.11b) より，

$$(AA^T)^{-1} = \begin{bmatrix}1 & 2\\ 2 & 5\end{bmatrix}^{-1} = \frac{1}{5-4}\begin{bmatrix}5 & -2\\ -2 & 1\end{bmatrix} = \begin{bmatrix}5 & -2\\ -2 & 1\end{bmatrix}$$

を得る．したがって，$g_{11} = 5, g_{12} = g_{21} = -2, g_{22} = 1$ となる．

問題 2.19　$\sqrt{2}$ 離れている点 $(x_i) = (1, -3)$ と $(y_i) = (0, -2)$ のエイリアス間の距離を求めることによって，問題 2.18 から得られた距離公式を試せ．

解答

与えられた点のバーあり座標系における座標は，

$$\bar{\boldsymbol{x}} = \begin{bmatrix}1 & 0\\ 2 & 1\end{bmatrix}\begin{bmatrix}1\\ -3\end{bmatrix} = \begin{bmatrix}1\\ -1\end{bmatrix} \qquad \bar{\boldsymbol{y}} = \begin{bmatrix}1 & 0\\ 2 & 1\end{bmatrix}\begin{bmatrix}0\\ -2\end{bmatrix} = \begin{bmatrix}0\\ -2\end{bmatrix}$$

か，$(\bar{x}_i) = (1, -1)$ および $(\bar{y}_i) = (0, -2)$ であることがわかる．問題 2.18 で計算した g_{ij} を使うことで，

$$d(\bar{\boldsymbol{x}}, \bar{\boldsymbol{y}}) = \sqrt{5(1-0)^2 - 2\cdot 2(1-0)(-1+2) + 1(-1+2)^2} = \sqrt{2}$$

となる.

> **問題 2.20**　式 (2.14) を証明せよ.

解答

バーなし座標において，距離公式は行列形式,

$$d(\boldsymbol{x},\boldsymbol{y}) = ||\boldsymbol{x}-\boldsymbol{y}|| = \sqrt{(\boldsymbol{x}-\boldsymbol{y})^T(\boldsymbol{x}-\boldsymbol{y})}$$

を持つ．ここで，$\bar{\boldsymbol{x}} = A\boldsymbol{x}$ または $\boldsymbol{x} = B\bar{\boldsymbol{x}}$ とすると ($B = A^{-1}$)，代入することで,

$$\begin{aligned} d(\boldsymbol{x},\boldsymbol{y}) &= \sqrt{(B\bar{\boldsymbol{x}}-B\bar{\boldsymbol{y}})^T(B\bar{\boldsymbol{x}}-B\bar{\boldsymbol{y}})} = \sqrt{(B(\bar{\boldsymbol{x}}-\bar{\boldsymbol{y}}))^T B(\bar{\boldsymbol{x}}-\bar{\boldsymbol{y}})} \\ &= \sqrt{(\bar{\boldsymbol{x}}-\bar{\boldsymbol{y}})^T B^T B(\bar{\boldsymbol{x}}-\bar{\boldsymbol{y}})} = \sqrt{(\bar{\boldsymbol{x}}-\bar{\boldsymbol{y}})^T G(\bar{\boldsymbol{x}}-\bar{\boldsymbol{y}})} \\ &= d(\boldsymbol{x},\boldsymbol{y}) \end{aligned}$$

となる．ここで，$G \equiv B^T B = (A^{-1})^T A^{-1} = (A^T)^{-1}A^{-1} = (AA^T)^{-1}$ であり，最後の 2 つの等式は問題 2.13 から導かれる.

直交座標

> **問題 2.21**　$(x^i) = (x,y,z)$ と $(\bar{x}^i) = (\bar{x},\bar{y},\bar{z})$ が原点 O における 2 つの直交座標系を表し，x,y,z 軸に対しての $\bar{x}^i$ 軸の方向角が $(\alpha_i,\beta_i,\gamma_i)$, $i = 1,2,3$ であると仮定する．2 つの座標系間の対応が $\bar{\boldsymbol{x}} = A\boldsymbol{x}$ ($\boldsymbol{x} = (x,y,z)$, $\bar{\boldsymbol{x}} = (\bar{x},\bar{y},\bar{z})$) で与えられること，またそのときの行列,
>
> $$A = \begin{bmatrix} \cos\alpha_1 & \cos\beta_1 & \cos\gamma_1 \\ \cos\alpha_2 & \cos\beta_2 & \cos\gamma_2 \\ \cos\alpha_3 & \cos\beta_3 & \cos\gamma_3 \end{bmatrix}$$
>
> が直交行列であることを示せ.

解答

$\bar{x},\bar{y},\bar{z}$ に沿った単位ベクトルをそれぞれ $\bar{\boldsymbol{i}} = \overrightarrow{OP}$, $\bar{\boldsymbol{j}} = \overrightarrow{OQ}$, $\bar{\boldsymbol{k}} = \overrightarrow{OR}$ とし

よう．$\bar{\boldsymbol{x}}$ を任意の点 $W(x, y, z)$ の位置ベクトルとしたとき，

$$\bar{\boldsymbol{x}} = \bar{x}\bar{\boldsymbol{i}} + \bar{y}\bar{\boldsymbol{j}} + \bar{z}\bar{\boldsymbol{k}}$$

となる（図 2-1 を見よ）．

(x, y, z) 座標上での P が $(\cos\alpha_1, \cos\beta_1, \cos\gamma_1)$ となり，座標 Q や R でもそれぞれ同様に成立することがわかる．ゆえに，次のように表せる：

$$\begin{aligned}
\bar{\boldsymbol{i}} &= (\cos\alpha_1)\boldsymbol{i} + (\cos\beta_1)\boldsymbol{j} + (\cos\gamma_1)\boldsymbol{k} \\
\bar{\boldsymbol{j}} &= (\cos\alpha_2)\boldsymbol{i} + (\cos\beta_2)\boldsymbol{j} + (\cos\gamma_2)\boldsymbol{k} \\
\bar{\boldsymbol{k}} &= (\cos\alpha_3)\boldsymbol{i} + (\cos\beta_3)\boldsymbol{j} + (\cos\gamma_3)\boldsymbol{k}
\end{aligned}$$

これらを $\bar{\boldsymbol{x}}$ の式に代入し，$\boldsymbol{i}$, $\boldsymbol{j}$, $\boldsymbol{k}$ に関する係数を集める：

$$\begin{aligned}
\bar{\boldsymbol{x}} = (\bar{x}\cos\alpha_1 + \bar{y}\cos\alpha_2 + \bar{z}\cos\alpha_3)\boldsymbol{i} \\
+ (\bar{x}\cos\beta_1 + \bar{y}\cos\beta_2 + \bar{z}\cos\beta_3)\boldsymbol{j} \\
+ (\bar{x}\cos\gamma_1 + \bar{y}\cos\gamma_2 + \bar{z}\cos\gamma_3)\boldsymbol{k}
\end{aligned}$$

W の x 座標は i であるから，

$$x = \bar{x}\cos\alpha_1 + \bar{y}\cos\alpha_2 + \bar{z}\cos\alpha_3$$

となる．同様に，

$$\begin{aligned}
y &= \bar{x}\cos\beta_1 + \bar{y}\cos\beta_2 + \bar{z}\cos\beta_3 \\
z &= \bar{x}\cos\gamma_1 + \bar{y}\cos\gamma_2 + \bar{z}\cos\gamma_3
\end{aligned}$$

である．上で定義された行列 A について，これら 3 つの式を次の行列形式で記述することができる．

$$\boldsymbol{x} = A^T\bar{\boldsymbol{x}} \tag{1}$$

ここで，行列 AA^T の，任意の i, $j = 1, 2, 3$ について要素 (i, j) は，

$$\cos\alpha_i\cos\alpha_j + \cos\beta_i\cos\beta_j + \cos\gamma_i\cos\gamma_j$$

である．その対角行列，

$$(\cos\alpha_i)^2 + (\cos\beta_i)^2 + (\cos\gamma_i)^2 \qquad (i = 1, 2, 3)$$

が 3 つの量 $\overrightarrow{OP}\cdot\overrightarrow{OP}$, $\overrightarrow{OQ}\cdot\overrightarrow{OQ}$, $\overrightarrow{OR}\cdot\overrightarrow{OR}$ であることに注目すると，それらはすなわち 1 となる．$i \neq j$ の場合は，対応する AA^T の要素は $\overrightarrow{OP}\cdot\overrightarrow{OQ}$, $\overrightarrow{OP}\cdot\overrightarrow{OR}$ または $\overrightarrow{OQ}\cdot\overrightarrow{OR}$ であり，それらは結果として 0 となる (これらのベクトルが相互に直交しているため)．ゆえに，$AA^T = I$(または $A^TA = I$) が言え，そして式 (1) から，

$$A\boldsymbol{x} = AA^T\bar{\boldsymbol{x}} = \bar{\boldsymbol{x}}$$

となる．

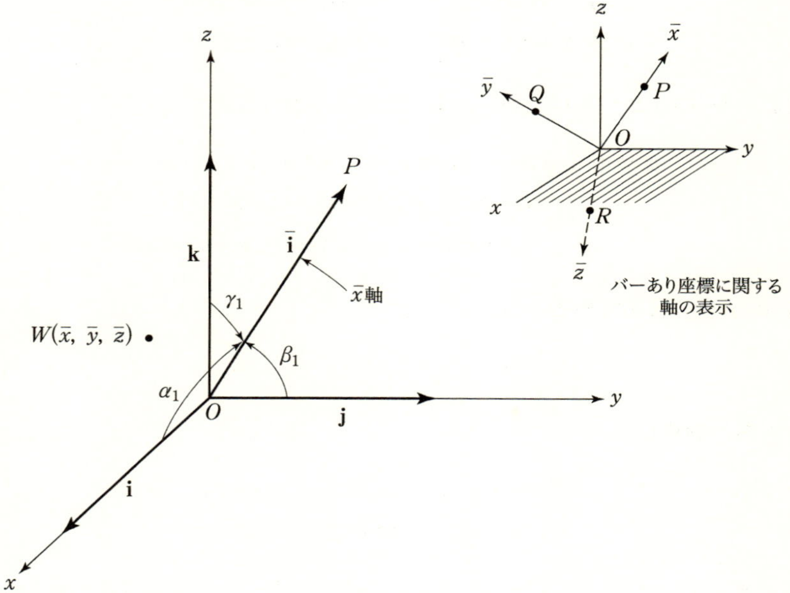

図 2-1

曲線座標

問題 2.22　直交座標 (x, y) について曲線座標系 $(\bar{x}, \bar{y})$ を，

$$\begin{aligned}\bar{x} &= x^2 - xy \\ \bar{y} &= xy\end{aligned} \tag{1}$$

と定義する．線形の方程式 $y = x - 1$ がバーあり座標系において $\bar{y} = \bar{x}^2 - \bar{x}$ となることを示せ．[アリバイ解釈では，(1) は直線を放物線に変形させることに対応する]

解答

はじめに直線の式のパラメータを $x = t,\ y = t - 1$ と定めるとよい．そして $x = t,\ y = t - 1$ を座標変換式に代入することで，バーあり座標系上で直線のパラメトリック方程式が次のように与えられる：

$$\begin{aligned}\bar{x} &= t^2 - t(t-1) = t \\ \bar{y} &= t(t-1) = t^2 - t\end{aligned} \tag{2}$$

こうして，ただちに t を (2) から消去して $\bar{y} = \bar{x}^2 - \bar{x}$ とすることができる．

連鎖律

問題 2.23　座標変換 $\bar{x}_i = \bar{x}_i(x_1, x_2, \ldots, x_n)$ $(1 \leqq i \leqq n)$ の下，実数値ベクトル関数 $(\bar{T}_i)$ と (T_i) が，

$$\bar{T}_i = T_r \frac{\partial x_r}{\partial \bar{x}_i} \tag{1}$$

の式によって関連付けられていると仮定する．すべての 2 次の偏微分がゼロとなる (T_i) の偏微分に関する変換則を求めよ—すなわち，$\partial \bar{T}_i / \partial \bar{x}_j$ を $\partial T_r / \partial x_s$ の式で表せ—．

解答

まず，積の微分法則を利用して，(1) の両辺を $\bar{x}_j$ で偏微分する：

$$\frac{\partial \bar{T}_i}{\partial \bar{x}_j} = \frac{\partial}{\partial \bar{x}_j}\left\{T_r \frac{\partial x_r}{\partial \bar{x}_i}\right\} = \frac{\partial T_r}{\partial \bar{x}_j}\frac{\partial x_r}{\partial \bar{x}_i} + T_r \frac{\partial}{\partial \bar{x}_j}\left\{\frac{\partial x_r}{\partial \bar{x}_i}\right\}$$

条件より，右辺の第 2 項はゼロになる．そして，連鎖律より，

$$\frac{\partial T_r}{\partial \bar{x}_j} = \frac{\partial T_r}{\partial x_s}\frac{\partial x_s}{\partial \bar{x}_j}$$

となるので，その結果として，目的の変換則は，

$$\frac{\partial \bar{T}_i}{\partial \bar{x}_j} = \frac{\partial T_r}{\partial x_s}\frac{\partial x_s}{\partial \bar{x}_j}\frac{\partial x_r}{\partial \bar{x}_i}$$

になる．

演習問題

問題 2.24　行列を表示せよ (a) $[u^{ij}]_{35}$, (b) $[u^{ji}]_{35}$, (c) $[u^{ij}]_{53}$, (d) $[\delta^i_j]_{36}$

問題 2.25　以下の行列の積を実行せよ：

$$\text{(a)} \begin{bmatrix} 3 & -1 & 2 \\ 0 & 1 & -1 \\ 1 & 2 & 0 \end{bmatrix} \begin{bmatrix} 1 \\ 2 \\ 2 \end{bmatrix} \qquad \text{(b)} \begin{bmatrix} 3 & -1 \\ 2 & 0 \end{bmatrix} \begin{bmatrix} 1 & 1 & -1 \\ 2 & 1 & 1 \end{bmatrix}$$

問題 2.26　(行列の) 積の規則と総和規約を使って，行列の結合法則を証明せよ：

$$(AB)C = A(BC)$$

ここで，行列 $A \equiv (a_{ij})$, $B \equiv (b_{ij})$, $C \equiv (c_{ij})$ は矛盾なく積を実行できる範囲内で任意とする.

問題 2.27　証明せよ：(a) 行列 A と B が対称行列で，$AB = BA = C$ を満たすとき，C は対称行列である; (b) 行列 A と B が歪対称行列で，$AB = -BA = C$ を満たすとき，C は歪対称行列である.

問題 2.28　2 つの直交行列の積が，直交行列であることを証明せよ.

問題 2.29　次の行列式を計算せよ.

$$\text{(a)} \begin{vmatrix} 3 & -2 \\ 1 & 5 \end{vmatrix} \qquad \text{(b)} \begin{vmatrix} 2 & 1 & -1 \\ 3 & 0 & 1 \\ 1 & -1 & 2 \end{vmatrix} \qquad \text{(c)} \begin{vmatrix} -1 & 1 & -1 & 1 & 0 \\ 1 & 0 & 1 & 1 & 1 \\ 0 & 1 & 0 & 0 & 0 \\ -1 & 1 & 0 & 1 & 1 \\ 1 & 1 & 0 & 0 & 0 \end{vmatrix}$$

問題 2.30 4 次の行列式 $|a_{ij}|$ をラプラス展開すると，その中に 6 項の総和 $e_{2ijk}a_{12}a_{2i}a_{3j}a_{4k}$ が現れる．(a) この総和を明示的に略さず書け，そのあと (b) これを 3 次の行列式として表せ．

問題 2.31 行列が 2 つの同じ列を持つとき，その行列式がゼロになることを証明せよ．(ヒント：まず，2 個の添字を交換することで交代記号の符号が反転することを示せ．)

問題 2.32 逆元を計算せよ．

$$\text{(a)} \begin{bmatrix} 3 & 1 \\ 5 & 2 \end{bmatrix} \qquad \text{(b)} \begin{bmatrix} 0 & 1 & 2 \\ 1 & -1 & 0 \\ 2 & 1 & -1 \end{bmatrix}$$

問題 2.33

(a) 交代記号 e_{ij} と e_{ijk} に関する以下の公式を証明せよ (交代記号の添字が各々異なる値である場合に限る).

$$e_{ij} = \frac{j-i}{|j-i|} \qquad e_{ijk} = \frac{(j-i)(k-i)(k-j)}{|j-i||k-i||k-j|}$$

(b) 次の一般式を証明せよ：

$$e_{i_1 i_2 \ldots i_n} = \frac{(i_2-i_1)(i_3-i_1)\cdots(i_n-i_1)(i_3-i_2)\cdots(i_n-i_2)\cdots(i_n-i_{n-1})}{|i_2-i_1||i_3-i_1|\cdots|i_n-i_1||i_3-i_2|\cdots|i_n-i_2|\cdots|i_n-i_{n-1}|}$$

$$\equiv \prod_{p>q} \frac{i_p-i_q}{|i_p-i_q|}$$

問題 2.34 $\mathbf{R}^6$ ベクトル $\boldsymbol{x} = (3,-1,0,1,2,-3)$ と $\boldsymbol{y} = (-2,1,0,1,0,0)$ 間のなす角を計算せよ．

問題 2.35　ベクトル $(3,-2,1)$ に直交する，線形独立な $\mathbf{R}^3$ 上のベクトルを 2 つ求めよ．

問題 2.36　行列を用いて x と y について解け：

$$\begin{aligned} 3x - 4y &= -23 \\ 5x + 3y &= \quad 10 \end{aligned}$$

問題 2.37　$Q = \boldsymbol{x}^T A \boldsymbol{x}$ として表され，

$$A = \begin{bmatrix} 1 & 4 & 3 \\ 4 & 2 & 0 \\ 3 & 0 & -1 \end{bmatrix}$$

であるとき，$\mathbf{R}^3$ 上の二次形式を略さずに書け．

問題 2.38　$\mathbf{R}^4$ における二次形式，

$$Q = -3x_1^2 - x_2^2 + x_3^2 - x_1x_2 - x_1x_3 + 6x_1x_4$$

を対称行列 A を用いて表わせ．

問題 2.39　超平面 $c_r x_r = 1$ で与えられたとき，座標変換 $\bar{x}_i = a_{ij}x_j$ を通して係数 c_i はどのように変換するか？

問題 2.40　$\bar{\boldsymbol{x}} = A\boldsymbol{x}$ で定義され，

$$A = \begin{bmatrix} 1 & -2 \\ 2 & 3 \end{bmatrix}$$

となるバーあり座標系において，距離公式 (2.14) の g_{ij} を計算せよ．

問題 2.41　バーなし座標が $(2,-1)$ と $(2,-4)$ である 2 点としたとき，問題 2.40 の距離公式を試せ．

問題 2.42

(a) 独立関数 $\bar{x}_i = \bar{x}_i(x_1, x_2, \ldots, x_n)$ において，

$$\frac{\partial \bar{x}_i}{\partial x_r}\frac{\partial x_r}{\partial \bar{x}_j} = \delta^i_j \tag{1}$$

を示せ．

(b) (1) の x_k についての偏微分をとり，公式

$$\frac{\partial^2 \bar{x}_i}{\partial x_k \partial x_r}\frac{\partial x_r}{\partial \bar{x}_j} = -\frac{\partial^2 x_r}{\partial \bar{x}_s \partial \bar{x}_j}\frac{\partial \bar{x}_i}{\partial x_r}\frac{\partial \bar{x}_s}{\partial x_k} \tag{2}$$

を確立せよ．

第 3 章

一般のテンソル

3.1 座標変換

ここで，座標の記法はテンソル解析で通常使われる表記法に変更される．

上付き添字のベクトル成分

これから先，$\mathbf{R}^n$ における点（ベクトル）の座標は，$(x^1, x^2, x^3, \ldots, x^n)$ で表される．よって，馴染みの下付き添字は上付き添字に入れ替わり，上の位置はもはや指数のためのものではなくなった．文字がベクトル成分であるかスカラーの累乗であるかは状況によってはっきりするだろう．

【例 3.1】

ベクトル成分を表す場合は，明らかに括弧が必要になってくる．例えば，$(x^3)^2$ や $(x^{n-1})^5$ はそれぞれ，ベクトル $\boldsymbol{x}$ の 3 番目成分の 2 乗と $(n-1)$ 番目成分の 5 乗を表している．もし u が実数として導入されたとき，u^2 や u^3 は u の累乗であり，ベクトル成分ではない．また $(c)^k$ が説明なしにあらわれたときは，上付きの k をベクトル成分の添字ではなく指数として扱うことを括弧は明示させている．

直交座標

通常の 2 次元および 3 次元解析幾何学の，垂直な座標系にならって作られる $\mathbf{R}^n$ における座標は**直交座標**（**直交デカルト座標**または**デカルト座標**）と呼ばれる．実際に，この場合の有効となる一般的な定義は，ピタゴラスの定理の逆*[1]の主張となる．

*[1] 訳注：定理の仮定と結論を入れ替えたもの．

定義 1: 任意の二点 $P(x^1, x^2, \ldots, x^n)$，$Q(y^1, y^2, \ldots, y^n)$ の間の距離が

$$PQ = \sqrt{(x^1 - y^1)^2 + (x^2 - y^2)^2 + \cdots + (x^n - y^n)^2} \equiv \sqrt{\delta_{ij}\Delta x^i \Delta x^j}$$
$$\text{where} \quad \Delta x^i \equiv x^i - y^i$$

で与えられたとき，座標系 (x^i) は**直交座標系**である．

等長である直交座標変換のもとでは，上の距離に関する公式は不変となる（2.5 節を参照）．よって，(a^i_j) が $a^r_i a^r_j = \delta_{ij}$ を満たすような，$\bar{x}^i = a^i_r x^r$ で定義されるすべての座標系 $(\bar{x}^i)$ は直交であるといえる．つまりは，それら直交座標系だけが (x^i) 系との原点が一致することになる．

曲線座標

$\mathbf{R}^n$ のある範囲内において二つの座標系が定義されていると仮定し，その二つの系が次の形の方程式で結び付けられているとしよう[*2]

$$\mathscr{T}\,:\; \bar{x}^i = \bar{x}^i(x^1, x^2, \ldots, x^n) \qquad (1 \leqq i \leqq n) \tag{3.1}$$

ここで，この関数またはスカラー場 $\bar{x}^i(x^1, x^2, \ldots, x^n)$ は各 i において，$\mathbf{R}^n$ 内で与えられた定義域から実数へ写像するもので，また範囲内のすべての点において連続で 2 階の偏微分を持つとする（C^2 級である）．変換 $\mathscr{T}$ が全単射であるとき，2.6 節にあるようにこれを**座標変換**といい，もし (x^i) が通常の直交座標であるとき，$\mathscr{T}$ が線形でないかぎり，$(\bar{x}^i)$ は**曲線座標**という．$\mathscr{T}$ が線形である場合では $(\bar{x}^i)$ は**アフィン座標**と呼ばれる．

[*2] 訳注：本書では "花文字" を多く使うので以下に一例を挙げた．同じ花文字であっても本文中と図中ではフォントが異なっているので注意しよう．

	本文中	図中
Transformation	$\mathscr{T}$	$\mathcal{T}$
Interval	$\mathscr{I}$	$\mathcal{I}$
Curve	$\mathscr{C}$	$\mathcal{C}$
Surface	$\mathscr{S}$	$\mathcal{S}$

便宜のために，最も一般的な三つの曲線座標系を下に示した．それぞれの事例において，ここでは“逆”記法を採用している．つまり，2 次元または 3 次元の曲線系 (x^i) を，同じ次元の直交系 $(\bar{x}^i)$ にする写像 $\mathscr{T}$ によって定義されているとする．

極座標（図 3-1）．制限 $r > 0$ の下，$(\bar{x}^1, \bar{x}^2) = (x, y)$, $(x^1, x^2) = (r, \theta)$ とする．そのとき，

$$\mathscr{T}\colon \begin{cases} \bar{x}^1 = x^1 \cos x^2 \\ \bar{x}^2 = x^1 \sin x^2 \end{cases} \qquad \mathscr{T}^{-1}\colon \begin{cases} x^1 = \sqrt{(\bar{x}^1)^2 + (\bar{x}^2)^2} \\ x^2 = \tan^{-1}(\bar{x}^2/\bar{x}^1) \end{cases} \tag{3.2}$$

となる.（ここで与えられた $\mathscr{T}$ の逆元は，式 x^2 において，$\bar{x}_1\bar{x}_2$ 平面の第 1 象限と第 4 象限においてのみ有効となる．つまり，他の 2 つの象限に対しては別の解決策を講じなければならない．円柱系や球系の θ 座標においても同様である.）

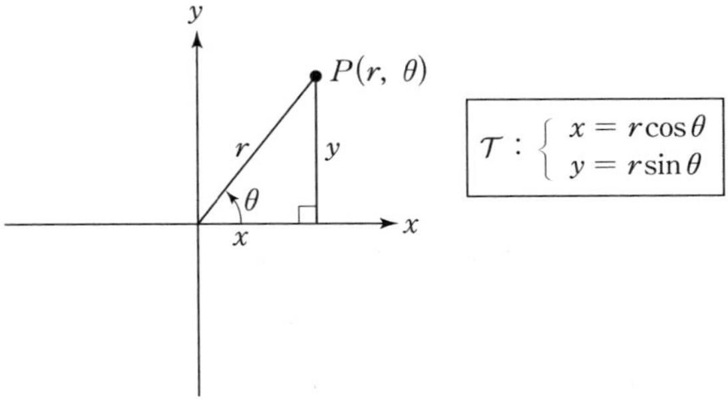

図 **3-1**

円柱座標（図 3-2）．$(\bar{x}^1, \bar{x}^2, \bar{x}^3) = (x, y, z)$, $(x^1, x^2, x^3) = (r, \theta, z)$ であるとき ($r > 0$),

$$\mathscr{T}\colon \begin{cases} \bar{x}^1 = x^1 \cos x^2 \\ \bar{x}^2 = x^1 \sin x^2 \\ \bar{x}^3 = x^3 \end{cases} \qquad \mathscr{T}^{-1}\colon \begin{cases} x^1 = \sqrt{(\bar{x}^1)^2 + (\bar{x}^2)^2} \\ x^2 = \tan^{-1}(\bar{x}^2/\bar{x}^1) \\ x^3 = \bar{x}^3 \end{cases} \tag{3.3}$$

となる．

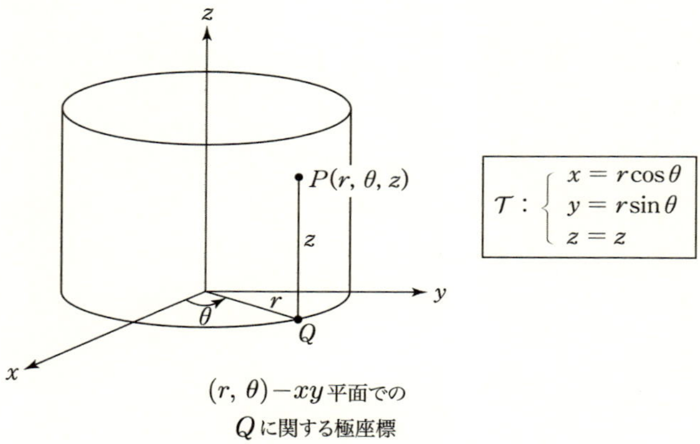

図 3-2

球座標（図 3-3）．$(\bar{x}^1, \bar{x}^2, \bar{x}^3) = (x, y, z)$, $(x^1, x^2, x^3) = (\rho, \varphi, \theta)$ であるとき ($\rho > 0$, $0 \leqq \varphi \leqq \pi$),

$$\mathscr{T}\colon \begin{cases} \bar{x}^1 = x^1 \sin x^2 \cos x^3 \\ \bar{x}^2 = x^1 \sin x^2 \sin x^3 \\ \bar{x}^3 = x^1 \cos x^2 \end{cases}$$

$$\mathscr{T}^{-1}\colon \begin{cases} x^1 = \sqrt{(\bar{x}^1)^2 + (\bar{x}^2)^2 + (\bar{x}^3)^2} \\ x^2 = \cos^{-1}\left(\bar{x}^3/\sqrt{(\bar{x}^1)^2 + (\bar{x}^2)^2 + (\bar{x}^3)^2}\right) \\ x^3 = \tan^{-1}(\bar{x}^2/\bar{x}^1) \end{cases} \tag{3.4}$$

となる．(注意：古くはあるが球座標のいまだ一般的な表記法では，θ は極角を表し，φ は赤道角を表す．)

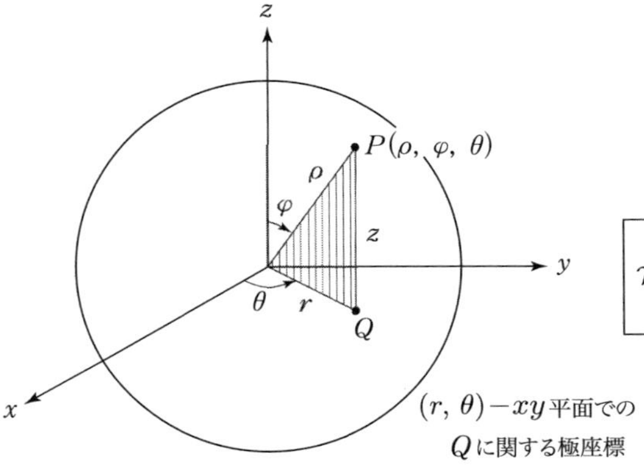

$$\mathcal{T}:\begin{cases} x=\rho\sin\varphi\cos\theta \\ y=\rho\sin\varphi\sin\theta \\ z=\rho\cos\varphi \end{cases}$$

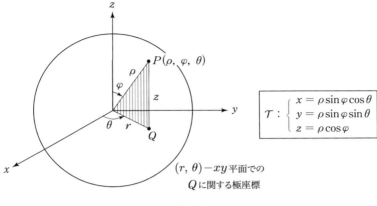

図 **3-3**

ヤコビアン

(3.1) から生じる n^2 個の 1 次偏微分 $\partial\bar{x}^i/\partial x^j$ は通常，次の $n\times n$ 行列に並べられる．

$$\boldsymbol{J}=\begin{bmatrix} \dfrac{\partial\bar{x}^1}{\partial x^1} & \dfrac{\partial\bar{x}^1}{\partial x^2} & \cdots & \dfrac{\partial\bar{x}^1}{\partial x^n} \\ \dfrac{\partial\bar{x}^2}{\partial x^1} & \dfrac{\partial\bar{x}^2}{\partial x^2} & \cdots & \dfrac{\partial\bar{x}^2}{\partial x^n} \\ \cdots & \cdots & \cdots & \cdots \\ \dfrac{\partial\bar{x}^n}{\partial x^1} & \dfrac{\partial\bar{x}^n}{\partial x^2} & \cdots & \dfrac{\partial\bar{x}^n}{\partial x^n} \end{bmatrix} \tag{3.5}$$

行列 $\boldsymbol{J}$ はヤコビ行列 (*Jacobian matrix*)，その行列式 $\mathscr{J}\equiv\det\boldsymbol{J}$ は変換 $\mathscr{T}$ のヤコビアン (*Jacobian*) である．

【例 3.2】

$\mathbf{R}^2$ 上で，曲線座標系 $(\bar{x}^i)$ が直交座標系 (x^i) によって式

$$\mathscr{T}:\begin{cases} \bar{x}^1=x^1x^2 \\ \bar{x}^2=(x^2)^2 \end{cases}$$

で定義されるとする．$\partial\bar{x}^1/\partial x^1 = x^2$, $\partial\bar{x}^1/\partial x^2 = x^1$, $\partial\bar{x}^2/\partial x^1 = 0$, $\partial\bar{x}^2/\partial x^2 = 2x^2$ であることから，$\mathscr{T}$ のヤコビアンは

$$\mathscr{J} = \begin{vmatrix} x^2 & x^1 \\ 0 & 2x^2 \end{vmatrix} = 2(x^2)^2$$

となる．

解析学から得られるよく知られた定理として「$\mathbf{R}^n$ の開集合 $\mathscr{U}$ の各点において $\mathscr{J} \neq 0$ である限り，$\mathscr{T}$ は $\mathscr{U}$ 上で局所的に全単射である」というものがある．$\mathscr{U}$ において，$\mathscr{J} \neq 0$ かつ $\mathscr{T}$ が C^2 級であるとき，そのとき (3.1) は $\mathscr{U}$ の**許容座標変換** (*admissible change of coordinates*) と呼ばれる．

【例 3.3】

例 3.2 の曲線座標は範囲 $x^2 > 0$ と $x^2 < 0$ に対して許容的である（どちらも平面での開集合である）．問題 3.1 を見よ．

許容座標変換において，逆変換 $\mathscr{T}^{-1}$(その局在は上記で述べた定理によって保証されている) もまた $\bar{\mathscr{U}}$（$\mathscr{T}$ の下における $\mathscr{U}$ の像）上で C^2 級である．また，$\mathscr{T}^{-1}$ が $\bar{\mathscr{U}}$ 上において，

$$\mathscr{T}^{-1}\colon x^i = x^i(\bar{x}^1, \bar{x}^2, \ldots, \bar{x}^n) \qquad (1 \leqq i \leqq n) \tag{3.6}$$

の形式を持つとき，$\mathscr{T}^{-1}$ のヤコビ行列 $\bar{\boldsymbol{J}}$ は $\boldsymbol{J}$ の逆元となる．したがって，$\boldsymbol{J}\bar{\boldsymbol{J}} = \bar{\boldsymbol{J}}\boldsymbol{J} = \boldsymbol{I}$，または，

$$\frac{\partial\bar{x}^i}{\partial x^r}\frac{\partial x^r}{\partial\bar{x}^j} = \frac{\partial x^i}{\partial\bar{x}^r}\frac{\partial\bar{x}^r}{\partial x^j} = \delta^i_j \tag{3.7}$$

となる [問題 2.42(a) を参照せよ]．さらに $\bar{\mathscr{J}} = 1/\mathscr{J}$ ということにもなる．

一般座標系

後の展開において，抽象的に表される n 組の点 $(x^1, x^2, \ldots, x^n)$ を用いて，決して直交座標に縛られない [(3.1) を用いた] 座標系の採用，および任意曲線の弧長に関する距離公式の定義が必要となってくる．そのそれぞれの距離関数または**計量** (*metric*) は許容座標変換の下で不変であり，各々異なる計量

ごとに許容座標系が存在している．そのような計量の下で，$\mathbf{R}^n$ は一般的に非ユークリッド的となる．つまり，そこでは三角形の内角の和は必ず π とはならないだろう．

これまでに示した曲線座標系はユークリッド計量とはっきり関連付けられているが ((3.1) を通してそれらは直交座標およびユークリッド空間と結び付いている)，いくつかの目的を達することで，そのような系を非ユークリッド空間で形式的に採用できる．強調したい点は，ちょうど定義 (定義 1 を見よ) がユークリッド計量 を含む直交座標系である場合を除き，**空間の計量とその計量を記述するために用いた座標系は，互いに完全に独立している**という点である．

座標変換の利点

テンソル解析を学習する際の主な関心事は，幾何学的対象または物理法則に影響を及ぼす座標変換がどのように記述されるのかということにある．例えば，直交座標では原点を中心とする半径 a の円の方程式は二次式，

$$(\bar{x}^1)^2 + (\bar{x}^2)^2 = a^2$$

となるが，極座標 (3.2) では，同じ円は単純な線形方程式 $x^1 = a$ となる．読者はときおり変数変換（座標系の変換にほかならない）の下で微分方程式で起こる劇的変化に慣れていることだろう．座標系の変更によって現象の記述を変えるこの考え方は，テンソルが意味するものだけでなく，実際にどのように使用されるかの中核を成す．

3.2　1 階のテンソル

$\mathbf{R}^n$ における，ある部分集合 $\mathscr{S}$ 上の**ベクトル場** (*vector field*) $\boldsymbol{V} = (V^i)$ を考える [つまり，各 i に対してその成分 $V^i = V^i(\boldsymbol{x})$ は，$\boldsymbol{x}$ が $\mathscr{S}$ 上を変化するスカラー場 (実数値関数) である]．$\mathscr{S}$ を含む領域 $\mathscr{U}$ の各許容座標系において，$\boldsymbol{V}$ の n 個の成分 $V^1, V^2, \ldots, V^n$ が n 個の実数値関数として表されるとしよう．例えば，

$$T^1, \quad T^2, \quad \ldots, \quad T^n \qquad \text{in the } (x^i)\text{-system}$$

と

$$\bar{T}^1, \quad \bar{T}^2, \quad \ldots, \quad \bar{T}^n \qquad \text{in the } (\bar{x}^i)\text{-system}$$

になる．ここで，(x^i) と $(\bar{x}^i)$ は (3.1) および (3.6) によって関連付けられている．

定義 2: それぞれの座標系 (x^i) と $(\bar{x}^i)$ に対して，ベクトル場 $\boldsymbol{V}$ の成分 (T^i) と $(\bar{T}^i)$ が次の変換則に従うとき，$\boldsymbol{V}$ は 1 階の**反変テンソル** (*contravariant tensor*)(または**反変ベクトル** (*contravariant vector*)) である．

$$\textbf{反変ベクトル} \qquad \bar{T}^i = T^r \frac{\partial \bar{x}^i}{\partial x^r} \qquad (1 \leqq i \leqq n) \tag{3.8}$$

【例 3.4】

(x^i) 系において，$\mathscr{C}$ を媒介変数で与えられた曲線，

$$x^i = x^i(t) \qquad (a \leqq t \leqq b)$$

とする．接ベクトル場 $\boldsymbol{T} = (T^i)$ は常微分方程式，

$$T^i = \frac{dx^i}{dt}$$

によって定義されている．座標変換 (3.1) の下，同じ曲線は $(\bar{x}^i)$ において，

$$\bar{x}^i = \bar{x}^i(t) \equiv \bar{x}^i(x^1(t), x^2(t), \ldots, x^n(t)) \qquad (a \leqq t \leqq b)$$

与えられ，$\mathscr{C}$ における $(\bar{x}^i)$ 系上の接ベクトルは，

$$\bar{T}^i = \frac{d\bar{x}^i}{dt}$$

の成分を持つ．しかし，連鎖律によって，

$$\frac{d\bar{x}^i}{dt} = \frac{\partial \bar{x}^i}{\partial x^r}\frac{dx^r}{dt} \qquad \text{or} \qquad \bar{T}^i = T^r \frac{\partial \bar{x}^i}{\partial x^r}$$

となり，$\boldsymbol{T}$ は反変ベクトルであることが証明される．($\boldsymbol{T}$ は曲線 $\mathscr{C}$ 上にのみ定義されるので，この特定のベクトル場に対して $\mathscr{S} = \mathscr{C}$ となる

ことに注意して欲しい.）したがって，座標変換の下で，**滑らかな曲線の接ベクトルは 1 階の反変テンソルとして変換する**と一般的に結論付ける.

注意 1: 本主題のいくつかの扱いの中では，(3.8) は

$$\textbf{加重反変ベクトル}\quad \bar{T}^i = wT^r\frac{\partial \bar{x}^i}{\partial x^r} \qquad (1 \leqq i \leqq n) \tag{3.9}$$

で置き換えられ，適当な実数値関数 w（“$\boldsymbol{T}$ の重さ”）に対してテンソルは**重さ** (*weights*) を有するように定義される.

次の定義では,（専断的に）ベクトル場の成分について，下付き添字表記に移行する.

定義 3: 任意の座標系の組 (x^i) と $(\bar{x}^i)$ に対して，ベクトル場 $\boldsymbol{V}$ の成分 (T_i) と $(\bar{T}_i)$ が，それぞれ，次の変換則に従うとき，$\boldsymbol{V}$ は **1 階の共変テンソル** (*covariant tensor*)（または**共変ベクトル** (*covariant vector*)）である.

$$\textbf{共変ベクトル}\qquad \bar{T}_i = T_r\frac{\partial x^r}{\partial \bar{x}^i} \qquad (1 \leqq i \leqq n) \tag{3.10}$$

【例 3.5】

$F(\boldsymbol{x})$ を，$\mathbf{R}^n$ 上の座標系 (x^i) で定義された，微分可能なスカラー場を示しているとしよう．F の勾配はベクトル場

$$\nabla F \equiv \left(\frac{\partial F}{\partial x^1}, \frac{\partial F}{\partial x^2}, \ldots, \frac{\partial F}{\partial x^n}\right)$$

として定義される．バーあり座標系では，勾配は $\overline{\nabla F} = (\partial \bar{F}/\partial \bar{x}^i)$ で与えられる（$\bar{F}(\bar{\boldsymbol{x}}) \equiv F \circ \boldsymbol{x}(\bar{\boldsymbol{x}})$）．(3.6) の関係を持つ関数の偏微分の連鎖律は,

$$\frac{\partial \bar{F}}{\partial \bar{x}^i} = \frac{\partial F}{\partial x^r}\frac{\partial x^r}{\partial \bar{x}^i}$$

となり，$T_i = \partial F/\partial x^i$, $\bar{T}_i = \partial \bar{F}/\partial \bar{x}^i$ の結果としてまさに (3.10) を与える．したがって，**任意の微分可能な関数の勾配は共変ベクトルである.**

注意 2: 接ベクトルと勾配ベクトルは実際に 2 種の異なるベクトルである．テンソル解析は反変性と共変性の区別に深く関係しており，一方を示すために上付き添字を，もう一方を示すために下付き添字を一貫して使っている．

注意 3: ここから頻繁に，反変または共変の 1 階のテンソルを具体的な場合に応じて，単純に“ベクトル”と呼ぶことになる．もちろん，それらは実際にベクトル場であり，$\mathbf{R}^n$ において定義される．この用法はこれまで用いていた実数値の n 組を表す“ベクトル”と共存するので，$\mathbf{R}^n$ の元となる．その n 組は，恒等写像 $V^i(\boldsymbol{x}) = x^i \ \ (i = 1, 2, \ldots, n)$ に対応するベクトル場を構成する限り，矛盾は起こらない．しかしベクトル (x^i) はテンソルの変換性質を持っていないので，その事実を強調するために，時にそれを**位置ベクトル** (*position vector*) と呼んだりする．

3.3　不変量

座標系から独立した対象物や関数，方程式，公式は内在的な値を持ち，重要な意味があると考えられている．これらは**不変量** (*invariants*) と呼ばれる．大まかに言えば，反変ベクトルと共変ベクトルの積はいつでも不変である．本事実をより正確に，以下に述べている．

定理 3.1: S^i と T_i をそれぞれ反変ベクトルと共変ベクトルの成分としよう．その内積を各座標系で $E \equiv S^r T_r$ と定義したとき，E は不変となる．

【例 3.6】

例 3.4 と例 3.5 において，曲線 $\mathscr{C}$ の接ベクトル $(S^i) = (dx^i/dt)$ と関数の勾配 $(T_i) = (\partial F/\partial x^i)$ は，それぞれ反変ベクトルと共変ベクトルであるという確証を得た．これら 2 つのベクトルに対して定理 3.1 を証明しよう．

$$E = S^r T_r \equiv \frac{\partial F}{\partial x^r}\frac{dx^r}{dt}$$

と定義する．ここで，連鎖律により，

$$E = \frac{dF}{dt}$$

となるので，定理 3.1 は，

$$\frac{d}{dt}[F\circ(x^i(t))]\equiv\frac{d}{dt}[\hat{F}(t)]$$

の値が，曲線を指定している個々の座標系 (x^i) から独立しているということを主張している．これを視覚化するために，読者は，合成 $\hat{F}=F\circ(x^i(t))$ がどのように $\mathbf{R}^3$ 上で働くかを示した図 3-4 を見て欲しい．ここで，写像 $\hat{F}$ は完全に座標系 (x^1,x^2,x^3) を介していないことは明白である．したがって，$\hat{F}$—また，$d\hat{F}/dt$ についても—は座標変換に対して不変となる．

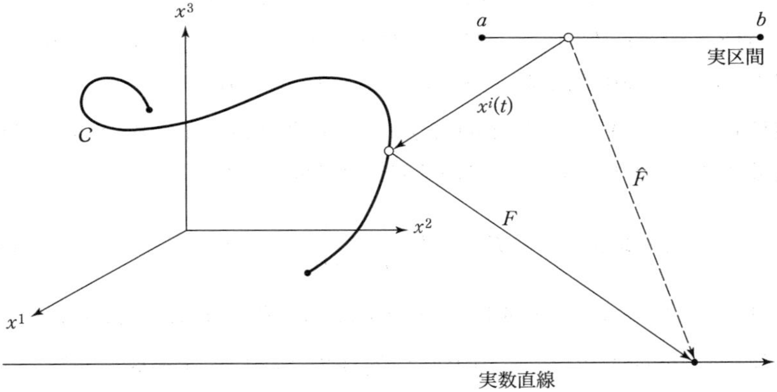

図 3-4

3.4 高階のテンソル

任意の階数のテンソルも定義できる．ほとんどの研究では 4 より大きい階数のテンソルを含まないが，完全性のために，ここでは一般的な定義を網羅しようと思う．まずは 3 種類の 2 階のテンソルから始める．

2 階のテンソル

$\boldsymbol{V} = (V^{ij})$ は**行列場** (*matrix field*) を表しているとしよう．つまり，(V^{ij}) はスカラー場 $V^{ij}(\boldsymbol{x})$ の $n \times n$ 行列であり，すべてが $\mathbf{R}^n$ 上の同一の領域 $\mathscr{U} = \{\boldsymbol{x}\}$ で定義されているとする．これまでのように，$\boldsymbol{V}$ の表現は，(x^i) において (T^{ij})，$(\bar{x}^i)$ において $(\bar{T}^{ij})$ と扱われる．ここで，(x^i) と $(\bar{x}^i)$ は (3.1) および (3.6) で関係づけられる許容座標である．

定義 4: 行列場 $\boldsymbol{V}$ の (x^i) 上の成分 (T^{ij}) および $(\bar{x}^i)$ 上の成分 $(\bar{T}^{ij})$ が次の変換則に従うとき，$\boldsymbol{V}$ は **2 階の反変テンソル**である．

$$\text{反変テンソル} \qquad \bar{T}^{ij} = T^{rs}\frac{\partial \bar{x}^i}{\partial x^r}\frac{\partial \bar{x}^j}{\partial x^s} \quad (1 \leqq i,\ j \leqq n) \tag{3.11}$$

ベクトル場の成分の下付き添字の表記を再び考えると次が言える．

定義 5: 行列場 $\boldsymbol{V}$ の (x^i) 上の成分 (T_{ij}) および $(\bar{x}^i)$ 上の成分 $(\bar{T}_{ij})$ が次の変換則に従うとき，$\boldsymbol{V}$ は **2 階の共変テンソル**である．

$$\text{共変テンソル} \qquad \bar{T}_{ij} = T_{rs}\frac{\partial x^r}{\partial \bar{x}^i}\frac{\partial x^s}{\partial \bar{x}^j} \quad (1 \leqq i,\ j \leqq n) \tag{3.12}$$

定理 3.2: (T_{ij}) が 2 階の共変テンソルであると仮定する．行列 $[T_{ij}]_{nn}$ が，逆行列 $[T^{ij}]_{nn}$ を用いて，$\mathscr{U}$ 上において可逆であるとき，(T^{ij}) は 2 階の反変テンソルとなる．

定義 6: 行列場 $\boldsymbol{V}$ の (x^i) 上の成分 (T^i_j) および $(\bar{x}^i)$ 上の成分 $(\bar{T}^i_j)$ が次の変換則に従うとき，$\boldsymbol{V}$ は 1 階反変と 1 階共変の **2 階の混合テンソル** (*mixed tensor*) である．

$$\text{混合テンソル} \qquad \bar{T}^i_j = T^r_s\frac{\partial \bar{x}^i}{\partial x^r}\frac{\partial x^s}{\partial \bar{x}^j} \quad (1 \leqq i,\ j \leqq n) \tag{3.13}$$

任意の階のテンソル

高階のテンソルに対してはベクトルや行列場では不十分である．ここで，$\mathbf{R}^n$ 上の領域 $\mathscr{U}$ にわたって定義される，順序づけられた $n^m(m=p+q)$ 個のスカラー場 $(V^{i_1 i_2 \cdots i_p}_{j_1 j_2 \cdots j_q})$ の配列となる**一般化されたベクトル場 $\boldsymbol{V}$** の導入が必要になる．$(T^{i_1 i_2 \cdots i_p}_{j_1 j_2 \cdots j_q})$ が，$\mathscr{U}$ 上で定義される様々な座標系における成分関数の集合を表しているとしよう．

定義 7: 一般化されたベクトル場 $\boldsymbol{V}$ の (x^i) 上の成分 $(T^{i_1 i_2 \cdots i_p}_{j_1 j_2 \cdots j_q})$ および $(\bar{x}^i)$ 上の成分 $(\bar{T}^{i_1 i_2 \cdots i_p}_{j_1 j_2 \cdots j_q})$ が次の変換則に従うとき，$\boldsymbol{V}$ は p 階反変と q 階共変の $\boldsymbol{m=p+q}$ **階のテンソル**である（フリーの添字は明白な範囲を持つ）．

$$\text{一般テンソル}\quad \bar{T}^{i_1 i_2 \cdots i_p}_{j_1 j_2 \cdots j_q} = T^{r_1 r_2 \cdots r_p}_{s_1 s_2 \cdots s_q} \frac{\partial \bar{x}^{i_1}}{\partial x^{r_1}} \frac{\partial \bar{x}^{i_2}}{\partial x^{r_2}} \cdots \frac{\partial \bar{x}^{i_p}}{\partial x^{r_p}} \frac{\partial x^{s_1}}{\partial \bar{x}^{j_1}} \frac{\partial x^{s_2}}{\partial \bar{x}^{j_2}} \cdots \frac{\partial x^{s_q}}{\partial \bar{x}^{j_q}} \tag{3.14}$$

3.5　応力テンソル

元々，テンソルの発明につながったのは力学における**応力** (*stress*) の概念によるものであった (張力・応力を及ぼす「**tenseur**」より)．単位立方体が，その 3 面に力を加えられ，平衡状態にあると仮定する [図 3-5(a)]．各々の面は単位面積を持つため，力のベクトルはそれぞれ**単位面積あたりの力**または**応力**を意味している．それらの力は図 3-5(b) において，成分形式で表される．標準基底 $\boldsymbol{e}_1, \boldsymbol{e}_2, \boldsymbol{e}_3$ を用いることで，

$$\begin{aligned} \boldsymbol{v}_1 &= \sigma^{1s}\boldsymbol{e}_s \qquad &(\text{面 1 に対する応力}) \\ \boldsymbol{v}_2 &= \sigma^{2s}\boldsymbol{e}_s \qquad &(\text{面 2 に対する応力}) \\ \boldsymbol{v}_3 &= \sigma^{3s}\boldsymbol{e}_s \qquad &(\text{面 3 に対する応力}) \end{aligned} \tag{3.15}$$

を得る．

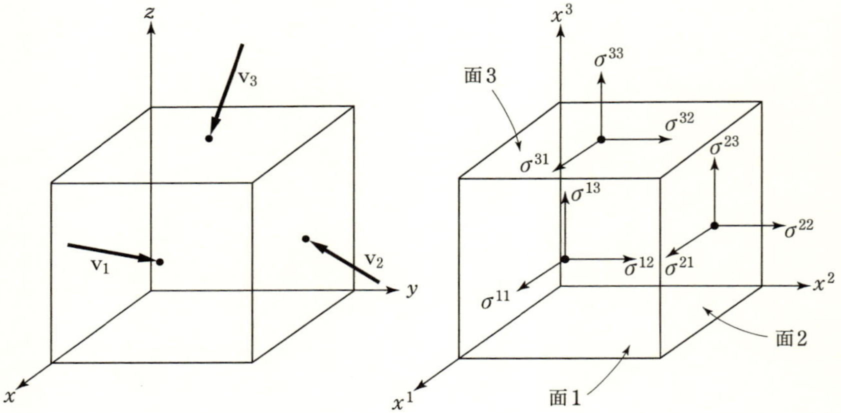

(*a*)　(*b*)

図 **3-5**

立法体の断面上の応力

ここでひとつの疑問が生じる：法線 $\boldsymbol{n}$ を持つ立方体の平らな断面にはどのような応力 $\boldsymbol{F}$ が伝わるのか？ これに答えるには，座標面と断面によって

作られる四面体 (tetrahedron) を示した図 3-6 を参照する．

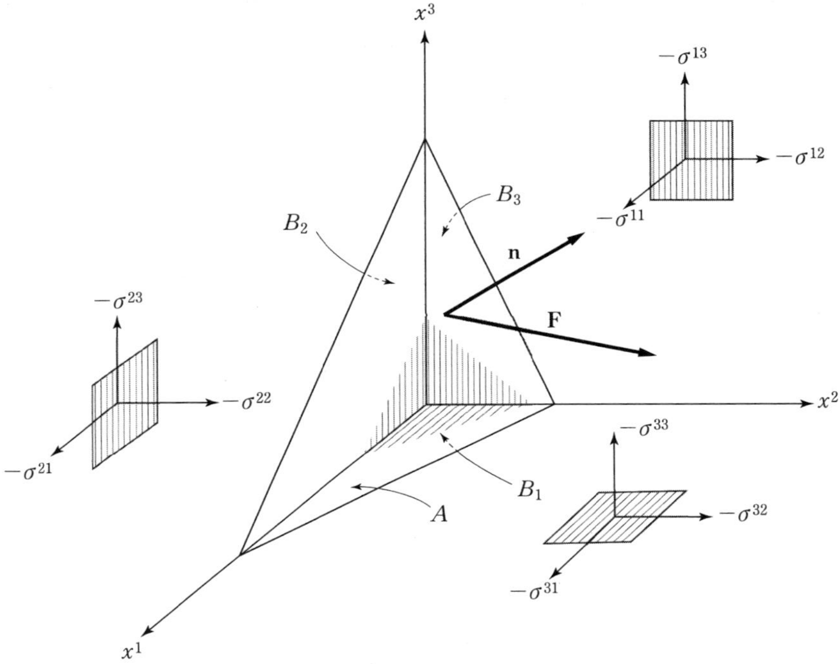

図 **3-6**

A を断面の面積としよう．立方体が平衡状態であるという仮定から，四面体の x^1x^2，x^1x^3，x^2x^3 平面における**応力**は，それぞれ $-\boldsymbol{v}_3$，$-\boldsymbol{v}_2$，$-\boldsymbol{v}_1$ となる（図 3-6 では成分ごとに表されている）．ゆえに，それらの同じ面に対する**力**は，それぞれ $B_1(-\boldsymbol{v}_3)$ と $B_2(-\boldsymbol{v}_2)$，$B_3(-\boldsymbol{v}_1)$ となる．四面体がそれ自身において平衡状態であるためには，その合力は消滅しなければいけない：

$$A\boldsymbol{F} + B_1(-\boldsymbol{v}_3) + B_2(-\boldsymbol{v}_2) + B_3(-\boldsymbol{v}_1) = 0$$

すなわち，$\boldsymbol{F}$ について解くと，

$$\boldsymbol{F} = \frac{B_3}{A}\boldsymbol{v}_1 + \frac{B_2}{A}\boldsymbol{v}_2 + \frac{B_1}{A}\boldsymbol{v}_3 \tag{3.16}$$

となる．しかし B_3 は A の x^2x^3 平面における射影であり，$B_3 = A\boldsymbol{n}\boldsymbol{e}_1$ または $B_3/A = \boldsymbol{n}\boldsymbol{e}_1$ となる*3．同じように，$B_2/A = \boldsymbol{n}\boldsymbol{e}_2$ や $B_1/A = \boldsymbol{n}\boldsymbol{e}_3$ である．これらの式と (3.15) を (3.16) に代入すると，

$$\boldsymbol{F} = \sigma^{rs}(\boldsymbol{n}\boldsymbol{e}_r)\boldsymbol{e}_s \tag{3.17}$$

であることがわかる．

座標変換の下での応力の反変性

$\boldsymbol{e}_i = a_i^j \boldsymbol{f}_j$ $(|a_i^j| \neq 0)$ 形式の変換によって $\mathbf{R}^3$ の基底を変更するとき，(3.17) から興味深い公式が結果としてでてくる．座標に関して言えば，

$$x^i \boldsymbol{e}_i = x^i(a_i^j \boldsymbol{f}_j) = (a_i^j x^i)\boldsymbol{f}_j \equiv \bar{x}^j \boldsymbol{f}_j$$

つまり，

$$\bar{x}^j = a_i^j x^i \tag{3.18}$$

を通して，(x^i) と関連を持った新しい座標系 $(\bar{x}^i)$ を得る．なお，次の式を得ることに注目して欲しい．

$$\frac{\partial \bar{x}^j}{\partial x^i} = a_i^j$$

$\boldsymbol{e}_r = a_r^i \boldsymbol{f}_i$ を (3.17) にすると，下の式のように，新しい座標系において応力成分 $(\bar{\sigma}^{ij})$ が生じる：

$$\boldsymbol{F} = \sigma^{rs}[\boldsymbol{n}(a_r^i \boldsymbol{f}_i)](a_s^j \boldsymbol{f}_j) = \sigma^{rs} a_r^i a_s^j (\boldsymbol{n}\boldsymbol{f}_i)\boldsymbol{f}_j \equiv \bar{\sigma}^{ij}(\boldsymbol{n}\boldsymbol{f}_i)\boldsymbol{f}_j$$

with
$$\bar{\sigma}^{ij} = \sigma^{rs} a_r^i a_s^j = \sigma^{rs}\frac{\partial \bar{x}^i}{\partial x^r}\frac{\partial \bar{x}^j}{\partial x^s} \tag{3.19}$$

(3.19) と変換則 (3.11) の比較で，少なくとも線形の座標変換において「**応力成分 σ^{ij} は 2 階の反変テンソルを定義している**」という結論に達する．

---

*3 訳注：この結果には「2 平面のなす角は，2 平面の法線ベクトルのなす角に等しい」ことを利用している．

3.6 直交テンソル

許容線形座標変換 $\mathscr{T}\colon \bar{x}^i = a^i_j x^j$ $(|a^i_j| \neq 0)$ に対応するテンソルは**アフィンテンソル** (*affine tensors*) と呼ばれる．(a^i_j) が直交であるとき (また $\mathscr{T}$ が距離を保つとき)，それに対応するテンソルは**直交テンソル** (*cartesian tensors*) である．ここで，すべての 1 対 1 の線形変換に関係するテンソルは，必然的に，すべての直交線形変換に関係するテンソルとなる．しかし逆は成り立たない．したがって，**アフィンテンソルは特殊な直交テンソルである**．同様に，**アフィン不変量** (*affine invariants*) は特定の**直交不変量** (*cartesian invariants*) である．[*4]

アフィンテンソル

$\mathscr{T}\colon \bar{x}^i = a^i_j x^j$ $(|a^i_j| \neq 0)$ の形の変換は，直交座標系 (x^i) を斜交軸を持つ系 $(\bar{x}^i)$ に変換するものであり，したがって，アフィンテンソルはそのようなすべての斜交座標系の上で定義される．$\mathscr{T}$ や $\mathscr{T}^{-1}$ のヤコビ行列は，

$$\boldsymbol{J} = \left[\frac{\partial \bar{x}^i}{\partial x^j}\right]_{nn} = [a^i_j]_{nn} \quad \text{and} \quad \boldsymbol{J}^{-1} = \left[\frac{\partial x^i}{\partial \bar{x}^j}\right]_{nn} \equiv [b^i_j]_{nn} \tag{3.20}$$

であることから，アフィンテンソルの変換則は次のようになる：

$$\begin{aligned}
&\text{反変} \quad \bar{T}^i = a^i_r T^r,\ \bar{T}^{ij} = a^i_r a^j_s T^{rs},\ \bar{T}^{ijk} = a^i_r a^j_s a^k_t T^{rst},\ \ldots \\
&\text{共変} \quad \bar{T}_i = b^r_i T_r,\ \bar{T}_{ij} = b^r_i b^s_j T_{rs},\ \bar{T}_{ijk} = b^r_i b^s_j b^t_k T_{rst},\ \ldots \\
&\text{混合} \quad \bar{T}^i_j = a^i_r b^s_j T^r_s,\ \bar{T}^i_{jk} = a^i_r b^s_j b^t_k T^r_{st},\ \ldots
\end{aligned} \tag{3.21}$$

それほど厳しくない条件 (3.21) の下で，以前より多くの対象がテンソルとしての資格を得ることになる．例えば，通常の位置ベクトル $\boldsymbol{x} = (x^i)$ は（アフィン）テンソルになり（問題 3.9 を見よ），テンソルの偏微分も（アフィン）テンソルと定義される（問題 2.23 によってわかる）．

---

*4 訳注：ここでいう不変量とは，アフィン変換または直交変換に対して変換しない量を指す．

直交テンソル

上記の線形変換 $\mathscr{T}$ が直交であると制限されるとき，$\boldsymbol{J}^{-1} = \boldsymbol{J}^T$ を満たし，直交テンソルの変換則は，(3.21) より，

$$
\begin{array}{lll}
\textbf{反変} & \bar{T}^i = a^i_r T^r, & \bar{T}^{ij} = a^i_r a^j_s T^{rs}, \ \ldots \\
\textbf{共変} & \bar{T}_i = a^i_r T_r, & \bar{T}_{ij} = a^i_r a^j_s T_{rs}, \ \ldots \\
\textbf{混合} & & \bar{T}^i_j = a^i_r a^j_s T^r_s, \ \ldots
\end{array}
$$

となる．これらの形式において特筆すべき特徴は，反変性と共変性のふるまいを区別できないということにある．結果として，すべての直交テンソルは下付き添字を用いて同じ方法で次のように表される：

$$
\begin{array}{ll}
\textbf{許容座標変換} & \bar{x}_i = a_{ij} x_j \quad \text{or} \quad x_i = a_{ji} \bar{x}_j \\
\textbf{直交テンソル則} & \bar{T}_i = a_{ir} T_r, \quad \bar{T}_{ij} = a_{ir} a_{js} T_{rs}, \ \ldots
\end{array}
\tag{3.22}
$$

直交変換は，直交座標系から別の直交座標系（変換前と同じ原点を持つ）への変換であるから，直交テンソルは直交 (デカルト) 座標系に属している．もちろん，アフィンテンソルより多くの直交テンソルが存在している．

$\boldsymbol{J}\boldsymbol{J}^T = \boldsymbol{I}$ が $\mathscr{J}^2 = 1$ または $\mathscr{J} = \pm 1$ であることに注意して欲しい．テンソルの法則 (3.22) に従う対象が

$$
\mathscr{J} = |a_{ij}| = +1
$$

のような許容座標変換であるとき，**正** (*direct*) 直交テンソルという．

例題

座標変換

> **問題 3.1** 例 3.2 の変換に対して，(a) $\mathscr{T}^{-1}$ の式を得よ； (b) (a) から $\bar{J}$ を計算せよ

解答

(a) $\bar{x}^1 = x^1x^2$, $\bar{x}^2 = (x^2)^2$ を x^1 と x^2 について解くことで，

$$\mathscr{T}\colon \begin{cases} \bar{x}^1 = x^1x^2 \\ \bar{x}^2 = (x^2)^2 \end{cases} \qquad \mathscr{T}^{-1}\colon \begin{cases} x^1 = \bar{x}^1/\sqrt{\bar{x}^2} \\ x^2 = \sqrt{\bar{x}^2} \end{cases} \tag{1}$$

が範囲 $x^2 > 0$ と $\bar{x}^2 > 0$ の間において 1 対 1 写像となり，また，

$$\mathscr{T}\colon \begin{cases} \bar{x}^1 = x^1x^2 \\ \bar{x}^2 = (x^2)^2 \end{cases} \qquad \mathscr{T}^{-1}\colon \begin{cases} x^1 = -\bar{x}^1/\sqrt{\bar{x}^2} \\ x^2 = -\sqrt{\bar{x}^2} \end{cases} \tag{2}$$

が範囲 $x^2 < 0$ と $\bar{x}^2 > 0$ の間において 1 対 1 写像となることがわかる．x^1x^2 平面の 2 つの範囲が，$\mathscr{T}$ のヤコビアンが 0 となる直線によって分離されていることに注意して欲しい．

(b) 例 3.2 より，

$$\boldsymbol{J} = \begin{bmatrix} x^2 & x^1 \\ 0 & 2x^2 \end{bmatrix} \quad \text{and so} \quad \boldsymbol{J}^{-1} = \frac{1}{2(x^2)^2}\begin{bmatrix} 2x^2 & -x^1 \\ 0 & x^2 \end{bmatrix}$$

は範囲 $x^2 > 0$ と $x^2 < 0$ のどちらにおいても有効である．ここで，$\bar{x}^2 > 0$ の場合，(1) の逆変換を微分した後，バーなし座標に直すと，

$$\bar{\boldsymbol{J}} = \begin{bmatrix} \dfrac{\partial x^1}{\partial \bar{x}^1} & \dfrac{\partial x^1}{\partial \bar{x}^2} \\[2ex] \dfrac{\partial x^2}{\partial \bar{x}^1} & \dfrac{\partial x^2}{\partial \bar{x}^2} \end{bmatrix} = \begin{bmatrix} (\bar{x}^2)^{-1/2} & -\frac{1}{2}\bar{x}^1(\bar{x}^2)^{-3/2} \\[2ex] 0 & \frac{1}{2}(\bar{x}^2)^{-1/2} \end{bmatrix}$$

$$= \begin{bmatrix} (x^2)^{-1} & -\frac{1}{2}x^1(x^2)^{-2} \\[2ex] 0 & \frac{1}{2}(x^2)^{-1} \end{bmatrix}$$

となる．$x^2 > 0$ 上で，$\bar{\boldsymbol{J}} = \boldsymbol{J}^{-1}$ であることがわかる．

同様に，$x^2 < 0$ においては，(2) から，

$$\bar{\boldsymbol{J}} = \begin{bmatrix} -(\bar{x}^2)^{-1/2} & \frac{1}{2}\bar{x}^1(\bar{x}^2)^{-3/2} \\ 0 & -\frac{1}{2}(\bar{x}^2)^{-1/2} \end{bmatrix} = \begin{bmatrix} +(x^2)^{-1} & -\frac{1}{2}x^1(x^2)^{-2} \\ 0 & +\frac{1}{2}(x^2)^{-1} \end{bmatrix}$$

$$= \boldsymbol{J}^{-1}$$

となる．

問題 3.2 (3.2) で定義される極座標に対して，(a) $\mathscr{T}$ のヤコビ行列を計算し，$\mathscr{T}$ が全単射となる範囲を推定せよ； (b) 以下の（右半面となる）範囲におけるヤコビ行列 $\mathscr{T}^{-1}$ を計算し，

$$\{(r, \theta) | r > 0,\ -\pi/2 < \theta < \pi/2\}$$

それが (a) の逆行列であることを証明せよ．

解答

(a) $$\boldsymbol{J} = \begin{bmatrix} \dfrac{\partial}{\partial x^1}(x^1 \cos x^2) & \dfrac{\partial}{\partial x^2}(x^1 \cos x^2) \\ \dfrac{\partial}{\partial x^1}(x^1 \sin x^2) & \dfrac{\partial}{\partial x^2}(x^1 \sin x^2) \end{bmatrix} = \begin{bmatrix} \cos x^2 & -x^1 \sin x^2 \\ \sin x^2 & x^1 \cos x^2 \end{bmatrix}$$

から，$\mathscr{J} = x^1 \equiv r$ となる．したがって，$\mathscr{T}$ は，原点を除いた全平面となる開集合 $r > 0$ において全単射となる．

(b) $\mathscr{T}^{-1}$ については，右半面にわたって，

$$\frac{\partial x^1}{\partial \bar{x}^1} = \frac{\bar{x}^1}{\sqrt{(\bar{x}^1)^2 + (\bar{x}^2)^2}} \qquad \frac{\partial x^1}{\partial \bar{x}^2} = \frac{\bar{x}^2}{\sqrt{(\bar{x}^1)^2 + (\bar{x}^2)^2}}$$

$$\frac{\partial x^2}{\partial \bar{x}^1} = \frac{1}{1 + (\bar{x}^2/\bar{x}^1)^2}\left[-\frac{\bar{x}^2}{(\bar{x}^1)^2}\right] = \frac{-\bar{x}^2}{(\bar{x}^1)^2 + (\bar{x}^2)^2}$$

$$\frac{\partial x^2}{\partial \bar{x}^2} = \frac{\bar{x}^1}{(\bar{x}^1)^2 + (\bar{x}^2)^2}$$

となり，ゆえに，

$$\bar{\boldsymbol{J}} = \begin{bmatrix} \dfrac{\bar{x}^1}{\sqrt{(\bar{x}^1)^2 + (\bar{x}^2)^2}} & \dfrac{\bar{x}^2}{\sqrt{(\bar{x}^1)^2 + (\bar{x}^2)^2}} \\ \dfrac{-\bar{x}^2}{(\bar{x}^1)^2 + (\bar{x}^2)^2} & \dfrac{\bar{x}^1}{(\bar{x}^1)^2 + (\bar{x}^2)^2} \end{bmatrix} = \begin{bmatrix} \cos x^2 & \sin x^2 \\ -\dfrac{\sin x^2}{x^1} & \dfrac{\cos x^2}{x^1} \end{bmatrix}$$

である．ここで $\boldsymbol{J}^{-1}$ を計算すると次のようになる：

$$\boldsymbol{J}^{-1} = \frac{1}{x^1}\begin{bmatrix} x^1 \cos x^2 & x^1 \sin x^2 \\ -\sin x^2 & \cos x^2 \end{bmatrix} = \begin{bmatrix} \cos x^2 & \sin x^2 \\ -\dfrac{\sin x^2}{x^1} & \dfrac{\cos x^2}{x^1} \end{bmatrix} = \bar{\boldsymbol{J}}$$

反変ベクトル

問題 3.3 $\boldsymbol{V} = (T^i)$ が反変ベクトルであるとき，各座標系で定義された偏微分 $T^i_j \equiv \partial T^i / \partial x^j$ が，

$$\bar{T}^i_j = T^r_s \frac{\partial \bar{x}^i}{\partial x^r}\frac{\partial x^s}{\partial \bar{x}^j} + T^r \frac{\partial^2 \bar{x}^i}{\partial x^r \partial x^s}\frac{\partial x^s}{\partial \bar{x}^j}$$

の規則に従って変換されることを示せ．

解答

連鎖律を用いて，

$$\bar{T}^i = T^r \frac{\partial \bar{x}^i}{\partial x^r}$$

の両辺を $\bar{x}^j$ について微分する：

$$\bar{T}^i_j \equiv \frac{\partial \bar{T}^i}{\partial \bar{x}^j} = \frac{\partial}{\partial \bar{x}^j}\left(T^r \frac{\partial \bar{x}^i}{\partial x^r}\right) = \frac{\partial T^r}{\partial \bar{x}^j}\frac{\partial \bar{x}^i}{\partial x^r} + T^r \frac{\partial}{\partial \bar{x}^j}\left(\frac{\partial \bar{x}^i}{\partial x^r}\right) \tag{1}$$

偏微分の連鎖律 (2.15) によって，

$$\frac{\partial T^r}{\partial \bar{x}^j} = \frac{\partial T^r}{\partial x^s}\frac{\partial x^s}{\partial \bar{x}^j} \equiv T^r_s \frac{\partial x^s}{\partial \bar{x}^j} \quad \text{and} \quad \frac{\partial}{\partial \bar{x}^j}\left(\frac{\partial \bar{x}^i}{\partial x^r}\right) = \left[\frac{\partial}{\partial x^s}\left(\frac{\partial \bar{x}^i}{\partial x^r}\right)\right]\frac{\partial x^s}{\partial \bar{x}^j}$$

となる．これらの式を (1) に代入すると目的の式をもたらす．

問題 3.4　(T^i) を $\mathbf{R}^2$ 上の反変ベクトルとし，(x^i) 系において $(T^i) = (x^2, x^1)$ であると仮定する．座標変換

$$\bar{x}^1 = (x^2)^2 \neq 0$$
$$\bar{x}^2 = x^1 x^2$$

の下，$(\bar{x}^i)$ 系における $(\bar{T}^i)$ を計算せよ．

解答

反変性の定義より，

$$\bar{T}^i = T^r \frac{\partial \bar{x}^i}{\partial x^r} = T^1 \frac{\partial \bar{x}^i}{\partial x^1} + T^2 \frac{\partial \bar{x}^i}{\partial x^2}$$

$i = 1$ の場合はヤコビ行列 $\boldsymbol{J}$ 上の行，$i = 2$ の場合はその下の行が必要となることに注目して欲しい．

$$\boldsymbol{J} = \begin{bmatrix} \dfrac{\partial \bar{x}^1}{\partial x^1} & \dfrac{\partial \bar{x}^1}{\partial x^2} \\ \dfrac{\partial \bar{x}^2}{\partial x^1} & \dfrac{\partial \bar{x}^2}{\partial x^2} \end{bmatrix} = \begin{bmatrix} 0 & 2x^2 \\ x^2 & x^1 \end{bmatrix}$$

したがって，

$$\bar{T}^1 = T^1(0) + T^2(2x^2) = 2x^1x^2$$

$$\bar{T}^2 = T^1(x^2) + T^2(x^1) = (x^2)^2 + (x^1)^2$$

となり，バーあり座標を用いると，

$$\bar{T}^1 = 2\bar{x}^2 \qquad \bar{T}^2 = \bar{x}^1 + \frac{(\bar{x}^2)^2}{\bar{x}^1}$$

となる．

問題 3.5　特定の座標系において，ある値の組 $(a, b, c, \ldots)$ を持つ成分が反変ベクトルを構成することを示せ．(この値の組は点関数に例えられる．)

解答

$(a, b, c, \ldots) \equiv (a^i)$ を座標系 (x^i) で割り当てられた値の組としよう．(x^i) における値の組を $V^i = a^i$ と置き，そのほかの許容座標系 $(\bar{x}^i)$ においては $\bar{V}^i = a^r(\partial\bar{x}^i/\partial x^r)$ と置く．(V^i) が反変テンソルであると示すために，(y^i) と $(\bar{y}^i)$ を任意の 2 つの許容座標系としよう．そのとき，$y^i = f^i(x^1, x^2, \ldots, x^n)$ と $\bar{y}^i = g^i(x^1, x^2, \ldots, x^n)$ となり，定義より，(y^i) および $(\bar{y}^i)$ における (V^i) の値はそれぞれ $T^i = a^r(\partial y^i/\partial x^r)$ および $\bar{T}^i = a^r(\partial\bar{y}^i/\partial x^r)$ となる．他方，連鎖律により，

$$\bar{T}^i = a^r \frac{\partial \bar{y}^i}{\partial x^r} = a^r \frac{\partial \bar{y}^i}{\partial y^s}\frac{\partial y^s}{\partial x^r} = T^s \frac{\partial \bar{y}^i}{\partial y^s} \qquad \text{QED}$$

共変ベクトル

問題 3.6　問題 3.4 の座標変換の下で $\boldsymbol{V} = (T_i) \equiv (x^2, x^1 + 2x^2)$ が共変ベクトルであるとき，$(\bar{x}^i)$ 系における $(\bar{T}_i)$ を計算せよ．

解答

根号を避けるために，(x^i) についての $\boldsymbol{J}^{-1}$ を計算する：

$$\boldsymbol{J}^{-1} = \begin{bmatrix} \dfrac{-x^1}{2(x^2)^2} & \dfrac{1}{x^2} \\ \dfrac{1}{2x^2} & 0 \end{bmatrix}$$

共変性から，

$$\bar{T}_i = T_r \frac{\partial x^r}{\partial \bar{x}^i} = T_1 \frac{\partial x^1}{\partial \bar{x}^i} + T_2 \frac{\partial x^2}{\partial \bar{x}^i} \qquad (i = 1, 2)$$

$i = 1$ の場合，$\boldsymbol{J}^{-1}$ の第 1 列を読み取る：

$$\bar{T}_1 = T_1(-x^1/2(x^2)^2) + T_2(1/2x^2) = -x^1/2x^2 + x^1/2x^2 + 1 = 1$$

同様に，$i = 2$ の場合，$\boldsymbol{J}^{-1}$ の第 2 列を用いる：

$$\bar{T}_2 = T_1(1/x^2) + T_2(0) = x^2(1/x^2) = 1$$

ゆえに，$(\bar{x}^i)$ において全ての点は $(\bar{T}_i) = (1, 1)$ となる（$\bar{x}^1 = 0$ は除く）.

問題 3.7　∇f が共変ベクトルであるという事実（例 3.5）から，偏微分方程式

$$x\frac{\partial f}{\partial x} = y\frac{\partial f}{\partial y} \tag{1}$$

を変数変換 $\bar{x} = xy$，$\bar{y} = (y)^2$ を用いて分かり易い形にせよ．そしてそれを解け.

解答

$\nabla f = (\partial f/\partial x, \partial f/\partial y) \equiv (T_i)$，$(x^1, x^2) = (x, y)$，$(\bar{x}^1, \bar{x}^2) = (\bar{x}, \bar{y})$ と書き表し，

$$\bar{T}_i \equiv \frac{\partial \bar{f}}{\partial \bar{x}^i} = T_r \frac{\partial x^r}{\partial \bar{x}^i}$$

とする．さらに $\boldsymbol{J}$ を計算し，次にその逆元を計算すると，

$$\left(\frac{\partial x^i}{\partial \bar{x}^j}\right) \equiv \boldsymbol{J}^{-1} = \begin{bmatrix} y & x \\ 0 & 2y \end{bmatrix}^{-1} = \begin{bmatrix} \dfrac{1}{y} & \dfrac{-x}{2(y)^2} \\ 0 & \dfrac{1}{2y} \end{bmatrix}$$

を得るため，

$$\frac{\partial \bar{f}}{\partial \bar{x}} \equiv \bar{T}_1 = T_r \frac{\partial x^r}{\partial \bar{x}^1} = T_1 \cdot \frac{1}{y} + T_2 \cdot 0 = \frac{1}{y}\frac{\partial f}{\partial x}$$

$$\frac{\partial \bar{f}}{\partial \bar{y}} \equiv \bar{T}_2 = T_r \frac{\partial x^r}{\partial \bar{x}^2} = T_1 \cdot \frac{-x}{2(y)^2} + T_2 \cdot \frac{1}{2y} = -\frac{x}{2(y)^2}\frac{\partial f}{\partial x} + \frac{1}{2y}\frac{\partial f}{\partial y}$$

となる．しかし (1) から，

$$\frac{\partial \bar{f}}{\partial \bar{y}} = \frac{1}{2(y)^2}\left(-x\frac{\partial f}{\partial x} + y\frac{\partial f}{\partial y}\right) = 0$$

となるため，$\bar{f} = F(\bar{x})$，がただ $\bar{x}$ の関数であることを意味している．したがって，$f = F(xy)$ が (1) の一般解となる.

不変量

問題 3.8　定理 3.1 を証明せよ.

解答

(S^i) や (T_i) が指定の型や階数のテンソルであるとき，座標変換に対して量 $E \equiv S^i T_i$ が不変であることを示さなければならない．つまり，$\bar{E} = E$（$\bar{E} = \bar{S}^i \bar{T}_i$）であることを示す．このため，

$$\bar{S}^i = S^r \frac{\partial \bar{x}^i}{\partial x^r} \qquad \text{and} \qquad \bar{T}_i = T_s \frac{\partial x^s}{\partial \bar{x}^i}$$

であることを見ると，(3.7) を考慮して，

$$\bar{E} = \bar{S}^i \bar{T}_i = S^r \frac{\partial \bar{x}^i}{\partial x^r} \cdot T_s \frac{\partial x^s}{\partial \bar{x}^i} = S^r T_s \frac{\partial \bar{x}^i}{\partial x^r} \frac{\partial x^s}{\partial \bar{x}^i} = S^r T_s \delta_r^s = S^r T_r = E$$

となる.

問題 3.9　$\mathbf{R}^n$ の線形変換 $\bar{x}^i = a_j^i x^j$（$|a_j^i| \neq 0$）の下で，法線ベクトル (A_i) が共変的であるならば，超平面の方程式 $A_i x^i = 1$ が不変となることを示せ.

解答

定理 3.1 を考慮すると，$(T^i) = (x^i)$ が反変のアフィンテンソルであることを示せれば十分である．そしてただちに次のようになり，変換則 (3.21) を満たす：

$$\bar{T}^i \equiv \bar{x}^i = a_j^i x^j \equiv a_j^i T^j$$

2 階の反変テンソル

問題 3.10 $\mathbf{R}^2$ 上の座標系 (x^i) において 2 階の反変テンソル $\boldsymbol{T}$ の成分が $T^{11}=1$ や $T^{12}=1$，$T^{21}=-1$，$T^{22}=2$ であると仮定する．

(a) 座標系 $(\bar{x}^i)$ における $\boldsymbol{T}$ の成分 $\bar{T}^{ij}$ を求めよ．ここで $(\bar{x}^i)$ は，

$$\begin{aligned}\bar{x}^1 &= (x^1)^2 \neq 0\\ \bar{x}^2 &= x^1x^2\end{aligned}$$

を介して (x^i) 系と結びついている．

(b) $x^1=1$，$x^2=-2$ に対応する点での $\bar{T}^{ij}$ の値を計算せよ．

解答

苦労しないために，この問題は行列を使って進めていく．

(a)

$$J^i_j \equiv J'^j_i \equiv \frac{\partial \bar{x}^i}{\partial x^j}$$

と書くことで，(2.1b) から，

$$\bar{T}^{ij} = T^{rs}\frac{\partial \bar{x}^i}{\partial x^r}\frac{\partial \bar{x}^j}{\partial x^s} = J^i_r T^{rs} J'^s_j$$

を得る．つまり，

$$\begin{aligned}\bar{T} &= JTJ^T\\ &= \begin{bmatrix}2x^1 & 0\\ x^2 & x^1\end{bmatrix}\begin{bmatrix}1 & 1\\ -1 & 2\end{bmatrix}\begin{bmatrix}2x^1 & x^2\\ 0 & x^1\end{bmatrix}\\ &= \begin{bmatrix}4(x^1)^2 & 2x^1x^2+2(x^1)^2\\ 2x^1x^2-2(x^1)^2 & 2(x^1)^2+(x^2)^2\end{bmatrix}\end{aligned}$$

となる．

(b) 点 $(1,-2)$ においては，

$$\bar{T}^{11} = 4(1)^2 = 4 \qquad \bar{T}^{12} = 2(1)(-2)+2(1)^2 = -2$$

$$\bar{T}^{21} = 2(1)(-2) - 2(1)^2 = -6 \quad \bar{T}^{22} = 2(1)^2 + (-2)^2 = 6$$

となる.

問題 3.11 (S^i) と (T^i) が $\mathbf{R}^n$ 上の反変ベクトルであるとき，すべての座標系で定義された行列 $[U^{ij}] \equiv [S^iT^j]_{nn}$ が 2 階の反変テンソルを表すことを示せ.

解答

$$\bar{S}^i = S^r \frac{\partial \bar{x}^i}{\partial x^r} \qquad \text{and} \qquad \bar{T}^j = T^s \frac{\partial \bar{x}^j}{\partial x^s}$$

を掛け合わせると,

$$\bar{U}^{ij} = \bar{S}^i\bar{T}^j = S^r \frac{\partial \bar{x}^i}{\partial x^r} \cdot T^s \frac{\partial \bar{x}^j}{\partial x^s} = U^{rs} \frac{\partial \bar{x}^i}{\partial x^r} \frac{\partial \bar{x}^j}{\partial x^s}$$

となり，テンソル則に従う（テンソル間の “外積” の概念は，第 4 章でさらに発展させるつもりである）.

2 階の共変テンソル

問題 3.12 T_i が共変ベクトル $\boldsymbol{T}$ の成分であるとき，$S_{ij} \equiv T_iT_j - T_jT_i$ が歪対称共変テンソル $\boldsymbol{S}$ の成分であることを示せ.

解答

歪対称であることは明白である. $\boldsymbol{T}$ の変換則から,

$$\begin{aligned}\bar{T}_i\bar{T}_j - \bar{T}_j\bar{T}_i &= T_r \frac{\partial x^r}{\partial \bar{x}^i} \cdot T_s \frac{\partial x^s}{\partial \bar{x}^j} - T_s \frac{\partial x^s}{\partial \bar{x}^j} \cdot T_r \frac{\partial x^r}{\partial \bar{x}^i} \\ &= T_rT_s \frac{\partial x^r}{\partial \bar{x}^i} \frac{\partial x^s}{\partial \bar{x}^j} - T_sT_r \frac{\partial x^r}{\partial \bar{x}^i} \frac{\partial x^s}{\partial \bar{x}^j} = (T_rT_s - T_sT_r) \frac{\partial x^r}{\partial \bar{x}^i} \frac{\partial x^s}{\partial \bar{x}^j}\end{aligned}$$

or
$$\bar{S}_{ij} = S_{rs} \frac{\partial x^r}{\partial \bar{x}^i} \frac{\partial x^s}{\partial \bar{x}^j}$$

となり，$\boldsymbol{S}$ の共変テンソルの特徴が確立する.

問題 3.13　もし対称配列 (T_{ij}) が，

$$\bar{T}_{ij} = T_{rt}\frac{\partial x^k}{\partial \bar{x}^s}\frac{\partial x^s}{\partial \bar{x}^j}\frac{\partial x^t}{\partial \bar{x}^i}\frac{\partial \bar{x}^r}{\partial x^k}$$

に従って変換するとき，これが 2 階の共変テンソルを定義していることを示せ．

解答

$$\bar{T}_{ij} = T_{rt}\left(\frac{\partial \bar{x}^r}{\partial x^k}\frac{\partial x^k}{\partial \bar{x}^s}\right)\frac{\partial x^s}{\partial \bar{x}^j}\frac{\partial x^t}{\partial \bar{x}^i} = T_{rt}\delta^r_s\frac{\partial x^s}{\partial \bar{x}^j}\frac{\partial x^t}{\partial \bar{x}^i}$$

$$= T_{st}\frac{\partial x^s}{\partial \bar{x}^j}\frac{\partial x^t}{\partial \bar{x}^i} = T_{ts}\frac{\partial x^t}{\partial \bar{x}^i}\frac{\partial x^s}{\partial \bar{x}^j}$$

問題 3.14　$\boldsymbol{U} = (U_{ij})$ を 2 階の共変テンソルとしよう．問題 3.10 と同じような座標変換の下で，(a) $U_{11} = x^2$，$U_{12} = U_{21} = 0$，$U_{22} = x^1$ のとき，成分 $\bar{U}_{ij}$ を計算せよ； (b) $T^{ij}U_{ij} = E$ の量が不変であることを確認せよ．ここで，T^{ij} と $\bar{T}^{ij}$ は問題 3.10 から得られる．

解答

(a) ヤコビ行列の逆元の観点から，共変的な変換則は，

$$\bar{U}_{ij} = \frac{\partial x^r}{\partial \bar{x}^i}U_{rs}\frac{\partial x^s}{\partial \bar{x}^j} = \bar{J}^r_i U_{rs}\bar{J}^s_j = \bar{J}'^i_r U_{rs}\bar{J}^s_j \qquad \text{or} \qquad \bar{U} = \bar{J}^T U \bar{J}$$

となる．

$$\bar{J} = \begin{bmatrix} 2x^1 & 0 \\ x^2 & x^1 \end{bmatrix}^{-1} = \begin{bmatrix} \dfrac{1}{2x^1} & 0 \\ -\dfrac{x^2}{2(x^1)^2} & \dfrac{1}{x^1} \end{bmatrix} \qquad U = \begin{bmatrix} x^2 & 0 \\ 0 & x^1 \end{bmatrix}$$

を代入することで，

$$\bar{U} = \begin{bmatrix} \dfrac{1}{2x^1} & -\dfrac{x^2}{2(x^1)^2} \\ 0 & \dfrac{1}{x^1} \end{bmatrix}\begin{bmatrix} x^2 & 0 \\ 0 & x^1 \end{bmatrix}\begin{bmatrix} \dfrac{1}{2x^1} & 0 \\ -\dfrac{x^2}{2(x^1)^2} & \dfrac{1}{x^1} \end{bmatrix}$$

$$= \begin{bmatrix} \dfrac{x^1x^2+(x^2)^2}{4(x^1)^3} & -\dfrac{x^2}{2(x^1)^2} \\ -\dfrac{x^2}{2(x^1)^2} & \dfrac{1}{x^1} \end{bmatrix}$$

であることがわかり，$\bar{U}_{ij}$ を読み取ることができる．

(b) 行列的なアプローチで続けていくと，E が行列 TU^T の**トレース**（対角成分の和）であることに注意してほしい．

$$TU^T = \begin{bmatrix} 1 & 1 \\ -1 & 2 \end{bmatrix} \begin{bmatrix} x^2 & 0 \\ 0 & x^1 \end{bmatrix} = \begin{bmatrix} x^2 & x^1 \\ -x^2 & 2x^1 \end{bmatrix}$$

$$E = x^2 + 2x^1$$

したがって，

$$\bar{T}\bar{U}^T = \begin{bmatrix} 4(x^1)^2 & 2x^1x^2+2(x^1)^2 \\ 2x^1x^2-2(x^1)^2 & 2(x^1)^2+(x^2)^2 \end{bmatrix} \begin{bmatrix} \dfrac{x^1x^2+(x^2)^2}{4(x^1)^3} & -\dfrac{x^2}{2(x^1)^2} \\ -\dfrac{x^2}{2(x^1)^2} & \dfrac{1}{x^1} \end{bmatrix}$$
$$= \begin{bmatrix} 0 & 2x^1 \\ -\dfrac{3x^2}{2} & x^2+2x^1 \end{bmatrix}$$

$$\bar{E} = x^2 + 2x^1 = E$$

となる．

問題 3.15　定理 3.2 を証明せよ．

解答

まず第一に，共変的な行列（2 階のテンソル）U がバーなし座標系で逆元 V を持つ場合，$\bar{U}$ はバーあり座標系において逆元 $\bar{V}$ を持つことに注意する．つまりは $(\bar{U})^{-1} = \overline{U^{-1}}$ となる．次に，問題 3.14(a) より，

$$\bar{U} = \bar{J}^T U \bar{J}$$

とする．両辺の逆元をとると，$J\bar{J} = I$ であることを思い出し，問題 2.13 を

適用することで，

$$\overline{U^{-1}} = \bar{J}^{-1}U^{-1}(\bar{J}^T)^{-1} = JU^{-1}J^T$$

を得て，U^{-1} が反変的な規則を持つことがわかる [問題 3.10(a) を見よ].

混合テンソル

> **問題 3.16**　極座標におけるテンソル成分 $(\bar{T}^i_j)$ の式を直交座標のテンソル成分 (T^i_j) を用いて計算せよ．ただし直交座標でのテンソルは対称であるとする．(3.1 節とは対照的に，ここでは，バーあり座標上に関しては曲線座標である.)

解答

一般式は計算で

$$\bar{T}^i_j = T^r_s \frac{\partial \bar{x}^i}{\partial x^r}\frac{\partial x^s}{\partial \bar{x}^j} = \frac{\partial \bar{x}^i}{\partial x^r} T^r_s \frac{\partial x^s}{\partial \bar{x}^j} \quad (T^i_j = T^j_i)$$

と求められる．(2.1b) を用いることで，これを行列形式

$$\bar{T} = JTJ^{-1} = \bar{J}^{-1}T\bar{J} \tag{1}$$

として書くことができる．ここで，$T = [T^i_j]_{22}$ であり，また，

$$\bar{J} = \begin{bmatrix} \cos\theta & -r\sin\theta \\ \sin\theta & r\cos\theta \end{bmatrix}$$

は (r, θ) から (x, y) への変換におけるヤコビ行列である．したがって，

$$\begin{aligned}
\bar{T} &= \begin{bmatrix} \cos\theta & \sin\theta \\ -\dfrac{\sin\theta}{r} & \dfrac{\cos\theta}{r} \end{bmatrix} \begin{bmatrix} T^1_1 & T^1_2 \\ T^1_2 & T^2_2 \end{bmatrix} \begin{bmatrix} \cos\theta & -r\sin\theta \\ \sin\theta & r\cos\theta \end{bmatrix} \\
&= \begin{bmatrix} \cos\theta & \sin\theta \\ -\dfrac{\sin\theta}{r} & \dfrac{\cos\theta}{r} \end{bmatrix} \begin{bmatrix} T^1_1\cos\theta + T^1_2\sin\theta & -rT^1_1\sin\theta + rT^1_2\cos\theta \\ T^1_2\cos\theta + T^2_2\sin\theta & -rT^1_2\sin\theta + rT^2_2\cos\theta \end{bmatrix}
\end{aligned}$$

となる．通常通り最終的な行列の乗算を実行し，三角関数の公式によって次のように簡単にする：

$$\bar{T} = \begin{bmatrix} T_1^1 \cos^2\theta + T_2^1 \sin 2\theta + T_2^2 \sin^2\theta & -\frac{r}{2}T_1^1 \sin 2\theta + rT_2^1 \cos 2\theta + \frac{r}{2}T_2^2 \sin 2\theta \\ -T_1^1 \frac{\sin 2\theta}{2r} + T_2^1 \frac{\cos 2\theta}{r} + T_2^2 \frac{\sin 2\theta}{2r} & T_1^1 \sin^2\theta - T_2^1 \sin 2\theta + T_2^2 \cos^2\theta \end{bmatrix}$$

$\bar{T}$ が T の対称性を共有しないことが見て取れる：　$\bar{T}_1^2 = r^{-2}\bar{T}_2^1$.

問題 3.17　2 階の混合テンソルの行列式が不変であることを証明せよ．

解答

問題 3.16 の (1) より，

$$|\bar{T}| = |JTJ^{-1}| = |J||T||J^{-1}| = \mathscr{J}|T|\mathscr{J}^{-1} = |T|$$

を得る．つまり，T が対称である必要はない．

一般のテンソル

問題 3.18　2 階反変および 1 階共変となる 3 階のテンソルの変換則を表示せよ．

解答

定義 7 において $p = 2$ と $q = 1$ とし，不要な下付き添字を避けるため，$i_1, i_2, j_1, r_1, r_2, s_1$ の代わりに i, j, k, r, s, t と書く．こうして (3.14) から

$$\bar{T}_k^{ij} = T_t^{rs} \frac{\partial \bar{x}^i}{\partial x^r} \frac{\partial \bar{x}^j}{\partial x^s} \frac{\partial x^t}{\partial \bar{x}^k}$$

を得る．

問題 3.19　$\boldsymbol{T} = (T_{klm}^{ij})$ は，その添字で指定される階数や型となるテンソルを表しているとする．$\boldsymbol{S} = (T_k) \equiv (T_{kij}^{ij})$ が共変ベクトルであることを証明せよ．

解答

$\boldsymbol{T}$ における変換則 (3.14) は，

$$\bar{T}^{ij}_{klm} = T^{rs}_{tuv} \frac{\partial \bar{x}^i}{\partial x^r} \frac{\partial \bar{x}^j}{\partial x^s} \frac{\partial x^t}{\partial \bar{x}^k} \frac{\partial x^u}{\partial \bar{x}^l} \frac{\partial x^v}{\partial \bar{x}^m}$$

$l = i$，$m = j$ とおいて総和すると次のようになる：

$$\begin{aligned} \bar{T}_k \equiv \bar{T}^{ij}_{kij} &= T^{rs}_{tuv} \frac{\partial \bar{x}^i}{\partial x^r} \frac{\partial \bar{x}^j}{\partial x^s} \frac{\partial x^t}{\partial \bar{x}^k} \frac{\partial x^u}{\partial \bar{x}^i} \frac{\partial x^v}{\partial \bar{x}^j} \\ &= T^{rs}_{tuv} \left(\frac{\partial \bar{x}^i}{\partial x^r} \frac{\partial x^u}{\partial \bar{x}^i} \right) \left(\frac{\partial \bar{x}^j}{\partial x^s} \frac{\partial x^v}{\partial \bar{x}^j} \right) \frac{\partial x^t}{\partial \bar{x}^k} \\ &= T^{rs}_{tuv} \delta^u_r \delta^v_s \frac{\partial x^t}{\partial \bar{x}^k} = T^{rs}_{trs} \frac{\partial x^t}{\partial \bar{x}^k} \equiv T_t \frac{\partial x^t}{\partial \bar{x}^k} \end{aligned}$$

直交テンソル

問題 3.20　交代記号 (e_{ij}) が $\boldsymbol{R}^2$ 上の正直交テンソルを定義していることを示せ．e_{ij} がすべての直交座標系において同じ方法で定義されていると仮定する．

解答

座標変換が $\bar{x}_i = a_{ij}x_j$ であり，それが $(a_{ij})^T(a_{kl}) = (\delta_{pq})$ を満たし，

$$|a_{ij}| = a_{11}a_{22} - a_{12}a_{21} = 1$$

となるとき，次の直交テンソルの規則（3.22）を確立しなければならない：

$$\bar{e}_{ij} = e_{rs}a_{ir}a_{js} \quad (n = 2)$$

4 つの可能な事例を個別に調べると次のようになる：

$$\begin{aligned} &\boldsymbol{i = j = 1} \quad e_{rs}a_{1r}a_{1s} = a_{11}a_{12} - a_{12}a_{11} = 0 = \bar{e}_{11} \\ &\boldsymbol{i = 1,\ j = 2} \quad e_{rs}a_{1r}a_{2s} = a_{11}a_{22} - a_{12}a_{21} = 1 = \bar{e}_{12} \\ &\boldsymbol{i = 2,\ j = 1} \quad e_{rs}a_{2r}a_{1s} = a_{21}a_{12} - a_{22}a_{11} = -1 = \bar{e}_{21} \end{aligned}$$

$$\boldsymbol{i=j=2} \quad e_{rs}a_{2r}a_{2s} = a_{21}a_{22} - a_{22}a_{21} = 0 = \bar{e}_{22}$$

問題 3.21 (a) 二次形式 $c_{ij}x^ix^j = 1$ の係数 c_{ij} がアフィンテンソルとして変換することを証明せよ．(b) (c_{ij}) のトレース c_{ii} が直交不変量であることを証明せよ．

解答

(a) $\bar{x}^i = a^i_j x^j$ と $x^i = b^i_j \bar{x}^j$ であるとき（ただし $(b^i_j) = (a^i_j)^{-1}$），二次形式は，

$$1 = c_{ij}(b^i_r \bar{x}^r)(b^j_s \bar{x}^s) \equiv \bar{c}_{rs}\bar{x}^r\bar{x}^s$$

のように変換し，$\bar{c}_{rs} = b^i_r b^j_s c_{ij}$ となる．そしてまさにこの式が 2 階の共変アフィンテンソルとなる (3.21) を満たす．

(b) $(b^i_j) = (a^i_j)^T$ となる直交変換を仮定すると，

$$\bar{c}_{rs} = b^i_r a^s_j c_{ij}$$

を得る．ゆえに，$\bar{c}_{rr} = (b^i_r a^r_j)c_{ij} = \delta^i_j c_{ij} = c_{ii}$ となる．

問題 3.22 クロネッカーのデルタと交代記号との間の恒等式を確立せよ：

$$e_{rij}e_{rkl} \equiv \delta_{ik}\delta_{jl} - \delta_{il}\delta_{jk} \tag{3.23}$$

解答

この恒等式は $n = 3$ であるから，潜在的に検討する個々の事例が $3^4 = 81$ 個ある．しかしながら，この数は，以下の推論によりたった 4 個の事例へと減らすことができる： $i = j$ または $k = l$ のとき，両辺がゼロとなる．例えば $i = j$ のとき，左辺は $e_{rij} = 0$，右辺は

$$\delta_{ik}\delta_{jl} - \delta_{jl}\delta_{ik} = 0$$

となる．ゆえに，$i \neq j$ と $k \neq l$ の両方の場合のみを検討する必要がある．そして左辺の総和を書くと，$i \neq j$ なので，2 つの項が消える：

$$e_{1ij}e_{1kl} + e_{2ij}e_{2kl} + e_{3ij}e_{3kl} = e_{1'2'3'}e_{1'kl} \quad (i = 2',\, j = 3')$$

ここで，$(1'2'3')$ は (123) の順列を表している．したがって，（それぞれ 2 つの小事例を持つ）2 つの場合だけが残る．

Case 1： $e_{1'2'3'}e_{1'kl} \neq 0\,(i = 2',\, j = 3')$．ここでは，$k = 2'$ および $l = 3'$，または $k = 3'$ および $l = 2'$ のいずれかである．前者においては (3.23) の左辺は $+1$ となり，左辺は

$$\delta_{2'2'}\delta_{3'3'} - \delta_{2'3'}\delta_{3'2'} = 1 - 0 = 1$$

と等しい．後者の場合，両辺は -1 に等しく，容易に確認することができる．

Case2： $e_{1'2'3'}e_{1'kl} = 0\,(i = 2',\, j = 3')$．$k \neq l$ であるので，$k = 1'$ または $l = 1'$ のいずれかである．$k = 1'$ のとき，(3.23) の右辺は

$$\delta_{2'1'}\delta_{3'l} - \delta_{2'l}\delta_{3'1'} = 0 - 0 = 0$$

と等しい．$l = 1'$ のときは，$\delta_{2'k}\delta_{3'1'} - \delta_{2'1'}\delta_{3'k} = 0 - 0 = 0$ を得る．

これですべての事例についての考察が完了し，恒等式が確立される．

演習問題

問題 3.23　座標系 (x^i) と $(\bar{x}^i)$ が結びついている次の変換を仮定する：

$$\mathscr{T}:\begin{cases}\bar{x}^1 = \exp(x^1 + x^2)\\ \bar{x}^2 = \exp(x^1 - x^2)\end{cases}$$

(a) ヤコビ行列 J とヤコビアン $\mathscr{J}$ を計算せよ．$\mathbf{R}^2$ 上にわたり $\mathscr{J} \neq 0$ となることを示せ．(b) $\mathscr{T}^{-1}$ の式を与えよ．(c) $\mathscr{T}^{-1}$ のヤコビ行列 $\bar{J}$ を計算し，J^{-1} と比較せよ．

問題 3.24　(T_i) が共変ベクトルを定義し，また成分 $S_{ij} \equiv T_iT_j + T_jT_i$ が各座標系に対してい定義されているとき，(S_{ij}) が対称共変テンソルであることを証明せよ.（問題 3.12 と比較せよ.）

問題 3.25　(T_i) が，共変ベクトルを定義し，また各座標系において，

$$\frac{\partial T_i}{\partial x^j} - \frac{\partial T_j}{\partial x^i} \equiv T_{ij}$$

と定義するとき，(T_{ij}) が 2 階の歪対称共変テンソルであることを証明せよ．[ヒント：問題 3.3 にならってその証明をつくれ．]

問題 3.26　偏微分方程式

$$y\frac{\partial f}{\partial x} = x\frac{\partial f}{\partial y}$$

を極形式へと変換し（∇f が共変ベクトルであるという事実を使う），$f(x,y)$ について解け.

問題 3.27　(g_{ij}) が共変アフィンテンソルという条件で，二次形式 $Q = g_{ij}x^ix^j$ がアフィン不変量であることを示せ. [問題 3.21(a) の逆である．]

問題 3.28　反変ベクトル (T^i) の偏微分が 2 階の混合アフィンテンソルを定義することを証明せよ．[ヒント：問題 2.23 と比較せよ．]

問題 3.29　すべての座標系で一様に定義されたクロネッカーのデルタ (δ^i_j) が 2 階の混合アフィンテンソルを定義していることを証明せよ．

問題 3.30　すべての座標系で一様に定義された 2 次の交代記号 (e_{ij}) が，任意の座標変換の下で（問題 3.20 のようになるにもかかわらず）共変でないことを示せ．[ヒント：$x^1 = \bar{x}^1\bar{x}^2$, $x^2 = \bar{x}^2$ における点 $(\bar{x}^i) = (1, 2)$ を使え．]

問題 3.31　(3.23) を用いて，ベクトル積に関する良く知られた 3 つのベクトルの等式

$$\boldsymbol{u} \times (\boldsymbol{v} \times \boldsymbol{w}) = (\boldsymbol{uw})\boldsymbol{v} - (\boldsymbol{uv})\boldsymbol{w}$$

あるいは座標形式では

$$e_{ijk}u_j(e_{krs}v_r w_s) = (u_j w_j)v_i - (u_j v_j)w_i$$

となる等式を構築せよ．

問題 3.32　(a) (T^i_j) が混合テンソルであるとき，$(T^i_j + T^j_i)$ が一般的にテンソルとはならないことを示せ．(b) 与えられた座標系上で対称な 2 階の混合テンソルが，そのヤコビ行列が直交であるとき，対称テンソルとして変換することを示せ．

問題 3.33　次を証明せよ：(a) (T^i_j) が 2 階の混合テンソルであるとき，T^i_i は不変量であること；(b) (S^i_{jk}) と (T^i) が指定された型や階数のテンソルであるとき，$S^r_{jr}T^j$ は不変量であること．

問題 3.34　$\boldsymbol{T} \equiv (T^{ijk}_{ml})$ が 3 階反変および 2 階共変のテンソルであるとき，$\boldsymbol{S} \equiv (T^{ijk}_{kj})$ が反変ベクトルであることを示せ．

問題 3.35　曲線 $x^i = x^i(t)$ における接ベクトル $\boldsymbol{T} \equiv (T^i) = (dx^i/dt)$ の導関数，$d\boldsymbol{T}/dt$，が反変アフィンテンソルであることを示せ．そしてそれは直交テンソルであるか？

問題 3.36　(a) テンソルの理論を用いて 2 つのベクトル $\boldsymbol{u} = (u_i)$, $\boldsymbol{v} = (v_i)$ の内積 $\boldsymbol{uv} \equiv u_i v_i$ が直交不変量であることを証明せよ．(b) $\boldsymbol{uv}$ はアフィン不変量であるか？

第 4 章

テンソル演算; テンソル性の判定

4.1 基本演算

2 つの与えられたテンソル

$$S = (S^{i_1 i_2 \ldots i_p}_{j_1 j_2 \ldots j_q}) \qquad T = (T^{k_1 k_2 \ldots k_r}_{l_1 l_2 \ldots l_s}) \tag{4.1}$$

から，以下に説明するように，ある操作を施すことで，3 つ目のテンソルを生み出すことになる．

和，線形結合

(4.1) において $p = r$ および $q = s$ としよう．変換則 (3.14) がテンソルの成分において線形であるから，

$$\boldsymbol{S} + \boldsymbol{T} \equiv (S^{i_1 i_2 \ldots i_r}_{j_1 j_2 \ldots j_s} + T^{i_1 i_2 \ldots i_r}_{j_1 j_2 \ldots j_s}) \tag{4.2a}$$

が，元の 2 つのテンソルと同じ型・階数のテンソルであることは明白である．もっと一般的いえば，$\boldsymbol{T}_1, \boldsymbol{T}_2, \ldots, \boldsymbol{T}_\mu$ が同じ型・階数であり，$\lambda_1, \lambda_2 \ldots, \lambda_\mu$ が一定のスカラーであるとき，

$$\lambda_1 \boldsymbol{T}_1 + \lambda_2 \boldsymbol{T}_2 + \cdots + \lambda_\mu \boldsymbol{T}_\mu \tag{4.2b}$$

は元のテンソルと同じ型・階数のテンソルである．

外積

(4.1) のテンソル $\boldsymbol{S}$ と $\boldsymbol{T}$ の外積 (*outer product*)

$$[\boldsymbol{ST}] \equiv (S^{i_1 i_2 \ldots i_p}_{j_1 j_2 \ldots j_q} \cdot T^{k_1 k_2 \ldots k_r}_{l_1 l_2 \ldots l_s}) \tag{4.3}$$

は，$p + r$ 階反変と $q + s$ 階共変の $m = p + q + r + s$ 階（$\boldsymbol{S}$ の階数と $\boldsymbol{T}$ の階数の和）のテンソルとなる．$[\boldsymbol{ST}] = [\boldsymbol{TS}]$ であることに注意してほしい．

【例 4.1】

2 つのテンソル $\boldsymbol{S} = (S^i_j)$ と $\boldsymbol{T} = (T_k)$ が与えられたとき，その外積 $[\boldsymbol{ST}] = (S^i_j T_k) \equiv (P^i_{jk})$ は，

$$\bar{P}^i_{jk} \equiv \bar{S}^i_j \bar{T}_k = \left(S^r_s \frac{\partial \bar{x}^i}{\partial x^r} \frac{\partial x^s}{\partial \bar{x}^j} \right) \left(T_u \frac{\partial x^u}{\partial \bar{x}^k} \right) = P^r_{su} \frac{\partial \bar{x}^i}{\partial x^r} \frac{\partial x^s}{\partial \bar{x}^j} \frac{\partial x^u}{\partial \bar{x}^k}$$

という理由から，テンソルである．

内積

2 つのテンソルの内積をとるには，1 つのテンソルの上付き（反変の）添字を他方のテンソルの下付き（共変の）添字と等しくし，その繰り返し添字にわたって成分の積を足し合わせる．実際には，その反変および共変の性質が打ち消され，2 つのテンソルの総階数が下がる．

このことを形式的に述べるために，(4.1) において $i_\alpha = u = l_\beta$ とおく．そのとき，この添字の組に対応する内積は，

$$\boldsymbol{ST} \equiv (S^{i_1 \ldots u \ldots i_p}_{j_1 j_2 \ldots j_q} \, T^{k_1 k_2 \ldots k_r}_{l_1 \ldots u \ldots l_s}) \tag{4.4}$$

となり，$ps + rq$ 個の内積 $\boldsymbol{ST}$，$\boldsymbol{TS}$ が存在することがわかる．一般的には，これらのすべてが区別される．各々のテンソルの階数は

$$m = p + q + r + s - 2$$

となる．

【例 4.2】

テンソル $\boldsymbol{S} = (S^{ij})$ と $\boldsymbol{T} = (T_{klm})$ から，内積 $\boldsymbol{U} = (U^j_{km}) \equiv (S^{uj} T_{kum})$ をつくると，次を得る：

$$\begin{aligned}\bar{U}^j_{km} &= \left(S^{pr} \frac{\partial \bar{x}^u}{\partial x^p} \frac{\partial \bar{x}^j}{\partial x^r} \right) \left(T_{sqt} \frac{\partial x^s}{\partial \bar{x}^k} \frac{\partial x^q}{\partial \bar{x}^u} \frac{\partial x^t}{\partial \bar{x}^m} \right) \\ &= S^{pr} T_{sqt} \left(\frac{\partial \bar{x}^u}{\partial x^p} \frac{\partial x^q}{\partial \bar{x}^u} \right) \frac{\partial \bar{x}^j}{\partial x^r} \frac{\partial x^s}{\partial \bar{x}^k} \frac{\partial x^t}{\partial \bar{x}^m} = S^{pr} T_{sqt} \delta^q_p \frac{\partial \bar{x}^j}{\partial x^r} \frac{\partial x^s}{\partial \bar{x}^k} \frac{\partial x^t}{\partial \bar{x}^m}\end{aligned}$$

$$= S^{pr}T_{spt}\frac{\partial \bar{x}^j}{\partial x^r}\frac{\partial x^s}{\partial \bar{x}^k}\frac{\partial x^t}{\partial \bar{x}^m} \equiv U^r_{st}\frac{\partial \bar{x}^j}{\partial x^r}\frac{\partial x^s}{\partial \bar{x}^k}\frac{\partial x^t}{\partial \bar{x}^m}$$

これで $\boldsymbol{U}$ が，1 階反変および 2 階共変となる 3 階のテンソルであることが証明される．

【例 4.3】

定理 3.2 を通して (T_{ij}) と (T^{ij}) を用いると，

$$T^{iu}T_{uj} = \delta^i_j$$

となる[*1]．内積として，左辺は 1 階反変および 1 階共変となる 2 階のテンソルを定義している．これは，クロネッカーのデルタが持つテンソル的性質の別証明（問題 3.29 と比較せよ）を構成している．

$\boldsymbol{S}$ が反変ベクトルで $\boldsymbol{T}$ が共変ベクトルである特殊な場合，内積 $\boldsymbol{ST}$ は S^iT_i の形となり，不変量である（定理 3.1）．なぜなら，テンソル $\boldsymbol{ST}$ の階数は

$$m = p + q + r + s - 2 = 1 + 0 + 0 + 1 - 2 = 0$$

となるからである．つまり，**不変量は 0 階のテンソルとみなされる．**

縮約

階数を下げるもう一つの演算は，内積のようではあるが 1 つのテンソルに適用し，一組の添字でテンソルを縮約させるというものである．(4.1) のテンソル $\boldsymbol{S}$ において $i_\alpha = u = j_\beta$ とおいて，u について総和をとる．こうして得られるテンソルは，

$$\boldsymbol{S'} = (S^{i_1 \ldots u \ldots i_p}_{j_1 \ldots u \ldots j_q}) \tag{4.5}$$

となり（問題 4.7），**縮約添字** i_α と i_β を用いた $\boldsymbol{S}$ の**縮約** (*contraction*) という．$\boldsymbol{S'}$ は $p-1$ 反変および $q-1$ 共変となる．

---

*1 訳注：(2.1a) や (2.1b) より，単に行列同士の積としてみなすことができる．もちろん厳密には “行列 → 2 階のテンソル” ではないので注意．定義については第 3 章を振り返って欲しい．

複合演算

上で詳しく述べたテンソル演算を様々な方法で実行することで，古いテンソルから新たなテンソルを形成できることは明らかである．例えば，2 つのテンソルの外積を形成したあと，3 つ目のテンソルとの内積をとったり，内積を取る前後に，1 組または複数組の添字で縮約することができる．注目すべきは，2 つのテンソルの “内積” は，それらの “外積の縮約” と特徴付けられることである：$\boldsymbol{ST} = [\boldsymbol{ST}]'$．図 4-1 を見よ．

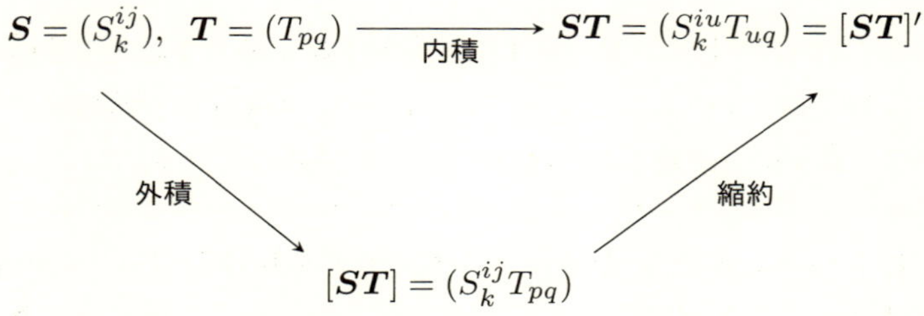

図 **4-1**

4.2　テンソル性の判定

テンソルの変換則に直接訴えないで，テンソル性を確かめるための代替法を持つと役立つだろう．大まかに述べるとその原理は次のようになる：
「内積 $\boldsymbol{TV}$ が任意のベクトル $\boldsymbol{V}$ に対してテンソルとして示せるとき，$\boldsymbol{T}$ はテンソルである」．この考えはしばしば “テンソルの商定理” と呼ばれ，本格的な商定理は下にある定理 4.2 の通りになる．

次の言明はテンソル性の有用な基準または “判定法” となり，商定理の特殊な場合として導出される．

(1) 任意の反変ベクトル (V^i) に対して，$T_iV^i \equiv E$ が不変量であるとき，(T_i) は共変ベクトル（1 階のテンソル）である．

(2) 任意の反変ベクトル (V^i) に対して，$T_{ij}V^i \equiv U_j$ が共変ベクトルの成分であるとき，(T_{ij}) は 2 階の共変テンソルである．

(3) 任意の反変ベクトル (U^i) と (V^i) に対して，$T_{ij}U^iV^j \equiv E$ が不変量であるとき，(T_{ij}) は 2 階の反変テンソルである．

(4) 反変ベクトル (V^i) に対して，(T_{ij}) が対称で $T_{ij}V^iV^j \equiv E$ が不変量であるとき，(T_{ij}) は 2 階の共変テンソルである．

【例 4.4】

基準 (1) を確立してみよう．

E が不変量であるから，$\bar{E} = E$，または $\bar{T}_i\bar{V}^i = T_iV^i$ となる．(V^i) の変換則の式をこの方程式に代入し，右側のダミーの添字を変更する：

$$\bar{T}_i\left(V^j\frac{\partial \bar{x}^i}{\partial x^j}\right) = T_jV^j \quad \text{or} \quad \left(T_j - \bar{T}_i\frac{\partial \bar{x}^i}{\partial x^j}\right)V^j = 0$$

(V^i) が (x^i) で表される $(\delta_1^i), (\delta_2^i), \ldots, (\delta_n^i)$ となる任意の反変ベクトルであるとき，後者の式は成り立っているはずである．その存在は問題 3.5 によって保証されている．したがって，これらのベクトルの k 番目 $(1 \leqq k \leqq n)$ は，

$$\left(T_k - \bar{T}_i\frac{\partial \bar{x}^i}{\partial x^k}\right)\cdot 1 = 0 \quad \text{or} \quad T_k = \bar{T}_i\frac{\partial \bar{x}^i}{\partial x^k}$$

となり，これは——$(\bar{x}^i)$ から (x^i) への——反変ベクトルの変換則である．

例 4.4 の方法は容易に展開でき，商定理となって以下の結果を確立する．

補題 4.1: 任意の共変ベクトル $(U_{i_\alpha}^{(\alpha)}) \equiv \boldsymbol{U}^{(\alpha)}$ $(\alpha = 1, 2, \ldots, p)$ および，任意の反変ベクトル $(V_{(\beta)}^{j_\beta}) \equiv \boldsymbol{V}_{(\beta)}$ $(\beta = 1, 2, \ldots, q)$ に対して，$T_{j_1j_2\ldots j_q}^{i_1i_2\ldots i_p}U_{i_1}^{(1)}U_{i_2}^{(2)}\cdots U_{i_p}^{(p)}V_{(1)}^{j_1}V_{(2)}^{j_2}\cdots V_{(q)}^{j_q} \equiv E$ が不変量であるとき，$(T_{j_1j_2\ldots j_q}^{i_1i_2\ldots i_p})$ はその添字で指定された型のテンソルである．

定理 4.2 (商定理)**:** 任意の反変ベクトル (V^k) に対して，$T_{j_1j_2\cdots j_qk}^{i_1i_2\cdots i_p}V^k \equiv S_{j_1j_2\cdots j_q}^{i_1i_2\cdots i_p}$ がテンソルの成分であるとき，$(T_{j_1j_2\cdots j_qj_{q+1}}^{i_1i_2\cdots i_p})$ はその指定された型・階のテンソルである．

4.3 テンソル方程式

数理物理学や工学におけるテンソルの重要性のほとんどは，**テンソルの方程式や等式がひとつの座標系で真であるとき，すべての座標系においても真であるという事実にある**.

【例 4.5】

共変テンソル $\boldsymbol{T} = (T_{ij})$ がゼロとなる，ある特定の座標系 (x^i) を仮定する．別の任意な座標系 $(\bar{x}^i)$ における $\boldsymbol{T}$ の成分は，

$$\bar{T}_{ij} = T_{rs}\frac{\partial x^r}{\partial \bar{x}^i}\frac{\partial x^s}{\partial \bar{x}^j} = 0 + 0 + \cdots + 0 = 0$$

で与えられる．したがって，すべての座標系において $\boldsymbol{T} = \boldsymbol{0}$ となる.

【例 4.6】

テンソルであったりそうでなかったりする，6 つの対象でつながった仮想的な式，

$$R_{ijk}U^k = AW_i^{kl}M_{jk}I_l \tag{1}$$

を考える．(i) $\boldsymbol{T} = (T_{ij}) \equiv (R_{ijk}U^k - AW_i^{kl}M_{jk}U_l)$ がテンソルであり，また，(ii) T_{ij} がゼロとなる特殊な座標系が存在する，ということを示すことができた場合，そのとき (1) はすべての座標系において有効となる.

【例 4.7】

ひとつの座標系上で対称となる 2 階の共変テンソル，または 2 階の反変テンソルはすべての座標系においても対称でなければならない.（この言明は 2 階の混合テンソルに拡張することができない．問題 3.16 をみよ.）

しばしば当然と考えられるこの原理のもう一つの応用は，テンソル解析において有用な事実をもたらす（問題 4.15）:

定理 4.3: 2 階の共変テンソル (T_{ij}) の行列式がひとつの特定の座標系においてゼロであるとき，すべての座標系においてもその行列式はゼロとなる.

系 4.4: ひとつの座標系で可逆である 2 階の共変テンソルは，すべての座標系においても可逆となる.

例題

テンソルの和

問題 4.1

λ と μ が不変で S^i と T^i が反変ベクトルの成分であるとき，すべての座標系上で定義されるベクトル $(\lambda S^i + \mu T^i)$ が反変ベクトルであることを示せ.

解答

$\bar{\lambda} = \lambda$ および $\bar{\mu} = \mu$ であるので，

$$\bar{\lambda}\bar{S}^i + \bar{\mu}\bar{T}^i = \lambda\left(S^r \frac{\partial \bar{x}^i}{\partial x^r}\right) + \mu\left(T^r \frac{\partial \bar{x}^i}{\partial x^r}\right) = (\lambda S^r + \mu T^r)\frac{\partial \bar{x}^i}{\partial x^r}$$

となる.

問題 4.2　次を証明せよ．(a) 各座標系において $(T_{ij} - T_{ji})$ で定義された配列は共変テンソルである．ここで，(T_{ij}) は与えられた共変テンソルである．(b) 各座標系において $(T^i_j - T^j_i)$ で定義された配列は一般的にテンソルではないが，直交テンソルである．ここで，(T^i_j) は与えられた混合テンソルである.

解答

(a) (4.2b) により，$(T^*_{ij}) \equiv (T_{ji})$ が共変テンソルであるときに限りその配列はテンソルとなる．そして (T_{ij}) に対する変換則は

$$\bar{T}_{ji} = T_{rs}\frac{\partial x^r}{\partial \bar{x}^j}\frac{\partial x^s}{\partial \bar{x}^i} \quad \text{or} \quad \bar{T}^*_{ij} = T^*_{sr}\frac{\partial x^s}{\partial \bar{x}^i}\frac{\partial x^r}{\partial \bar{x}^j}$$

で与えられ，(T^*_{ij}) は実際に共変テンソルを示している.

(b) (4.2b) を基に二つ目の証明 [問題 3.32(a) を思い出そう] を与える．問題となるのは $(U^i_j) \equiv (T^j_i)$ がテンソルであるかどうかである．(T^i_j) に対する

変換則

$$\bar{T}_i^j = T_s^r \frac{\partial \bar{x}^j}{\partial x^r} \frac{\partial x^s}{\partial \bar{x}^i} \quad \text{or} \quad \bar{U}_j^i = U_r^s \frac{\partial x^s}{\partial \bar{x}^i} \frac{\partial \bar{x}^j}{\partial x^r}$$

から，したがって，任意の p，q に対して

$$\frac{\partial \bar{x}^p}{\partial x^q} = \frac{\partial x^q}{\partial \bar{x}^p} \quad \text{or} \quad J = (J^{-1})^T$$

とならない限り，(U_j^i) はテンソル則に従わない．すなわち，直交線形変換（直交テンソル）のようにヤコビ行列が直交である場合を除いて，(U_j^i) はテンソル則に従わない．

外積

問題 4.3 2 つの反変ベクトルの外積が 2 階の反変テンソルであることを示せ．

解答

与えられたベクトルとして (S^i) と (T^i) を用いると，

$$\bar{S}^i \bar{T}^j = \left(S^r \frac{\partial \bar{x}^i}{\partial x^r}\right)\left(T^s \frac{\partial \bar{x}^j}{\partial x^s}\right) = S^r T^s \frac{\partial \bar{x}^i}{\partial x^r} \frac{\partial \bar{x}^j}{\partial x^s}$$

となる．これは外積が 2 階の反変テンソルであるための正しい変換則である．

内積

問題 4.4 (T^i) と (U_{ij}) が指定された型のテンソルであるとき，内積 $(T^r U_{ir})$ はテンソルであることを証明せよ．

解答

$V_j \equiv T^i U_{ji}$ を用いると，目的の変換則である

$$\bar{V}_j = \left(T^r \frac{\partial \bar{x}^i}{\partial x^r}\right)\left(U_{st} \frac{\partial x^s}{\partial \bar{x}^j} \frac{\partial x^t}{\partial \bar{x}^i}\right) = (T^r U_{st} \delta_r^t) \frac{\partial x^s}{\partial \bar{x}^j} = V_s \frac{\partial x^s}{\partial \bar{x}^j}$$

となる.

問題 4.5　$\boldsymbol{g} = (g_{ij})$ が 2 階の共変テンソルであり，$\boldsymbol{U} = (U^i)$ と $\boldsymbol{V} = (V^i)$ が反変ベクトルであるとき，二重内積 $\boldsymbol{gUV} = g_{ij}U^iV^j$ は不変量であることを証明せよ.

解答

その変換則は

$$\bar{g}_{ij} = g_{rs}\frac{\partial x^r}{\partial \bar{x}^i}\frac{\partial x^s}{\partial \bar{x}^j} \quad \bar{U}^i = U^t\frac{\partial \bar{x}^i}{\partial x^t} \quad \bar{V}^j = V^u\frac{\partial \bar{x}^j}{\partial x^u}$$

となる. そして掛け合わせて i と j にわたって総和をとると次のようになる:

$$\begin{aligned}\bar{\boldsymbol{g}}\bar{\boldsymbol{U}}\bar{\boldsymbol{V}} &= \bar{g}_{ij}\bar{U}^i\bar{V}^j = g_{rs}U^tV^u\frac{\partial x^r}{\partial \bar{x}^i}\frac{\partial x^s}{\partial \bar{x}^j}\frac{\partial \bar{x}^i}{\partial x^t}\frac{\partial \bar{x}^j}{\partial x^u} \\ &= g_{rs}U^tV^u\delta^r_t\delta^s_u = g_{rs}U^rV^s = \boldsymbol{gUV}\end{aligned}$$

縮約

問題 4.6　テンソルの縮約がテンソルであると仮定するとき，テンソル $\boldsymbol{T} = (T^{ij}_{kl})$ の縮約を繰り返すことによって，いくつのテンソルをつくることができるか？

解答

単一の縮約は 4 つの混合テンソル

$$(T^{uj}_{ul}) \qquad (T^{uj}_{ku}) \qquad (T^{iu}_{ul}) \qquad (T^{iu}_{ku})$$

を生成し，二重縮約は（不変量である）0 階のテンソル T^{uv}_{uv} と T^{uv}_{vu} を生成する. したがって 6 つのテンソルがあり，一般的にはすべて区別される。

問題 4.7　共変テンソルとなる，テンソル $\boldsymbol{T} = (T^i_{jk})$ の縮約をすべて示せ.

解答

$i=j$ または $i=k$ のどちらでも縮約できる．$(S_k)\equiv(T^i_{ik})$ に対しては，変換則

$$\bar{S}_k \equiv \bar{T}^i_{ik} = T^r_{st}\frac{\partial\bar{x}^i}{\partial x^r}\frac{\partial x^s}{\partial\bar{x}^i}\frac{\partial x^t}{\partial\bar{x}^k} = T^r_{st}\delta^s_r\frac{\partial x^t}{\partial\bar{x}^k} = T^r_{rt}\frac{\partial x^t}{\partial\bar{x}^k} = S_t\frac{\partial x^t}{\partial\bar{x}^k}$$

を得る．そして，$(U_j)\equiv(T^i_{ji})$ に対しては，

$$\bar{U}_j \equiv \bar{T}^i_{ji} = T^r_{st}\frac{\partial\bar{x}^i}{\partial x^r}\frac{\partial x^s}{\partial\bar{x}^j}\frac{\partial x^t}{\partial\bar{x}^i} = T^r_{st}\delta^t_r\frac{\partial x^s}{\partial\bar{x}^j} = T^r_{sr}\frac{\partial x^s}{\partial\bar{x}^j} = U_s\frac{\partial x^s}{\partial\bar{x}^j}$$

を得る．どちらの場合でも，変換則は共変ベクトルのものである．

複合演算

問題 4.8　$\boldsymbol{S}=(S^{ij}_k)$ と $\boldsymbol{T}=(T^i_j)$ が，外積や内積，縮約の組み合わせを用いて反変ベクトル $\boldsymbol{V}=(V^i)$ を構成するテンソルであると仮定する．(a) 6 つの区別可能な $\boldsymbol{V}$ があることを示せ．(b) その可能な各々の $\boldsymbol{V}$ が内積 $\boldsymbol{ST}$ の縮約として得られることを確かめよ．

解答

(a) $[\boldsymbol{ST}]\equiv\boldsymbol{U}=(U^{ijk}_{lm})$ と書くことで，次のように $\boldsymbol{U}$ の二重縮約として反変ベクトルを得る：

$$(U^{uvk}_{uv})\qquad(U^{uvk}_{vu})\qquad(U^{ujv}_{uv})\qquad(U^{ujv}_{vu})\qquad(U^{iuv}_{uv})\qquad(U^{iuv}_{vu})$$

(b) ベクトル $(U^{uvk}_{uv})\equiv(S^{uv}_uT^k_v)$ は，内積 $(S^{iv}_lT^k_v)$ をとってから，$i=u=l$ で縮約することによって得られる．(a) にあるその他 5 つのベクトルにおいても同様である．

テンソル性の判定

問題 4.9　商定理を用いることなく，4.2 節の基準 (2) を証明せよ．

解答

すべての反変ベクトル (V^i) に対して $T_{ij}V^i \equiv U_j$ が共変ベクトルの成分であるとするとき，(T_{ij}) が 2 階の共変テンソルであることを検証する．まず (U_j) においての変換則から始める [(x^i) から $(\bar{x}^i)$ への変換]：

$$\bar{U}_j = U_s \frac{\partial x^s}{\partial \bar{x}^j} \quad \text{or} \quad \bar{T}_{ij}\bar{V}^i = T_{is}V^i \frac{\partial x^s}{\partial \bar{x}^j}$$

ここで，$\bar{V}^i$ に対する変換則を代入する [$(\bar{x}^i)$ から (x^i) への変換]：

$$\bar{T}_{ij}\bar{V}^i = T_{is}\left(\bar{V}^p \frac{\partial x^i}{\partial \bar{x}^p}\right)\frac{\partial x^s}{\partial \bar{x}^j}$$

左辺のダミーの添字 i を p に，右辺を r に入れ替える：

$$\bar{T}_{pj}\bar{V}^p = T_{rs}\bar{V}^p \frac{\partial x^r}{\partial \bar{x}^p}\frac{\partial x^s}{\partial \bar{x}^j} \quad \text{or} \quad \left(\bar{T}_{pj} - T_{rs}\frac{\partial x^r}{\partial \bar{x}^p}\frac{\partial x^s}{\partial \bar{x}^j}\right)\bar{V}^p = 0$$

こうして証明は例 4.4 のように結論づけられる．

問題 4.10　4.2 節の基準 (3) を証明せよ．

解答

ここでは $T_{ij}U^iV^j$ が不変量であると仮定して，(T_{ij}) が共変テンソルであることを示さなければならない．基準 (1) を用いて，$(T_{ij}U^i)$ は共変ベクトルであると結論する．次に基準 (2) を用いて，(U^i) が任意であることから，(T_{ij}) は 2 階の共変テンソルという目的の結論になる．

問題 4.11　4.2 節の基準 (4) を証明せよ．

解答

(T_{ij}) が，すべての反変ベクトル (V^i) に対して $T_{ij}V^iV^j$ が不変量であるような対称の配列となるとき，(T_{ij}) が 2 階の（対称）共変テンソルとなることを示したい．

(U^i) と (V^i) が任意の反変ベクトルを表し，$(W^i) \equiv (U^i + V^i)$ を (4.2a) による反変ベクトルとしよう．そのとき，

$$T_{ij}W^iW^j = T_{ij}(U^i + V^i)(U^j + V^j)$$

$$= T_{ij}U^iU^j + T_{ij}V^iU^j + T_{ij}U^iV^j + T_{ij}V^iV^j$$
$$= T_{ij}U^iU^j + T_{ij}V^iV^j + 2T_{ij}U^iV^j$$

となる．最後のステップでは (T_{ij}) の対称性を用いた．ここで，仮定により，上式の左辺と右辺の最初の 2 つの項は不変量である．したがって，$T_{ij}U^iV^j$ は不変量でなければならなく，目的の結論は基準 (3) に従う．

問題 4.12　補題 4.1 を用いて，商定理（定理 4.2）の証明を記せ．

解答

その定理と補題の記法において，任意の $\boldsymbol{U}^{(\alpha)}$ と $\boldsymbol{V}_{(\beta)}$ に対し，$S^{i_1i_2\ldots i_p}_{j_1j_2\ldots j_q} \cdot U^{(1)}_{i_1}U^{(2)}_{i_2}\cdots U^{(p)}_{i_p}V^{j_1}_{(1)}V^{j_2}_{(2)}\cdots V^{j_q}_{(q)}$ は 0 階のテンソル，ないしは不変量である．つまり，

$$T^{i_1i_2\cdots i_p}_{j_1j_2\cdots j_qk}U^{(1)}_{i_1}U^{(2)}_{i_2}\cdots U^{(p)}_{i_p}V^{j_1}_{(1)}V^{j_2}_{(2)}\cdots V^{j_q}_{(q)}V^k$$

は，(V^k) も任意であるために不変量となる．次いで（q を $q+1$ で置き換えた）補題 4.1 から，$(T^{i_1i_2\cdots i_p}_{j_1j_2\cdots j_qk})$ が，p の反変および $q+1$ の共変テンソルであることがわかる．

上記の証明方法から，“因子” が任意の共変ベクトルであるとき，商定理もまた同等に成り立つことは明らかである．この形の定理は問題 4.13 で使うことになる．

問題 4.13　商定理を用いて定理 3.2 を証明せよ．

解答

$\boldsymbol{U} = (U^i)$ が反変ベクトルであるとき，その内積

$$\boldsymbol{V} = \boldsymbol{TU} \equiv (T_{ij}U^j)$$

は共変ベクトルである．さらに，$[T_{ij}]_{nn}$ は逆元をもつことから，$\boldsymbol{U}$ がすべての反変ベクトルを満たすように，$\boldsymbol{V}$ もすべての共変ベクトルを満たすことがわかる．したがって，

$$\boldsymbol{U} = \boldsymbol{T}^{-1}\boldsymbol{V} \equiv (T^{ij}V_j)$$

は任意の (V_i) に対してテンソルであり，(T^{ij}) を 2 階の反変テンソルにする．

テンソル方程式

問題 4.14　(T^i_{jkl}) が (x^i) 系において，$T^i_{jkl} = 3T^i_{ljk}$ のようなテンソルであるとき，すべての座標系で $T^i_{jkl} = 3T^i_{ljk}$ となることを証明せよ．

解答

$(\bar{x}^i)$ 上で $\bar{T}^i_{jkl} = 3\bar{T}^i_{ljk}$ となることを証明しなければならないが，

$$\begin{aligned}
\bar{T}^i_{jkl} - 3\bar{T}^i_{ljk} &= T^p_{rst}\frac{\partial \bar{x}^i}{\partial x^p}\frac{\partial x^r}{\partial \bar{x}^j}\frac{\partial x^s}{\partial \bar{x}^k}\frac{\partial x^t}{\partial \bar{x}^l} - 3T^p_{rst}\frac{\partial \bar{x}^i}{\partial x^p}\frac{\partial x^r}{\partial \bar{x}^l}\frac{\partial x^s}{\partial \bar{x}^j}\frac{\partial x^t}{\partial \bar{x}^k} \\
&= T^p_{rst}\frac{\partial \bar{x}^i}{\partial x^p}\frac{\partial x^r}{\partial \bar{x}^j}\frac{\partial x^s}{\partial \bar{x}^k}\frac{\partial x^t}{\partial \bar{x}^l} - 3T^p_{trs}\frac{\partial \bar{x}^i}{\partial x^p}\frac{\partial x^t}{\partial \bar{x}^l}\frac{\partial x^r}{\partial \bar{x}^j}\frac{\partial x^s}{\partial \bar{x}^k} \\
&= (T^p_{rst} - 3T^p_{trs})\frac{\partial \bar{x}^i}{\partial x^p}\frac{\partial x^r}{\partial \bar{x}^j}\frac{\partial x^s}{\partial \bar{x}^k}\frac{\partial x^t}{\partial \bar{x}^l} = 0
\end{aligned}$$

と目的の式が得られる．

問題 4.15　定理 4.3 を証明せよ．

解答

3.14(a) から，共変性の変換則は行列表現

$$\bar{T} = \bar{J}^T T \bar{J} \quad \text{whence} \quad |\bar{T}| = \bar{\mathscr{J}}^2|T|$$

を持つ．したがって，$|T| = 0$ は $|\bar{T}| = 0$ を意味する．

問題 4.16　混合テンソル (T^i_j) が，ひとつの座標系において，反変ベクトル (U^i) と共変ベクトル (V_j) の外積として表現できるとき，一般的にも，(T^i_j) はそれらのベクトルの外積となることを証明せよ．

解答

許容座標系 $(\bar{x}^i)$ に対して $\bar{T}^i_j = \bar{U}^i \bar{V}_j$ となることを証明しなければならない．しかし，仮定により，

$$\begin{aligned}\bar{T}^i_j - \bar{U}^i \bar{V}_j &= T^r_s \frac{\partial \bar{x}^i}{\partial x^r} \frac{\partial x^s}{\partial \bar{x}^j} - \left(U^r \frac{\partial \bar{x}^i}{\partial x^r} \right) \left(V_s \frac{\partial x^s}{\partial \bar{x}^j} \right) \\ &= (T^r_s - U^r V_s) \frac{\partial \bar{x}^i}{\partial x^r} \frac{\partial x^s}{\partial \bar{x}^j} = 0\end{aligned}$$

となる．

演習問題

問題 4.17 (U^i) と (V^i) が反変ベクトルであるとき，$(2U^i + 3V^i)$ もまた反変ベクトルであることを確かめよ．

問題 4.18 反変ベクトルと共変ベクトルの外積が 2 階の混合テンソルとなることを確かめよ．

問題 4.19 $\boldsymbol{S} = (S^{ij}_k)$ と $\boldsymbol{T} = (T^i_{jk})$ の外積をとってから 2 重縮約することで，潜在的に異なる 2 階の混合テンソルがいくつ定義できるか？

問題 4.20 T^{ij}_{kl} がテンソルの成分であるとき，T^{ij}_{ij} が不変量であること示せ．

問題 4.21 任意の反変ベクトル (U^j) に対して、$T^i_{jkl}U^j \equiv S^i_{kl}$ がテンソルの成分であるとき，(T^i_{jkl}) が指定された型のテンソルであることを証明せよ．[ヒント：$(M^i_{klj}) \equiv (T^i_{jkl})$ に商定理を応用せよ．より一般的には，商定理はすべての内積の選択に対して有効である．]

問題 4.22 任意の反変テンソル (S^{kl}) に対して，$T^i_{jkl}S^{kl} \equiv U^i_j$ がテンソルの成分であるとき，(T^i_{jkl}) は指定された型のテンソルとなることを証明せよ．[ヒント：問題 4.9 に従え．]

問題 4.23 任意の反変ベクトル (U^i) に対して $T^i_{jkl}U^kU^l \equiv V^i_j$ がテンソルの成分であり，また，すべての座標系において，(T^i_{jkl}) が最後 2 つの下付き添字において対称であるとき，(T^i_{jkl}) が指定された型のテンソルであることを証明せよ．

問題 4.24　定理 4.3 と系 4.4 が等価であることを示せ.

問題 4.25　例 4.7 の主張を証明せよ.

問題 4.26　ひとつの座標系において，不変量 E がベクトル (U_i) と (V^i) の内積として表せるとき，どんな座標系においても E がその表示を持つことを証明せよ.

第 5 章

計量テンソル

5.1 はじめに

距離（または**計量** (*metric*)）の概念は応用数学では基本的なものである．注目すべき応用で最も便利な距離の概念は,（測地直角三角形に対してピタゴラスの関係が有効でない）「非ユークリッド」にある．テンソル解析は，距離公式の探求に対する本質的な道具を備えており，それは非ユークリッド計量だけでなく，特にユークリッド計量の座標系によって想定される形式をも研究対象とする．

微積分の教科書ではしばしば，極座標に対する弧長公式の導出を含んでおり，一見したところひとつ座標系にのみ適用しているように見える．そこで，任意の許容座標系に対する，弧長公式を得るための簡潔な方法をここでは展開する．この理論は後の章で，純粋な非ユークリッド計量と，ユークリッドだが特殊な座標系の特性に隠された計量を区別する方法を持つことになる．

5.2 ユークリッド空間における弧長

様々な座標系での弧長の計算による古典的な式は，

$$L = \int_a^b \sqrt{\left| g_{ij} \frac{dx^i}{dt} \frac{dx^j}{dt} \right|} dt \tag{5.1a}$$

の型の一般式に至る．ここで，$g_{ij} = g_{ij}(x^1, x^2, \ldots, x^n) = g_{ji}$ は座標の関数であり，L は曲線 $x^i = x^i(t)$ $(1 \leqq i \leqq n)$ の弧 $a \leqq t \leqq b$ の長さを与える．

【例 5.1】

直交座標系 (x^1, x^2, x^3) における，3 次元ユークリッド空間に対する弧長公式を振り返ってみると次のようになる：

$$L = \int_a^b \sqrt{\left(\frac{dx^1}{dt}\right)^2 + \left(\frac{dx^2}{dt}\right)^2 + \left(\frac{dx^3}{dt}\right)^2} dt = \int_a^b \sqrt{\delta_{ij}\frac{dx^i}{dt}\frac{dx^j}{dt}} dt$$

すなわち，(5.1a) であり，$g_{ij} = \delta_{ij}$ となる．

例 5.1 における公式は同様に，情報に富んだ微分的な形式

$$ds^2 = (dx^1)^2 + (dx^2)^2 + (dx^3)^2 = \delta_{ij} dx^i dx^j$$

を持つ．さらに一般的に，(5.1a) は，

$$\pm ds^2 = g_{ij} dx^i dx^j \tag{5.1b}$$

と同等である．

【例 5.2】

便宜を図って，これまで考慮した非直交座標系におけるユークリッド計量に対する公式を以下にまとめた．

極座標：　$(x^1, x^2) = (r, \theta)$; 図 3-1.

$$ds^2 = (dx^1)^2 + (x^1)^2 (dx^2)^2 \tag{5.2}$$

円柱座標：　$(x^1, x^2, x^3) = (r, \theta, z)$; 図 3-2.

$$ds^2 = (dx^1)^2 + (x^1)^2 (dx^2)^2 + (dx^3)^2 \tag{5.3}$$

球座標：　$(x^1, x^2, x^3) = (\rho, \varphi, \theta)$; 図 3-3.

$$ds^2 = (dx^1)^2 + (x^1)^2 (dx^2)^2 + (x^1 \sin x^2)^2 (dx^3)^2 \tag{5.4}$$

アフィン座標：　（図 5-1 を見よ）.

$$\begin{aligned} ds^2 = {} & (dx^1)^2 + (dx^2)^2 + (dx^3)^2 \\ & + 2\cos\alpha\, dx^1 dx^2 + 2\cos\beta\, dx^1 dx^3 + 2\cos\gamma\, dx^2 dx^3 \end{aligned} \tag{5.5}$$

公式 (5.5) は問題 5.9 において導出される．ユークリッド計量を定義する行列 (g_{ij}) は，アフィン座標において非対角的であるという点に留意されたい．

(5.1) は，ユークリッド空間のために定式化されているが，次節で，非ユークリッド空間の距離概念にも同様に提供するように拡張される．

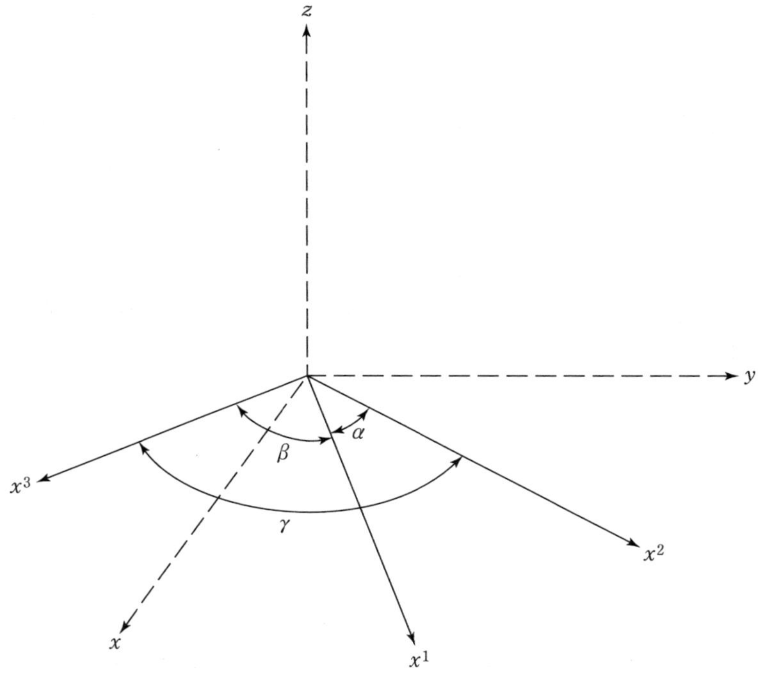

図 5-1

5.3　一般化された計量; 計量テンソル

すべての（許容）座標系 (x^i) 及びいくつかの空間の（開）領域において，次の性質を満足する行列場 $\boldsymbol{g} = (g_{ij})$ が存在すると仮定する：

A. $\boldsymbol{g}$ は微分可能で C^2 級である（すなわち，g_{ij} のすべての 2 階偏微分が存在し，それらは連続である）.

B. $\boldsymbol{g}$ は対称である（すなわち，$g_{ij} = g_{ji}$ を満たす）.

C. $\boldsymbol{g}$ は正則である（すなわち，$|g_{ij}| \neq 0$ を満たす）.

D. $\boldsymbol{g}$ によって生成される距離概念である微分形式 (5.1b) は，座標変換に対して不変である.

特にテンソルの幾何学的な応用に際しては，ときには上記 C よりも強い次の性質が仮定される：

C′. $\boldsymbol{g}$ は**正定値** (*positive definite*) である [すなわち，すべてのゼロでないベクトル $\boldsymbol{v} = (v^1, v^2, \ldots, v^n)$ に対して $g_{ij}v^iv^j > 0$ を満たす].

性質 C′ の下では，$|g_{ij}|$ と $g_{11}, g_{22}, \ldots, g_{nn}$ はすべて正である．さらにいえば，逆行列場 $\boldsymbol{g}^{-1}$ もまた正定値となる.

後で用いるために，曲線 $\mathscr{C}\colon x^i = x^i(t)$ $(a \leqq t \leqq b)$ に対する**弧長パラメータ** (*arc-length parameter*) を定義する：

$$s(t) = \int_a^t \sqrt{\varepsilon g_{ij} \frac{dx^i}{du} \frac{dx^j}{du}} du \tag{5.6a}$$

ここで，

$$g_{ij} \frac{dx^i}{du} \frac{dx^j}{du} \geqq 0 \quad \text{or} \quad g_{ij} \frac{dx^i}{du} \frac{dx^j}{du} < 0$$

に応じて，$\varepsilon = +1$ または -1 となる．関数 ε は計量 (g_{ij}) に関するベクトル (dx^i/du) の**指標** (*indicator*) という．もちろん，指標の代わりに絶対値記号を用いることもできるが，指標の方が代数的な操作においてうまく機能する．弧長パラメータに関して，$\mathscr{C}$ の長さは $L = s(b)$ となる.

(5.6a) を微分してそれを 2 乗すれば同等の公式

$$\left(\frac{ds}{dt}\right)^2 = \varepsilon g_{ij} \frac{dx^i}{dt} \frac{dx^j}{dt} \tag{5.6b}$$

が得られる．最後に，

$$dx^i \equiv \frac{dx^i(t)}{dt} dt$$

となる曲線パラメータの選択に独立な値となる微分を導入することで，

$$\varepsilon ds^2 = g_{ij}dx^i dx^j \tag{5.6c}$$

として，(5.1b) を取り出すことができる．

【例 5.3】

(x^i) において $\boldsymbol{R}^3$ 上の行列場が，

$$(g_{ij}) = \begin{bmatrix} (x^1)^2 - 1 & 1 & 0 \\ 1 & (x^2)^2 & 0 \\ 0 & 0 & \dfrac{64}{9} \end{bmatrix} \quad \text{where} \quad [(x^1)^2 - 1](x^2)^2 \neq 1$$

で与えられているとする．

(a) 共変テンソルの変換則に従いすべての許容座標系に拡張された場合，この行列場が計量であること，すなわち先の性質 A-D を満たすことを示せ．

(b) この計量に対し，弧長パラメータおよび曲線

$$\mathscr{C}: \begin{cases} x^1 = 2t - 1 \\ x^2 = 2t^2 \\ x^3 = t^3 \end{cases} \qquad (0 \leqq t \leqq 1)$$

の長さを計算せよ．

(a) g_{ij} は任意の i, j に対する x^1 と x^2 の多項式であるから，性質 A は成り立つ．また，(g_{ij}) は対称であるから性質 B は成り立つ．さらに，

$$|g_{ij}| = \frac{64}{9} \begin{vmatrix} (x^1)^2 - 1 & 1 \\ 1 & (x^2)^2 \end{vmatrix} = \frac{64}{9}\{(x^2)^2[(x^1)^2 - 1] - 1\} \neq 0$$

であることから性質 C は成り立つ．性質 D は問題 4.5 により成り立つ．

(b) (5.6b) を行列積

$$\varepsilon \left(\frac{ds}{dt}\right)^2 = \left(\frac{dx^i}{dt}\right)^T (g_{ij}) \left(\frac{dx^i}{dt}\right) \tag{5.6d}$$

として書き直すと都合がよい．与えられた曲線では，

$$\varepsilon\left(\frac{ds}{dt}\right)^2 = \begin{bmatrix}2 & 4t & 3t^2\end{bmatrix}\begin{bmatrix}(2t-1)^2-1 & 1 & 0\\ 1 & (2t^2)^2 & 0\\ 0 & 0 & \dfrac{64}{9}\end{bmatrix}\begin{bmatrix}2\\ 4t\\ 3t^2\end{bmatrix}$$
$$= 64t^6 + 64t^4 + 16t^2 = (8t^3+4t)^2$$

となる．したがって，$\varepsilon = 1$ および

$$s(t) = \int_0^t (8u^3+4u)du = [2u^4+2u^2]_0^t = 2t^4+2t^2$$

となり，$L = 2(1)^4 + 2(1)^2 = 4$ である．

上の性質を仮定する $\boldsymbol{g}$ はテンソルを形成し，**基本テンソル** (*fundamental tensor*) または**計量テンソル** (*metric tensor*) と呼ばれる．実際に，性質 D は

$$g_{ij}V^iV^j \equiv E$$

がすべての反変ベクトル $(V^i) = (dx^i/dt)$ に対して不変量であることを保証している.（常微分方程式を解くことにより，与えられた接ベクトルを持つ曲線を示すことができる.）したがって，性質 B の観点から，4.2 節の基準 (4) は次の定理を導く．

定理 5.1: 計量 $\boldsymbol{g} = (g_{ij})$ は 2 階の共変テンソルである．

問題 3.14(a) において，2 階の共変テンソル $\boldsymbol{U}$ に対する変換が行列方程式 $U = J^T\bar{U}J$ であるとわかった．$(\bar{x}^i)$ が直交系で $\boldsymbol{U} = \boldsymbol{g}$ がユークリッド計量テンソルであるとき，(x^i) では $U = G$ となり，$(\bar{x}^i)$ では $\bar{U} = \bar{G} = I$ となる．ゆえに，次の定理の証明を得る．

定理 5.2: 与えられた座標系 (x^i) から直交系 $(\bar{x}^i)$ への変換によるヤコビ行列が $J = (\partial\bar{x}^i/\partial x^j)$ であるとき，(x^i) 系におけるユークリッド計量テンソルの行列 $G \equiv (g_{ij})$ は

$$G = J^TJ \tag{5.7}$$

によって与えられる．

注意 1: 式 (5.7) は，行列の理論におけるよく知られた次の結果を例証している：正定値である任意の対称行列 A は，$A = C^T C$ となるような，正則な "平方根" C を持つ．

ユークリッド計量だけが，(5.7) の表現を認めていると強調しておかなければならない．厳密には，$\boldsymbol{g}$ が非ユークリッドであるとき，$\bar{G} = I$ となる座標系 $(\bar{x}^i)$ は存在しない．

【例 5.4】

円柱座標 (x^i) と直交座標 $(\bar{x}^i)$ は，

$$\bar{x}^1 = x^1 \cos x^2 \quad \bar{x}^2 = x^1 \sin x^2 \quad \bar{x}^3 = x^3$$

を通して関係している．したがって，

$$J = \begin{bmatrix} \cos x^2 & -x^1 \sin x^2 & 0 \\ \sin x^2 & x^1 \cos x^2 & 0 \\ 0 & 0 & 1 \end{bmatrix}$$

であり，円柱座標に対する（ユークリッド）計量は，

$$G = J^T J = \begin{bmatrix} \cos x^2 & \sin x^2 & 0 \\ -x^1 \sin x^2 & x^1 \cos x^2 & 0 \\ 0 & 0 & 1 \end{bmatrix} \begin{bmatrix} \cos x^2 & -x^1 \sin x^2 & 0 \\ \sin x^2 & x^1 \cos x^2 & 0 \\ 0 & 0 & 1 \end{bmatrix}$$
$$= \begin{bmatrix} 1 & 0 & 0 \\ 0 & (x^1)^2 & 0 \\ 0 & 0 & 1 \end{bmatrix}$$

または，$g_{11} = g_{33} = 1$ や $g_{22} = (x^1)^2$，$g_{ij} = 0\,(i \neq j)$ で与えられる．これらの結果から (5.3) を確認できる．

（定理 5.2 のような結果に関連する）ユークリッド距離の概念への明白な制限にもかかわらず，上の特性 A〜D に従う任意の $\boldsymbol{g}$ を，$\mathbf{R}^n$ 上の計量テンソルとして自由に選べることに読者は注意して欲しい．例えば，後に展開する方法によって，例 5.3 で選択された計量が非ユークリッドであることを示すことができる．

5.4　共役計量テンソル; 添字の上げ下げ

テンソル解析の基本的な概念のひとつは，テンソル中の添字の “上げ下げ” にある．もし反変ベクトル (T^i) が与えられ，(g_{ij}) が任意の 2 階の共変テンソルを表すならば，内積 $(S_i) = (g_{ij}T^j)$ は共変ベクトルであることがわかる（問題 4.4）．いま，(g_{ij}) が実際に計量テンソルであり，それによって $\mathbf{R}^n$ 上の距離が定義されているとき，(S_i) と (T^i) を単一表記の共変と反変として考えることは，多くの場合で有用である．したがって，S_i の代わりに T_i と書き直す：

$$T_i = g_{ij}T^j$$

つまり，計量テンソルを用いて内積をとることは，反変の添字を共変の添字に**下げた**と言える．行列 (g_{ij}) が可逆であることから（5.3 節の性質 C），上の関係は $(g^{ij}) = (g_{ij})^{-1}$ を満たし，

$$T^i = g^{ij}T_j$$

と等価である．つまり，共変の添字を反変の添字に**上げた**と言える．

定義 1: 基本行列場（計量テンソル）の逆行列は，

$$[g^{ij}]_{nn} = [g_{ij}]_{nn}^{-1}$$

であり，**共役計量テンソル** (*conjugate metric tensor*) という．

どちらの計量テンソルも，与えられたテンソルに対して，より共変的 $(\boldsymbol{g})$ または反変的 $(\boldsymbol{g}^{-1})$ な新しい対応を作るために自由に適用できる．したがって，混合テンソル (T_k^{ij}) から始めると，

$$T^{ijk} \equiv g^{ir}T_r^{jk}$$
$$T_{ik}^{j} \equiv g_{ir}T_k^{jr}$$

また，

$$T_{ijk} \equiv g_{is}T_{jk}^{s} \equiv g_{is}g_{jr}T_k^{sr}$$

となる．

5.5　一般化された内積空間

内積 $\mathbf{R}^n$ にある計量 $\boldsymbol{g}$ と，$\boldsymbol{U}$ と $\boldsymbol{V}$ が計量空間上の 2 つのベクトルであると仮定する．幾何学的に重要な**内積** $\boldsymbol{UV}$ の定義は，その値がベクトル $\boldsymbol{U}$ および $\boldsymbol{V}$ のみに依存し，これらのベクトルを指定するために使用される特定の座標系には依存しないことが不可欠である．(内積には他の要求もあるが，それらはあまり重要でない.) この事実は次の定義を促す．

定義 2: 反変ベクトル $\boldsymbol{U} = (U^i)$ と $\boldsymbol{V} = (V^i)$ の組は，実数が対応して

$$\boldsymbol{UV} \equiv g_{ij}U^iV^j \equiv U^iV_i \equiv U_iV^i \tag{5.8}$$

となり，これを $\boldsymbol{U}$ と $\boldsymbol{V}$ の（**一般化された**）**内積** (*generalized inner product*) という．

同様に，2 つの共変ベクトルの内積は (5.8) と一致する

$$\boldsymbol{UV} \equiv g^{ij}U_iV_j \equiv U^iV_i \equiv U_iV^i \tag{5.9}$$

として定義される．したがって，次のルールを得る：**2 つの同じ型のベクトルの内積を求めるためには，一方のベクトルを反対の型に変換してから，テンソル内積を取る．**

注意 2: 要求通り，問題 4.5 から——あるいはより基本的には，$\boldsymbol{g}$ の性質 D から——，内積 (5.8) または (5.9) は不変であるということになる．

(4.2) によれば，すべての $\mathbf{R}^n$ 上の反変ベクトルの集合は，すべての $\mathbf{R}^n$ 上の共変ベクトルの集合と同様に，ベクトル空間である．そして上で定義した内積を持つと，これらのベクトル空間は（**一般化された**）**内積空間** (*generalized inner-product space*) となる．

5.6　長さと角度の概念

計量が正定値であれば，式 (2.7) と (2.8) は一般化された内積空間に直ちに拡張される．任意のベクトル $\boldsymbol{V} = (V^i)$ ないしは $\boldsymbol{V} = (V_i)$ の**ノルム** (*norm*)

（または**長さ** (*length*)）は負でない実数値

$$||\boldsymbol{V}|| \equiv \sqrt{\boldsymbol{V}^2} = \sqrt{V_i V^i} \tag{5.10}$$

となる．

注意 3: 内積を参照することなく，ベクトルのノルム——したがって，**ノルム線形空間** (*normed linear space*) の概念——は抽象的に定義できる（問題 5.14 を見よ）．

【例 5.5】

極座標に対するユークリッド計量 (5.2) の下で，ベクトル

$$(U^i) = (3/5, 4/5x^1) \quad \text{and} \quad (V^i) = (-4/5, 3/5x^1)$$

が正規直交であることを示す．

行列を用いると，次を得る：

$$\begin{aligned} ||\boldsymbol{U}||^2 = U^i U_i = g_{ij} U^i U^j &= \begin{bmatrix} \frac{3}{5} & \frac{4}{5x^1} \end{bmatrix} \begin{bmatrix} 1 & 0 \\ 0 & (x^1)^2 \end{bmatrix} \begin{bmatrix} \frac{3}{5} \\ \frac{4}{5x^1} \end{bmatrix} \\ &= \begin{bmatrix} \frac{3}{5} & \frac{4}{5x^1} \end{bmatrix} \begin{bmatrix} \frac{3}{5} \\ \frac{4x^1}{5} \end{bmatrix} \\ &= \frac{9}{25} + \frac{16x^1}{25x^1} = 1 \end{aligned}$$

すなわち，$||\boldsymbol{U}|| = 1$ となり，同様に，$||\boldsymbol{V}|| = 1$ となる．次に，ベクトルが直交であることを確認する：

$$\begin{aligned} \boldsymbol{U}\boldsymbol{V} = g_{ij} U^i V^j &= \begin{bmatrix} \frac{3}{5} & \frac{4}{5x^1} \end{bmatrix} \begin{bmatrix} 1 & 0 \\ 0 & (x^1)^2 \end{bmatrix} \begin{bmatrix} -\frac{4}{5} \\ \frac{3}{5x^1} \end{bmatrix} \\ &= \begin{bmatrix} \frac{3}{5} & \frac{4}{5x^1} \end{bmatrix} \begin{bmatrix} -\frac{4}{5} \\ \frac{3x^1}{5} \end{bmatrix} \end{aligned}$$

$$= -\frac{12}{25} + \frac{12x^1}{25x^1} = 0$$

もちろん，正規性と直交性の両方は，（極）座標系ではなく計量にのみ依存する．

ゼロでない 2 つの反変ベクトル $\boldsymbol{U}$ と $\boldsymbol{V}$ のなす角 θ は，

$$\cos\theta \equiv \frac{\boldsymbol{UV}}{||\boldsymbol{U}||\,||\boldsymbol{V}||} = \frac{g_{ij}U^iV^j}{\sqrt{g_{pq}U^pU^q}\sqrt{g_{rs}V^rV^s}} \quad (0 \leqq \theta \leqq \pi) \tag{5.11}$$

で定義される．θ は**コーシー・シュワルツの不等式** (*Cauchy-Schwarz inequality*),

$$-1 \leqq \frac{\boldsymbol{UV}}{||\boldsymbol{U}||\,||\boldsymbol{V}||} \leqq 1$$

の形で書かれる不等式により明確に定義される（問題 5.13 を見よ）．

滑らかな曲線族に対する接ベクトル場は反変ベクトルとなるので（例 3.4），(5.11) は次の幾何学的な定理を生み出す．

定理 5.3: 一般座標系において，(U^i) と (V^i) が 2 つの曲線族の接ベクトルであるとき，$g_{ij}U^iV^j = 0$ である場合のみ，それらの族は相互に直交している．

【例 5.6】

極座標で与えられる，曲線族

$$e^{1/r} = a(\sec\theta + \tan\theta) \quad (a \geqq 0) \tag{1}$$

の各曲線が，各々の（「パスカルの蝸牛形《かぎゅうけい》」の）曲線

$$r = \sin\theta + c \quad (c \geqq 0) \tag{2}$$

と直交することを示す（図 5-2 は，蝸牛形族の曲線 $a = 1$ に関する直交性を表している.）．

極座標 $x^1 = r$, $x^2 = \theta$ において，曲線パラメータ t を用いると，(1) は——対数をとった後——,

$$\frac{1}{x^1} = \ln a + \ln|\sec t + \tan t| \qquad x^2 = t \tag{1'}$$

となり，曲線パラメータ u を用いると，(2) は，

$$x^1 = \sin u + c \qquad x^2 = u \tag{2'}$$

となる．

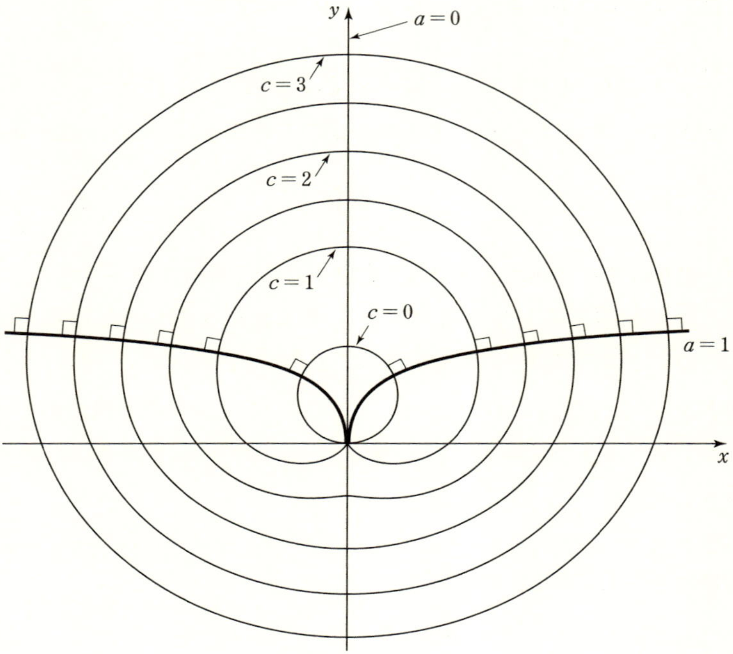

図 **5-2**

(1′) を t で微分すると，

$$-\frac{1}{(x^1)^2}\frac{dx^1}{dt} = \sec t = \sec x^2 \qquad \frac{dx^2}{dt} = 1$$

を得るので，(1′) 族の接ベクトルは，

$$(U^1, U^2) = (-(x^1)^2 \sec x^2, 1)$$

となる．同様に，(2′) 族の接ベクトルは，

$$(V^1, V^2) = (\cos u, 1) = (\cos x^2, 1)$$

となる．定理 5.3 を適用し，極座標におけるユークリッド計量を用いることで，

$$\begin{aligned} g_{ij}U^iV^j &= g_{11}U^1V^1 + g_{22}U^2V^2 + 0 \\ &= (1)[-(x^1)^2 \sec x^2](\cos x^2) + (x^1)^2(1)(1) \\ &= -(x^1)^2 + (x^1)^2 = 0 \end{aligned}$$

を得る．

ここで，接ベクトルの「媒介変数なし」の形式が直交性条件において使用されていることに注意されたい．これは，曲線 (1) と曲線 (2) の交点 (x^1, x^2) の計量テンソルが (1) のパラメータ t および u のどちらにも依存しないためである．

例題

弧長

問題 5.1　球座標 (x^i) において，曲線

$$x^1 = t \qquad x^2 = \arcsin\frac{1}{t} \qquad x^3 = \sqrt{t^2-1}$$

で与えられている．$1 \leqq t \leqq 2$ の部分の弧長を求めよ．

解答

(5.4) により，

$$\left(\frac{ds}{dt}\right)^2 = \left(\frac{dx^1}{dt}\right)^2 + (x^1)^2\left(\frac{dx^2}{dt}\right)^2 + (x^1 \sin x^2)^2\left(\frac{dx^3}{dt}\right)^2$$

であるので，まず $(dx^i/dt)^2$ を計算する：

$$\left(\frac{dx^1}{dt}\right)^2 = 1$$

$$\left(\frac{dx^2}{dt}\right)^2 = \left(\frac{-1/t^2}{\sqrt{1-(1/t)^2}}\right)^2 = \frac{1}{t^2(t^2-1)}$$

$$\left(\frac{dx^3}{dt}\right)^2 = \left(\frac{1}{2}\frac{2t}{\sqrt{t^2-1}}\right)^2 = \frac{t^2}{t^2-1}$$

したがって，

$$\left(\frac{ds}{dt}\right)^2 = 1 + t^2\cdot\frac{1}{t^2(t^2-1)} + \left(t\cdot\frac{1}{t}\right)^2\cdot\frac{t^2}{t^2-1} = \frac{2t^2}{t^2-1}$$

となり，(5.1a) から，

$$L = \int_1^2 \frac{\sqrt{2}t}{\sqrt{t^2-1}}dt = \sqrt{2(t^2-1)}\Big|_1^2 = \sqrt{6}$$

を得る．

問題 5.2　曲線

$$\mathscr{C}:\begin{cases}x^1=1\\x^2=t\end{cases}\qquad(1\leqq t\leqq 2)$$

の長さを求めよ．ただし，双曲平面の計量であるとする $(x^2>0)$：

$$g_{11}=g_{22}=\frac{1}{(x^2)^2}\qquad g_{12}=g_{21}=0$$

解答

$(dx^i/dt)=(0,1)$ であるため，(5.6d) から，

$$\left(\frac{ds}{dt}\right)^2=[0\ \ 1]\begin{bmatrix}\frac{1}{t^2} & 0\\ 0 & \frac{1}{t^2}\end{bmatrix}\begin{bmatrix}0\\ 1\end{bmatrix}=\frac{1}{t^2}$$

を得る $(\varepsilon=1)$．そして，

$$L=\int_1^2\frac{1}{t}dt=\ln 2$$

となる．

一般化された計量

問題 5.3　$dx^2+3dxdy+4dy^2+dz^2$ は正定値であるか？

解答

多項式 $Q\equiv(u^1)^2+3u^1u^2+4(u^2)^2+(u^3)^2$ が（$u^1=u^2=u^3=0$ でない場合に限り）正となるかを決定しなければならない．平方完成すると，

$$\begin{aligned}Q&=(u^1)^2+3u^1u^2+\frac{9}{4}(u^2)^2+\frac{7}{4}(u^2)^2+(u^3)^2\\&=\left(u^1+\frac{3}{2}u^2\right)^2+\frac{7}{4}(u^2)^2+(u^3)^2\end{aligned}$$

となる．すべての項が正の係数を持ち完全に 2 乗の形となるので，確かに正定値であるといえる．

問題 5.4　弧長に対する式 (5.1a) が特定の曲線パラメータに依存しないことを示せ．

解答

曲線 $\mathscr{C}$: $x^i = x^i(t)$ $(a \leqq t \leqq b)$ が与えられ，$x^i = x^i(\bar{t})$ $(\bar{a} \leqq \bar{t} \leqq \bar{b})$ は異なるパラメータ化が施されているとしよう．ここで，$\bar{t} = \phi(t)$ であり，$\phi'(t) > 0$ や $\bar{a} = \phi(a)$，$\bar{b} = \phi(b)$ を満たす．このとき，連鎖律と置換積分によって，

$$L = \int_a^b \sqrt{\left| g_{ij} \frac{dx^i}{dt} \frac{dx^j}{dt} \right|} dt = \int_a^b \sqrt{\left| g_{ij} \frac{dx^i}{d\bar{t}} \frac{dx^j}{d\bar{t}} (\phi'(t))^2 \right|} dt$$

$$= \int_a^b \sqrt{\left| g_{ij} \frac{dx^i}{d\bar{t}} \frac{dx^j}{d\bar{t}} \right|} \phi'(t) dt = \int_{\bar{a}}^{\bar{b}} \sqrt{\left| g_{ij} \frac{dx^i}{d\bar{t}} \frac{dx^j}{d\bar{t}} \right|} d\bar{t} = \bar{L}$$

となる．

計量のテンソル性

問題 5.5　定理 5.2 を用いて，球座標に対する（行列形式の）ユークリッド計量テンソルを求めよ．

解答

球座標 (x^i) は直交座標 $(\bar{x}^i)$ と

$$\bar{x}^1 = x^1 \sin x^2 \cos x^3 \quad \bar{x}^2 = x^1 \sin x^2 \sin x^3 \quad \bar{x}^3 = x^1 \cos x^2$$

を通してつながっているので，

$$J^T J = \begin{bmatrix} \sin x^2 \cos x^3 & \sin x^2 \sin x^3 & \cos x^2 \\ x^1 \cos x^2 \cos x^3 & x^1 \cos x^2 \sin x^3 & -x^1 \sin x^2 \\ -x^1 \sin x^2 \sin x^3 & x^1 \sin x^2 \cos x^3 & 0 \end{bmatrix} \cdot$$
$$\begin{bmatrix} \sin x^2 \cos x^3 & x^1 \cos x^2 \cos x^3 & -x^1 \sin x^2 \sin x^3 \\ \sin x^2 \sin x^3 & x^1 \cos x^2 \sin x^3 & x^1 \sin x^2 \cos x^3 \\ \cos x^2 & -x^1 \sin x^2 & 0 \end{bmatrix}$$

を得る．$G = J^T J$ は対称であることは既に知っているので（問題 2.4 を見よ），主対角線上またはその上の成分を計算するだけでよい：

$$G = \begin{bmatrix} (\sin^2 x^2)(1) + \cos^2 x^2 & (x^1 \sin x^2 \cos x^2)(1) - x^1 \sin x^2 \cos x^2 & g_{13} \\ g_{21} & ((x^1)^2 \cos^2 x^2)(1) + (x^1)^2 \sin^2 x^2 & g_{23} \\ g_{31} & g_{32} & ((x^1)^2 \sin x^2)(1) \end{bmatrix}$$

ここで，

$$g_{13} = (x^1 \sin^2 x^2)(-\sin x^3 \cos x^3 + \cos x^3 \sin x^3) = 0$$
$$g_{23} = ((x^1)^2 \sin x^2 \cos x^2)(-\cos x^3 \sin x^3 + \sin x^3 \cos x^3) = 0$$

であることから，したがって，

$$G = \begin{bmatrix} 1 & 0 & 0 \\ 0 & (x^1)^2 & 0 \\ 0 & 0 & (x^1 \sin x^2)^2 \end{bmatrix}$$

となる．

問題 5.6　直交座標 $(\bar{x}^i)$ から $x^1 = \bar{x}^1$，$x^2 = \exp(\bar{x}^2 - \bar{x}^1)$ で定義される特定の座標系 (x^i) において，そのユークリッド計量の成分 g_{ij} を求めよ．

解答

$J^T J$ を計算しなければならない（J は変換 $\bar{x}^i = \bar{x}^i(x^1, x^2)$ に対するヤコビ行列である）．上の方程式を $\bar{x}^i$ について解くと次のようになる：

$$\bar{x}^1 = x^1 \qquad \bar{x}^2 = x^1 + \ln x^2$$

ゆえに，

$$J = \begin{bmatrix} 1 & 0 \\ 1 & (x^2)^{-1} \end{bmatrix}$$

となるから，

$$G = \begin{bmatrix} 1 & 1 \\ 0 & (x^2)^{-1} \end{bmatrix} \begin{bmatrix} 1 & 0 \\ 1 & (x^2)^{-1} \end{bmatrix} = \begin{bmatrix} 2 & (x^2)^{-1} \\ (x^2)^{-1} & (x^2)^{-2} \end{bmatrix}$$

または，$g_{11} = 2$ や $g_{12} = g_{21} = (x^2)^{-1}$，$g_{22} = (x^2)^{-2}$ となる．

問題 5.7

(a) 問題 5.6 の計量を用いて，曲線

$$\mathscr{C}\ :\ x^1 = 3t, \quad x^2 = e^t \quad (0 \leqq t \leqq 2)$$

の長さを計算せよ．

(b) 幾何学的に解釈せよ．

解答

(a) まず，次のように dx^i/dt を計算する：

$$\frac{dx^1}{dt} = 3 \qquad \frac{dx^2}{dt} = e^t$$

次に，

$$\left(\frac{ds}{dt}\right)^2 = 2\left(\frac{dx^1}{dt}\right)^2 + 2(x^2)^{-1}\left(\frac{dx^1}{dt}\right)\left(\frac{dx^2}{dt}\right) + (x^2)^{-2}\left(\frac{dx^2}{dt}\right)^2$$
$$= 2(9) + 2e^{-t}(3)(e^t) + e^{-2t}(e^{2t}) = 25$$

そして，

$$L = \int_0^2 5dt = 10$$

となる．

(b) 問題 5.6 の変換の式から，曲線は直交座標において $\bar{x}^2 = \frac{4}{3}\bar{x}^1$ と表される．それはつまり，$t = 0$ と $t = 2$ または $(0, 0)$ と $(6, 8)$ を結ぶ直線ということになる．$(0, 0)$ から $(6, 8)$ までの距離は，(a) からわかるように，

$$\sqrt{6^2 + 8^2} = 10$$

となる．

問題 5.8 円柱座標 (5.3) に対するユークリッド計量を利用して，正の定数 a と b を持つ円螺旋

$$\bar{x}^1 = a\cos t \qquad \bar{x}^2 = a\sin t \qquad \bar{x}^3 = bt$$

に沿った，$t = 0$ から $t = c > 0$ までの弧長を計算せよ．図 5-3 を見よ．

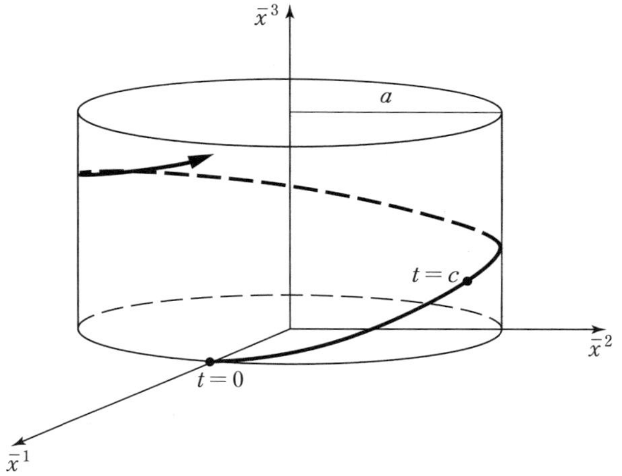

図 5-3

解答

円柱座標 (x^i) は

$$\bar{x}^1 = x^1\cos x^2 \qquad \bar{x}^2 = x^1\sin x^2 \qquad \bar{x}^3 = x^3$$

であり，そこでは螺旋の弧は線形方程式

$$x^1 = a \quad x^2 = t \quad x^3 = bt \qquad (0 \leqq t \leqq c)$$

$$\left(\frac{ds}{dt}\right)^2 = [0 \;\; 1 \;\; b]\begin{bmatrix}1 & 0 & 0\\ 0 & a^2 & 0\\ 0 & 0 & 1\end{bmatrix}\begin{bmatrix}0\\ 1\\ b\end{bmatrix} = [0 \;\; 1 \;\; b]\begin{bmatrix}0\\ a^2\\ b\end{bmatrix} = a^2 + b^2$$

で表される．結果として

$$L = \int_0^c \sqrt{a^2+b^2}\,dt = c\sqrt{a^2+b^2}$$

となる．

問題 5.9　($\mathbf{R}^3$ におけるアフィン座標)
部屋の中で測定している大工たちは，基準点として用いていた部屋の隅の角度が真でないことに気がついた．角度の実際の大きさが図 5-4 に示すようなものであれば，その誤りを補正するために，通常の計量の式

$$\overline{P_1P_2} = \sqrt{\sum_{i=1}^{3}(x_1^i - x_2^i)^2}$$

をどのように修正する必要があるか？

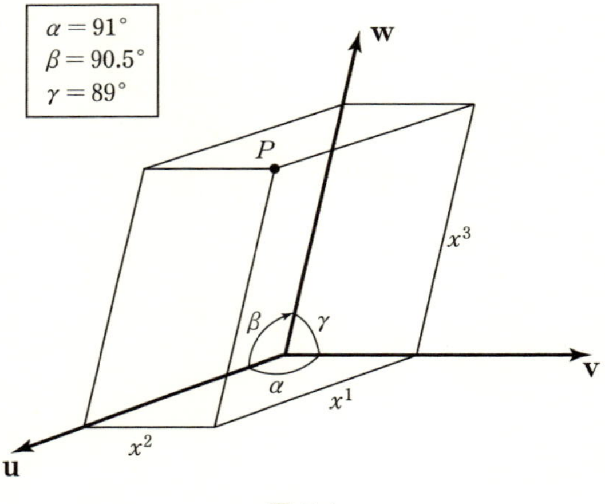

図 **5-4**

解答

実際には，3 次元アフィン座標 (x^i) に対する $\boldsymbol{g} = (g_{ij})$ の表示を求められている．定理 5.2 を適用する代わりに，問題 3.9 から位置ベクトル反変ベクトルであること，とりわけ斜交座標に沿った単位ベクトル

$$\boldsymbol{u} = (\delta_1^i) \qquad \boldsymbol{v} = (\delta_2^i) \qquad \boldsymbol{w} = (\delta_3^i)$$

を思い出すほうが簡単になる (図 5-4)．ここで，計量を得るために，(5.11)

の逆の形を使う：

$$\cos\alpha = \frac{g_{ij}\delta_1^i\delta_2^j}{\sqrt{g_{pq}\delta_1^p\delta_1^q}\sqrt{g_{rs}\delta_2^r\delta_2^s}} = \frac{g_{12}}{\sqrt{g_{11}}\sqrt{g_{22}}} = g_{12}$$

ここでは明らかに，$g_{11} = g_{22} = g_{33} = 1$ である（$\pm ds = dx^1$ は $\boldsymbol{u}$ 方向への平行移動などである）．同様に，

$$\cos\beta = g_{13} \qquad \cos\gamma = g_{23}$$

となり，完全対称行列は

$$G = \begin{bmatrix} 1 & \cos\alpha & \cos\beta \\ \cos\alpha & 1 & \cos\gamma \\ \cos\beta & \cos\gamma & 1 \end{bmatrix} = \begin{bmatrix} 1 & -0.01745 & -0.00873 \\ -0.01745 & 1 & 0.01745 \\ -0.00873 & 0.01745 & 1 \end{bmatrix}$$

である．結果として，大工は正しい距離公式

$$\overline{P_1P_2} = \sqrt{g_{ij}(x_1^i - x_2^i)(x_1^j - x_2^j)}$$

を用いなければならないことになる．ここで，g_{ij} は上で得られた数値である．

添字の上げ下げ

> **問題 5.10**　(V^i) が $\mathbf{R}^3$ 上の反変ベクトルであると考えたとき，ユークリッド計量の下の円柱座標 (x^i) における，それと関連する共変ベクトル (V_i) を求めよ．

解答

円柱座標のユークリッド計量が，

$$[g_{ij}]_{33} = \begin{bmatrix} 1 & 0 & 0 \\ 0 & (x^1)^2 & 0 \\ 0 & 0 & 1 \end{bmatrix}$$

であること，さらに $V_i = g_{ir}V^r$ であることから，次の行列形式を得る．

$$\begin{bmatrix} V_1 \\ V_2 \\ V_3 \end{bmatrix} = \begin{bmatrix} 1 & 0 & 0 \\ 0 & (x^1)^2 & 0 \\ 0 & 0 & 1 \end{bmatrix} \begin{bmatrix} V^1 \\ V^2 \\ V^3 \end{bmatrix} = \begin{bmatrix} V^1 \\ (x^1)^2V^2 \\ V^3 \end{bmatrix}$$

問題 5.11 特定の直交座標系から始まる直交座標変換の下で，添字の上げ下げはテンソルに何ら影響を及ぼさず，反変ベクトルと共変ベクトルの直交テンソルの間で区別が付かないという事実（3.6 節）と一致することを示せ.

解答

任意の許容座標系 (x^i) に対して，$g_{ij} = \delta_{ij} = g^{ij}$ ということを単に示せば十分であるので，

$$T^i = \delta^{ij}T_j = T_i \quad T_{ijk} = \delta_{ir}T^r{}_{jk} = T^i{}_{jk} \quad T^i{}_{jk} = \delta_{jr}T^{ir}_{\ k} = T^{ij}_{\ k}$$

などの結果になる．そのためには，$J = (a^i_j)$ を直交行列とした (5.7) の公式を単に使う．$J^T = J^{-1}$ より，要求通り $G = J^{-1}J = I$ または $g_{ij} = \delta_{ij}$ を得る．$g^{ij} = \delta_{ij}$ の場合も，$G^{-1} = I^{-1} = I$ となることから同様に得られる.

一般化されたノルム

問題 5.12 任意の反変ベクトル (V^i) の長さが，それと関連する共変ベクトル (V_i) の長さと等しいことを示せ.

解答

定義より，

$$||(V^i)|| = \sqrt{g_{ij}V^iV^j} \qquad \text{and} \qquad ||(V_i)|| = \sqrt{g^{ij}V_iV_j}$$

である．ここで，$V^i = g^{ir}V_r$ や $g_{ij} = g_{ji}$ であることから，

$$g_{ij}V^iV^j = g_{ij}(g^{ir}V_r)(g^{js}V_s) = g_{ji}g^{ir}g^{js}V_rV_s = \delta^r_j g^{js}V_rV_s = g^{rs}V_rV_s$$

となるので，2 つの長さは等しい.

問題 5.13 正定値の計量を仮定する．デカルト的内積 $\boldsymbol{U}\cdot\boldsymbol{V}$ の基本的な性質が反変ベクトルの一般化された内積 $\boldsymbol{UV}$ と共通していることを示せ．

解答

(a) $\boldsymbol{UV}=\boldsymbol{VU}$ （交換法則）．(g_{ij}) の対称性から得られる．

(b) $\boldsymbol{U}(\boldsymbol{V}+\boldsymbol{W})=\boldsymbol{UV}+\boldsymbol{UW}$ （分配法則）．(1.2) から得られる．

(c) $(\lambda\boldsymbol{U})\boldsymbol{V}=\boldsymbol{U}(\lambda\boldsymbol{V})=\lambda(\boldsymbol{UV})$ （結合法則）．$\lambda U_iV^i=U_i(\lambda V^i)=\lambda U_iV^i$ から得られる．

(d) $\boldsymbol{U}^2\geqq 0$ であり，$\boldsymbol{U}=\boldsymbol{0}$ の場合のみ等式となる（正定値性）．仮定された (g_{ij}) の正定値性から得られる．

(e) $(\boldsymbol{UV})^2\leqq(\boldsymbol{U}^2)(\boldsymbol{V}^2)$ （コーシー・シュワルツの不等式）．これは他の法則から次のように導出できる．$\boldsymbol{U}=\boldsymbol{0}$ の場合，不等式は明らかに成立している．$\boldsymbol{U}\neq\boldsymbol{0}$ の場合，(d) の性質は，2 次多項式

$$Q(\lambda)\equiv(\lambda\boldsymbol{U}+\boldsymbol{V})^2=\boldsymbol{U}^2\lambda^2+2\boldsymbol{UV}\lambda+\boldsymbol{V}^2$$

が，たかだか 1 つの λ の実数値に対して，ゼロとなることを保証している．したがって，Q の判別式は正ではない：

$$(\boldsymbol{UV})^2-(\boldsymbol{U}^2)(\boldsymbol{V}^2)\leqq 0$$

これが目的の不等式となる．

問題 5.14 ベクトル空間における一般化されたノルムは，

(i) $\phi[\boldsymbol{V}]\geqq 0$ であり，$\boldsymbol{V}=\boldsymbol{0}$ の場合のみ等式となる;

(ii) $\phi[\lambda\boldsymbol{V}]=|\lambda|\phi[\boldsymbol{V}]$;

(iii) $\phi[\boldsymbol{U}+\boldsymbol{V}]\leqq\phi[\boldsymbol{U}]+\phi[\boldsymbol{V}]$ （三角不等式）．

を満たす任意の実数値関数 $\phi[\quad]$ である．正定値の計量における内積・ノルムとなる $\phi[\boldsymbol{V}]=||\boldsymbol{V}||$ に対してこれらの条件を証明せよ．

解答

$||\boldsymbol{V}||$ に対して，(i) と (ii) は明らかである．(iii) については，コーシー・シュワルツの不等式によって，

$$\begin{aligned}||\boldsymbol{U}+\boldsymbol{V}||^2 &= (\boldsymbol{U}+\boldsymbol{V})^2 = \boldsymbol{U}^2+\boldsymbol{V}^2+2\boldsymbol{U}\boldsymbol{V}\\ &\leqq ||\boldsymbol{U}||^2+||\boldsymbol{V}||^2+2||\boldsymbol{U}||\,||\boldsymbol{V}||| = (||\boldsymbol{U}||+||\boldsymbol{V}||)^2\end{aligned}$$

となり，直ちに (iii) を得る．

反変ベクトル間のなす角

問題 5.15 反変ベクトル間のなす角が，座標系の変換の下で不変であることを示せ．

解答

定義式 (5.11) は内積のみを含んでおり，それらは不変量である．

問題 5.16 $\mathbf{R}^2$ において（$x^1=t$，$x^2=t-c$ としてパラメータ化されている）曲線族 $x^2=x^1-c$ は，接ベクトルの系として，$\mathbf{R}^2$ 上で一定のベクトル場 $\boldsymbol{U}=(1,1)$ を持つ．(x^i) が極座標を表すとき，それと直交な曲線族を求め，幾何学的に説明せよ．

解答

計量は，

$$g=\begin{bmatrix}1 & 0\\ 0 & (x^1)^2\end{bmatrix}$$

で与えられるので，定理 5.3 より，直交条件は，

$$g_{ij}U^i\frac{dx^j}{du}=(1)(1)\frac{dx^1}{du}+(x^1)^2(1)\frac{dx^2}{du}=0$$

または，微分 du を取り除いて，

$$dx^1+(x^1)^2dx^2=0$$

となる．これは変数分離可能な微分方程式であり，その解は，

$$x^1 = \frac{1}{x^2 + d}$$

である．

通常の極座標表記において，与えられた曲線族は同心状の螺旋族，$r = \theta + c$ となる（図 5-5 における実線曲線）．その直交曲線

$$r = \frac{1}{\theta + d}$$

も螺旋であり，それぞれ $\theta = -d$ の線に平行な漸近線を有している．これらは図 5-5 における破線の曲線である．

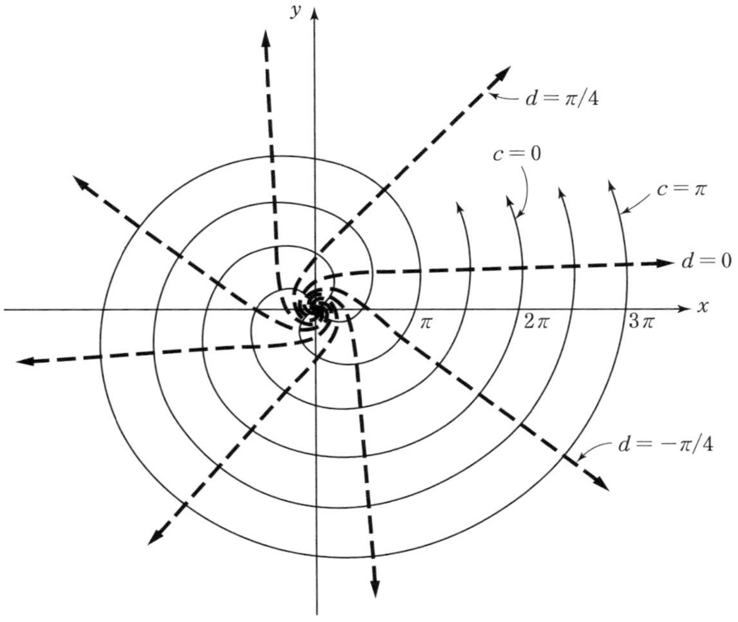

図 5-5

注意： 直交座標においてこの問題を解くこと，つまり，計量 $(g_{ij}) = (\delta_{ij})$ の下で，

$$\frac{y}{x} = \tan(\sqrt{x^2 + y^2} - c)$$

の直交曲線を求めることは，困難もしくは不可能であろう．多くの場合，特殊な曲線座標系に移行する際に関わる計量の複雑さは，問題を単純化する度合いをはるかに上回る．

問題 5.17　半径 a の球上の 2 つの曲線が直交する条件を求めよ．ただし，曲線は球座標において

$$\mathscr{C}_1 : \theta = f(\varphi) \qquad \text{and} \qquad \mathscr{C}_2 : \theta = g(\varphi)$$

で表される．

解答

2 つの曲線は，

$$\mathscr{C}_1 : \begin{cases} \rho = a \\ \varphi = t \\ \theta = f(t) \end{cases} \qquad \mathscr{C}_2 : \begin{cases} \rho = a \\ \varphi = u \\ \theta = g(u) \end{cases}$$

と球座標 $(x^i) \equiv (\rho, \varphi, \theta)$ でパラメータ化できる．交点 (a, φ_0, θ_0) における $\mathscr{C}_1$ および $\mathscr{C}_2$ の接ベクトルは，それぞれ，

$$\boldsymbol{U} = (0, 1, f'(\varphi_0)) \qquad \text{and} \qquad \boldsymbol{V} = (0, 1, g'(\varphi_0))$$

である．これらは $g_{ij}U^iV^j = 0$，ひいては

$$\begin{aligned} 0 &= \begin{bmatrix} 0 & 1 & f'(\varphi_0) \end{bmatrix} \begin{bmatrix} 1 & 0 & 0 \\ 0 & a^2 & 0 \\ 0 & 0 & (a \sin \varphi_0)^2 \end{bmatrix} \begin{bmatrix} 0 \\ 1 \\ g'(\varphi_0) \end{bmatrix} \\ &= 0 + a^2 + (a \sin \varphi_0)^2 f'(\varphi_0) g'(\varphi_0) \\ &= (a^2 \sin^2 \varphi_0)[\csc^2 \varphi_0 + f'(\varphi_0) g'(\varphi_0)] \end{aligned}$$

である場合にのみ直交する．ゆえに，目的の基準は，任意の交点 (a, φ_0, θ_0) において $f'(\varphi_0)g'(\varphi_0) = -\csc^2 \varphi_0$ となることである．

問題 5.18　反変ベクトル $\boldsymbol{U} = (0, 1, 2bx^2)$ および $\boldsymbol{V} = (0, -2bx^2, (x^1)^2)$ が，ユークリッド計量の円柱座標系の下で直交していることを示せ．$x^1 = a$，$x^2 = t$，$x^3 = bt^2$ について，幾何学的に説明せよ．

解答

$$
\begin{aligned}
g_{ij}U^iV^j &= \begin{bmatrix}0 & 1 & 2bx^2\end{bmatrix}\begin{bmatrix}1 & 0 & 0\\ 0 & (x^1)^2 & 0\\ 0 & 0 & 1\end{bmatrix}\begin{bmatrix}0\\ -2bx^2\\ (x^1)^2\end{bmatrix}\\
&= \begin{bmatrix}0 & 1 & 2bx^2\end{bmatrix}\begin{bmatrix}0\\ -2bx^2(x^1)^2\\ (x^1)^2\end{bmatrix}\\
&= 0 - 2bx^2(x^1)^2 + 2bx^2(x^1)^2 = 0
\end{aligned}
$$

幾何学的な説明として，実数 t に対する $x^1 = a$，$x^2 = t$，$x^3 = bt^2$ は，接ベクトル場 $\boldsymbol{U}$ を持つ直円柱 $r = a$ 上の可変ピッチ螺旋の一種を表している．したがって，

$$
\underbrace{\frac{dx^1}{du} = V^1 = 0}_{\text{or } x^1 = a} \qquad \frac{dx^2}{du} = V^2 = -2bx^2 \qquad \frac{dx^3}{du} = V^3 = a^2 \tag{1}
$$

の任意の解は，この擬似螺旋に直交する円柱上の曲線を表すことになるだろう．問題 5.28 を見よ．

問題 5.19　任意の座標系 (x^i) における反変ベクトル $\boldsymbol{V} \equiv (g^{i\alpha})$（問題 3.5 を思い出そう）が，曲面 $x^\alpha = \text{const.}$ $(\alpha = 1, 2, \ldots, n)$ に垂直であることを示せ．

解答

“表面上の点 P における曲面に垂直である” とは，曲面上で P を通り，P における任意曲線の接ベクトルに直交していることを意味している．ここでは，曲面 $x^\alpha = \text{const.}$ に対して，その任意の接ベクトル $\boldsymbol{T}$ は，α 個の成分として

$$
T^\alpha = \frac{dx^\alpha}{dt} = 0
$$

を持つ．そのとき，以下を得る：

$$
\boldsymbol{VT} \equiv g_{ij}V^iT^j = g_{ij}g^{i\alpha}T^j = g_{ji}g^{i\alpha}T^j = \delta^\alpha_j T^j = T^\alpha = 0
$$

したがって証明は完了である．

問題 5.20　任意の座標系 (x^i) において，曲面 $x^\alpha = \text{const.}$ および曲面 $x^\beta = \text{const.}$ の法線（テンソル）間の角度 θ が，

$$\cos\theta = \frac{g^{\alpha\beta}}{\sqrt{g^{\alpha\alpha}}\sqrt{g^{\beta\beta}}} \qquad \text{（総和しない）} \tag{1}$$

で与えられることを示せ．

解答

問題 5.19 より，$\boldsymbol{U} = (g^{i\alpha})$ および $\boldsymbol{V} = (g^{i\beta})$ は，それぞれ $x^\alpha = \text{const.}$ および $x^\beta = \text{const.}$ の法線（テンソル）である．したがって，定義 (5.11) より，

$$\cos\theta = \frac{\boldsymbol{UV}}{||\boldsymbol{U}||\,||\boldsymbol{V}||} = \frac{g_{ij}g^{i\alpha}g^{j\beta}}{\sqrt{g_{pq}g^{p\alpha}g^{q\alpha}}\sqrt{g_{rs}g^{r\beta}g^{s\beta}}} = \frac{\delta^\alpha_j g^{j\beta}}{\sqrt{\delta^\alpha_q g^{q\alpha}}\sqrt{\delta^\beta_s g^{s\beta}}}$$
$$= \frac{g^{\alpha\beta}}{\sqrt{g^{\alpha\alpha}}\sqrt{g^{\beta\beta}}}$$

となる．

(1) の結果として，**直交座標**は，すべての点において，$g^{ij} = 0\ (i \neq j)$ もしくは同等に $g_{ij} = 0\ (i \neq j)$ となる座標系 (x^i) として定義されている．明らかなのは，極座標や円柱座標，球座標に見るように，直交座標は直角的である必要はないことである．

演習問題

問題 5.21　極座標におけるユークリッド計量を使って，曲線

$$\mathscr{C}\colon x^1 = 2a\cos t, \quad x^2 = t \qquad (0 \leqq t \leqq \pi/2)$$

の弧長を計算し，幾何学的な説明をせよ．

問題 5.22　$Q(u^1, u^2, u^3) \equiv 8(u^1)^2 + (u^2)^2 - 6u^1u^3 + (u^3)^2$ の形は正定値であるか？

問題 5.23　計量

$$G = \begin{bmatrix} 12 & 4 & 0 \\ 4 & 1 & 1 \\ 0 & 1 & (x^1)^2 \end{bmatrix}$$

を使って，$x^1 = 3 - t$，$x^2 = 6t + 3$，$x^3 = \ln t \quad (1 \leqq t \leqq e)$ で与えられる曲線の長さを計算せよ．

問題 5.24　ある製図者が，垂直線と T 型定規を使って図面上の点の間の距離をいくつかを計算していた．彼は $(1, 2)$ から $(4, 6)$ までの距離を次のような通常の方法で得た：

$$\sqrt{(4-1)^2 + (6-2)^2} = 5$$

その後，T 型定規が数度ずれていることに気づき，彼はすべての測定結果を捨てた．彼の T 型定規の（角の）正確な測定値は 95.8° であった．上で得られた間違った答え 5 に対する誤差を，小数点第 3 位まで求めよ．[ヒント：$x_1^3 = x_2^3 = 0$，$\alpha = 95.8^\circ$ の場合として，問題 5.9 を使おう．]

問題 5.25　曲線座標 (x^i) において，反変ベクトル

$$\boldsymbol{U} = (-x^1/x^2, 1, 0) \qquad \boldsymbol{V} = (1/x^2, 0, 0)$$

が正規直交の組であることを示せ．ただし，(x^i) は直交座標 $(\bar{x}^i)$ と，

$$\bar{x}^1 = x^2 \qquad \bar{x}^2 = x^3 \qquad \bar{x}^3 = x^1 x^2$$

を通して関連しているとする（$x^2 \neq 0$）．

問題 5.26　問題 5.26 の $\boldsymbol{U}$ と $\boldsymbol{V}$ に関連する共変ベクトルを (x^i) で表わせ．

問題 5.27　(g_{ij}) が非ユークリッド計量を定義していたとしても，そのノルム (5.10) が次の "ユークリッド的な" 法則に依然として従うことを証明せよ：(a) 余弦定理，(b) ピタゴラスの定理．

問題 5.28　(a) 問題 5.18 の系 (1) を解け．(b) (a) で求めた解は，擬似螺旋に直交している**すべての**曲線を含んでいるか？説明せよ．

問題 5.29　螺旋族 $x^1 = cx^2 \quad (c = \text{const.})$ に対する極座標の直交曲線族求めよ．[ヒント：（螺旋）族を $x^1 = ce^t$，$x^2 = e^t$ としてパラメータ化しよう．]

問題 5.30　半径 a の直円柱上の 2 曲線 $z = f(\theta)$ と $z = g(\theta)$ に対する直交条件を求めよ．

問題 5.31　(x^i) を任意の座標系とし，(g_{ij}) をその系の正定値となる任意の計量テンソルとしよう．曲線 $\mathscr{C}_\alpha$: $x^i = t\delta^i_\alpha$　$(\alpha = 1, 2, \ldots, n)$ として**座標軸**を定義する．座標軸 $\mathscr{C}_\alpha$ および $\mathscr{C}_\beta$ 間のなす角 ϕ が，

$$\cos\phi = \frac{g_{\alpha\beta}}{\sqrt{g_{\alpha\alpha}}\sqrt{g_{\beta\beta}}} \qquad \text{（総和しない）}$$

の関係を満たし．一般に問題 5.20 のなす角 θ とは異なることを示せ．

問題 5.32　問題 5.20 と問題 5.31 を参照して答えよ．(a) 座標軸 $\mathscr{C}_\alpha$ が曲面 $x^\alpha = \text{const.}$（この場合，$\theta = \phi$ である）に対して垂直であるために，どのような性質が (x^i) 内の計量テンソル (g_{ij}) に必要か？(b) (a) の性質が座標軸の相互直交性と同等であることを示せ．

問題 5.33　計量

$$G = \begin{bmatrix} 1 & \cos 2x^2 \\ \cos 2x^2 & 1 \end{bmatrix} \qquad (2x^2/\pi \text{ は非整数})$$

の下，曲線 $x^1 = -\sin 2t$，$x^2 = t$ に沿って求められたベクトル $\boldsymbol{V} = (dx^i/dt)$ のノルムを計算し，そのノルムを用いて $t = 0$ と $t = \pi/2$ 間の弧長を求めよ．

問題 5.34　球座標におけるユークリッド計量 (5.4) の下で，

$$x^1 = a \qquad x^2 = bt \qquad x^3 = t$$

に直交する特定の曲線族を決定せよ．(問題 5.28 を参照しよう）

第6章

テンソルの微分

6.1 常微分の欠点

曲線 $\mathscr{C}$: $\boldsymbol{x} = \boldsymbol{x}(t)$ 上で定義された反変テンソル $\boldsymbol{T} = (T^i(\boldsymbol{x}(t)))$ を考える．変換則

$$\bar{T}^i = T^r \frac{\partial \bar{x}^i}{\partial x^r}$$

の t に関する微分は，

$$\frac{d\bar{T}^i}{dt} = \frac{dT^r}{dt}\frac{\partial \bar{x}^i}{\partial x^r} + T^r \frac{\partial^2 \bar{x}^i}{\partial x^s \partial x^r}\frac{dx^s}{dt}$$

となり，曲線に沿った $\boldsymbol{T}$ の常微分は，$\bar{x}^i$ が x^r の線形関数である場合にのみ反変テンソルとなることを示している．

定理 6.1: “テンソルの微分” は，座標変換が線形変換に限定されている場合に限りテンソルとなる．

【例 6.1】

$\mathscr{C}$ に沿った接（ベクトル）場 $\boldsymbol{T} = d\boldsymbol{x}/dt$ において（$t = s =$ 弧長），$\mathscr{C}$ の曲率に関する古典的な公式，

$$\kappa = \left\| \frac{d\boldsymbol{T}}{dt} \right\|$$

は，アフィン座標では成り立つだろう．しかしながら曲線座標では，$d\boldsymbol{T}/dt$ は一般テンソルでないため[*1]，不変量を定義することができなくなってしまう．したがって，その曲線の曲率を「座標系に依存しな

[*1] 訳注：一般テンソルの変換性を定義した (3.14) と比較して，テンソルの性質を満たさないことを確認して欲しい．

い」本質的な概念としたい場合，より一般的なテンソルの微分の概念を考案しなければならない．これには，次に定義する（数学的な）対象 (objects) を必要とする．

6.2 第一種クリストッフェル記号

定義および基本的な性質

n^3 個の関数

$$\Gamma_{ijk} \equiv \frac{1}{2}\left[\frac{\partial}{\partial x^i}(g_{jk}) + \frac{\partial}{\partial x^j}(g_{ki}) - \frac{\partial}{\partial x^k}(g_{ij})\right] \tag{6.1a}$$

は**第一種クリストッフェル記号** (*Christoffel symbols of the first kind*) である．この表記を今後簡略化するために，次の慣例を採用する：テンソルの x^k に関する偏微分は最後の添字 k で示す．したがって，

$$\Gamma_{ijk} \equiv \tfrac{1}{2}(-g_{ijk} + g_{jki} + g_{kij}) \tag{6.1b}$$

となる．

【例 6.2】

球座標における以下のユークリッド計量に対応するクリストッフェル記号を計算する：

$$G = \begin{bmatrix} 1 & 0 & 0 \\ 0 & (x^1)^2 & 0 \\ 0 & 0 & (x^1)^2 \sin^2 x^2 \end{bmatrix}$$

ここでは，$g_{221} = 2x^1$，$g_{331} = 2x^1 \sin^2 x^2$，$g_{332} = 2(x^1)^2 \sin x^2 \cos x^2$ となり，他の g_{ijk} は 0 である．ゆえに，三つ組 ijk が丁度二つの「2（6 通り）」もしくは二つの「3（6 通り）」を含まない限り，$\Gamma_{ijk} = 0$ となる：

- $\Gamma_{221} = \tfrac{1}{2}(-g_{221} + g_{212} + g_{122}) = -x^1$
  $\Gamma_{223} = \tfrac{1}{2}(-g_{223} + g_{232} + g_{322}) = 0$
- $\Gamma_{212} = \tfrac{1}{2}(-g_{212} + g_{122} + g_{221}) = x^1$
  $\Gamma_{232} = \tfrac{1}{2}(-g_{232} + g_{322} + g_{223}) = 0$
- $\Gamma_{122} = \tfrac{1}{2}(-g_{122} + g_{221} + g_{212}) = x^1$
  $\Gamma_{322} = \tfrac{1}{2}(-g_{322} + g_{223} + g_{232}) = 0$

また,

- $\Gamma_{331} = \frac{1}{2}(-g_{331} + g_{313} + g_{133}) = -x^1 \sin^2 x^2$
- $\Gamma_{332} = \frac{1}{2}(-g_{332} + g_{323} + g_{233}) = -(x^1)^2 \sin x^2 \cos x^2$
- $\Gamma_{313} = \frac{1}{2}(-g_{313} + g_{133} + g_{331}) = x^1 \sin^2 x^2$
- $\Gamma_{323} = \frac{1}{2}(-g_{323} + g_{233} + g_{332}) = (x^1)^2 \sin x^2 \cos x^2$
- $\Gamma_{133} = \frac{1}{2}(-g_{133} + g_{331} + g_{313}) = x^1 \sin^2 x^2$
- $\Gamma_{233} = \frac{1}{2}(-g_{233} + g_{332} + g_{323}) = (x^1)^2 \sin x^2 \cos x^2$

(0 でない 9 個の記号は，後に参照できるように黒点で示している.)

第一種クリストッフェル記号の 2 つの基本的な性質は次のとおりである：

(i) $\Gamma_{ijk} = \Gamma_{jik}$ （最初の 2 つの添字について対称）
(ii) g_{ij} が定数である場合，すべての Γ_{ijk} は消滅する.

(6.1b) において，下付き添字を単純に置き換えたものを足し合わせることで次の有用な公式が得られる：

$$\frac{\partial g_{ik}}{\partial x^j} = \Gamma_{ijk} + \Gamma_{jki} \tag{6.2}$$

性質 (ii) の逆は (6.2) から直ちに導かれる．このことから，次が言える：

補題 6.2: 特定の任意な座標系において，その系での計量テンソルが定数成分を持つとき，クリストッフェル記号は一様にゼロになる.

変換則

Γ_{ijk} に対する変換則は g_{ij}（に対する変換則）から推論することができる．微分することにより，

$$\begin{aligned}\bar{g}_{ijk} &= \frac{\partial}{\partial \bar{x}^k}\left(g_{rs}\frac{\partial x^r}{\partial \bar{x}^i}\frac{\partial x^s}{\partial \bar{x}^j}\right)\\ &= \frac{\partial g_{rs}}{\partial \bar{x}^k}\frac{\partial x^r}{\partial \bar{x}^i}\frac{\partial x^s}{\partial \bar{x}^j} + g_{rs}\frac{\partial^2 x^r}{\partial \bar{x}^k \partial \bar{x}^i}\frac{\partial x^s}{\partial \bar{x}^j} + g_{rs}\frac{\partial x^r}{\partial \bar{x}^i}\frac{\partial^2 x^s}{\partial \bar{x}^k \partial \bar{x}^j}\end{aligned}$$

となる．そして，$\partial g_{rs}/\partial \bar{x}^k$ に対して次の連鎖律を用いる：

$$\frac{\partial g_{rs}}{\partial \bar{x}^k} = \frac{\partial g_{rs}}{\partial x^t}\frac{\partial x^t}{\partial \bar{x}^k} \equiv g_{rst}\frac{\partial x^t}{\partial \bar{x}^k}$$

その後，下付き添字を循環的に置換して式を書き改め，その 3 つの式を合計し（矢印で繋いだ項は相殺する），2 で割る：

$$
\begin{aligned}
-\bar{g}_{ijk} &= -g_{rst}\frac{\partial x^r}{\partial \bar{x}^i}\frac{\partial x^s}{\partial \bar{x}^j}\frac{\partial x^t}{\partial \bar{x}^k} + g_{rs}\left(-\frac{\partial^2 x^r}{\partial \bar{x}^k \partial \bar{x}^i}\frac{\partial x^s}{\partial \bar{x}^j} - \frac{\partial^2 x^s}{\partial \bar{x}^k \partial \bar{x}^j}\frac{\partial x^r}{\partial \bar{x}^i}\right) \\
\bar{g}_{jki} &= g_{str}\frac{\partial x^s}{\partial \bar{x}^j}\frac{\partial x^t}{\partial \bar{x}^k}\frac{\partial x^r}{\partial \bar{x}^i} + g_{sr}\left(\frac{\partial^2 x^s}{\partial \bar{x}^i \partial \bar{x}^j}\frac{\partial x^r}{\partial \bar{x}^k} + \frac{\partial^2 x^r}{\partial \bar{x}^i \partial \bar{x}^k}\frac{\partial x^s}{\partial \bar{x}^j}\right) \\
\bar{g}_{kij} &= g_{trs}\frac{\partial x^t}{\partial \bar{x}^k}\frac{\partial x^r}{\partial \bar{x}^i}\frac{\partial x^s}{\partial \bar{x}^j} + g_{sr}\left(\frac{\partial^2 x^s}{\partial \bar{x}^j \partial \bar{x}^k}\frac{\partial x^r}{\partial \bar{x}^i} + \frac{\partial^2 x^r}{\partial \bar{x}^j \partial \bar{x}^i}\frac{\partial x^s}{\partial \bar{x}^k}\right)
\end{aligned}
$$

すると，

$$\bar{\Gamma}_{ijk} = \Gamma_{rst}\frac{\partial x^r}{\partial \bar{x}^i}\frac{\partial x^s}{\partial \bar{x}^j}\frac{\partial x^t}{\partial \bar{x}^k} + g_{rs}\frac{\partial^2 x^r}{\partial \bar{x}^i \partial \bar{x}^j}\frac{\partial x^s}{\partial \bar{x}^k} \tag{6.3}$$

を得る．

(6.3) の形から，クリストッフェル記号は 3 階の共変アフィンテンソルではあるが，**一般のテンソルではない**ということが分かる．ここでもやはり，従来の微分——今回は座標に関する偏微分——は，アフィンテンソル以上のものを生成することができない（問題 2.23 を振り返って欲しい）．

6.3　第二種クリストッフェル記号

定義および基本的な性質

n^3 個の関数

$$\Gamma^i_{jk} = g^{ir}\Gamma_{jkr} \tag{6.4}$$

は**第二種クリストッフェル記号** (*Christoffel symbols of the second kind*) である．ここでテンソルとして扱わないとはいえ，(6.4) の公式が第一種クリストッフェル記号の三番目の下付き添字を単に上げたものであることに注意して欲しい．

【例 6.3】

極座標におけるユークリッド計量に対する第二種クリストッフェル記号を計算する．

$$G = \begin{bmatrix} 1 & 0 \\ 0 & (x^1)^2 \end{bmatrix}$$

であることから，次を得る：

$\Gamma_{111} = \frac{1}{2}g_{111} = 0$　　$\Gamma_{121} = \Gamma_{211} = \frac{1}{2}(-g_{121} + g_{211} + g_{112}) = 0$

• $\Gamma_{221} = \frac{1}{2}(-g_{221} + g_{212} + g_{122}) = -x^1$　$\Gamma_{112} = \frac{1}{2}(-g_{112} + g_{121} + g_{211}) = 0$

• $\Gamma_{122} = \Gamma_{212} = \frac{1}{2}(-g_{122} + g_{221} + g_{212}) = x^1$　　$\Gamma_{222} = \frac{1}{2}g_{222} = 0$

続けるために，

$$G^{-1} = \begin{bmatrix} 1 & 0 \\ 0 & (x^1)^{-2} \end{bmatrix}$$

とする．$g_{12} = 0 = g_{21}$ より，$\Gamma^i_{jk} = g^{ir}\Gamma_{jkr} = g^{ii}\Gamma_{jki}$ ということになる（i は総和添字でない）．したがって，$i = 1$ のときは，

$$\bullet\ \Gamma^1_{22} = -x^1 \qquad \Gamma^1_{jk} = 0 \quad \text{otherwise}$$

また，$i = 2$ のときは，

$$\bullet\ \Gamma^2_{12} = \Gamma^2_{21} = 1/x^1 \qquad \Gamma^2_{jk} = 0 \quad \text{otherwise}$$

となる．

Γ_{ijk} の性質は Γ^i_{jk} に引き継がれる：

(i) $\Gamma^i_{jk} = \Gamma^i_{kj}$ （最後の 2 個の添字について対称）

(ii) g_{ij} が定数である場合，すべての Γ^i_{jk} は 0 になる．

さらに補題 6.2 は，問題 6.25 より，第一種および第二種のクリストッフェル記号のどちらに対しても成り立つ．

変換則

$$\bar{\Gamma}^i_{jk} = \bar{g}^{ir}\bar{\Gamma}_{jkr} = \left(g^{st}\frac{\partial \bar{x}^i}{\partial x^s}\frac{\partial \bar{x}^r}{\partial x^t}\right)\bar{\Gamma}_{jkr}$$

から始め，(6.3) より $\bar{\Gamma}_{jkr}$ を置き換えることで，

$$\begin{aligned}
\bar{\Gamma}^i_{jk} &= \left(g^{st}\frac{\partial \bar{x}^i}{\partial x^s}\frac{\partial \bar{x}^r}{\partial x^t}\right)\left(\Gamma_{uvw}\frac{\partial x^u}{\partial \bar{x}^j}\frac{\partial x^v}{\partial \bar{x}^k}\frac{\partial x^w}{\partial \bar{x}^r}\right) \\
&\quad + \left(g^{st}\frac{\partial \bar{x}^i}{\partial x^s}\frac{\partial \bar{x}^r}{\partial x^t}\right)\left(g_{uv}\frac{\partial^2 x^u}{\partial \bar{x}^j \partial \bar{x}^k}\frac{\partial x^v}{\partial \bar{x}^r}\right) \\
&= g^{st}\Gamma_{uvw}\delta^w_t\frac{\partial \bar{x}^i}{\partial x^s}\frac{\partial x^u}{\partial \bar{x}^j}\frac{\partial x^v}{\partial \bar{x}^k} + g^{st}g_{uv}\delta^v_t\frac{\partial \bar{x}^i}{\partial x^s}\frac{\partial^2 x^u}{\partial \bar{x}^j \partial \bar{x}^k} \\
&= g^{st}\Gamma_{uvt}\frac{\partial \bar{x}^i}{\partial x^s}\frac{\partial x^u}{\partial \bar{x}^j}\frac{\partial x^v}{\partial \bar{x}^k} + g^{st}g_{ut}\frac{\partial \bar{x}^i}{\partial x^s}\frac{\partial^2 x^u}{\partial \bar{x}^j \partial \bar{x}^k}
\end{aligned}$$

を得る．$g^{st}\Gamma_{uvt} = \Gamma^s_{uv}$ または $g^{st}g_{ut} = \delta^s_u$ となることから，添字を変更後，この式は

$$\bar{\Gamma}^i_{jk} = \Gamma^r_{st}\frac{\partial \bar{x}^i}{\partial x^r}\frac{\partial x^s}{\partial \bar{x}^j}\frac{\partial x^t}{\partial \bar{x}^k} + \frac{\partial^2 x^r}{\partial \bar{x}^j \partial \bar{x}^k}\frac{\partial \bar{x}^i}{\partial x^r} \tag{6.5}$$

となる．

変換則 (6.5) は，(Γ_{ijk}) のように，(Γ^i_{jk}) が単なるアフィンテンソルにすぎないことを示している．

重要な公式

$$\frac{\partial^2 x^r}{\partial \bar{x}^i \partial \bar{x}^j} = \bar{\Gamma}^s_{ij}\frac{\partial x^r}{\partial \bar{x}^s} - \Gamma^r_{st}\frac{\partial x^s}{\partial \bar{x}^i}\frac{\partial x^t}{\partial \bar{x}^j} \tag{6.6}$$

問題 6.24 を見て欲しい．言うまでもなく，バーあり座標とバーなし座標を入れ替えても (6.6) は成り立つ．

6.4　共変微分

ベクトルの共変微分

共変ベクトル $\boldsymbol{T} = (T_i)$ の変換則

$$\bar{T}_i = T_r \frac{\partial x^r}{\partial \bar{x}^i}$$

を偏微分することで，

$$\frac{\partial \bar{T}_i}{\partial \bar{x}^k} = \frac{\partial T_r}{\partial \bar{x}^k}\frac{\partial x^r}{\partial \bar{x}^i} + T_r \frac{\partial^2 x^r}{\partial \bar{x}^k \partial \bar{x}^i}$$

を得る．右辺の第 1 項に連鎖律を使用し，第 2 項に (6.6) の公式を用いると，

$$\begin{aligned}\frac{\partial \bar{T}_i}{\partial \bar{x}^k} &= \frac{\partial T_r}{\partial x^s}\frac{\partial x^r}{\partial \bar{x}^i}\frac{\partial x^s}{\partial \bar{x}^k} + T_r\left(\bar{\Gamma}^s_{ik}\frac{\partial x^r}{\partial \bar{x}^s} - \Gamma^r_{st}\frac{\partial x^s}{\partial \bar{x}^i}\frac{\partial x^t}{\partial \bar{x}^k}\right)\\ &= \frac{\partial T_r}{\partial x^s}\frac{\partial x^r}{\partial \bar{x}^i}\frac{\partial x^s}{\partial \bar{x}^k} + \bar{\Gamma}^t_{ik}\bar{T}_t - \Gamma^t_{rs}T_t\frac{\partial x^r}{\partial \bar{x}^i}\frac{\partial x^s}{\partial \bar{x}^k}\end{aligned}$$

となり，整理すると，

$$\frac{\partial \bar{T}_i}{\partial \bar{x}^k} - \bar{\Gamma}^t_{ik}\bar{T}_t = \left(\frac{\partial T_r}{\partial x^s} - \Gamma^t_{rs}T_t\right)\frac{\partial x^r}{\partial \bar{x}^i}\frac{\partial x^s}{\partial \bar{x}^k}$$

となる．これは 2 階の共変テンソルの変換則に関する定義である．言い換えれば，$\partial\boldsymbol{T}/\partial x^k$ の成分が，とある $\boldsymbol{T}$ 自身の成分の線形結合を引くことによって補正すると，その結果は**テンソル**となる（そしてただのアフィンテンソルではない）．

定義 1: 任意の座標系 (x^i) において，共変ベクトル $\boldsymbol{T} = (T_i)$ の x^k **に関する共変微分** (*covariant derivative*)

$$\boldsymbol{T}_{,k} = (T_{i,k}) \equiv \left(\frac{\partial T_i}{\partial x^k} - \Gamma^t_{ik}T_t\right)$$

はテンソルである．

注意 1: 2 つの共変的な添字は i および $,k$ と表記され，2 個目の添字は $\boldsymbol{k}$ **番目の座標に関する演算**から生じることを強調している．

注意 2: 補題 6.2 より，共変微分と偏微分は（直交座標系のように）g_{ij} が定数である場合に一致する．

反変ベクトルの変換則への同様な操作（問題 6.7）によって次のような結果をもたらす．

定義 2: 任意の座標系 (x^i) において，反変ベクトル $\boldsymbol{T} = (T^i)$ の x^k **に関する共変微分**

$$\boldsymbol{T}_{,k} = (T^i{}_{,k}) \equiv \left(\frac{\partial T^i}{\partial x^k} + \Gamma^i_{tk} T^t \right)$$

はテンソルである．

任意なテンソルの共変微分

一般的な定義では，各々の共変的な（下付き）添字は定義 1 で与えられた形の線形 “補正項” を生じさせ，各々の反変的な（上付き）添字は定義 2 で与えられた形の項を生じさせる．

定義 3: 任意の座標系 (x^i) において，テンソル $\boldsymbol{T} = (T^{i_1 i_2 \ldots i_p}_{j_1 j_2 \ldots j_q})$ のx^k **に関する共変微分** $\boldsymbol{T}_{,k} = (T^{i_1 i_2 \ldots i_p}_{j_1 j_2 \ldots j_q, k})$ はテンソルであり，

$$\begin{aligned} T^{i_1 i_2 \ldots i_p}_{j_1 j_2 \ldots j_q, k} = & \frac{\partial T^{i_1 i_2 \ldots i_p}_{j_1 j_2 \ldots j_q}}{\partial x^k} + \Gamma^{i_1}_{tk} T^{t i_2 \ldots i_p}_{j_1 j_2 \ldots j_q} + \Gamma^{i_2}_{tk} T^{i_1 t \ldots i_p}_{j_1 j_2 \ldots j_q} + \cdots + \Gamma^{i_p}_{tk} T^{i_1 i_2 \ldots t}_{j_1 j_2 \ldots j_q} \\ & - \Gamma^t_{j_1 k} T^{i_1 i_2 \ldots i_p}_{t j_2 \ldots j_q} - \Gamma^t_{j_2 k} T^{i_1 i_2 \ldots i_p}_{j_1 t \ldots j_q} - \cdots - \Gamma^t_{j_q k} T^{i_1 i_2 \ldots i_p}_{j_1 j_2 \ldots t} \end{aligned} \tag{6.7}$$

となる．

もちろん，$\boldsymbol{T}_{,k}$ は実際にテンソルであることが証明されなければならない．これは基本的に問題 6.8 のように，定理 4.2 および添字の数に応じた帰納的推論を用いることによって達成される．

定理 6.3: 任意テンソルの共変微分は，元のテンソルの共変的な階数を 1 だけ上回るテンソルとなる．

6.5 曲線に沿った絶対微分

$(T^i_{,j})$ はテンソルであるので，$(T^i_{,j})$ と別のテンソルの内積もまたテンソルとなる．別のテンソルが曲線 $\mathscr{C}$: $x^i = x^i(t)$ の接ベクトルとなる (dx^i/dt) であると仮定しよう．そのとき，内積

$$\left(T^i_{,r}\frac{dx^r}{dt}\right)$$

は元のテンソル (T^i) と同じ型・階数のテンソルである．このテンソルは「$\mathscr{C}$ に沿った (T^i) の絶対微分 (*absolute derivative*)」として知られており，その成分（表示）は

$$\left(\frac{\delta T^i}{\delta t}\right) \equiv \left(\frac{dT^i}{dt} + \Gamma^i_{rs}T^r\frac{dx^s}{dt}\right) \qquad \text{where} \qquad T^i = T^i(\boldsymbol{x}(t)) \tag{6.8}$$

と書かれる（問題 6.12 を見よ）．g_{ij} が定数となる座標系において，またしても絶対微分は常微分に帰着するということになる．

定義式 (6.8) は任意のものではない．これは問題 6.18 において証明される．

定理 6.4 (絶対微分の一意性)**:** 直交座標系のとある曲線に沿った常微分 (dT^i/dt) と一致し，与えられたテンソル (T^i) から導出できる唯一のテンソルは，その曲線に沿った (T^i) の絶対微分である．

注意 3: 定理 6.4 は，**直交座標**で与えられた形式のテンソルに関係する．つまりはユークリッド計量*1を仮定している（3.1 節を見よ）．

一般座標における加速度

直交座標において，粒子の**加速度ベクトル** (*acceleration vector*) は，速度ベクトルの時間微分もしくは位置関数 $\boldsymbol{x} = (x^i(t))$ の 2 階時間微分

$$\boldsymbol{a} = (a^i) \equiv \left(\frac{d}{dt}\frac{dx^i}{dt}\right) = \left(\frac{d^2x^i}{dt^2}\right)$$

---

*1 訳注：“ユークリッド計量” の具体的な定義は，先の章になるが 9.1 節の定義 1 を参照して欲しい．

である．このベクトルの時間 t における（ユークリッド）距離は粒子の瞬間**加速度**である：

$$a = \sqrt{\delta_{ij} a^i a^j}$$

微分は粒子の軌道に沿って行われるため，$\dfrac{d}{dt}\left(\dfrac{dx^i}{dt}\right)$ の自然な一般化は，

$$\frac{\delta}{\delta t}\left(\frac{dx^i}{dt}\right) = \frac{d^2 x^i}{dt^2} + \Gamma^i_{rs}\frac{dx^r}{dt}\frac{dx^s}{dt}$$

となる．ゆえに一般座標では，加速度ベクトルとその加速度は

$$\boldsymbol{a} = (a^i) \equiv \left(\frac{d^2 x^i}{dt^2} + \Gamma^i_{rs}\frac{dx^r}{dt}\frac{dx^s}{dt}\right) \tag{6.9}$$

$$a = \sqrt{|g_{ij} a^i a^j|} \tag{6.10}$$

として得られる．計量の正定値性は (6.10) においては仮定されていないことに注意して欲しい．

一般座標における曲率

ユークリッド幾何学における重要な役割は曲線 $\mathscr{C}$ ： $x^i = x^i(t)$ の**曲率** (*curvature*) によって行われ，これは一般的に $(x^i(s))$ の 2 階微分のノルムとして定義される：

$$\kappa(s) = \sqrt{\delta_{ij}\frac{d^2 x^i}{ds^2}\frac{d^2 x^j}{ds^2}}$$

ここで，$ds/dt = \sqrt{\delta_{ij}(dx^i/dt)(dx^j/dt)}$ であり，弧長パラメータを与えている*2．この概念を不変量として拡張する明白な方法は，やはり絶対微分を行うことにある．弧長パラメータ $s = s(t)$ が (5.6) で与えられ，

$$(b^i) \equiv \left(\frac{\delta}{\delta s}\frac{dx^i}{ds}\right) = \left(\frac{d^2 x^i}{ds^2} + \Gamma^i_{pq}\frac{dx^p}{ds}\frac{dx^q}{ds}\right) \tag{6.11}$$

と書き表すと次の式を得る：

$$\kappa(s) = \sqrt{|g_{ij} b^i b^j|} \tag{6.12}$$

---

*2 訳注：この弧長パラメータ s とパラメータ t の関係式は，直交座標の下で，式 (5.6a) や式 (5.6b) から得られる．

測地線

(6.12) の曲線座標における重要な応用は次のようなものである．$\kappa = 0$ となる曲線（つまり，“まっすぐな”直線もしくは**測地線** (*geodesics*)）を求めることを考えよう．正定値となる計量の場合，この条件は，

$$b^i = \frac{d^2 x^i}{ds^2} + \Gamma^i_{pq} \frac{dx^p}{ds} \frac{dx^q}{ds} = 0 \qquad (i = 1, 2, \ldots, n) \tag{6.13}$$

を要求することと同じである．この系の 2 階微分方程式の解は測地線 $x^i = x^i(s)$ を定義することになる．

【例 6.4】

g_{ij} が定数となりクリストッフェル記号がゼロになるアフィン座標では，(6.13) の積分は直ちにつぎのようになる：

$$x^i = \alpha^i s + \beta^i \qquad (i = 1, 2, \ldots, n)$$

ここで，s は弧長であり，$g_{ij}\alpha^i\alpha^j = 1$ を満たしている．したがって，空間の各点 $\boldsymbol{x} = \boldsymbol{\beta}$ から，各方向（単位ベクトル）$\boldsymbol{\alpha}$ に測地半直線 (geodesic ray) を放射的に発している．

6.6 テンソルの微分に関する規則

テンソルの共変微分や絶対微分に，微積分学における微分に関する同じような基本規則が引き継がれていることを学べば（問題 6.15 を見よ），上記の微分公式における信頼はかなり改善されるはずだ．任意のテンソル $\boldsymbol{T}$ および $\boldsymbol{S}$ に対して，次を得る：

共変微分に関する規則

和	$(\boldsymbol{T} + \boldsymbol{S})_{,k} = \boldsymbol{T}_{,k} + \boldsymbol{S}_{,k}$
外積	$[\boldsymbol{T}\boldsymbol{S}]_{,k} = [\boldsymbol{T}_{,k}\boldsymbol{S}] + [\boldsymbol{T}\boldsymbol{S}_{,k}]$
内積	$(\boldsymbol{T}\boldsymbol{S})_{,k} = \boldsymbol{T}_{,k}\boldsymbol{S} + \boldsymbol{T}\boldsymbol{S}_{,k}$

曲線に沿った絶対微分が共変微分と接ベクトルとの内積であることから，微分に関する上の規則は繰り返される．

絶対微分に関する規則

$$\text{和}\qquad \frac{\delta}{\delta t}(\boldsymbol{T}+\boldsymbol{S})=\frac{\delta \boldsymbol{T}}{\delta t}+\frac{\delta \boldsymbol{S}}{\delta t}$$

$$\text{外積}\qquad \frac{\delta}{\delta t}[\boldsymbol{T}\boldsymbol{S}]=\left[\frac{\delta \boldsymbol{T}}{\delta t}\boldsymbol{S}\right]+\left[\boldsymbol{T}\frac{\delta \boldsymbol{S}}{\delta t}\right]$$

$$\text{内積}\qquad \frac{\delta}{\delta t}(\boldsymbol{T}\boldsymbol{S})=\frac{\delta \boldsymbol{T}}{\delta t}\boldsymbol{S}+\boldsymbol{T}\frac{\delta \boldsymbol{S}}{\delta t}$$

さらに，$\boldsymbol{g}$ が計量テンソルであるとき $\dfrac{\delta}{\delta t}\boldsymbol{g}=0$ となることに注意して欲しい（問題 6.11 を見よ）．

例題

第一種クリストッフェル記号

問題 6.1　$\Gamma_{ijk} = \Gamma_{jik}$ となることを証明せよ．

解答

定義より，

$$\Gamma_{ijk} = \frac{1}{2}(-g_{ijk} + g_{jki} + g_{kij}) \qquad \text{and} \qquad \Gamma_{jik} = \frac{1}{2}(-g_{jik} + g_{ikj} + g_{kji})$$

となる．ただし，g_{ij} の対称性によって，$g_{ijk} = g_{jik}$，$g_{jki} = g_{kji}$，$g_{kij} = g_{ikj}$ となり，結果が導ける．

問題 6.2　(g_{ij}) が対角行列であるとき，$1, 2, \ldots, n$ の範囲内にあるすべての固定された添字 α および $\beta \neq \alpha$ に対して，次が成り立つことを示せ．

(a) $\Gamma_{\alpha\alpha\alpha} = \frac{1}{2} g_{\alpha\alpha\alpha}$　　(α は総和添字でない)

(b) $-\Gamma_{\alpha\alpha\beta} = \Gamma_{\alpha\beta\alpha} = \Gamma_{\beta\alpha\alpha} = \frac{1}{2} g_{\alpha\alpha\beta}$　　(α は総和添字でない)

(c) 残りのクリストッフェル記号 Γ_{ijk} はゼロである．

解答

(a) 定義より，$\Gamma_{\alpha\alpha\alpha} = \frac{1}{2}(-g_{\alpha\alpha\alpha} + g_{\alpha\alpha\alpha} + g_{\alpha\alpha\alpha}) = \frac{1}{2} g_{\alpha\alpha\alpha}$

(b) $\alpha \neq \beta$ より，

$$-\Gamma_{\alpha\alpha\beta} = -\frac{1}{2}(-g_{\alpha\alpha\beta} + g_{\alpha\beta\alpha} + g_{\beta\alpha\alpha}) = -\frac{1}{2}(-g_{\alpha\alpha\beta} + 0 + 0) = \frac{1}{2} g_{\alpha\alpha\beta}$$

$$\Gamma_{\alpha\beta\alpha} = \Gamma_{\beta\alpha\alpha} = \frac{1}{2}(-g_{\alpha\beta\alpha} + g_{\beta\alpha\alpha} + g_{\alpha\alpha\beta}) = \frac{1}{2}(-0 + 0 + g_{\alpha\alpha\beta}) = \frac{1}{2} g_{\alpha\alpha\beta}$$

(c) i, j, k を異なる添字とする．そのとき $g_{ij} = 0$ および $g_{ijk} = 0$ となるので，$\Gamma_{ijk} = 0$ ということを含意している．

問題 6.3　「ある座標系においてすべての Γ_{ijk} がゼロになるとき，計量テンソルはあらゆる座標系において定数成分を持つ」は真であるか？

解答

補題 6.2 より，Γ_{ijk} があらゆる座標系においてゼロになるときは本結論は正しいが，(Γ_{ijk}) はテンソルではないので誤りである．例えば直交座標において，全てのユークリッド計量は $\bar{\Gamma}_{ijk} = 0$ であるが，球座標では $g_{22} = (x^1)^2$ となる．

第二種クリストッフェル記号

問題 6.4　(g_{ij}) が対角行列であるとき，$1, 2, \ldots, n$ の範囲内にあるすべての（総和添字でない）固定された添字に対して，次が成り立つことを示せ．

(a) $\Gamma^{\alpha}_{\alpha\beta} = \Gamma^{\alpha}_{\beta\alpha} = \dfrac{\partial}{\partial x^{\beta}}\left(\dfrac{1}{2}\ln|g_{\alpha\alpha}|\right)$

(b) $\Gamma^{\alpha}_{\beta\beta} = -\dfrac{1}{2g_{\alpha\alpha}}\dfrac{\partial}{\partial x^{\alpha}}(g_{\beta\beta}) \quad (\alpha \neq \beta)$

(c) その他の Γ^{i}_{jk} はゼロである．

解答

(a) (g_{ij}) と $(g_{ij})^{-1} = (g^{ij})$ のどちらもゼロでない対角要素を持つ対角行列である．したがって，

$$\Gamma^{\alpha}_{\alpha\beta} = g^{\alpha j}\Gamma_{\alpha\beta j} = g^{\alpha\alpha}\Gamma_{\alpha\beta\alpha} = \frac{1}{g_{\alpha\alpha}}\left(\frac{1}{2}\frac{\partial g_{\alpha\alpha}}{\partial x^{\beta}}\right) = \frac{\partial}{\partial x^{\beta}}\left(\frac{1}{2}\ln|g_{\alpha\alpha}|\right)$$

(b) $\Gamma^{\alpha}_{\beta\beta} = g^{\alpha\alpha}\Gamma_{\beta\beta\alpha} = \dfrac{1}{g_{\alpha\alpha}}\left(-\dfrac{1}{2}g_{\beta\beta\alpha}\right)$

(c) i, j, k が異なるとき，$\Gamma^{i}_{jk} = g^{ir}\Gamma_{jkr} = g^{ii}\Gamma_{jki} = 0$ （i は総和添字でない）．

問題 6.5　問題 6.4（の結果）を用いて，球座標におけるユークリッド計量に対する第二種クリストッフェル記号を計算せよ．

解答

$g_{11}=1, g_{22}=(x^1)^2, g_{33}=(x^1)^2\sin^2 x^2$ を得ている．g_{11} が定数で，すべての $g_{\alpha\alpha}$ が x^3 とは独立であることに注意すると．問題 6.4(a) から次のゼロでない記号を得る：

$$\Gamma^2_{21}=\Gamma^2_{12}=\frac{\partial}{\partial x^1}\left(\frac{1}{2}\ln(x^1)^2\right)=\frac{1}{x^1}$$
$$\Gamma^3_{31}=\Gamma^3_{13}=\frac{\partial}{\partial x^1}\left(\frac{1}{2}\ln((x^1)^2\sin^2 x^2)\right)=\frac{1}{x^1}$$
$$\Gamma^3_{32}=\Gamma^3_{23}=\frac{\partial}{\partial x^2}\left(\frac{1}{2}\ln((x^1)^2\sin^2 x^2)\right)=\cot x^2$$

同様に，問題 6.4(b) から，

$$\Gamma^1_{22}=-\frac{1}{2(1)}\frac{\partial}{\partial x^1}(x^1)^2=-x^1$$
$$\Gamma^1_{33}=-\frac{1}{2(1)}\frac{\partial}{\partial x^1}((x^1)^2\sin^2 x^2)=-x^1\sin^2 x^2$$
$$\Gamma^2_{33}=-\frac{1}{2(x^1)^2}\frac{\partial}{\partial x^2}((x^1)^2\sin^2 x^2)=-\sin x^2\cos x^2$$

問題 6.6　(x^i) が直交座標系であり，$(\bar{x}^i)$ が任意の座標系でそのクリストッフェル記号が，

$$\bar{\Gamma}^1_{11}=1 \qquad \bar{\Gamma}^2_{22}=2 \qquad \bar{\Gamma}^3_{33}=3 \qquad \text{その他}=0$$

となるような，最も一般的な 3 次元座標変換 $x^i=x^i(\bar{\boldsymbol{x}})$ を (6.6) を使って求めよ．

解答

$\Gamma^r_{st}=0$ であることから，(6.6) は定数係数の連立線形偏微分方程式に帰着

する：

$$\frac{\partial^2 x^r}{\partial \bar{x}^i \partial \bar{x}^j} = \bar{\Gamma}^s_{ij} \frac{\partial x^r}{\partial \bar{x}^s} \tag{1}$$

中間となる 1 階系

$$\frac{\partial \bar{u}^r_j}{\partial \bar{x}^i} = \bar{\Gamma}^s_{ij} \bar{u}^r_s \qquad \left(\bar{u}^r_s = \frac{\partial x^r}{\partial \bar{x}^s} \right) \tag{2}$$

を解くのが最も簡単である．系 (2) が $r = 1, 2, 3$ において（その形が）同じであることから，一時的に $\bar{u}^r_s$ を $\bar{u}_s$ と置き換え，x^r を 1 変数 x とする．つまり，

$$\frac{\partial \bar{u}_j}{\partial \bar{x}^i} = \bar{\Gamma}^s_{ij} \bar{u}_s \tag{3}$$

と変わる．

$j = 1$ に対して，(3) は

$$\begin{aligned}
\frac{\partial \bar{u}_1}{\partial \bar{x}^1} &= \bar{\Gamma}^1_{11} \bar{u}_1 + \bar{\Gamma}^2_{11} \bar{u}_2 + \bar{\Gamma}^3_{11} \bar{u}_3 = \bar{u}_1 \\
\frac{\partial \bar{u}_1}{\partial \bar{x}^2} &= \bar{\Gamma}^1_{21} \bar{u}_1 + \bar{\Gamma}^2_{21} \bar{u}_2 + \bar{\Gamma}^3_{21} \bar{u}_3 = 0 \\
\frac{\partial \bar{u}_1}{\partial \bar{x}^3} &= \bar{\Gamma}^1_{31} \bar{u}_1 + \bar{\Gamma}^2_{31} \bar{u}_2 + \bar{\Gamma}^3_{31} \bar{u}_3 = 0
\end{aligned}$$

となる．ゆえに $\bar{u}_1$ は $\bar{x}^1$ のみの関数となり，最初の微分方程式は積分されて

$$\bar{u}_1 = b_1 \exp \bar{x}^1 \qquad (b_1 = \text{定数})$$

となる．同様な方法で，$j = 2$ および $j = 3$ に関して求める：

$$\begin{aligned}
\bar{u}_2 &= b_2 \exp 2\bar{x}^2 \qquad (b_2 = \text{定数}) \\
\bar{u}_3 &= b_3 \exp 3\bar{x}^3 \qquad (b_3 = \text{定数})
\end{aligned}$$

ここでたった今求めた $\bar{u}_i$ の解を用いて方程式 $\partial x / \partial \bar{x}^i = \bar{u}_i$ に立ち返る．

$$\frac{\partial x}{\partial \bar{x}^1} = b_1 \exp \bar{x}^1 \qquad \frac{\partial x}{\partial \bar{x}^2} = b_2 \exp 2\bar{x}^2 \qquad \frac{\partial x}{\partial \bar{x}^3} = b_3 \exp 3\bar{x}^3 \tag{4}$$

(4) の最初の方程式の積分により

$$x = b_1 \exp \bar{x}^1 + \varphi(\bar{x}^2, \bar{x}^3)$$

を得て，その後二つ目および三つ目の方程式は次のようになる：

$$\frac{\partial\varphi}{\partial\bar{x}^2} = b_2 \exp 2\bar{x}^2 \qquad \text{または} \qquad \varphi = a_2 \exp 2\bar{x}^2 + \psi(\bar{x}^3)$$

$$\frac{d\psi}{d\bar{x}^3} = b_3 \exp 3\bar{x}^3 \qquad \text{または} \qquad \psi = a_3 \exp 3\bar{x}^3 + a_4$$

これは，$a_1 = b_1$ として，

$$x = a_1 \exp \bar{x}^1 + a_2 \exp 2\bar{x}^2 + a_3 \exp 3\bar{x}^3 + a_4$$

となるため，(1) の一般解は $r = 1, 2, 3$ に対して

$$x^r = a_1^r \exp \bar{x}^1 + a_2^r \exp 2\bar{x}^2 + a_3^r \exp 3\bar{x}^3 + a_4^r \tag{5}$$

であることを意味する．

(5) における定数 a_4^r は重要でない．それらは，$\mathbf{R}^3$ 上の任意点が直交系 (x^r) の原点としての役割を果たしているにすぎない．残りの定数は任意に選択することができ，単一な条件に従う（問題 6.27 を見よ）．

共変微分

問題 6.7　$\boldsymbol{T}$ が反変ベクトルであるとき，$\boldsymbol{T}_{,k}$（定義 2）のテンソル性を確立せよ．

解答

変換則

$$\bar{T}^i = T^r \frac{\partial\bar{x}^i}{\partial x^r}$$

から始め，$\bar{x}^k$ に関して偏微分して連鎖律を用いる：

$$\frac{\partial\bar{T}^i}{\partial\bar{x}^k} = \frac{\partial}{\partial x^s}\left(T^r \frac{\partial\bar{x}^i}{\partial x^r}\right)\frac{\partial x^s}{\partial\bar{x}^k} = \frac{\partial T^r}{\partial x^s}\frac{\partial\bar{x}^i}{\partial x^r}\frac{\partial x^s}{\partial\bar{x}^k} + T^r \frac{\partial^2\bar{x}^i}{\partial x^s \partial x^r}\frac{\partial x^s}{\partial\bar{x}^k}$$

ここでバーあり系とバーなし系を入れ替えた (6.6) を使う：

$$\frac{\partial\bar{T}^i}{\partial\bar{x}^k} = \frac{\partial T^r}{\partial x^s}\frac{\partial\bar{x}^i}{\partial x^r}\frac{\partial x^s}{\partial\bar{x}^k} + T^r\left(\Gamma_{sr}^t \frac{\partial\bar{x}^i}{\partial x^t} - \bar{\Gamma}_{uv}^i \frac{\partial\bar{x}^u}{\partial x^s}\frac{\partial\bar{x}^v}{\partial x^r}\right)\frac{\partial x^s}{\partial\bar{x}^k}$$

$(\partial\bar{x}^u/\partial x^s)(\partial x^s/\partial\bar{x}^k)=\delta^u_k$ および $T^r(\partial\bar{x}^v/\partial x^r)=\bar{T}^v$ より，上式は

$$\frac{\partial\bar{T}^i}{\partial\bar{x}^k}=\frac{\partial T^r}{\partial x^s}\frac{\partial\bar{x}^i}{\partial x^r}\frac{\partial x^s}{\partial\bar{x}^k}+\Gamma^t_{sr}T^r\frac{\partial\bar{x}^i}{\partial x^t}\frac{\partial x^s}{\partial\bar{x}^k}-\bar{\Gamma}^i_{kv}\bar{T}^v$$

となるか，もしくは（クリストッフェル記号の対称性を用いて因数分解を施すと）

$$\frac{\partial\bar{T}^i}{\partial\bar{x}^k}+\bar{\Gamma}^i_{tk}\bar{T}^t=\left(\frac{\partial T^r}{\partial x^s}+\Gamma^r_{ts}T^t\right)\frac{\partial\bar{x}^i}{\partial x^r}\frac{\partial x^s}{\partial\bar{x}^k}\quad\text{or}\quad\bar{T}^i{}_{,k}=T^r{}_{,s}\frac{\partial\bar{x}^i}{\partial x^r}\frac{\partial x^s}{\partial\bar{x}^k}$$

となる.[*3]

> **問題 6.8**　これまでに証明した「$T^i{}_{,k}$ および $T_{i,k}$ がすべてのテンソル (T^i) および (T_i) に対してテンソルである」という事実を用いて，(6.7) で定義された $(T^i_{j,k})$ が，テンソルであることを示せ.

解答

(V_i) を任意のベクトルとし，$U_j=T^r_jV_r$ と置く．テンソル (U_j) の共変微分はテンソル $(U_{j,k})$ であり，

$$\begin{aligned}U_{j,k}&=\frac{\partial U_j}{\partial x^k}-\Gamma^r_{jk}U_r=\frac{\partial}{\partial x^k}(T^r_jV_r)-\Gamma^r_{jk}(T^s_rV_s)\\&=\frac{\partial T^s_j}{\partial x^k}V_s+T^r_j\frac{\partial V_r}{\partial x^k}-\Gamma^r_{jk}T^s_rV_s\end{aligned}$$

となる．ただし，

$$V_{r,k}=\frac{\partial V_r}{\partial x^k}-\Gamma^s_{rk}V_s\qquad\text{または}\qquad\frac{\partial V_r}{\partial x^k}=V_{r,k}+\Gamma^s_{rk}V_s$$

であることから，$\partial V_r/\partial x^k$ に対する上の式を先の式に代入して項を整理すると，次のようになる：

$$\left(\frac{\partial T^s_j}{\partial x^k}+\Gamma^s_{rk}T^r_j-\Gamma^r_{jk}T^s_r\right)V_s=U_{j,k}-T^r_jV_{r,k}$$

$$\text{すなわち，}\quad T^s_{j,k}V_s=\text{テンソルの成分}$$

[*3] 訳注：答えの式の形が，1 階反変と 1 階共変の 2 階の混合テンソルの変換則 (3.13) を満たしていることに注目しよう.

結果として，商定理（定理 4.2）から直ちに $(T^i_{j,k})$ がテンソルであるということがわかる．

問題 6.9　共変微分の概念を拡張し，不変量に対して適用せよ．

解答

まず不変量の偏微分ががテンソルであることに注目する：

$$\frac{\partial \bar{E}}{\partial \bar{x}^i} = \frac{\partial E}{\partial \bar{x}^i} = \frac{\partial E}{\partial x^r}\frac{\partial x^r}{\partial \bar{x}^i}$$

それから，どんな妥当な定義であれ，$(E_{,i})$ は　(1) テンソルでなければならない; (2) 直交座標では $(\partial E/\partial x^i)$ と一致しなければならない．したがって，（不変量に対する共変微分の）選択として，

$$(E_{,i}) \equiv \left(\frac{\partial E}{\partial x^i}\right)$$

となるのは自明である．

問題 6.10　共変微分 $T^{ij}_{k,l}$ の公式を書け．

解答

$$T^{ij}_{k,l} = \frac{\partial T^{ij}_{k}}{\partial x^l} + \Gamma^i_{rl}T^{rj}_{k} + \Gamma^j_{rl}T^{ir}_{k} - \Gamma^r_{kl}T^{ij}_{r}$$

問題 6.11　計量テンソルが共変微分のもとで定数のようにふるまうこと，すなわち，任意の i, j, k に対して $g_{ij,k} = 0$ となることを証明せよ．ゆえに，任意の曲線に沿った g_{ij} の絶対微分はゼロということになる．

解答

定義より，(g_{ij}) が 2 階の共変（テンソル）であるから (6.2) を用いて，

$$g_{ij,k} = \frac{\partial g_{ij}}{\partial x^k} - \Gamma^r_{ik}g_{rj} - \Gamma^r_{jk}g_{ir} = g_{ijk} - \Gamma_{ikj} - \Gamma_{jki} = 0$$

となる．（同様に，当然 $g^{ij}_{,k} = 0$ ということがわかる．問題 6.34 を見よ．）

上記の計量テンソル及びその逆 (行列) の性質から，**共変微分の演算と添字の上げ下げをする計量テンソルは可換である**．例を挙げれば，

$$T^i_{j,k} = (g^{ir}T_{rj})_{,k} = g^{ir}T_{rj,k}$$

となる．

絶対微分

問題 6.12　(6.8) が，共変微分 $(T^i_{\ ,j})$ と曲線の接ベクトル (dx^i/dt) との内積を形成した結果であることを証明せよ．

解答

$$T^i_{\ ,j}\frac{dx^j}{dt} = \left(\frac{\partial T^i}{\partial x^j} + \Gamma^i_{rj}T^r\right)\frac{dx^j}{dt} = \frac{\partial T^i}{\partial x^j}\frac{dx^j}{dt} + \Gamma^i_{rj}T^r\frac{dx^j}{dt}$$
$$= \frac{dT^i}{dt} + \Gamma^i_{rj}T^r\frac{dx^j}{dt}$$

問題 6.13　粒子は，球座標 $x^1 = b$, $x^2 = \pi/4$, $x^3 = \omega t$ ($t =$ 時間) でパラメータ化された円弧に沿って運動している．(6.10) の公式を用いてその加速度を求め，初等力学からの結果 $a = r\omega^2$ と比較せよ．

解答

問題 6.5 より，円に沿って

$$\Gamma^1_{22} = -x^1 = -b \qquad \Gamma^1_{33} = -x^1\sin^2 x^2 = -b\sin^2\frac{\pi}{4} = -\frac{b}{2}$$
$$\Gamma^2_{12} = \Gamma^2_{21} = \frac{1}{x^1} = \frac{1}{b} \qquad \Gamma^2_{33} = -\sin x^2\cos x^2 = -\sin\frac{\pi}{4}\cos\frac{\pi}{4} = -\frac{1}{2}$$
$$\Gamma^3_{13} = \Gamma^3_{31} = \frac{1}{x^1} = \frac{1}{b} \qquad \Gamma^3_{23} = \Gamma^3_{32} = \cot x^2 = \cot\frac{\pi}{4} = 1$$

となり，他の全てのクリストッフェル記号はゼロとなる．加速度の成分は，

(6.9) より，

$$
\begin{aligned}
a^1 &= \frac{d^2x^1}{dt^2} + \Gamma^1_{rs}\frac{dx^r}{dt}\frac{dx^s}{dt} = 0 + \Gamma^1_{22}\left(\frac{dx^2}{dt}\right)^2 + \Gamma^1_{33}\left(\frac{dx^3}{dt}\right)^2 \\
&= 0 + \left(-\frac{b}{2}\right)(\omega)^2 = -\frac{b\omega^2}{2} \\
a^2 &= \frac{d^2x^2}{dt^2} + \Gamma^2_{rs}\frac{dx^r}{dt}\frac{dx^s}{dt} = 0 + 2\Gamma^2_{12}\frac{dx^1}{dt}\frac{dx^2}{dt} + \Gamma^2_{33}\left(\frac{dx^3}{dt}\right)^2 \\
&= 0 + \left(-\frac{1}{2}\right)(\omega)^2 = -\frac{\omega^2}{2} \\
a^3 &= \frac{d^2x^3}{dt^2} + \Gamma^3_{rs}\frac{dx^r}{dt}\frac{dx^s}{dt} = 0 + 2\Gamma^3_{13}\frac{dx^1}{dt}\frac{dx^3}{dt} + 2\Gamma^3_{23}\frac{dx^2}{dt}\frac{dx^3}{dt} = 0
\end{aligned}
$$

となる．円に沿った計量の成分

$$
g_{11} = 1 \qquad g_{22} = (x^1)^2 = b^2 \qquad g_{33} = (x^1)^2\sin^2 x^2 = \frac{b^2}{2}
$$

と合わせると，加速度成分は (6.10) を通して

$$
a = \sqrt{g_{ij}a^ia^j} = \sqrt{(1)(-b\omega^2/2)^2 + (b^2)(-\omega^2/2)^2 + 0} = b\omega^2/\sqrt{2}
$$

となる．ここで (3.4) を $\bar{x}^1 = x = r$ および $x^3 = 0$ として円の半径を導入すると，

$$
r = b\sin\frac{\pi}{4} = \frac{b}{\sqrt{2}}
$$

となり，$a = r\omega^2$ を得る．

> **問題 6.14**　極座標のユークリッド計量に対する測地線が $x^1 = a\sec x^2$ であることを証明せよ．[直交座標 (x, y) での測地線は $x = a$，つまり直線となる．]

解答

まず曲線に対するパラメーター化を選ぶ．例えば，

$$
\begin{aligned}
x^1 &= a\sec t \\
x^2 &= t
\end{aligned}
\qquad (-\pi/2 < t < \pi/2) \tag{1}
$$

とする．パラメータ t は弧長パラメータ s と

$$\frac{ds}{dt} = \sqrt{g_{ij}\frac{dx^i}{dt}\frac{dx^j}{dt}} = \sqrt{\left(\frac{dx^1}{dt}\right)^2 + (a\sec t)^2\left(\frac{dx^2}{dt}\right)^2}$$
$$= \sqrt{a^2\sec^2 t\tan^2 t + a^2\sec^2 t}$$
$$= (a\sec t)\sqrt{1+\tan^2 t} = a\sec^2 t$$

$$\text{または,}\qquad \frac{dt}{ds} = \frac{\cos^2 t}{a}$$

を通して関係付けられているので，任意の関数 $x(t)$ に対して，

$$\frac{dx}{ds} = \frac{dx}{dt}\frac{dt}{ds} = \frac{\cos^2 t}{a}\frac{dx}{dt}$$
$$\frac{d^2x}{ds^2} = \frac{d}{dt}\left(\frac{\cos^2 t}{a}\frac{dx}{dt}\right)\frac{dt}{ds} = \frac{\cos^4 t}{a^2}\frac{d^2x}{dt^2} - \frac{2\sin t\cos^3 t}{a^2}\frac{dx}{dt}$$

となる．ここで，例 6.3 からゼロでないクリストッフェル記号を取ると，測地線方程式 (6.13) を独立変数 t で書き直すことができる：

$$0 = \frac{d^2x^1}{ds^2} + \Gamma^1_{22}\left(\frac{dx^2}{ds}\right)^2$$
$$= \frac{\cos^4 t}{a^2}\frac{d^2x^1}{dt^2} - \frac{2\sin t\cos^3 t}{a^2}\frac{dx^1}{dt} + (-x^1)\frac{\cos^4 t}{a^2}\left(\frac{dx^2}{dt}\right)^2$$

もしくは

$$\frac{d^2x^1}{dt^2} - (2\tan t)\frac{dx^1}{dt} - x^1\left(\frac{dx^2}{dt}\right)^2 = 0 \tag{2}$$

また，

$$0 = \frac{d^2x^2}{ds^2} + 2\Gamma^2_{12}\frac{dx^1}{ds}\frac{dx^2}{ds}$$
$$= \frac{\cos^4 t}{a^2}\frac{d^2x^2}{dt^2} - \frac{2\sin t\cos^3 t}{a^2}\frac{dx^2}{dt} + 2\left(\frac{1}{x^1}\right)\left(\frac{\cos^2 t}{a}\right)^2\frac{dx^1}{dt}\frac{dx^2}{dt}$$

もしくは

$$\frac{d^2x^2}{dt^2} - (2\tan t)\frac{dx^2}{dt} + \left(\frac{2}{x^1}\right)\frac{dx^1}{dt}\frac{dx^2}{dt} = 0 \tag{3}$$

あとは関数 (1) が系 (2) と (3) を満たすことを確認するだけである．(2) に代入すると：

$$a(\sec t + 2\sec t\tan^2 t) - (2\tan t)(a\sec t\tan t) - (a\sec t)(1) = 0$$

そして (3) に代入すると：

$$0 - (2\tan t)(1) + \left(\frac{2}{a\sec t}\right)(a\sec t\tan t)(1) = 0 \quad \text{QED}$$

微分の規則

問題 6.15　6.6 節で述べられていた，共変微分に対する規則を証明せよ．

解答

(a) (6.7) がテンソル成分に対して線形であるため，**和の規則**は明らかに成り立つ．

(b) $\boldsymbol{T} = (T^i_{\ j})$ および $\boldsymbol{S} = (S^i_{\ j})$ を 2 つの 2 階の混合テンソルとし，外積を $\boldsymbol{U} = (T^p_r S^q_s)$ としよう．すると，

$$\begin{aligned}
&T^p_{r,k}S^q_s + T^p_r S^q_{s,k}\\
&\quad = \left(\frac{\partial T^p_r}{\partial x^k} + \Gamma^p_{tk}T^t_r - \Gamma^t_{rk}T^p_t\right)S^q_s + T^p_r\left(\frac{\partial S^q_s}{\partial x^k} + \Gamma^q_{tk}S^t_s - \Gamma^t_{sk}S^q_t\right)\\
&\quad = \underbrace{\left(\frac{\partial T^p_r}{\partial x^k}S^q_s + T^p_r\frac{\partial S^q_s}{\partial x^k}\right)}_{\partial U^{pq}_{rs}/\partial x^k} + \Gamma^p_{tk}U^{tq}_{rs} + \Gamma^q_{tk}U^{pt}_{rs} - \Gamma^t_{rk}U^{pq}_{ts} - \Gamma^t_{sk}U^{pq}_{rt}\\
&\quad \equiv U^{pq}_{rs,k}
\end{aligned}$$

となり，この**外積の規則**の証明は任意の $\boldsymbol{T}$ や $\boldsymbol{S}$ に拡張できる．

(c) **内積の規則**は外積の規則と，「添字の縮約と共変微分とが可換である」という有用な結果から導かれる．この（可換性）を証明するために，$\mathbf{R} = (R^{ij}_k)$

とする．そのとき，

$$R^{ij}_{k,l}\delta^k_j = \left(\frac{\partial R^{ij}_k}{\partial x^l} + \Gamma^i_{tl}R^{tj}_k + \Gamma^j_{tl}R^{it}_k - \Gamma^t_{kl}R^{ij}_t\right)\delta^k_j$$
$$= \frac{\partial R^{ik}_k}{\partial x^l} + \Gamma^i_{tl}R^{tk}_k + 0 = (R^{ik}_k)_{,l} \qquad \text{QED}$$

問題 6.16　問題 6.15 の代わりに，以下の主張ではなぜいけないのか？：「各々の規則は,（共変微分が偏微分に帰着する）直交座標において有効なテンソル方程式である．したがって，それらの規則はすべての座標系において成り立つ.」

解答

もし空間計量が非ユークリッドである場合,（実際に規則が成り立つ）直交座標系に変換する術がないため.

問題 6.17　絶対微分に関する外積の規則を，共変微分に関する規則から推論せよ.

解答

任意の曲線を $\boldsymbol{x} = \boldsymbol{x}(t)$ とし，$\boldsymbol{T}(\boldsymbol{x}(t))$ および $\boldsymbol{S}(\boldsymbol{x}(t))$ をその曲線で定義された 2 つのテンソルとする．そのとき，

$$\frac{\delta}{\delta t}[\boldsymbol{TS}] = [\boldsymbol{TS}]_{,k}\frac{dx^k}{dt} = ([\boldsymbol{T}_{,k}\boldsymbol{S}] + [\boldsymbol{TS}_{,k}])\frac{dx^k}{dt}$$
$$= \left[\boldsymbol{T}_{,k}\frac{dx^k}{dt}\boldsymbol{S}\right] + \left[\boldsymbol{TS}_{,k}\frac{dx^k}{dt}\right] = \left[\frac{\delta \boldsymbol{T}}{\delta t}\boldsymbol{S}\right] + \left[\boldsymbol{T}\frac{\delta \boldsymbol{S}}{\delta t}\right]$$

となる.

絶対微分の一意性

問題 6.18　定理 6.4 を証明せよ.

解答

この定理の仮説を満たす任意のテンソルを $\Delta \boldsymbol{T}/\Delta t$ で表す．テンソル方程式

$$\frac{\Delta \boldsymbol{T}}{\Delta t} = \frac{\delta \boldsymbol{T}}{\delta t}$$

は直交座標 (x^i) において有効であるので，(x^i) において両辺は $d\boldsymbol{T}/dt$ に一致する．しかしまた一方で,（節 4.3 より）方程式はすべての座標系において成り立つ．すなわち，

$$\frac{\Delta \boldsymbol{T}}{\Delta t} \equiv \frac{\delta \boldsymbol{T}}{\delta t}$$

演習問題

問題 6.19　a^i_{jk} が 2 つの下付き添字において対称であることを用いて，線形系

$$\frac{\partial^2 \bar{x}^i}{\partial x^j \partial x^k} = a^i_{jk} = \text{定数}$$

の一般解を求めよ．[ヒント：$y^i_k = \partial \bar{x}^i / \partial x^k - a^i_{rk} x^r$ と置こう．]

問題 6.20　2 次元座標系 (x^i) は

$$\bar{x}^1 = 2(x^1)^2 + x^2 \qquad \bar{x}^2 = -x^1 + 3x^2$$

を介して直交座標系 $(\bar{x}^i)$ と関係している．

(a) (x^i) での計量テンソルを明示せよ．

(b) 定義 (6.1) から (x^i) に対する第一種クリストッフェル記号を直接計算せよ．

問題 6.21　(a) $(\bar{x}^i)$ が直交系で (x^i) が他の任意な座標系であるとき，公式

$$\Gamma_{ijk} = \frac{\partial^2 \bar{x}^r}{\partial x^i \partial x^j} \frac{\partial \bar{x}^r}{\partial x^k}$$

を導出せよ．[ヒント：(6.3) においてバーあり座標系とバーなし座標系を交換し，$g_{ij} = \delta_{ij}$ を用いよ．]

(b) $(\bar{x}^i)$ で全ての $\bar{g}_{ij}$ が定数であるようなとき，上と類似した式

$$\Gamma^i_{jk} = \frac{\partial^2 \bar{x}^r}{\partial x^j \partial x^k} \frac{\partial x^i}{\partial \bar{x}^r}$$

を導出せよ．[ヒント：(6.5) においてバーあり座標系とバーなし座標系を交換せよ．]

問題 6.22 座標系 (x^i) が

$$\bar{x}^1 = \exp(x^1 + x^2) \qquad \bar{x}^2 = \exp(x^1 - x^2)$$

を通して直交座標 $(\bar{x}^i)$ と関係しているとしよう．問題 6.21(b) を用いて，(x^i) に対するゼロでない第二種クリストッフェル記号を計算せよ。

問題 6.23 もし

$$\begin{aligned}\bar{x}^1 &= -\exp d_1 x^1 + \exp d_2 x^2 + \exp d_3 x^3 \\ \bar{x}^2 &= 2\exp d_1 x^1 - \exp d_2 x^2 + \exp d_3 x^3 \\ \bar{x}^3 &= \exp d_1 x^1 - 2\exp d_2 x^2 + 3\exp d_3 x^3\end{aligned}$$

であり，$\bar{\Gamma}^i_{jk} = 0$ となる場合，Γ^i_{jk} を求めよ．

問題 6.24 (6.5) を 2 階微分について解き，添字を変換することで (6.6) を導出せよ．

問題 6.25 g_{ij} が定数である場合にのみ，すべての Γ^i_{jk} がゼロになることを証明せよ．

問題 6.26 円柱座標でのユークリッド計量 (5.3) に対するゼロでない第一種および第二種クリストッフェル記号を両方計算せよ．

問題 6.27 問題 6.6 の変換 (5) の条件が全単射であることを示せ（2.6 節）．

問題 6.28　Γ_{ijk} が定数であるとき，g_{ij} が変数 (x^i) に対して線形であることを示せ．しかし，Γ^i_{jk} が一定の場合は必ずしもそうであるとは限らない.（反例として，計量 $g_{11} = \exp 2x^1$, $g_{12} = g_{21} = 0$, $g_{22} = 1$ を用いよ.）

問題 6.29　$(\bar{x}^i)$ が直角で (x^i) でのクリストッフェル記号 Γ^i_{jk} が極座標の計量（例 6.3）に関係する，最も一般的な 2 次元変換 $\bar{x}^i = \bar{x}^i(\boldsymbol{x})$ はどのようなものか？

問題 6.30　通常の微分のように，定数成分を持つテンソルの共変微分はゼロになるか？答えを説明せよ.

問題 6.31　T^i_{jrs} がテンソル成分である場合，共変微分 $T^i_{jrs,k}$ の成分を書き下せ.

問題 6.32　任意の i, j, k に対して $\delta^i_{j,k} = 0$ となることを示せ.

問題 6.33　任意のテンソル $\boldsymbol{T}$ に対して，$(\boldsymbol{g} * \boldsymbol{T})_{,k} = \boldsymbol{g} * \boldsymbol{T}_{,k}$ となることを証明せよ（$*$ は外積または内積のいずれかを表している）.

問題 6.34　問題 6.32 および $g_{jr}g^{ri} = \delta^i_j$ を用いて $\boldsymbol{g}^{-1}$ の共変微分がゼロになることを示せ.

問題 6.35　問題 6.8 に再帰的方法を使って，$(T_{ij,k})$ がテンソルであることを証明せよ.

問題 6.36　極座標でのテンソル方式を用いて，円

$$x^1 = b \qquad x^2 = t$$

の曲率を求めよ．

問題 6.37　(x^i) に対する計量が

$$G = \begin{bmatrix} (x^1)^2 & 0 \\ 0 & 1 \end{bmatrix}$$

であるとき，

(a) 測地線の微分方程式を従属変数 $u = (x^1)^2$ および $v = x^2$ の式で書け．

(b) これらの方程式を積分し，解から弧長パラメータを消去せよ．

問題 6.38　半径 a の球面上の測地線を，(a) 球座標 x^2 および x^3 に対する測地線を書くことで求め（x^1 の方程式は $x^1 = a =$ 定数 に関して自明であり無視しても良い），(b) これら 2 つの方程式の特殊解を示し，(c) クリストッフェル記号に関して問題 6.5 を用いて (b) を一般化せよ．

第 7 章
曲線のリーマン幾何学

7.1 はじめに

この段階で，ベルンハルト・リーマン (1826-1866) による n 次元幾何学の一般的な定式化を称えて，新しい用語がいくつか導入される．

定義 1: **リーマン空間** (*Riemannian space*) は，**基本形式** (*fundamental form*) または**リーマン計量** (*Riemannian metric*) を指す $g_{ij}dx^i dx^j$ を用いた，(x^i) によって座標化された空間 $\mathbf{R}^n$ である．ここで，$\boldsymbol{g} = (g_{ij})$ は 5.3 節の性質 A ～D に従う．

主に 3 次元座標系および正定値（ユークリッド）計量に制限されていたが，結局のところ，第 5 章と第 6 章で扱った角度や接線，法線，測地線の準備において，我々は既にリーマン幾何学に入門している．本章では，不定計量を用いたリーマン空間における曲線の理論に着目する．それは，異なる観点からの測地線を捉えることにもなる．

7.2 不定計量の下における長さおよび角度

公式 (5.10) および (5.11) は，基本形式の符号の変更を可能にするために一般化されなければならない．

定義 2: 任意の（反変または共変）ベクトル $\boldsymbol{V}$ の**ノルム**は，

$$||\boldsymbol{V}|| \equiv \sqrt{\varepsilon \boldsymbol{V}^2} = \sqrt{\varepsilon V_i V^i} \qquad (\varepsilon = \varepsilon(\boldsymbol{V}))$$

となる．ここで，$\varepsilon(\ \ )$ は指標関数である (5.3 節).

この定義の下では，$||\boldsymbol{V}|| \geqq 0$ となるが，$\boldsymbol{V} \neq \boldsymbol{0}$ に対して $||\boldsymbol{V}|| = 0$ となる可能性がある．そのようなベクトルは**ヌルベクトル** (*null vector*) と呼ばれ

る．さらに，このノルムは必ずしも三角不等式に従うとは限らない（問題 7.8 を見よ）．

$\boldsymbol{V}(t)$ が曲線 $x^i = x^i(t) \quad (a \leqq t \leqq b)$ に対する接ベクトル場であるとき，長さの公式 (5.1a) は

$$L = \int_a^b \sqrt{\varepsilon g_{ij} \frac{dx^i}{dt} \frac{dx^j}{dt}} dt = \int_a^b ||\boldsymbol{V}(t)|| dt \tag{7.1}$$

として書かれる．

新しいノルムが理解されていれば，ヌルでない反変ベクトル間の角度は依然として (5.11) で定義される：

$$\cos\theta = \frac{\boldsymbol{UV}}{||\boldsymbol{U}||\,||\boldsymbol{V}||} = \frac{g_{ij}U^iV^j}{\sqrt{\varepsilon_1 g_{pq}U^pU^q}\sqrt{\varepsilon_2 g_{rs}V^rV^s}} \tag{7.2}$$

ここで，$\varepsilon_1 = \varepsilon(\boldsymbol{U})$ および $\varepsilon_2 = \varepsilon(\boldsymbol{V})$ である．計量の不定性から，(7.2) の適用によって 2 つの可能性を区別しなければならない．

ケース 1： $|\boldsymbol{UV}| \leqq ||\boldsymbol{U}||\,||\boldsymbol{V}||$（コーシー・シュワルツの不等式は $\boldsymbol{U}$ と $\boldsymbol{V}$ に対して成り立っている）．((7.2) における）θ は，区間 $[0, \pi]$ における実数として一意に定まる．

ケース 2： $|\boldsymbol{UV}| > ||\boldsymbol{U}||\,||\boldsymbol{V}||$（コーシー・シュワルツの不等式は成り立っていない）．(7.2) は

$$\cos\theta = k \qquad (|k| > 1)$$

の形をとり，θ に対する解は無限にあり，それらはすべて複素数となる．

我々は慣例により，$k \to 1^+$ または $k \to -1^-$ であるときの適切な限界挙動を示す解

$$\theta = \begin{cases} i\ln(k + \sqrt{k^2 - 1}) & k > 1 \\ \pi + i\ln(-k + \sqrt{k^2 - 1}) & k < -1 \end{cases}$$

を常に選ぶこととする．

【例 7.1】

曲線

$$\mathscr{C}_1\colon (x_1^i) = (t, 0, 0, t^2) \qquad \mathscr{C}_2\colon (x_2^i) = (u, 0, 0, 2 - u^2)$$

の間（すなわちそれらの接線の間）の交点における角度を求めよう（t, u は実数である）．ただしリーマン計量は

$$\varepsilon ds^2 = (dx^1)^2 + (dx^2)^2 + (dx^3)^2 - (dx^4)^2$$

である．[これは特殊相対性理論での計量であり，$x^4 \equiv$ (光速) $\times$ (時間) を用いている．]

これらの曲線は $P(1, 0, 0, 1)$，そして $Q(-1, 0, 0, 1)$ の 2 点で交わる．P において，（$t = u = 1$ である）2 つの接ベクトルは，

$$\boldsymbol{U}_P = (dx_1^i/dt)_P = (1, 0, 0, 2t)_P = (1, 0, 0, 2)$$
$$\boldsymbol{V}_P = (dx_2^i/du)_P = (1, 0, 0, -2u)_P = (1, 0, 0, -2)$$

となる．そして，(7.2) から

$$\cos\theta_P = \frac{1(1)(1) + 1(0)(0) + 1(0)(0) - 1(2)(-2)}{\sqrt{\varepsilon_1[1(1)^2 + 1(0)^2 + 1(0)^2 - 1(2)^2]}\sqrt{\varepsilon_2[1(1)^2 + 1(0)^2 + 1(0)^2 - 1(-2)^2]}} = \frac{5}{\sqrt{+3}\sqrt{+3}} = \frac{5}{3}$$

が得られ，$\theta_P = i\ln[(5/3) + \sqrt{(5/3)^2 - 1}] = i\ln 3$ となる．

同様に，（$t = u = -1$ に対して）計算すると，

$$\boldsymbol{U}_Q = (1, 0, 0, -2) = \boldsymbol{V}_p \qquad \boldsymbol{V}_Q = (1, 0, 0, 2) = \boldsymbol{U}_P$$

となるので，$\theta_Q = \theta_P$ という結果になる．

7.3 ヌル曲線

$\boldsymbol{g}$ が正定値である必要がない場合，曲線は 0 の長さを持つことができる．

【例 7.2】

$\mathbf{R}^4$ において，例 7.1 の計量の下，$0 \leqq t \leqq 1$ に関する曲線

$$x^1 = 3\cos t \quad x^2 = 3\sin t \quad x^3 = 4t \quad x^4 = 5t$$

を考える．曲線に沿うと，

$$\left(\frac{dx^i}{dt}\right) = (-3\sin t, 3\cos t, 4, 5)$$

$$\varepsilon\left(\frac{ds}{dt}\right)^2 = g_{ij}\frac{dx^i}{dt}\frac{dx^j}{dt} = (-3\sin t)^2 + (3\cos t)^2 + (4)^2 - (5)^2 = 0$$

となるので，その弧長は

$$L = \int_0^1 0\,dt = 0$$

となる．

ある曲線またはその曲線の部分的な弧の長さが 0 となるとき，曲線は**ヌル** (*null*) であるという．ここでは部分的な弧は自明ではなく，複数の点で構成されており，区間 $c \leqq t \leqq d$ に対応している（$c < d$）．そのため，ある曲線は，パラメータ t のある値に対して接ベクトルがヌルベクトル，すなわち

$$g_{ij}\frac{dx^i}{dt}\frac{dx^j}{dt} = 0$$

であるとき，**1 点においてヌル**といえる．曲線がヌルとなる t 値の集合は，曲線の**ヌル集合** (*null set*) として知られている．

上記の定義に従うと,（長さが 0 となる部分的な弧があった場合）ヌル曲線は長さ 0 でなくてもかまわない．一方で長さ 0 の曲線はすべての点において必然的にヌルであり，ゆえにヌル曲線である．次の例 7.3 では，正値の長さを持つヌル曲線を示している．

【例 7.3】

リーマン計量

$$G = \begin{bmatrix} (x^1)^2 & -1 \\ -1 & 0 \end{bmatrix}$$

の下，曲線 $(x^1, x^2) = (t, |t^3|/6)$ は，曲線の長さを予想よりさらに小さくするヌルの（部分的な）弧を持っている．

具体的には，$dx^1/dt = 1$ 及び $dx^2/dt = \delta t^2/2$ であること（$\delta = \pm 1$），また，$t \geqq 0$ の場合にのみ正となることより，

$$\begin{aligned} \varepsilon g_{ij} \frac{dx^i}{dt}\frac{dx^j}{dt} &= \varepsilon \left[(x^1)^2 \left(\frac{dx^1}{dt} \right)^2 - 2\frac{dx^1}{dt}\frac{dx^2}{dt} \right] \\ &= \varepsilon[t^2(1) - 2(1)(\delta t^2/2)] = \varepsilon(t^2 - \delta t^2) \end{aligned}$$

となる．指標に続く量は負でないため，いずれの点においても $\varepsilon = +1$ であるが，しかし $t \geqq 0$ の場合，$t^2 - \delta t^2 = 0$ となることに注意して欲しい．ゆえに，

$$\begin{aligned} L &= \int_{-1}^{999} \sqrt{t^2 - \delta t^2} dt = \int_{-1}^{0} \sqrt{2t^2} dt + \int_{0}^{999} 0\, dt = \sqrt{2} \int_{-1}^{0} (-t) dt \\ &= -\sqrt{2} t^2/2|_{-1}^{0} = \sqrt{2}/2 \approx 0.707 \end{aligned}$$

となる．

直交座標 (x^1, x^2) における解釈は興味深い：粒子が曲線に沿って 1 ミリ未満移動すると，x^1 軸上のその “影” は 1 メートル移動するのである！

弧長パラメータの非存在

正定値計量に関して，弧長パラメータ s は，曲線パラメータ t の狭義単調増加関数として (5.6) によって明確に定義される (このとき，t は s の狭義単調増加関数となる場合もある)．この事実は，第 6 章の章末問題において，2 つのパラメータ化間の自由な変換を可能にした．しかしながら，ヌル点の区間 $t_1 < t < t_2$ を少なくとも 1 つ有するヌル曲線上においては，弧長 s を定義することが当然不可能になる．

実際には，孤立したヌル点も解析上の問題を引き起こす．すなわち $s'(t_0) = 0$ である場合に対して，連鎖律

$$\frac{dx^i}{ds} = \frac{dx^i}{dt}\frac{1}{s'(t)} \tag{7.3}$$

は，t_0 の写像となる s_0 で使い物にならなくなる．必要に応じて，**正則**となる曲線に限定することでこの難点を回避していく．

定義 3: ヌル点を持たない（すなわち，$ds/dt > 0$ となる）曲線は正則である．

さらに，考えている理論を可能とするために，すべての曲線が十分に高い微分可能性のクラスであることを前提とすることになる．通常，曲線が C^2 級であるという仮定を必要としていく．

7.4　正則曲線：単位接ベクトル

弧長パラメータで与えられた正則曲線を $\mathscr{C}: x^i = x^i(s)$ としよう．そしてその接ベクトル場は $\boldsymbol{T} \equiv (dx^i/ds)$ となる．弧長の定義によれば，

$$s = \int_0^s ||\boldsymbol{T}(u)||du$$

となり，また（弧長での）微分により $1 = ||\boldsymbol{T}(s)||$ を得る[*1]．これは $\boldsymbol{T}$ が $\mathscr{C}$ の各点で単位長さを持つことを示している．もし弧長パラメータに変換できないもしくは不可能である場合には，(7.3) によって，接ベクトル $\boldsymbol{U} = (dx^i/dt)$ を正規化することで $\boldsymbol{T}$ を得ることができる：

$$\boldsymbol{T} = \frac{1}{||\boldsymbol{U}||}\boldsymbol{U} = \frac{1}{s'(t)}\boldsymbol{U} \tag{7.4}$$

問題 7.20 においては，有用な次の定理が証明されている．

定理 7.1: 単位接ベクトル $\boldsymbol{T}$ の絶対微分 $\delta\boldsymbol{T}/\delta s$ は $\boldsymbol{T}$ に対して直交する．

[*1] 訳注：以下の公式を使っている：

$$\frac{d}{dx}\int_a^x f(t)dt = f(x) \qquad \text{where} \qquad a = \text{const.}$$

7.5　正則曲線：単位主法線および曲率

正則曲線 $\mathscr{C}$ は接ベクトルに直交するベクトルとも関係している．それは 2 つの方法で導入することができる：(1) ひとつは，（存在すれば）正規化された $\delta\boldsymbol{T}/\delta s$ として．(2) もう一方は，$\boldsymbol{T}$ に直交し，$\delta\boldsymbol{T}/\delta s$ ($||\delta\boldsymbol{T}/\delta s|| \neq 0$) に比例する任意の微分可能な単位ベクトルとしてである．後者の定義は本質的に "大域的" なものであり，前者の（"局所的"）定義よりも多くの種類の曲線に適用されうる．

解析的（局所的）アプローチ

$||\delta\boldsymbol{T}/\delta s|| \neq 0$ となる $\mathscr{C}$ の任意点では，**単位主法線** (*unit principal normal*) をベクトルとして

$$\boldsymbol{N}_0 \equiv \frac{\delta\boldsymbol{T}}{\delta s} \Bigg/ \left\|\frac{\delta\boldsymbol{T}}{\delta s}\right\| \tag{7.5}$$

と定義する．**絶対曲率** (*absolute curvature*) は (7.5) におけるスケール因子 (scale factor) である：

$$\kappa_0 \equiv \left\|\frac{\delta\boldsymbol{T}}{\delta s}\right\| = \sqrt{\varepsilon g_{ij}\frac{\delta T^i}{\delta s}\frac{\delta T^j}{\delta s}} \tag{7.6}$$

この曲率の概念は非公式に (6.12) で定義されている．

この量を "曲率" と呼ぶのは，直交座標において $||\delta\boldsymbol{T}/\delta s|| = ||d\boldsymbol{T}/ds||$ が距離に関する接ベクトルの変化率を測っているという事実，つまりは各点でどれだけ $\mathscr{C}$ が大きく "曲がっているか" を示唆しているからである．(7.6) を (7.5) に代入すると**フレネ・セレの公式**（*Frenet equations*）の 1 つが得られる：

$$\frac{\delta\boldsymbol{T}}{\delta s} = \kappa_0\boldsymbol{N}_0 \qquad (\kappa_0 \neq 0) \tag{7.7}$$

このアプローチは単純で簡潔ではあるが，我々が検討したい様々な曲線に適用することができない．例えば，測地線——(6.13) で定義される——は任意点において局所的な法線 $\boldsymbol{N}_0$ を持つことができないだろう．曲率が 0 となる点が 1 つしかなく計量がユークリッド的であっても，$\boldsymbol{N}_0$ はそこで不連続点を持つことができてしまう．

【例 7.4】

単純な 3 乗である $y=(x)^3$ は，原点または（配置によっては）$s=0$ に変曲点を持つ．図 7-1 に示すように，

$$\lim_{s\to -0}\boldsymbol{N}_0=(0,\,-1) \qquad \lim_{s\to +0}\boldsymbol{N}_{\mathbf{0}}=(0,\,1)$$

となる．

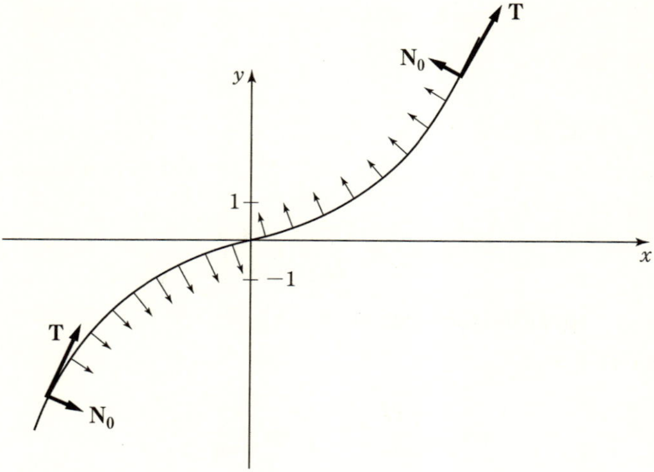

図 **7-1**

これを解析的に証明するには，$x=t$，$y=t^3$ とパラメータ化し，$\boldsymbol{N}_0$ を t の関数 $(s'(t)=\sqrt{1+9t^4})$ として計算する．

$$\boldsymbol{U}=(x'(t),\,y'(t))=(1,\,3t^2)$$

$$\boldsymbol{T}=\frac{1}{s'(t)}\boldsymbol{U}=\frac{1}{\sqrt{1+9t^4}}(1,\,3t^2)$$

$$\frac{d\boldsymbol{T}}{ds}=\frac{1}{s'(t)}\frac{d\boldsymbol{T}}{dt}=\frac{6t}{(1+9t^4)^2}(-3t^2,\,1)$$

$$\kappa_0=\left\|\frac{d\boldsymbol{T}}{ds}\right\|=\frac{6|t|}{(1+9t^4)^{3/2}}$$

$$\boldsymbol{N}_0 = \frac{1}{\kappa_0}\frac{d\boldsymbol{T}}{ds} = \frac{t/|t|}{\sqrt{1+9t^4}}(-3t^2,\, 1) \qquad (t \neq 0)$$

スカラー因子 $t/|t|$ が $t = 0$ $(s = 0)$ における $\boldsymbol{N}_0$ の不連続性をもたらしている．

幾何学的（大域的）アプローチ

正則曲線 $\mathscr{C}$ に関する**単位主法線**は，$\mathscr{C}$ に沿って以下を満たすような任意の反変ベクトル $\boldsymbol{N} = (N^i(s))$ である．

A. 各 i に対して，N^i は連続微分可能（C^1 級）．

B. $||\boldsymbol{N}|| = 1$.

C. $\boldsymbol{N}$ は単位接ベクトル $\boldsymbol{T}$ に直交しており，そして $||\delta\boldsymbol{T}/\delta s|| \neq 0$ となる場合はいつでも $\delta\boldsymbol{T}/\delta s$ のスカラー倍である．

この（$\boldsymbol{N}(\kappa\boldsymbol{N}) = \kappa\boldsymbol{N}^2 = \kappa$ を用い，(7.7) を反映した）展開の下での**曲率**は，

$$\kappa \equiv \varepsilon\boldsymbol{N}\frac{\delta\boldsymbol{T}}{\delta s} = \varepsilon g_{ij}N^i\frac{\delta T^j}{\delta s} \qquad (\varepsilon = \varepsilon(\boldsymbol{N})) \tag{7.8}$$

として定義される．もし計量が正定値であれば，フレネ・セレの公式

$$\frac{\delta\boldsymbol{T}}{\delta s} = \kappa\boldsymbol{N} \tag{7.9}$$

は正則曲線に沿って無制限に成り立つ（問題 7.13 を見よ）．

【例 7.5】

例 7.4 の曲線に関して，条件 A や B，C は $\boldsymbol{N}$ に対してちょうど 2 つの可能性を許すことになる（$-\infty < t < \infty$）：

$$\boldsymbol{N} = \frac{+1}{\sqrt{1+9t^4}}(-3t^2,\, 1) \qquad \text{or} \qquad \boldsymbol{N} = \frac{-1}{\sqrt{1+9t^4}}(-3t^2,\, 1)$$

幾何学的には，これらは図 7-1 の左半分または右半分のいずれかの法線の矢印を反転させる量になっている．曲率に相当する公式は（$\varepsilon \equiv 1$），

$$\kappa = \frac{6t}{(1+9t^4)^{3/2}} \qquad \text{or} \qquad \kappa = \frac{-6t}{(1+9t^4)^{3/2}}$$

となる．

あらゆる点においてヌルでない $\delta \boldsymbol{T}/\delta s$ が存在する曲線では，$\boldsymbol{N} \equiv \boldsymbol{N}_0(\kappa = \kappa_0)$ または $\boldsymbol{N} \equiv -\boldsymbol{N}_0(\kappa = -\kappa_0)$ のいずれかとなる．このことから大域的な概念は，局所的な概念に含まれるすべての曲線に加えて，すべての正則な平面曲線（問題 7.14 を見よ），そしてすべての解析的な曲線（x^i を s の「収束するテイラー級数」として表すことができる曲線）に適用される．

7.6 最短な弧としての測地線

計量が正定値であるとき，測地線を「ゼロ曲率の条件 (6.13)」として定義してもよいが，一方で「測地線上の任意の 2 点が十分に接近している場合，その 2 点間の長さがそれらを結ぶあらゆる曲線の中で最小である」という条件によっても同等に定義できる．

最小の長さの展開については変分論が使われる．ここでは考えているすべての曲線が C^2 級であると仮定する必要がある（すなわち，それらを表すパラメトリックな関数は連続した 2 次導関数を持つ）．今，$x^i = x^i(t)$ が $A = (x^i(a))$ と $B = (x^i(b))$ を通過する最小の曲線（測地線）を表しているとしよう（$b - a$ は必要なだけ小さい）．測地線を，A および B を通過する C^2 級の 1 パラメータ族の曲線に組み込んで見る[*2]：

$$x^i = X^i(t,u) \equiv x^i(t) + (t-a)(b-t)u\phi^i(t)$$

乗数 $\phi^i(t)$ は任意の 2 階微分可能な関数である．この族における曲線の長さは，正定値計量では $\varepsilon = 1$ となり，

$$L(u) = \int_a^b \sqrt{\varepsilon g_{ij}\frac{\partial X^i}{\partial t}\frac{\partial X^j}{\partial t}}dt \equiv \int_a^b \sqrt{w(t,u)}dt$$

で与えられる．$X^i(t,0) = x^i(t) \quad (i = 1, 2, \ldots, n)$ であるから，関数 $L(u)$ は $u = 0$ において極小値を持たなければならない．部分積分などの一般的な

[*2] 訳注：一見複雑だが，この式が測地線の 2 つ目の定義の説明に使われる「固定点を A と B を結ぶあらゆる曲線」を表していることを確認して欲しい．

計算手法により，必要条件 $L'(0)=0$ に関する以下の式が得られる：

$$\int_a^b \left[w^{-1/2}\frac{\partial g_{ij}}{\partial x^k}\frac{dx^i}{dt}\frac{dx^j}{dt} - \frac{d}{dt}\left(2w^{-1/2}g_{ik}\frac{\partial x^i}{dt}\right)\right](t-a)(b-t)\phi^k(t)\,dt = 0 \tag{7.10}$$

ただし，

$$w \equiv w(t,0) = g_{ij}\frac{dx^i}{dt}\frac{dx^j}{dt} \tag{7.11}$$

である．(a,b) 上[*3]では $(t-a)(b-t)>0$ となることや $\phi^k(t)$ を任意に選ぶことができることから，(7.10) における角括弧の中の式は，$k=1,2,\ldots,n$ に対し，(a,b) にわたって一様に 0 でなければならない．そしてこの式は，

$$\frac{d^2x^i}{dt^2} + \Gamma^i_{jk}\frac{dx^j}{dt}\frac{dx^k}{dt} = \frac{1}{2w}\frac{dw}{dt}\frac{dx^i}{dt} \qquad (i=1,2,\ldots,n) \tag{7.12}$$

となる（問題 7.21）．

(7.12) 式は，w と (7.11) で定義され，任意の曲線パラメータ t に関するリーマン空間の測地線の微分方程式を与えている．これらの測地線が正則曲線であると仮定するならば，$t=s=$ 弧長 を選ぶことができる．したがって，

$$w = \left(\frac{ds}{dt}\right)^2 = \left(\frac{ds}{ds}\right)^2 = (1)^2 = 1 \qquad \text{and} \qquad \frac{dw}{ds} = 0$$

となるので，結果として (7.12) は.

$$\frac{d^2x^i}{ds^2} + \Gamma^i_{jk}\frac{dx^j}{ds}\frac{dx^k}{ds} = 0 \qquad (i=1,2,\ldots,n) \tag{7.13}$$

となり，ちょうど (6.13) と一致する．

$L'(0)=0$ は最小の長さに関する必要条件であるため，(7.12) または (7.13) の解から測地線が見つかるということを強調しておきたい．

ヌル測地線

ここで 1 つまたは複数のヌル点が存在する，不定計量で C^2 級の曲線の場合を考えてみよう．ヌル点では，(7.11) において $w=0$ であることから変分

[*3] 訳注：(a,b) は開区間，$\{t\colon a<t<b\}$ を表していることに注意して欲しい．

原理が壊れてしまう．なぜなら $L(u)$ はそのような点では微分できないからである．そこでゼロ曲率からのアプローチと同様に，測地線に対するより一般的な条件

$$\frac{d^2x^i}{dt^2}+\Gamma^i_{jk}\frac{dx^j}{dt}\frac{dx^k}{dt}\equiv\frac{\delta U^i}{\delta t}=0 \qquad (i=1,2,\ldots,n) \tag{7.14}$$

を考える．ここで $U=U^i=(dx^i/dt)$ は接ベクトル場である．絶対微分の性質により，(7.14) の曲線解に沿って

$$\frac{dw}{dt}=\frac{d}{dt}(\varepsilon g_{ij}U^iU^j)=\frac{\delta}{\delta t}(\varepsilon g_{ij}U^iU^j)=2\varepsilon g_{ij}U^i\frac{\delta U^j}{\delta t}=0$$

となる．つまりは，その曲線に沿って $w=\text{const.}$ となる．(今仮定している) 曲線には少なくとも 1 つのヌル点が存在するため，すべての点で $w=0$ になる．そのため，この曲線はヌル曲線となる（ヌル測地線と言う）．まとめると，以下の $n+1$ 個の常微分方程式系における n 個の未知関数 $x^i(t)$ は，ヌル測地線を定めることになる：

$$\begin{aligned}\frac{d^2x^i}{dt^2}+\Gamma^i_{rs}\frac{dx^r}{dt}\frac{dx^s}{dt}&=0 \qquad (i=1,2,\ldots,n)\\ g_{rs}\frac{dx^r}{dt}\frac{dx^s}{dt}&=0\end{aligned} \tag{7.15}$$

【例 7.6】

g_{ij} が定数である場合，(7.15) は期待の一般解

$$x^i=x^i_0+\alpha^i t \qquad \text{with} \qquad g_{ij}\alpha^i\alpha^j=0$$

を持つことになる．x^i が直交座標であるとすると，ヌル測地線は任意点 $\boldsymbol{x}_0$ から発する直線束として解釈される．ただし，各直線はそれぞれヌルベクトル $\boldsymbol{\alpha}$ 方向である．そして，α^i を消去することで，この束の式は

$$g_{ij}(x^i-x^i_0)(x^j-x^j_0)=0$$

となることが分かる．特に，特殊相対性理論の空間（$g_{11}=g_{22}=g_{33}=-g_{44}=1$，$i\neq j$ では $g_{ij}=0$）に関して言えば，ヌル測地線は 45° の

円錐

$$(x^1 - x_0^1)^2 + (x^2 - x_0^2)^2 + (x^3 - x_0^3)^2 = (x^4 - x_0^4)^2$$

を構成している（図 7-2 を見よ）.

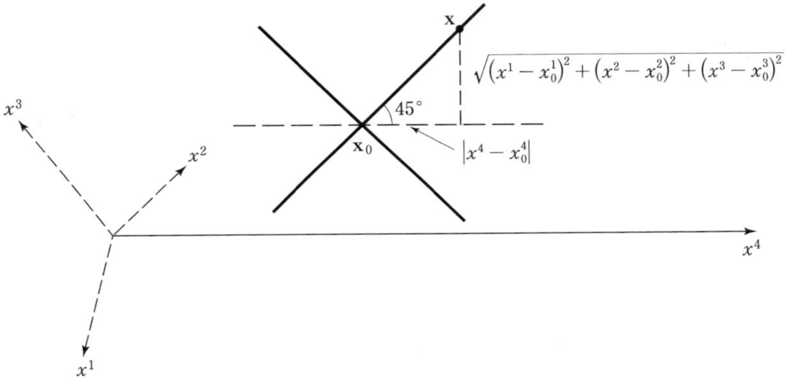

図 **7-2**

例題

リーマン空間における長さ

問題 7.1　基本形式がそれぞれ

(a) $(dx^1)^2+(x^2)^2(dx^2)^2+(x^1)^2(dx^3)^2-6dx^1dx^3+2x^1x^2dx^2dx^3$

(b) $(dx^1)^2+2(dx^2)^2+3(dx^3)^2$

であるとき，曲線

$$x^1=t^3 \quad x^2=t^2 \quad x^3=t \qquad (-\infty<t<\infty)$$

に対する接ベクトル $\boldsymbol{U}$ の指標を決定せよ.

解答

(a) $(3t^2)^2+t^4(2t)^2+t^6(1)^2-6(3t^2)(1)+2(t^3)(t^2)(2t)(1)$

$$=9t^6+9t^4-18t^2$$

$$=9t^2(t^2+2)(t^2-1)$$

t^2+2 はつねに正であるから，

$$\varepsilon(\boldsymbol{U})=\begin{cases}+1 & t\geqq 1\\ -1 & 0<t<1\\ +1 & t=0\\ -1 & -1<t<0\\ +1 & t\leqq -1\end{cases}$$

となる.

(b) 基本形式が正定値であることから，$\varepsilon(\boldsymbol{U})\equiv +1$ となる.

問題 7.2　以下の行列が $\mathbf{R}^2$ 上のリーマン計量を定義していることを示せ：

$$G = \begin{bmatrix} x^2 & -x^1 \\ -x^1 & x^2 \end{bmatrix} \qquad (x^1 > 0,\ -x^1 < x^2 < x^1)$$

解答

節 5.3 の条件 A〜D を満たすことを示さなければならない．

A. 各 g_{ij} は x^i において線形であるので，任意の階数に微分可能である．
B. 行列に注目すると，それは対称的である．
C. 定義域にわたって $|g_{ij}| = (x^2)^2 - (x^1)^2 < 0$ である．
D. テンソルの変換則を用いて行列をテンソル $\boldsymbol{g}$ に拡張し，$\bar{g}_{ij}$ を g_{ij} を用いて定義する．これにより二次形式 $g_{ij}dx^idx^j$，つまり距離の公式が不変量となる．

問題 7.3　問題 7.2 の計量の下で，曲線 $\mathscr{C}$: $x^2 = (x^1)^2 \quad (x^1 > 0)$ のヌル集合を求めよ．

解答

$\mathscr{C}$ が $x^1 = t,\ x^2 = t^2 \quad (t > 0)$ でパラメータ化されているとしよう．このとき，$\mathscr{C}$ に沿って，

$$g_{ij}\frac{dx^i}{dt}\frac{dx^j}{dt} = [1 \ \ 2t]\begin{bmatrix} t^2 & -t \\ -t & t^2 \end{bmatrix}\begin{bmatrix} 1 \\ 2t \end{bmatrix} = [1 \ \ 2t]\begin{bmatrix} -t^2 \\ -t + 2t^3 \end{bmatrix} = t^2(4t^2 - 3)$$

となり，正の t に対して，$t = \sqrt{3}/2$ においてのみゼロとなる．

問題 7.4　問題 7.3 における，$x^1 = 0$ から $x^1 = 1$ までの曲線 $\mathscr{C}$ の弧長を求めよ．

解答

$t = x^1$ を再び用いて，

$$g_{ij}\frac{dx^i}{dt}\frac{dx^j}{dt} < 0 \qquad \text{for} \qquad 0 < t < \sqrt{3}/2$$

であることに注意する．ゆえに，

$$L = \int_0^1 \sqrt{\varepsilon t^2(4t^2-3)}dt = \int_0^{\sqrt{3}/2} t\sqrt{-(4t^2-3)}dt + \int_{\sqrt{3}/2}^1 t\sqrt{4t^2-3}dt$$

$$= -\frac{1}{12}(3-4t^2)^{3/2}\Big|_0^{\sqrt{3}/2} + \frac{1}{12}(4t^2-3)^{3/2}\Big|_{\sqrt{3}/2}^1 = \frac{3\sqrt{3}+1}{12} \approx 0.516$$

問題 7.5　リーマン計量の行列式を $g \equiv \det \boldsymbol{G}$ と書く．$|g|$ が座標の関数で微分可能であることを証明せよ．

解答

$|g| = \sqrt{g^2}$ に連鎖律を適用すると，

$$\frac{\partial |g|}{\partial x^i} = \frac{g}{|g|}\frac{\partial g}{\partial x^i} \tag{1}$$

となる．$\partial g/\partial x^i$ が存在し（性質 A），$|g| \neq 0$（性質 C）となることから，(1) の右辺は定義可能である．

問題 7.6　計量 $\varepsilon ds^2 = (dx^1)^2 - (dx^2)^2 - (dx^3)^2 - (dx^4)^2$ の下（これは特殊相対性理論に対する別バージョンの計量である），$A^2 = B^2 + C^2$ となる曲線

$$x^1 = A\sinh t \quad x^2 = A\cosh t \quad x^3 = Bt \quad x^4 = Ct$$

がそれぞれの点でヌルであることを示せ．

解答

$$g_{ij}\frac{dx^i}{dt}\frac{dx^j}{dt} = \left(\frac{dx^1}{dt}\right)^2 - \left(\frac{dx^2}{dt}\right)^2 - \left(\frac{dx^3}{dt}\right)^2 - \left(\frac{dx^4}{dt}\right)^2$$

$$= (A\cosh t)^2 - (A\sinh t)^2 - B^2 - C^2$$

$$= A^2(\cosh^2 t - \sinh^2 t) - B^2 - C^2 = A^2 - B^2 - C^2 \equiv 0$$

問題 7.7　交点 $(0,0)$ における，曲線

$$\mathscr{C}_1 : \begin{cases} x^1 = 2t - 2 \\ x^2 = t^2 - 1 \end{cases} \qquad \mathscr{C}_2 : \begin{cases} x^1 = u^4 - 1 \\ x^2 = 25u^2 + 50u - 75 \end{cases}$$

の間の角度を求めよ．ただしリーマン計量は $\varepsilon ds^2 = (dx^1)^2 - 2dx^1dx^2$ で与えられているとする．

解答

$t = 1$ では，$\boldsymbol{T} \equiv (dx^i/dt) = (2,2)$．そして $u = 1$ では，$\boldsymbol{U} \equiv (dx^i/du) = (4,100)$ となる．ゆえに，行列を用いると，

$$\boldsymbol{TU} = [2 \ \ 2]\begin{bmatrix} 1 & -1 \\ -1 & 0 \end{bmatrix}\begin{bmatrix} 4 \\ 100 \end{bmatrix} = -200$$

$$||\boldsymbol{T}||^2 = \varepsilon_1 [2 \ \ 2]\begin{bmatrix} 1 & -1 \\ -1 & 0 \end{bmatrix}\begin{bmatrix} 2 \\ 2 \end{bmatrix} = (\varepsilon_1)(-4) = 4$$

$$||\boldsymbol{U}||^2 = \varepsilon_2 [4 \ \ 100]\begin{bmatrix} 1 & -1 \\ -1 & 0 \end{bmatrix}\begin{bmatrix} 4 \\ 100 \end{bmatrix} = (\varepsilon_2)(-784) = 784$$

そして，
$$\cos\theta = \frac{-200}{\sqrt{4}\sqrt{784}} = -\frac{25}{7} \text{ となる．}$$

これは節 7.2 のケース 2 であるから，

$$\theta = \pi + i\ln\left(\frac{25}{7} + \sqrt{\left(\frac{25}{7}\right)^2 - 1}\right) = \pi + i\ln 7$$

を得る．

問題 7.8　問題 7.7 のベクトルが三角不等式に従わないことを証明せよ．

解答

計算すると，$||\boldsymbol{T}|| + ||\boldsymbol{U}|| = 2 + 28 = 30$ となる．一方，

$$||\boldsymbol{T} + \boldsymbol{U}||^2 = \varepsilon_3 [6 \ \ 102]\begin{bmatrix} 1 & -1 \\ -1 & 0 \end{bmatrix}\begin{bmatrix} 6 \\ 102 \end{bmatrix} = \varepsilon_3(-1188) = 1188$$

であるため，$||\boldsymbol{T} + \boldsymbol{U}|| \approx 34.46 > ||\boldsymbol{T}|| + ||\boldsymbol{U}||$ となる．

弧長パラメータ，単位接ベクトル

問題 7.9 $\mathscr{C}: x^i = x^i(t)$ をヌルでない任意の曲線とする．
(a) $\mathscr{C}$ に沿った弧長が t の狭義単調増加関数として定義されることを証明せよ．
(b) $\mathscr{C}$ の弧長によるパラメータ化を示せ．

解答

(a) $t_1 < t_2$ に対して，積分の平均値の定理から

$$s(t_2) - s(t_1) = (t_2 - t_1)s'(\tau) \qquad (t_1 < \tau < t_2)$$

を得る．右辺は負ではないため，$s(t_1) \leqq s(t_2)$ となる．一方で，恒等式の観点から，

$$s(t_2) - s(t_1) = [s(t_2) - s(t_3)] + [s(t_3) - s(t_1)]$$

となる．ここで，t_3 は $(t_1,\, t_2)$ 中の任意点であり，恒等式 $s(t_1) = c = s(t_2)$ は $s(t_3) = c$ を含意している．すなわち，$[t_1, t_2]$ 上で $s(t)$ は一定（関数）であり，(t_1, t_2) で $s'(t) \equiv 0$ となるので，したがって $\mathscr{C}$ はヌル曲線となる[*4]．こうして

$$s(t_1) < s(t_2) \qquad \text{whenever} \qquad t_1 < t_2$$

と結論する．

(b) 狭義単調増加関数 $s(t)$ は狭義で単調な逆数を持つので，これを $t = \theta(s)$ として表す．その結果，$\mathscr{C}$ のパラメータ化は $x^i = x^i(\theta(s))$ とおける．

[*4] 訳注：ヌルでない曲線を仮定しているので，今回の場合は $s'(t) \neq 0$ を要求する必要がある．

問題 7.10

(a) 問題 7.7 の計量を採用した直交座標 (x^1, x^2) において，放物線 $\mathscr{C}: x^1 = t,\ x^2 = t^2 \quad (0 \leqq t \leqq \frac{1}{2})$ のヌル点を求めよ．

(b) $\mathscr{C}$ の弧長パラメータ表示は，ヌル点を除いてあらゆる階数で微分可能であることを示せ．

(c) $\mathscr{C}$ の長さを求めよ．

解答

(a)
$$\varepsilon\left(\frac{ds}{dt}\right)^2 = \left(\frac{dx^1}{dt}\right)^2 - 2\frac{dx^1}{dt}\frac{dx^2}{dt} = 1 - 4t$$

となるので，$t = 1/4$ において，唯一のヌル点が存在する．

(b)
$$s = \int_0^t \sqrt{\varepsilon(1-4u)}\,du$$

したがって，$0 \leqq t \leqq 1/4$ に対しては，

$$s = \int_0^t \sqrt{1-4u}\,du = \frac{1}{6}[1 - (1-4t)^{3/2}]$$

となり，また，$1/4 \leqq t \leqq 1/2$ に対しては，

$$s = \int_0^{1/4} \sqrt{1-4u}\,du + \int_{1/4}^t \sqrt{4u-1}\,du = \frac{1}{6}[1 + (4t-1)^{3/2}]$$

となる．これらの公式の逆は，

$$t = \theta(s) \equiv \begin{cases} \dfrac{1}{4}[1 - (1-6s)^{2/3}] & 0 \leqq s \leqq 1/6 \\ \dfrac{1}{4}[1 + (6s-1)^{2/3}] & 1/6 \leqq s \leqq 1/3 \end{cases} \tag{1}$$

と与えられる．$\theta(s)$ が，ヌル点 $s = 1/6$（$t = 1/4$ の写像）を除いて無限階微分可能であることは明らかである．そして，関数 $x^1 = \theta(s)$，$x^2 = \theta^2(s)$ についても同様である．

(c) 適用可能となる s の式に $t = 1/2$ を置く：

$$s = \frac{1}{6}[1 + (2-1)^{3/2}] = \frac{1}{3}$$

問題 7.11 通常のユークリッド計量 $ds^2 = (dx^1)^2 + (dx^2)^2$ を用いて，問題 7.10 と同じ曲線 $\mathscr{C}$ の弧長を求めよ．

解答

問題 7.10 における $L \approx 0.333$ と比べると，

この計量では，
$$\frac{ds}{dt} = \sqrt{\left(\frac{dx^1}{dt}\right)^2 + \left(\frac{dx^2}{dt}\right)^2} = \sqrt{4t^2+1}$$

であるので，

$$L = \int_0^{1/2} \sqrt{4t^2+1}\,dt = \left[\frac{t}{2}\sqrt{4t^2+1} + \frac{1}{4}\ln(2t+\sqrt{4t^2+1})\right]_0^{1/2}$$
$$= \frac{\sqrt{2}+\ln(1+\sqrt{2})}{4} \approx 0.574$$

となる．

問題 7.12 曲線 $\mathscr{C}$ に対して問題 7.10(b) で求めた弧長パラメータ表示を用いて，接ベクトルの成分 $T^i(s)$ を計算し，このベクトルがあらゆる $s \neq 1/6$ の単位長さであることを確かめよ．

解答

$\theta = \theta(s)$ は問題 7.10(b) の (1) で定義された関数であり，$(T^i) = (\theta', 2\theta\theta')$ を得る．ゆえに，

$$||\boldsymbol{T}||^2 = \varepsilon(\theta'^2 - 4\theta\theta'^2) = \varepsilon(1-4\theta)\theta'^2$$

一方で，問題 7.10(b) の (1) によって，

$$1-4\theta = \begin{cases} (1-6s)^{2/3} & 0 \leqq s \leqq 1/6 \\ -(6s-1)^{2/3} & 1/6 \leqq s \leqq 1/3 \end{cases}$$
$$\theta' = \begin{cases} (1-6s)^{-1/3} & 0 < s < 1/6 \\ (6s-1)^{-1/3} & 1/6 < s < 1/3 \end{cases}$$

となる．したがって，$||\boldsymbol{T}||^2 = (\varepsilon)(\pm 1) = +1$，もしくは $||\boldsymbol{T}|| \equiv 1$ $(s \neq 1/6)$ である．

単位主法線，曲率

問題 7.13　計量が正定値であるとき，正則曲線の各点においてフレネ・セレの公式 (7.9) が成り立っていることを証明せよ．

解答

$||\delta \boldsymbol{T}/\delta s|| \neq 0$ となる点では，いくつかの実数 λ から

$$\boldsymbol{N} = \lambda \frac{\delta \boldsymbol{T}}{\delta s} \tag{1}$$

を得る（$\boldsymbol{N}$ の性質 **C** より）．(1) のベクトル $\boldsymbol{N}$ を使って内積を取る．そして $\varepsilon = \varepsilon(\boldsymbol{N})$ とすると，

$$\varepsilon \boldsymbol{N}^2 = \varepsilon \lambda \boldsymbol{N} \frac{\delta \boldsymbol{T}}{\delta s} = \lambda \kappa \qquad \text{or} \qquad 1 = \lambda \kappa \tag{2}$$

となる．このとき $\lambda = 1/\kappa$ となり，またこれを (1) に代入することで (7.9) を得る．

$||\delta \boldsymbol{T}/\delta s|| = 0$ の点においては，$\delta \boldsymbol{T}/\delta s = \boldsymbol{0}$（計量が正定値であることより）および $\kappa = 0$ となることから，フレネ・セレの公式が自明に成り立つ．

問題 7.14　正則な 2 次元曲線 $\mathscr{C}$： $x^i = x^i(s)$ に対して，反変ベクトル

$$\boldsymbol{N} = (N^i) \equiv (-T_2/\sqrt{|g|}, T_1/\sqrt{|g|}) \tag{7.16}$$

を定義する．ここで $\boldsymbol{T} = (T^i)$ は $\mathscr{C}$ に沿った単位接ベクトル，また $g = \det(g_{ij})$ である．$\boldsymbol{N}$ が $\mathscr{C}$ に対する大域的な単位法線であることを示せ．

解答

（場合によってはヌル点を除く）与えられたベクトルが，節 7.5 の 3 つの性質を有していることを示さなければならない．

A. $\mathscr{C}$ は正則であるため，T^i と $T_i = g_{ij}T^j$ は C^1 級である．同じことが $|g|$ についても成り立ち（問題 7.5），その関数は厳密に正である．したがって，N^i もまた C^1 級である．

B. (2.11) により，$g^{11} = g_{22}/g$ や $g^{12} = g^{21} = -g_{12}/g$，$g^{22} = g_{11}/g$ となる．ゆえに，

$$\begin{aligned}||\boldsymbol{N}||^2 &= |\, g_{11}[T_2^2/|g|] + 2g_{12}[-T_1T_2/|g|] + g_{22}[T_1^2/|g|]\,| \\ &= \frac{1}{|g|}|\, gg^{22}T_2^2 + 2gg^{12}T_1T_2 + gg^{11}T_1^2\,| \\ &= \frac{|g|}{|g|}|g^{ij}T_iT_j| = |T^jT_j| = ||\boldsymbol{T}||^2\end{aligned}$$

となり，それゆえ $||\boldsymbol{N}|| = ||\boldsymbol{T}|| = 1$ となる．

C. 次の通り $\boldsymbol{N}$ は $\boldsymbol{T}$ に垂直である：

$$N^iT_i = -\frac{T_2}{\sqrt{|g|}}T_1 + \frac{T_1}{\sqrt{|g|}}T_2 = 0$$

さらに，$||\delta\boldsymbol{T}/\delta s|| \neq 0$ のとき，$\boldsymbol{N}_0$ は定義でき,（定理 7.1 より）$\boldsymbol{T}$ に直交するベクトルでもある．2 次元ではこれは $\boldsymbol{N} = \pm\boldsymbol{N}_0 = \lambda(\delta\boldsymbol{T}/\delta s)$ を含意している．

問題 7.15　問題 7.10 の曲線および計量に対して，局所的な法線 $\boldsymbol{N}_0$ と，また問題 7.14 を用いて大域的な法線 $\boldsymbol{N}$ を決定せよ．そして両者が適切な関係にあることを確かめよ．

解答

$g_{11} = 1$，$g_{12} = g_{21} = -1$，$g_{22} = 0$（すべて定数）と，$\boldsymbol{T} = (\theta', 2\theta\theta')$ を得ているので，それゆえ，$s \neq 1/6$ に対して，

$$\begin{aligned}\frac{\delta\boldsymbol{T}}{\delta s} &= \frac{d\boldsymbol{T}}{ds} \\ &= (\theta'', 2\theta'^2 + 2\theta\theta'')\end{aligned}$$

$$= \begin{cases} \left(2(1-6s)^{-\frac{4}{3}},\, (1-6s)^{-\frac{2}{3}} + (1-6s)^{-\frac{4}{3}}\right) & 0 < s < 1/6 \\ \left(-2(6s-1)^{-\frac{4}{3}},\, (6s-1)^{-\frac{2}{3}} - (6s-1)^{-\frac{4}{3}}\right) & 1/6 < s < 1/3 \end{cases}$$

また，
$$\left\|\frac{\delta \boldsymbol{T}}{\delta s}\right\| = \sqrt{\varepsilon g_{ij}\frac{dT^i}{ds}\frac{dT^j}{ds}} = \begin{cases} 2(1-6s)^{-1} \\ 2(6s-1)^{-1} \end{cases}$$

結果として，

$$\boldsymbol{N}_0 = \frac{\delta \boldsymbol{T}}{\delta s}\Big/\left\|\frac{\delta \boldsymbol{T}}{\delta s}\right\| = \begin{cases} \left((1-6s)^{-\frac{1}{3}},\, \frac{1}{2}(1-6s)^{\frac{1}{3}} + \frac{1}{2}(1-6s)^{-\frac{1}{3}}\right) \\ \left(-(6s-1)^{-\frac{1}{3}},\, \frac{1}{2}(6s-1)^{\frac{1}{3}} - \frac{1}{2}(6s-1)^{-\frac{1}{3}}\right) \end{cases}$$

となる．

$g = -1$ とすると，問題 7.14 から $(s \neq 1/6)$ 以下を得る：

$$T_1 = g_{1j}T^j = T^1 - T^2 = \theta'(1-2\theta) = \begin{cases} \frac{1}{2}(1-6s)^{-\frac{1}{3}} + \frac{1}{2}(1-6s)^{\frac{1}{3}} \\ \frac{1}{2}(6s-1)^{-\frac{1}{3}} - \frac{1}{2}(6s-1)^{\frac{1}{3}} \end{cases}$$

$$T_2 = g_{2j}T^j = -T^1 = -\theta' = \begin{cases} -(1-6s)^{-\frac{1}{3}} \\ -(6s-1)^{-\frac{1}{3}} \end{cases}$$

$$\boldsymbol{N} = (-T_2,\, T_1) = \begin{cases} \left((1-6s)^{-\frac{1}{3}},\, \frac{1}{2}(1-6s)^{-\frac{1}{3}} + \frac{1}{2}(1-6s)^{\frac{1}{3}}\right) \\ \left((6s-1)^{-\frac{1}{3}},\, \frac{1}{2}(6s-1)^{-\frac{1}{3}} - \frac{1}{2}(6s-1)^{\frac{1}{3}}\right) \end{cases}$$

期待通り，$s < 1/6$ の場合には $\boldsymbol{N} = +\boldsymbol{N}_0$ であり，$s > 1/6$ の場合には $\boldsymbol{N} = -\boldsymbol{N}_0$ であることが分かる．ヌル点 $s = 1/6$ では $\boldsymbol{N}_0$ も $\boldsymbol{N}$ も定義されていない．比較のために，例 7.4 と例 7.5 を思い出して欲しい：そこでは $\boldsymbol{N}_0$ における不連続点が正則点（例 7.4 の 3 乗はユークリッド計量の下ではヌル点を持たない）で発生しており，（いずれかの）$\boldsymbol{N}$ はどの場所においても定義されていた．

問題 7.16　特殊相対性理論の計量の下（例 7.1），$0 \leqq s \leqq 1$ に対して正則曲線 $\mathscr{C}$ が

$$x^1 = s^2 \qquad x^2 = \frac{3s}{5} \qquad x^3 = \frac{4s}{5} \qquad x^4 = s^2$$

で与えられている．(a) $\mathscr{C}$ の弧長が s であることを確かめ，$\boldsymbol{T}$ の絶対微分，$\delta\boldsymbol{T}/\delta s$，が曲線のあらゆる点でヌルベクトルであることを示せ（ゆえに，局所的な主法線 $\boldsymbol{N}_0$ は $\mathscr{C}$ 上のどこにも定義されない）．(b) 対応する曲率関数が 0 とならないように $\mathscr{C}$ の大域的な主法線を構築せよ．曲率関数は複数存在するだろうか？

解答

(a) $(T^i) = (2s,\ 3/5,\ 4/5,\ 2s)$ を得る．そして

$$|g_{ij}T^iT^j| = |4s^2 + (9/25) + (16/25) - 4s^2| = 1$$

となるので，それゆえ，s は弧長パラメータである．また，g_{ij} は定数であるから，すべてのクリストッフェル記号は 0 であり，あらゆる s に対して

$$\frac{\delta\boldsymbol{T}}{\delta s} = \frac{d\boldsymbol{T}}{ds} = (2,\ 0,\ 0,\ 2) \qquad \left\|\frac{\delta\boldsymbol{T}}{\delta s}\right\| = \sqrt{|2^2 + 0^2 + 0^2 - 2^2|} = 0$$

となる．

(b) $\boldsymbol{N}$ は $\boldsymbol{T}$ と直交する任意の微分可能な単位ベクトルを果たし，それによって (7.8) を通して曲率を決定している．正規直交条件

$$2sN^1 + \frac{3}{5}N^2 + \frac{4}{5}N^3 - 2sN^4 = 0$$
$$(N^1)^2 + (N^2)^2 + (N^3)^2 - (N^4)^2 = \pm 1$$

において，3 つの法線の候補を得るために $N^1 = N^4 = 0$ や $N^3 = N^4 = 0$, $N^2 = N^4 = 0$ と順次に置くことができる：

$$\boldsymbol{N}_1 = \left(0,\ -\frac{4}{5},\ \frac{3}{5},\ 0\right) \qquad \boldsymbol{N}_2 = \frac{1}{\sqrt{(9/25) + 4s^2}}\left(-\frac{3}{5},\ 2s,\ 0,\ 0\right)$$

$$\boldsymbol{N}_3 = \frac{1}{\sqrt{(16/25) + 4s^2}}\left(-\frac{4}{5},\ 0,\ 2s,\ 0\right)$$

定数 $\boldsymbol{N}_1$ より $\kappa_1 \equiv 0$ を得るが，$\boldsymbol{N}_2$ や $\boldsymbol{N}_3$ からは異なる曲率関数

$$\kappa_2 = \frac{-1}{\sqrt{\frac{1}{4} + \frac{25}{9}s^2}} \qquad \kappa_3 = \frac{-1}{\sqrt{\frac{1}{4} + \frac{25}{16}s^2}}$$

を得る．

ここで，これらすべての法線に対してフレネ・セレの公式が無効であることに注意しよう．

問題 7.17　問題 7.10 と問題 7.15 を参照する．曲率関数 κ_0 と $\boldsymbol{\kappa}$ を計算し，放物弧 $0 \leqq s \leqq 1/3$ にわたる κ_0 の変動性を詳細に論ぜよ．

解答

両曲率は，$0 \leqq s < 1/6$ 上で $\kappa = \kappa_0$，$1/6 < s \leqq 1/3$ 上で $\kappa = -\kappa_0$ と，$s = 1/6$ を除きあらゆる場所で定義されていることが以前の結果で示されている（問題 7.13 を参照）．問題 7.15 より，

$$\kappa_0 = \left\| \frac{\delta \boldsymbol{T}}{\delta s} \right\| = \frac{2}{|1 - 6s|} \qquad (s \neq 1/6)$$

その結果として，　$\kappa = \dfrac{2}{1 - 6s} \qquad (s \neq 1/6)$

となる．

κ_0 は，$s = 0$（頂点，またはユークリッド曲率が最大となる点）と見分けのつかない点 $s = 1/3$ において同じ値「2」を持つことがわかる．さらに，（ユークリッド的観点から）$s = 1/6$ 付近の通常点では，絶対曲率が無限大に大きくなる．

問題 7.18

(a) 任意の正則な 2 次元曲線に対して，絶対曲率に関する公式

$$\kappa_0 = \sqrt{|g|}\left|T^1 \frac{\delta T^2}{\delta s} - T^2 \frac{\delta T^1}{\delta s}\right| \tag{7.17}$$

を導け.

(b) (7.17) を用いて問題 7.17 を検算せよ.

解答

(a) (7.8) 及び例 7.5 での所見に従うことで,

$$\kappa_0 = |\kappa| = \left|N_j \frac{\delta T^j}{\delta s}\right| = \left|N_1 \frac{\delta T^1}{\delta s} + N_2 \frac{\delta T^2}{\delta s}\right| \tag{1}$$

となる．そして問題 7.14 において構築した大域的な法線 (N^i) を選ぶと，以下を得る：

$$\begin{aligned}
N_1 &= g_{11}N^1 + g_{12}N^2 = (gg^{22})\left(\frac{-T_2}{\sqrt{|g|}}\right) + (-gg^{21})\left(\frac{T_1}{\sqrt{|g|}}\right) \\
&= -\frac{g}{\sqrt{|g|}}(g^{21}T_1 + g^{22}T_2) = -\sqrt{|g|}\,T^2 \\
N_2 &= g_{21}N^1 + g_{22}N^2 = (-gg^{12})\left(\frac{-T_2}{\sqrt{|g|}}\right) + (gg^{11})\left(\frac{T_1}{\sqrt{|g|}}\right) \\
&= \frac{g}{\sqrt{|g|}}(g^{11}T_1 + g^{12}T_2) = \sqrt{|g|}\,T^1
\end{aligned}$$

これらの成分を (1) に代入することで (7.17) が与えられる.

(b) 問題 7.10 の計量

$$G = \begin{bmatrix} 1 & -1 \\ -1 & 0 \end{bmatrix}$$

に対して，$g = \det G = -1$ となり，そして絶対微分は常微分に帰着する．このため (7.17) を曲線パラメータ t で以下のように書き直すことができる：

$$\kappa_0 = \left|T^1 \frac{dT^2}{dt}\frac{dt}{ds} - T^2 \frac{dT^1}{dt}\frac{dt}{ds}\right| = \frac{1}{s'(t)}\left|T^1 \frac{dT^2}{dt} - T^2 \frac{dT^1}{dt}\right|$$

$$= \frac{(T^1)^2}{s'(t)} \left| \frac{d}{dt} \left(\frac{T^2}{T^1} \right) \right|$$

$s'(t) = \sqrt{|1-4t|}$ $(t \neq 1/4)$ および単位接ベクトルの成分,

$$T^1 = \frac{1}{s'(t)} \frac{dx^1}{dt} \equiv \frac{1}{s'(t)} \qquad T^2 = \frac{1}{s'(t)} \frac{dx^2}{dt} = \frac{2t}{s'(t)}$$

の代入により次を得る：

$$\kappa_0 = \frac{2}{(s'(t))^3} = \frac{2}{|1-4t|^{3/2}} \qquad (t \neq 1/4)$$

問題 7.12 より,

$$|1-4t| = |1-4\theta(s)| = |1-6s|^{2/3}$$

となり，ちょうど問題 7.17 と一致する.

問題 7.19　対数曲線 $\mathscr{C}: x^1 = t,\ x^2 = a \ln t$ の $\frac{1}{2} \leqq t < a$ での絶対曲率を計算せよ．ただしリーマン計量は

$$\varepsilon ds^2 = (dx^1)^2 - (dx^2)^2$$

とする.

解答

g_{ij} は（$g = -1$ となる）定数であるので，問題 7.18(b) のように進めることができる．今回，最も便利な (7.17) の式の形は

$$\kappa_0 = \sqrt{|g|} \frac{(T^2)^2}{s'(t)} \left| \frac{d}{dt} \left(\frac{T^1}{T^2} \right) \right|$$

である．代入すると

$$s'(t) = \sqrt{\left| \left(\frac{dx^1}{dt} \right)^2 - \left(\frac{dx^2}{dt} \right)^2 \right|} = \sqrt{\left| 1 - \frac{a^2}{t^2} \right|} = \frac{1}{t} \sqrt{a^2 - t^2} \ \ (\neq 0)$$

$$T^1 = \frac{1}{s'(t)} \frac{dx^1}{dt} = \frac{t}{\sqrt{a^2 - t^2}}$$

$$T^2 = \frac{1}{s'(t)} \frac{dx^2}{dt} = \frac{a}{\sqrt{a^2 - t^2}}$$

となり，次のようになることが分かる：$\kappa_0 = at(a^2 - t^2)^{-3/2}$.

問題 7.20　定理 7.1 を証明せよ．

解答

正則な曲線に沿って，

$$\|\boldsymbol{T}\|^2 = \varepsilon \boldsymbol{T}\boldsymbol{T} = 1 \qquad \text{or} \qquad \boldsymbol{T}\boldsymbol{T} = \varepsilon$$

を得る．ここで，指標 ε は一定で，曲線上では $|\varepsilon| = 1$ となる．絶対微分に対する内積の規則や，不変量の絶対微分が常微分であるという事実より，

$$\frac{\delta \boldsymbol{T}}{\delta s}\boldsymbol{T} + \boldsymbol{T}\frac{\delta \boldsymbol{T}}{\delta s} \equiv 2\boldsymbol{T}\frac{\delta \boldsymbol{T}}{\delta s} = \frac{d}{ds}(\varepsilon) = 0 \qquad \text{or} \qquad \boldsymbol{T}\frac{\delta \boldsymbol{T}}{\delta s} = 0$$

となる．

測地線

問題 7.21　(7.12) を構築せよ．

解答

$$w^{-1/2}\frac{\partial g_{ij}}{\partial x^k}\frac{dx^i}{dt}\frac{dx^j}{dt} = \frac{d}{dt}\left(2w^{-1/2}g_{ik}\frac{dx^i}{dt}\right) \tag{1}$$

の条件から始める．積の微分法則と連鎖律を用いることにより，この式の右辺を

$$-w^{-3/2}\frac{dw}{dt}\left(g_{ik}\frac{dx^i}{dt}\right) + 2w^{-1/2}\left(\frac{\partial g_{ik}}{\partial x^j}\frac{dx^j}{dt}\right)\frac{dx^i}{dt} + 2w^{-1/2}g_{ik}\frac{d^2x^i}{dt^2}$$

と書くことができる．これを (1) に戻し，両辺に $w^{1/2}$ をかけて，さらに $g_{ijk} \equiv \partial g_{ij}/\partial x^k$ の表記法で進めると次のようになる：

$$g_{ijk}\frac{dx^i}{dt}\frac{dx^j}{dt} = -w^{-1}g_{ik}\frac{dw}{dt}\frac{dx^i}{dt} + 2g_{ikj}\frac{dx^j}{dt}\frac{dx^i}{dt} + 2g_{ik}\frac{d^2x^i}{dt^2}$$

そしてこれを

$$2g_{ik}\frac{d^2x^i}{dt^2} - g_{ijk}\frac{dx^i}{dt}\frac{dx^j}{dt} + 2g_{ikj}\frac{dx^j}{dt}\frac{dx^i}{dt} = \frac{1}{w}g_{ik}\frac{dw}{dt}\frac{dx^i}{dt}$$

と整理する．g_{ij} の対称性を利用すると，左辺第 3 項は 2 つの似た項に分割でき，

$$2g_{ik}\frac{d^2x^i}{dt^2} - g_{ijk}\frac{dx^i}{dt}\frac{dx^j}{dt} + g_{jki}\frac{dx^i}{dt}\frac{dx^j}{dt} + g_{kij}\frac{dx^i}{dt}\frac{dx^j}{dt} = \frac{1}{w}g_{ik}\frac{dw}{dt}\frac{dx^i}{dt}$$

これを 2 で割り，g^{pk} をかけて k で足し合わせると次のようになる：

$$\delta_i^p\frac{d^2x^i}{dt^2} + g^{pk}\Gamma_{ijk}\frac{dx^i}{dt}\frac{dx^j}{dt} = \frac{1}{2w}\delta_i^p\frac{dw}{dt}\frac{dx^i}{dt}$$

これはすなわち，

$$\frac{d^2x^p}{dt^2} + \Gamma^p_{jk}\frac{dx^j}{dt}\frac{dx^k}{dt} = \frac{1}{2w}\frac{dw}{dt}\frac{dx^p}{dt}$$

であり，(7.12) となる．

問題 7.22　$(dx^1)^2 - (x^2)^{-2}(dx^2)^2$ の基本形式を持つ 2 次元のリーマン空間において，以下を決定せよ．

(a) 正則測地線

(b) ヌル測地線

解答

ここで，$g_{11} = 1$, $g_{12} = g_{21} = 0$, $g_{22} = -(x^2)^{-2}$ なので，0 とならない唯一のクリストッフェル記号として問題 6.4 より

$$\Gamma^2_{22} = \frac{d}{dx^2}\left[\frac{1}{2}\ln(x^2)^{-2}\right] = -\frac{1}{x^2}$$

を得る．

(a) (7.13) の系は

$$\frac{d^2x^1}{ds^2} = 0 \qquad\qquad \frac{d^2x^2}{ds^2} - \frac{1}{x^2}\left(\frac{dx^2}{ds}\right)^2 = 0$$

となる．第一の式は $x^1 = as + x^1_0$ と積分される．第二の式は，$u \equiv dx^2/ds$ と置くと次のようになる：

$$u\frac{du}{dx^2} - \frac{1}{x^2}u^2 = 0 \qquad \text{or} \qquad \frac{du}{u} = \frac{dx^2}{x^2} \qquad \text{or} \qquad u = cx^2$$

これから，

$$\frac{dx^2}{ds} = cx^2 \qquad \text{or} \qquad \frac{dx^2}{x^2} = c\,ds \qquad \text{or} \qquad x^2 = x_0^2 e^{cs}$$

となる．これらの表記が示すように，任意点 (x_0^1, x_0^2) は，2 つのパラメータ a と c に依存する測地線族の原点 $(s = 0)$ である．しかしながら，s は弧長を表さなければならないので，

$$\pm 1 = \left(\frac{dx^1}{ds}\right)^2 - (x^2)^{-2}\left(\frac{dx^2}{ds}\right)^2 = a^2 - c^2$$

となる．したがって，（基本形式が正となる）$a^2 = c^2 + 1$ もしくは（基本形式が負となる）$c^2 = a^2 + 1$ のいずれかとなる．x^1 と x^2 に関するパラメトリック方程式間の s を取り除くと，どちらの場合でも 1 つのパラメータ λ によって説明される．

$$\textbf{正則測地線} \qquad x^2 = x_0^2 \exp[\lambda(x^1 - x_0^1)] \quad (|\lambda| \neq 1)$$

(b) (7.14) の系は，t において，

$$\frac{d^2x^1}{dt^2} = 0 \qquad \frac{d^2x^2}{dt^2} - \frac{1}{x^2}\left(\frac{dx^2}{dt}\right)^2 = 0$$

$$\left(\frac{dx^1}{dt}\right)^2 - (x^2)^{-2}\left(\frac{dx^2}{dt}\right)^2 = 0$$

となる．この解は，形式的に (a) の s を t とし，$a^2 = c^2$ と置くことで求められることはすぐに分かる．こうして，(x_0^1, x_0^2) を通るヌル測地線は

$$\textbf{ヌル測地線} \qquad x^2 = x_0^2 \exp[+(x^1 - x_0^1)] \quad \text{and} \quad x^2 = x_0^2 \exp[-(x^1 - x_0^1)]$$

で与えられる．ヌル測地線は (a) の除外値 $\lambda = \pm 1$ に対応していることに注目して欲しい．図 7-3 は，デカルト座標において点 (1, −1) を通る測地線の概形である．

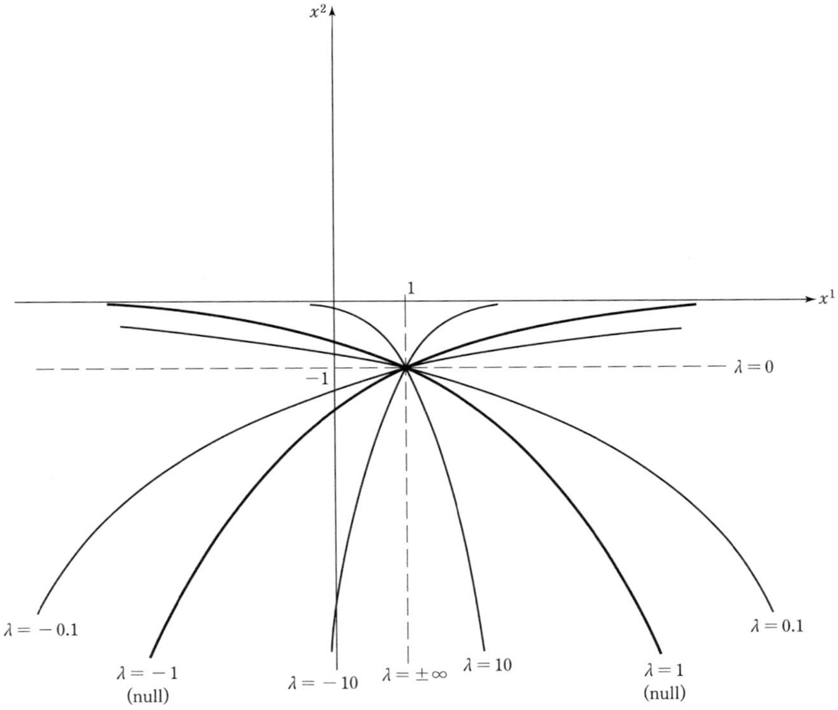

図 **7-3**

問題 7.23　弧長に変換せずに，球座標におけるユークリッド計量

$$ds^2 = (dx^1)^2 + (x^1\ dx^2)^2 + (x^1 \sin x^2 dx^3)^2$$

の下で，$\mathscr{C}: x^1 = a\sec t,\ x^2 = t + b,\ x^3 = c$（$a,\ b,\ c$ は定数）の形の任意曲線が測地線であることを証明せよ（$\mathscr{C}$ が直線であることは明らかとなるはずである）.

解答

式 (7.12) を検証する必要がある．球座標に関するクリストッフェル記号 Γ^i_{jk} は次のようになる（問題 6.5）:

$$\boldsymbol{i = 1} \qquad \Gamma^1_{22} = -x^1, \quad \Gamma^1_{33} = -x^1 \sin^2 x^2$$

$$\boldsymbol{i=2} \qquad \Gamma^2_{12}=\Gamma^2_{21}=\frac{1}{x^1}, \quad \Gamma^2_{33}=-\sin x^2\cos x^2$$

$$\boldsymbol{i=3} \qquad \Gamma^3_{13}=\Gamma^3_{31}=\frac{1}{x^1}, \quad \Gamma^3_{23}=\Gamma^3_{32}=\cot x^2$$

$x^i(t)$ の微分は次のようになる：

$$\frac{dx^1}{dt}=a\sec t\,\tan t, \quad \frac{d^2x^1}{dt^2}=(a\sec t)(\tan^2 t+\sec^2 t)$$

$$\frac{dx^2}{dt}=1, \quad \frac{d^2x^2}{dt^2}=0 \qquad \text{and} \qquad \frac{dx^3}{dt}=\frac{d^2x^3}{dt^2}=0$$

$\varepsilon\equiv 1$ とすると，(7.11) より，

$$w=g_{ij}\frac{dx^i}{dt}\frac{dx^j}{dt}=\left(\frac{dx^1}{dt}\right)^2+(x^1)^2\left(\frac{dx^2}{dt}\right)^2+(x^1\sin x^2)^2\left(\frac{dx^3}{dt}\right)^2$$
$$=(a\sec t\tan t)^2+(a\sec t)^2(1)^2+0=a^2\sec^4 t$$

となり，そして，

$$\frac{1}{2w}\frac{dw}{dt}=\frac{(4a^2\sec^3 t)(\sec t\tan t)}{2a^2\sec^4 t}=2\tan t$$

を得る．(7.12) の検証を容易にするために，問題の方程式の「LS」を左辺，「RS」を右辺としよう．すると次のようになる：

$$\boldsymbol{i=1} \quad \mathrm{LS}=\frac{d^2x^1}{dt^2}+\Gamma^1_{22}\left(\frac{dx^2}{dt}\right)^2+\Gamma^1_{33}\left(\frac{dx^3}{dt}\right)^2$$
$$=(a\sec t)(\tan^2 t+\sec^2 t)-(a\sec t)(1)^2+0=2a\sec t\tan^2 t$$
$$\mathrm{RS}=(2\tan t)\frac{dx^1}{dt}=(2\tan t)(a\sec t\tan t)=2a\sec t\tan^2 t=\mathrm{LS}$$

$$\boldsymbol{i=2} \quad \mathrm{LS}=\frac{d^2x^2}{dt^2}+2\Gamma^2_{12}\frac{dx^1}{dt}\frac{dx^2}{dt}+\Gamma^2_{33}\left(\frac{dx^3}{dt}\right)^2$$
$$=0+\frac{2}{a\sec t}(a\sec t\tan t)(1)+0=2\tan t$$
$$\mathrm{RS}=(2\tan t)\frac{dx^2}{dt}=2\tan t=\mathrm{LS}$$

$$\boldsymbol{i=3} \qquad \mathrm{LS} = \frac{d^2x^3}{dt^2} + 2\Gamma^3_{13}\frac{dx^1}{dt}\frac{dx^3}{dt} + 2\Gamma^3_{23}\frac{dx^2}{dt}\frac{dx^3}{dt} = 0$$

$$\mathrm{RS} = (2\tan t)\frac{dx^3}{dt} = 0 = \mathrm{LS}$$

演習問題

問題 7.24 リーマン計量は

$$(g_{ij}) = \begin{bmatrix} 2x^1 & x^3 & 0 \\ x^3 & 2x^2 & 0 \\ 0 & 0 & 1 \end{bmatrix} \qquad (4x^1x^2 \neq (x^3)^2)$$

で与えられている．点 $(x^i) = (t^2,\ -t^2,\ t)$ において $(U^i) = (2t,\ -2t,\ 1)$ であるとき，基本指標 $\varepsilon(\boldsymbol{U})$ を決定せよ．

問題 7.25 曲線 $\mathscr{C}\colon x^1 = t,\ x^2 = t^4$（$t$ は実数）のヌル点を求めよ．ただし計量は

$$\varepsilon ds^2 = 8(x^1dx^1)^2 - 2dx^1dx^2$$

とする．

問題 7.26 $0 \leqq t \leqq 2$ とするとき，問題 7.25 の曲線の弧長を求めよ．

問題 7.27 計量を

$$\varepsilon ds^2 = (dx^1)^2 - (dx^2)^2 - (x^3dx^3)^2$$

とするとき，曲線 $\mathscr{C}\colon x^1 = t^3 + 1,\ x^2 = t^2,\ x^3 = t$ のヌル点を求めよ．

問題 7.28 $\frac{1}{2} \leqq t \leqq 1$ とするとき，問題 7.27 の曲線の弧長を求めよ．

問題 7.29　基本形式が $(dx^1)^2-(dx^2)^2-(dx^3)^2$ とするとき，曲線

$$\mathscr{C}_1\colon \begin{cases} x^1=5t \\ x^2=2 \\ x^3=3t \end{cases} \qquad \mathscr{C}_2\colon \begin{cases} x^1=u \\ x^2=2 \\ x^3=3u^2/25 \end{cases}$$

間の，各交点におけるなす角を求めよ．

問題 7.30　$\varepsilon ds^2=(dx^1)^2-(dx^2)^2$ とするとき，
(a) 曲線 $\mathscr{C}\colon x^1=12t^2,\ x^2=8t^3$（$0\leqq t\leqq 2$）の長さ L を求めよ
(b) $s=0$ が $t=1$ に対応するように，$\mathscr{C}$ の弧長パラメータ表示 $x^i=x^i(s)$ を求めよ．
(c) $x^i(s)$ が，ヌル点を除いて無限階微分可能であることを示せ．

問題 7.31　問題 7.30 の曲線の弧長を，ユークリッド計量を用いて求めよ．

問題 7.32　問題 7.30 で求めた弧長パラメータ表示より $\boldsymbol{T}=(dx^i/ds)$ を計算し，$s=0$ を除くあらゆる点で $\boldsymbol{T}$ に単位長さが存在することを証明せよ．

問題 7.33　(7.16) を用いて（問題 7.14），問題 7.30 における曲線の単位主法線成分 N^i を計算せよ．

問題 7.34　問題 7.30 の曲線に対する曲率 κ および絶対曲率 κ_0 を両方計算し，曲線に沿った κ_0 の数値的な振る舞いを詳細に論ぜよ．

問題 7.35　問題 7.18(b) の公式を用いて，問題 7.34 で求めた κ_0 の値を確かめよ．

問題 7.36　問題 7.30 の曲線に対するユークリッド計量の下で κ_0 を計算し，問題 7.34 の結果と比較せよ．便宜上のため，$t=0$ を $s=8$ に対応させてみよ．

問題 7.37　リーマン計量

$$\varepsilon ds^2 = (dx^1)^2 - 2dx^1dx^2$$

の下での“放物線”$x^1 = t,\ x^2 = t^2$（$0 \leqq t < \frac{1}{4}$）に対して，弧長パラメータを計算せずに，ベクトル $\boldsymbol{T}$ および $\boldsymbol{N}$，また曲率 κ を求めよ

問題 7.38　4 つ尖点 (cusps) を持つ「内サイクロイド (hypocycloid) $\mathscr{H}$」

$$(x^1)^{2/3} + (x^2)^{2/3} = a^{2/3} \qquad (a > 0)$$

の第一象限部分（$x^i > 0$）は，$x^1 = a\cos^3 t,\ x^2 = a\sin^3 t$（$0 \leqq t \leqq \pi/2$）としてパラメータ化できる．2 つ計量

(a) $\varepsilon ds^2 = (dx^1)^2 - (dx^2)^2$ 　　(b) $ds^2 = (dx^1)^2 + (dx^2)^2$

の下での弧長をそれぞれ求めよ．

(c) 弧長パラメータを計算することなく，$\mathscr{H}$ に対して，両計量の下での $\boldsymbol{T}$ および κ_0 を求めよ．

問題 7.39　(a) リーマン計量 $\varepsilon ds^2 = x^1(dx^1)^2 + x^2(dx^2)^2$ に対する第二種クリストッフェル記号を決定せよ．

(b) 弧長パラメータを変換することなく，a および b が任意定数となるすべての曲線 $x^1 = t^2,\ x^2 = (at^3 + b)^{2/3}$ が測地線であることを証明せよ．

第 8 章

リーマン曲率

8.1　リーマンテンソル

リーマンテンソルは次の素朴な問いの分析を通じて出てくる．
「共変ベクトル (V_i) を用意し，x^j で共変微分してから x^k で共変微分すると 3 階テンソル

$$((V_i)_{,j})_{,k} \equiv (V_{i,jk})$$

が得られるが，この微分の順序は重要であるか？ すなわち $V_{i,jk} = V_{i,kj}$ は一般に成り立つのだろうか？」

微分可能性に関する標準的な仮説は，2 階偏微分が順序に依存しないこと

$$\frac{\partial^2 V_i}{\partial x^j \partial x^k} = \frac{\partial^2 V_i}{\partial x^k \partial x^j}$$

を保証すれば十分である．しかし，クリストッフェル記号が存在することで，このような仮説は共変微分に拡張することができないのである．以下の公式は問題 8.1 において構築される：

$$V_{j,kl} - V_{j,lk} = R^i_{jkl} V_i \tag{8.1}$$

ここで，

$$R^i_{jkl} \equiv \frac{\partial \Gamma^i_{jl}}{\partial x^k} - \frac{\partial \Gamma^i_{jk}}{\partial x^l} + \Gamma^r_{jl}\Gamma^i_{rk} - \Gamma^r_{jk}\Gamma^i_{rl} \tag{8.2}$$

としている．また,（共変形式の）商定理により次の定理をただちに含意することになる．

定理 8.1: (8.2) で定義された n^4 個の成分は，1 階反変および 3 階共変となる 4 階テンソルの成分である．

(R^i_{jkl}) は，**第二種リーマン**（または**リーマン・クリストッフェル**）**テンソル** (*Riemann tensor of the second kind*) と呼ばれる．そして，反変の添字を下げることで，**第一種リーマンテンソル** (*Riemann tensor of the first kind*)

$$R_{ijkl} \equiv g_{ir} R^r_{jkl} \tag{8.3}$$

を得る．

最初の問いに対する答えは,「(第一種・第二種いずれかの）リーマンテンソルがゼロとなるような計量でなければ，共変微分は順序に依存する」と言うことができる．

8.2 リーマンテンソルの性質

重要な 2 つの性質

第一種リーマンテンソルは以下の式で独立して導入することができる（問題 8.4 を見よ）:

$$R_{ijkl} = \frac{\partial \Gamma_{jli}}{\partial x^k} - \frac{\partial \Gamma_{jki}}{\partial x^l} + \Gamma_{ilr}\Gamma^r_{jk} - \Gamma_{ikr}\Gamma^r_{jl} \tag{8.4}$$

(6.1a) よりこれらは

$$R_{ijkl} = \frac{1}{2}\left(\frac{\partial^2 g_{il}}{\partial x^j \partial x^k} + \frac{\partial^2 g_{jk}}{\partial x^i \partial x^l} - \frac{\partial^2 g_{ik}}{\partial x^j \partial x^l} - \frac{\partial^2 g_{jl}}{\partial x^i \partial x^k}\right) + \Gamma_{ilr}\Gamma^r_{jk} - \Gamma_{ikr}\Gamma^r_{jl} \tag{8.5}$$

に従う．

【例 8.1】

問題 7.22 の計量

$$\varepsilon ds^2 = (dx^1)^2 - (x^2)^{-2}(dx^2)^2$$

に対するリーマンテンソルの成分 R_{ijkl} を計算する．
0 とならないクリストッフェル記号は $\Gamma^2_{22} = -(x^2)^{-1}$ および $\Gamma_{222} = g_{22}\Gamma^2_{22} = (x^2)^{-3}$ である．(8.4) における偏微分の項はそのすべての添字が 2 でない限り 0 となるが，残った 2 つの項も相殺してしまう．クリストッフェル記号の項も同様に 0 か相殺されるかのいずかである．したがって，16 個の成分すべてが $R_{ijkl}=0$ であると結論付ける．

対称性

(8.2) における k と l の交換は，$R^i_{jkl}=-R^i_{jlk}$ となり，また $R_{ijkl}=-R_{ijlk}$ となることを示している．これと他の 2 つの対称性は今時点で容易に確立できるが，ビアンキの（第一）恒等式は第 9 章で説明される．

$$\begin{aligned}
&\textbf{第一歪対称性} && R_{ijkl}=-R_{jikl}\\
&\textbf{第二歪対称性} && R_{ijkl}=-R_{ijlk}\\
&\textbf{ブロック対称性} && R_{ijkl}=R_{klij}\\
&\textbf{ビアンキの恒等式} && R_{ijkl}+R_{iklj}+R_{iljk}=0
\end{aligned} \tag{8.6}$$

独立成分の数

上記の対称性を用いて，潜在的に成分が 0 とならない別々の「型」を考慮して独立成分の数を数えていこう．最初の 2 つの性質は R_{aacd} および R_{abcc}（a または c で総和しない）が 0 となることを意味している．以下の記載において，繰り返された添字に関して総和しないように注意して欲しい．

(A) R_{abab}型，$a<b$:　$n_A={}_n\mathrm{C}_2=n(n-1)/2$

(B) R_{abac}型，$b<c$:　$n_B=3\cdot{}_n\mathrm{C}_3=n(n-1)(n-2)/2$

(C) R_{abcd}型または R_{acbd}型，$a<b<c<d$（R_{adbc} 型に関してはビアンキの恒等式を用いる）：　$n_C=2\cdot{}_n\mathrm{C}_4=n(n-1)(n-2)(n-3)/12$

(A) では，n 個の数字から一度に（a と b に対して）2 つずつ選ぶ組合せの総数となる．(B) では，

$$a<b<c \qquad b<a<c \qquad b<c<a$$

に関する 3 つのグループ（各グループにおいて ${}_n\mathrm{C}_3$）に添字を分割している．(C) では，2 つのいずれの型においても，n 個の数字から一度に（a や b，c，d に対して）4 つずつ選ぶ組合せの数と同じ数だけ存在している．n_A と n_B，n_C を足し合わせることで，次の証明を得る．

定理 8.2: 0 とはならず，残りの成分とは独立しているリーマンテンソル (R_{ijkl}) の成分は合計 $n^2(n^2-1)/12$ 個ある．

系 8.3: 2 次元のリーマン空間では，0 とならないリーマンテンソルの成分は唯一 $R_{1212} = R_{2121} = -R_{1221} = -R_{2112}$ のみとなる．

【例 8.2】

球座標の計量

$$ds^2 = (dx^1)^2 + (x^1 dx^2)^2 + (x^1 \sin x^2 dx^3)^2$$

に対して，0 でない成分 R_{ijkl} があればそれを記載し計算する．$n = 3$ とした定理 8.2 より，潜在的に 0 でない成分は次の 6 つである：

(A) R_{1212}，R_{1313}，R_{2323}
(B) R_{1213}，$R_{1232}(= R_{2123})$，$R_{1323}(= R_{3132})$

$R_{ijkl} = g_{ii}R^i_{jkl}$（対角的な計量テンソルであるので，$i$ については総和しない）であるから，これを代わりに計算してもよい．問題 6.5 より，

$$\boldsymbol{i=1} \qquad \Gamma^1_{22} = -x^1, \quad \Gamma^1_{33} = -x^1 \sin^2 x^2$$

$$\boldsymbol{i=2} \qquad \Gamma^2_{12} = \Gamma^2_{21} = \Gamma^2_{13} = \Gamma^2_{31} = \frac{1}{x^1}, \quad \Gamma^2_{33} = -\sin x^2 \cos x^2$$

$$\boldsymbol{i=3} \qquad \Gamma^3_{13} = \Gamma^3_{31} = \frac{1}{x^1}, \quad \Gamma^3_{23} = \Gamma^3_{32} = \cot x^2$$

となる．そして (8.2) から次を得る：

$$\begin{aligned}
R^1_{212} &= \frac{\partial \Gamma^1_{22}}{\partial x^1} - \frac{\partial \Gamma^1_{21}}{\partial x^2} + \Gamma^r_{22}\Gamma^1_{r1} - \Gamma^r_{21}\Gamma^1_{r2} \\
&= -1 - \Gamma^1_{22}\Gamma^1_{11} - \Gamma^2_{21}\Gamma^1_{22} = 0 \\
R^1_{313} &= \frac{\partial \Gamma^1_{33}}{\partial x^1} - \frac{\partial \Gamma^1_{31}}{\partial x^3} + \Gamma^r_{33}\Gamma^1_{r1} - \Gamma^r_{31}\Gamma^1_{r3} \\
&= -\sin^2 x^2 + \Gamma^1_{33}\Gamma^1_{11} + \Gamma^3_{31}\Gamma^1_{33} = 0 \\
R^2_{323} &= \frac{\partial \Gamma^2_{33}}{\partial x^2} - \frac{\partial \Gamma^2_{32}}{\partial x^3} + \Gamma^r_{33}\Gamma^2_{r2} - \Gamma^r_{32}\Gamma^2_{r3} \\
&= -\cos 2x^2 + \Gamma^1_{33}\Gamma^2_{12} - \Gamma^3_{32}\Gamma^2_{33} \\
&= -\cos 2x^2 - \sin^2 x^2 + \cos^2 x^2 = 0 \\
R^1_{213} &= \frac{\partial \Gamma^1_{23}}{\partial x^1} - \frac{\partial \Gamma^1_{21}}{\partial x^3} + \Gamma^r_{23}\Gamma^1_{r1} - \Gamma^r_{21}\Gamma^1_{r3}
\end{aligned}$$

$$= \Gamma^3_{23}\Gamma^1_{31} - \Gamma^2_{21}\Gamma^1_{23} = 0$$

$$R^1_{232} = \frac{\partial \Gamma^1_{22}}{\partial x^3} - \frac{\partial \Gamma^1_{23}}{\partial x^2} + \Gamma^r_{22}\Gamma^1_{r3} - \Gamma^r_{23}\Gamma^1_{r2}$$

$$= \Gamma^1_{22}\Gamma^1_{13} - \Gamma^3_{23}\Gamma^1_{32} = 0$$

$$R^1_{323} = \frac{\partial \Gamma^1_{33}}{\partial x^2} - \frac{\partial \Gamma^1_{32}}{\partial x^3} + \Gamma^r_{33}\Gamma^1_{r2} - \Gamma^r_{32}\Gamma^1_{r3}$$

$$= -2x^1 \sin x^2 \cos x^2 + \Gamma^2_{33}\Gamma^1_{22} - \Gamma^3_{32}\Gamma^1_{33}$$

$$= -2x^1 \sin x^2 \cos x^2 + x^1 \sin x^2 \cos x^2 + (\cot x^2)(x^1 \sin^2 x^2)$$

$$= 0$$

したがって，すべての i, j, k, l に対して $R_{ijkl} = 0$ となる．

8.3　リーマン曲率

計量 (g_{ij}) に関する**リーマン**（もしくは**断面** (*sectional*)）**曲率** (*Riemannian curvature*) は，1 組の（反変）ベクトル $\boldsymbol{U} = (U^i)$，$\boldsymbol{V} = (V^i)$ に対して，

$$K = K(\boldsymbol{x}; \boldsymbol{U}, \boldsymbol{V}) = \frac{R_{ijkl}U^iV^jU^kV^l}{G_{pqrs}U^pV^qU^rV^s} \quad (G_{pqrs} \equiv g_{pr}g_{qs} - g_{ps}g_{qr}) \tag{8.7}$$

として定義される．この種類の曲率は位置だけでなく，各点で選んだ 1 組の方向（ベクトル $\boldsymbol{U}$ およびベクトル $\boldsymbol{V}$）にも依存するが，一方で，曲線の曲率 κ は曲線に沿った点にのみ依存している．こうして考えると K が空間の点にのみ依存することが望ましいと思われるが，これを要求するためには，第 9 章で明らかになるように，厳格で非現実的な制限が課されることになる．

【例 8.3】

(8.7) の分子は，(R_{ijkl}) がテンソルであるため，不変量である．分母については，恒等式

$$G_{pqrs}V^p_{(1)}V^q_{(2)}V^r_{(3)}V^s_{(4)} = (\boldsymbol{V}_{(1)}\boldsymbol{V}_{(3)})(\boldsymbol{V}_{(2)}\boldsymbol{V}_{(4)}) - (\boldsymbol{V}_{(1)}\boldsymbol{V}_{(4)})(\boldsymbol{V}_{(2)}\boldsymbol{V}_{(3)}) \tag{8.8}$$

は，分母が不変であることを含意しており，これにより (G_{ijkl}) もまたテンソルであることが証明される（補題 4.1）．その結果として，$K(\boldsymbol{x}; \boldsymbol{U}, \boldsymbol{V})$ は**不変量**となり，これは曲面の**ガウス曲率** (*Gaussian curvature*) の高次元への一般化としての役割を持つことになる[*1].

G_{ijkl} は R_{ijkl} と全く同じ対称性を有しており（問題 8.19），K の計算のために好都合である．さらに，$g = (g_{ij})$ が対角計量である場合，すべての 0 でない G_{ijkl} は A 型の項

$$G_{abab} = g_{aa}g_{bb} \qquad (a < b;\ a \text{ と } b \text{ について総和しない})$$

から導出することが可能になる．

【例 8.4】

計量が

$$g_{11} = 1 \qquad g_{22} = 2x^1 \qquad g_{33} = 2x^2 \qquad g_{ij} = 0 \quad \text{if} \quad i \neq j$$

で与えられているとき，(a) $\boldsymbol{U} = (1, 0, 0)$ および $\boldsymbol{V} = (0, 1, 1)$，また (b) $\boldsymbol{U} = (0, 1, 0)$ および $\boldsymbol{V} = (1, 1, 0)$ 方向の 3 次元リーマン空間の任意点 (x^i) におけるリーマン曲率を評価する．問題 6.4 より，0 でないクリストッフェル記号は次のようになる：

$$\Gamma^1_{22} = -1 \quad \Gamma^2_{12} = \Gamma^2_{21} = \frac{1}{2x^1} \quad \Gamma^2_{33} = -\frac{1}{2x^1} \quad \Gamma^3_{23} = \Gamma^3_{32} = \frac{1}{2x^2}$$

$n = 3$ であるので,（定理 8.2 より）6 つのリーマンテンソルの成分だけを考慮する必要がある：R_{1212}, R_{1313}, R_{2323}, R_{1213}, R_{2123}, R_{3132}．対角計量であるため，次のように計算する：

$$R^1_{212} = \frac{\partial \Gamma^1_{22}}{\partial x^1} - \frac{\partial \Gamma^1_{21}}{\partial x^2} + \Gamma^r_{22}\Gamma^1_{r1} - \Gamma^r_{21}\Gamma^1_{r2}$$

$$= 0 - 0 + 0 - \Gamma^2_{21}\Gamma^1_{22} = \frac{1}{2x^1}$$

$$R^1_{313} = 0 \qquad R^2_{323} = \frac{1}{4x^1x^2} \qquad R^1_{213} = 0$$

[*1] 訳注：ここで述べているガウス曲率は第 10 章において定義される．

$$R^2_{123} = 0 \qquad R^3_{132} = \frac{1}{4x^1x^2}$$

そして 3 つの項

(A) $R_{1212} = g_{11}R^1_{212} = 1/2x^1, \quad R_{2323} = g_{22}R^2_{323} = 1/2x^2$
(B) $R_{3132} = g_{33}R^3_{132} = 1/2x^1$

が得られる．定理 8.2 は G_{ijkl} にも再度適用できるが，例 8.3 で示した近道を取ると良い：

(A) $G_{1212} = g_{11}g_{22} = 2x^1$, $G_{1313} = g_{11}g_{33} = 2x^2$, $G_{2323} = g_{22}g_{33} = 4x^1x^2$

ここで，C 型の項が存在しない場合における (8.7) の展開形式を与えることにする．このケースでは n^4 個の項を持つ 2 つのベクトル $\boldsymbol{U} = (U^i)$ および $\boldsymbol{V} = (V^i)$ の関数

$$W_{ijkl} \equiv \begin{vmatrix} U^i & U^j \\ V^i & V^j \end{vmatrix} \begin{vmatrix} U^k & U^l \\ V^k & V^l \end{vmatrix} \tag{8.9}$$

を定義すると便利である．W_{ijkl} が R_{ijkl}（もしくは G_{ijkl}）の対称性を全て持っていることに注目しよう．(8.7) の分子を見ると，基本集合から得られる A 型の係数は，その歪対称性により，4 個の項の

$$\begin{aligned} &R_{abab}(U^aV^bU^aV^b - U^bV^aU^aV^b - U^aV^bU^bV^a + U^bV^aU^bV^a) \\ &\qquad = R_{abab}W_{abab} \end{aligned}$$

を生成するのであり，これらは，係数 R_{ijkl} の最初の二つの添字･次の二つの添字のそれぞれにおいて同じ別個の整数，a と b，を持つ $2 \times 2 = 4$ 個の項をちょうど排出していることがわかる．基本集合から得られる B 型の係数は，その歪対称性およびブロック対称性により，8 個の項の

$$R_{abac}(W_{abac} + W_{acab}) = 2R_{abac}W_{abac}$$

を生成するだろう．そしてこれらは，最初の二つの添字の組と次の二つの添字で共通の整数 a を持ち，それ以外は別個の整数 b と c からなる

ような，R_{ijkl} の $2^2 \times 2 = 8$ 通りの書き方にちょうど対応している．(8.7) の分母を同じ方法で解析してみると，目的の式として次を得る：

$$K = \frac{\displaystyle\sum_{\text{A 型}} R_{abab}W_{abab} + 2\sum_{\text{B 型}} R_{abac}W_{abac}}{\displaystyle\sum_{\text{A 型}} G_{abab}W_{abab} + 2\sum_{\text{B 型}} G_{abac}W_{abac}} \tag{8.10}$$

(8.10) において総和規約が使われていないことを了解して欲しい．上式の総和記号（Σ）は，0 でないすべての独立の R_{ijkl}（G_{ijkl}）について，それぞれの型に応じて，足し合わせている．

それでは，目先の問題に移ろう．

(a) 事実となる情報に基づいてみると，(8.10) は

$$K = \frac{R_{1212}W_{1212} + R_{2323}W_{2323} + 2R_{3132}W_{3132}}{G_{1212}W_{1212} + G_{1313}W_{1313} + G_{2323}W_{2323}}$$

となる．そして，

$$\begin{bmatrix} \boldsymbol{U} \\ \boldsymbol{V} \end{bmatrix} = \begin{bmatrix} 1 & 0 & 0 \\ 0 & 1 & 1 \end{bmatrix}$$

に対して

$$W_{1212} = \begin{vmatrix} 1 & 0 \\ 0 & 1 \end{vmatrix}^2 = 1 \qquad W_{2323} = \begin{vmatrix} 0 & 0 \\ 1 & 1 \end{vmatrix}^2 = 0$$

$$W_{3132} = \begin{vmatrix} 0 & 1 \\ 1 & 0 \end{vmatrix}\begin{vmatrix} 0 & 0 \\ 1 & 1 \end{vmatrix} = 0 \qquad W_{1313} = \begin{vmatrix} 1 & 0 \\ 0 & 1 \end{vmatrix}^2 = 1$$

を得るので，結果として

$$K = \frac{(1/2x^1)(1) + (1/2x^2)(0) + 2(1/2x^1)(0)}{(2x^1)(1) + (2x^2)(1) + (4x^1x^2)(0)} = \frac{1}{4x^1(x^1 + x^2)}$$

となる．

(b)

$$\begin{bmatrix} \boldsymbol{U} \\ \boldsymbol{V} \end{bmatrix} = \begin{bmatrix} 0 & 1 & 0 \\ 1 & 1 & 0 \end{bmatrix}$$

に対して

$$W_{1212} = \begin{vmatrix} 0 & 1 \\ 1 & 1 \end{vmatrix}^2 = 1 \qquad W_{2323} = \begin{vmatrix} 1 & 0 \\ 1 & 0 \end{vmatrix}^2 = 0$$

$$W_{3132} = \begin{vmatrix} 0 & 0 \\ 0 & 1 \end{vmatrix} \begin{vmatrix} 0 & 1 \\ 0 & 1 \end{vmatrix} = 0 \qquad W_{1313} = \begin{vmatrix} 0 & 0 \\ 1 & 0 \end{vmatrix}^2 = 0$$

を得るので，結果として

$$K = \frac{(1/2x^1)(1) + 0 + 0}{(2x^1)(1) + 0 + 0} = \frac{1}{4(x^1)^2}$$

となる．

曲率公式の俯瞰

I. $n = 2$ のとき，(8.7) は

$$K = \frac{R_{1212}}{g_{11}g_{22} - (g_{12})^2} \equiv \frac{R_{1212}}{g} \tag{8.11}$$

へと簡単な形に変わる（問題 8.7 を見よ）．したがって，与えられた点での 2 次元のリーマン空間において，曲率は g_{ij} とこれらの微分によって決定され，$\boldsymbol{U}$ および $\boldsymbol{V}$ 方向に依存しない．

II. C 型の項を伴うように (8.10) を拡張すると次のようになる（問題 8.9 を見よ）：

$$K = \frac{\left(\begin{aligned}&\sum_{\text{A 型}} R_{abab}W_{abab} + 2\sum_{\text{B 型}} R_{abac}W_{abac} \\ &\quad + 2\sum_{\text{C 型}} R_{abcd}(W_{abcd} - W_{adbc}) + 2\sum_{\text{C 型}} R_{acbd}(W_{acbd} - W_{adcb})\end{aligned}\right)}{\left(\begin{aligned}&\sum_{\text{A 型}} G_{abab}W_{abab} + 2\sum_{\text{B 型}} G_{abac}W_{abac} \\ &\quad + 2\sum_{\text{C 型}} G_{abcd}(W_{abcd} - W_{adbc}) + 2\sum_{\text{C 型}} G_{acbd}(W_{acbd} - W_{adcb})\end{aligned}\right)} \tag{8.12}$$

III. 線形独立である $\boldsymbol{U}$ と $\boldsymbol{V}$ をそれら自身の線形結合で置き換えても，曲

率は影響を受けない．それはすなわち，

$$K(\boldsymbol{x};\,\lambda\boldsymbol{U}+\nu\boldsymbol{V},\,\mu\boldsymbol{U}+\omega\boldsymbol{V}) = K(\boldsymbol{x};\,\boldsymbol{U},\,\boldsymbol{V}) \tag{8.13}$$

となる．したがって，与えられた点 $\boldsymbol{x}$ において，曲率はベクトル $\boldsymbol{U}$ や $\boldsymbol{V}$ のそれぞれの組に対してではなく，$\boldsymbol{x}$ を通る 2 次元平面に対して，値を持つことになるのである．

等方点

$\boldsymbol{x}$ におけるリーマン曲率が $\boldsymbol{x}$ を通る 2 次元平面の向きを変えても変化しないとき，$\boldsymbol{x}$ を**等方的**という．(8.11) より，次の定理を得る．

定理 8.4: 2 次元リーマン空間のすべての点は等方的である．

任意の計量 (g_{ij}) が，$\mathbf{R}^n$ $(n \geqq 3)$ における等方点を導けるかどうかはすぐにはわからない．しかしそういう場合であっても，実際に問題 8.12 で示すように，双曲線計量の下での $\mathbf{R}^3$ はあらゆる点で等方的であることがわかる．

8.4 リッチテンソル

相対性理論において重要となるテンソルについて大まかに見ていこう．**第一種リッチテンソル** (*Ricci tensor of the first kind*) は第二種リーマンテンソルの縮約として次のように定義される：

$$R_{ij} \equiv R^k_{ijk} = \frac{\partial\Gamma^k_{ik}}{\partial x^j} - \frac{\partial\Gamma^k_{ij}}{\partial x^k} + \Gamma^r_{ik}\Gamma^k_{rj} - \Gamma^r_{ij}\Gamma^k_{rk} \tag{8.14}$$

添字を上げることで次の**第二種リッチテンソル** (*Ricci tensor of the second kind*) を得る：

$$R^i_j \equiv g^{ik}R_{kj} \tag{8.15}$$

ラプラス展開 (2.5) に関する単純な結果を用いると次が言える：

補題 8.5: $A=[a_{ij}(\boldsymbol{x})]_{nn}$ を，逆行列 $B=[b_{ij}(\boldsymbol{x})]_{nn}$ を持つ，多変数関数の正則行列であるとしよう．そのとき連鎖律により，

$$\frac{\partial}{\partial x^i}(\ln|\det A|) \equiv \frac{1}{\det A}\frac{\partial}{\partial x^i}(\det A) = \frac{1}{\det A}\frac{\partial}{\partial a_{rs}}(\det A)\frac{\partial a_{rs}}{\partial x^i}$$

$$= \frac{A_{rs}}{\det A}\frac{\partial a_{rs}}{\partial x^i} = b_{sr}\frac{\partial a_{rs}}{\partial x^i}$$

となるので（ここで，(2.11a) より $b_{sr} = A_{rs}/\det A$，また，$\partial/\partial a_{rs}(\det A) = \partial/\partial a_{rs}(a_{rk}A_{rk}) = A_{rs}$（$r$ について総和しない）を用いている），(8.14) の定義は，R_{ij} の対称性が明白となる形式に置き換えることができる（問題 8.14）.

$$R_{ij} = \frac{\partial^2}{\partial x^i \partial x^j}(\ln\sqrt{|g|}) - \frac{1}{\sqrt{|g|}}\frac{\partial}{\partial x^r}(\sqrt{|g|}\Gamma^r_{ij}) + \Gamma^r_{is}\Gamma^s_{rj} \tag{8.16}$$

上式においては，これまで通り，$g \equiv \det G$ としている.

定理 8.6: リッチテンソルは対称テンソルである.

下付き添字を上げて第二種リッチテンソル，$R^i_j = g^{is}R_{sj}$ を定義してから，残った添字について縮約を行うと，**リッチ**（もしくは**スカラー** (*scalar*)）**曲率** (*Ricci curvature*) と呼ばれる重要な不変量 $R \equiv R^i_i$ を得る．(8.16) よりリッチ曲率は,

$$R = g^{ij}\left[\frac{\partial^2}{\partial x^i \partial x^j}(\ln\sqrt{|g|}) - \frac{1}{\sqrt{|g|}}\frac{\partial}{\partial x^r}(\sqrt{|g|}\Gamma^r_{ij}) + \Gamma^r_{is}\Gamma^s_{rj}\right] \tag{8.17}$$

となる.

例題

リーマンテンソル

> **問題 8.1**　(8.1) を証明せよ.

解答

共変微分の定義より,

$$V_{i,jk} = (V_{i,j})_{,k} = \frac{\partial}{\partial x^k}(V_{i,j}) - \Gamma^r_{ik}(V_{r,j}) - \Gamma^r_{jk}(V_{i,r}) \tag{1}$$

となる. (1) の

$$V_{i,j} = \frac{\partial V_i}{\partial x^j} - \Gamma^s_{ij} V_s$$

を代入して微分を行い，括弧を外すことで次のようになる：

$$\begin{aligned} V_{i,jk} = \frac{\partial^2 V_i}{\partial x^k \partial x^j} - \frac{\partial \Gamma^s_{ij}}{\partial x^k} V_s - \Gamma^s_{ij} \frac{\partial V_s}{\partial x^k} - \Gamma^r_{ik} \frac{\partial V_r}{\partial x^j} \\ + \Gamma^r_{ik} \Gamma^s_{rj} V_s - \Gamma^r_{jk} \frac{\partial V_i}{\partial x^r} + \Gamma^r_{jk} \Gamma^s_{ir} V_s \end{aligned} \tag{2}$$

j と k を入れ替えると,

$$\begin{aligned} V_{i,kj} = \frac{\partial^2 V_i}{\partial x^j \partial x^k} - \frac{\partial \Gamma^s_{ik}}{\partial x^j} V_s - \Gamma^s_{ik} \frac{\partial V_s}{\partial x^j} - \Gamma^r_{ij} \frac{\partial V_r}{\partial x^k} \\ + \Gamma^r_{ij} \Gamma^s_{rk} V_s - \Gamma^r_{kj} \frac{\partial V_i}{\partial x^r} + \Gamma^r_{kj} \Gamma^s_{ir} V_s \end{aligned} \tag{3}$$

となる. (2) から (3) を引くと，(2) の右辺の第 1 項，第 3 項，第 4 項，第 6 項，第 7 項は，(3) の右辺の第 1 項，第 4 項，第 3 項，第 6 項，第 7 項とそれぞれ相殺することがわかるので,

$$\begin{aligned} V_{i,jk} - V_{i,kj} &= -\frac{\partial \Gamma^s_{ij}}{\partial x^k} V_s + \Gamma^r_{ik} \Gamma^s_{rj} V_s + \frac{\partial \Gamma^s_{ik}}{\partial x^j} V_s - \Gamma^r_{ij} \Gamma^s_{rk} V_s \\ &= \left(\frac{\partial \Gamma^s_{ik}}{\partial x^j} - \frac{\partial \Gamma^s_{ij}}{\partial x^k} + \Gamma^r_{ik} \Gamma^s_{rj} - \Gamma^r_{ij} \Gamma^s_{rk} \right) V_s = R^s_{ijk} V_s \end{aligned}$$

が残る.

問題 8.2　クリストッフェル記号がゼロとなる任意点において，

$$R^i_{jkl} + R^i_{klj} + R^i_{ljk} = 0$$

となることを示せ．

解答

この場合，R^i_{jkl} の式は $\partial\Gamma^i_{jl}/\partial x^k - \partial\Gamma^i_{jk}/\partial x^l$ に帰着する．したがって，

$$R^i_{jkl} + R^i_{klj} + R^i_{ljk} = \frac{\partial\Gamma^i_{jl}}{\partial x^k} - \frac{\partial\Gamma^i_{jk}}{\partial x^l} + \frac{\partial\Gamma^i_{kj}}{\partial x^l} - \frac{\partial\Gamma^i_{kl}}{\partial x^j} + \frac{\partial\Gamma^i_{lk}}{\partial x^j} - \frac{\partial\Gamma^i_{lj}}{\partial x^k}$$

となる．すべての項が相殺されるので，目的の関係式が証明される．

問題 8.3　任意の二階共変テンソル (T_{ij}) に関して，

$$T_{ij,kl} - T_{ij,lk} = R^s_{ikl}T_{sj} + R^s_{jkl}T_{is}$$

となることを証明せよ．
（リッチによる一般の公式，

$$T_{i_1 i_2 \ldots i_p,kl} - T_{i_1 i_2 \ldots i_p,lk} = \sum_{q=1}^{p} R^s_{i_q kl} T_{i_1 \ldots i_{q-1} s i_{q+1} \ldots i_p} \tag{8.18}$$

も同様に確立される．）

解答

直接的なアプローチはとても手間がかかてしまうので，代わりに，任意の反変ベクトル (V^i) に対して，

$$V^i_{,jk} - V^i_{,kj} = -R^i_{sjk}V^s \tag{1}$$

をまず確立する（問題 8.16 を見よ）．ここで，$(V^q T_{iq})$ が共変ベクトルであり，(8.1) が適用されることに注目する．すると，

$$(V^q T_{iq})_{,kl} - (V^q T_{iq})_{,lk} = R^s_{ikl} V^q T_{sq} \tag{2}$$

共変微分の内積法則により，

$$(V^q T_{iq})_{,k} = V^q_{,k} T_{iq} + V^q T_{iq,k}$$
$$(V^q T_{iq})_{,kl} = V^q_{,kl} T_{iq} + V^q_{,k} T_{iq,l} + V^q_{,l} T_{iq,k} + V^q T_{iq,kl} \tag{3}$$

k と l を入れ替える：

$$(V^q T_{iq})_{,lk} = V^q_{,lk} T_{iq} + V^q_{,l} T_{iq,k} + V^q_{,k} T_{iq,l} + V^q T_{iq,lk} \tag{4}$$

(3) から (4) を引くと，右辺の真ん中の 2 項が相殺され，

$$R^s_{ikl} V^q T_{sq} = (V^q_{,kl} - V^q_{,lk}) T_{iq} + (T_{iq,kl} - T_{iq,lk}) V^q \tag{5}$$

となる．ここで (5) の右辺において (1) を用いる：

$$R^s_{ikl} V^q T_{sq} = -R^s_{qkl} V^q T_{is} + (T_{iq,kl} - T_{iq,lk}) V^q$$

これは

$$[(T_{iq,kl} - T_{iq,lk}) - (R^s_{ikl} T_{sq} + R^s_{qkl} T_{is})] V^q = 0$$

と整理できる．(V^i) は任意であるので，括弧内の式は 0 とならなければならない． QED

リーマンテンソルの性質

問題 8.4　(8.4) を確立せよ．

解答

定義より，

$$R_{ijkl} = g_{is} R^s_{jkl} = g_{is} \frac{\partial \Gamma^s_{jl}}{\partial x^k} - g_{is} \frac{\partial \Gamma^s_{jk}}{\partial x^l} + g_{is} \Gamma^r_{jl} \Gamma^s_{rk} - g_{is} \Gamma^r_{jk} \Gamma^s_{rl}$$
$$= \frac{\partial (g_{is} \Gamma^s_{jl})}{\partial x^k} - \frac{\partial g_{is}}{\partial x^k} \Gamma^s_{jl} - \frac{\partial (g_{is} \Gamma^s_{jk})}{\partial x^l} + \frac{\partial g_{is}}{\partial x^l} \Gamma^s_{jk} + \Gamma^r_{jl} \Gamma_{rki} - \Gamma^r_{jk} \Gamma_{rli}$$
$$= \frac{\partial \Gamma_{jli}}{\partial x^k} - \frac{\partial \Gamma_{jki}}{\partial x^l} + \Gamma^r_{jk} \left(\frac{\partial g_{ir}}{\partial x^l} - \Gamma_{rli} \right) - \Gamma^r_{jl} \left(\frac{\partial g_{ir}}{\partial x^k} - \Gamma_{rki} \right)$$

となる．(6.2) より，任意の添字 l に対して，

$$\frac{\partial g_{ir}}{\partial x^l} - \Gamma_{lri} = \Gamma_{ilr}$$

である．これを代入すると，

$$R_{ijkl} = \frac{\partial \Gamma_{jli}}{\partial x^k} - \frac{\partial \Gamma_{jki}}{\partial x^l} + \Gamma_{ilr}\Gamma^r_{jk} - \Gamma_{ikr}\Gamma^r_{jl}$$

となる．

問題 8.5　1 つ目の歪対称性，$R_{ijkl} = -R_{jikl}$ を確立せよ．

解答

書く手間を省くために，

$$G^{ij}_{kl} \equiv \frac{1}{2}\left(\frac{\partial^2 g_{ij}}{\partial x^k \partial x^l} + \frac{\partial^2 g_{kl}}{\partial x^i \partial x^j}\right) \qquad \text{and} \qquad H^{ij}_{kl} \equiv \Gamma_{ijr}\Gamma^r_{kl}$$

としよう．これらは自明な対称性

$$G^{ij}_{kl} = G^{ji}_{kl} = G^{ij}_{lk} \qquad \text{and} \qquad H^{ij}_{kl} = H^{ji}_{kl} = H^{ij}_{lk}$$

を持つことに注意せよ．また，$G^{ij}_{kl} = G^{kl}_{ij}$ であることは明らかであり，さらに，

$$H^{ij}_{kl} = (g_{rs}\Gamma^s_{ij})\Gamma^r_{kl} = \Gamma^s_{ij}(g_{sr}\Gamma^r_{kl}) = \Gamma^s_{ij}\Gamma_{kls} = H^{kl}_{ij}$$

でもある．ここで，(8.5) から，

$$R_{ijkl} = G^{il}_{jk} - G^{ik}_{jl} + H^{il}_{jk} - H^{ik}_{jl}$$

となり，したがって，

$$R_{jikl} = G^{jl}_{ik} - G^{jk}_{il} + H^{jl}_{ik} - H^{jk}_{il} = G^{ik}_{jl} - G^{il}_{jk} + H^{ik}_{jl} - H^{il}_{jk} = -R_{ijkl}$$

である．

問題 8.6　独立な，潜在的に 0 でない R_{ijkl}（$n = 5$）の成分を列挙し，この場合における定理 8.2 の公式を検証せよ．

解答

A 型： R_{1212}，R_{1313}，R_{1414}，R_{1515}
R_{2323}，R_{2424}，R_{2525}
R_{3434}，R_{3535}
R_{4545}

B 型： R_{1213}，R_{1214}，R_{1215}，R_{1314}，R_{1315}，R_{1415}
R_{2123}，R_{2124}，R_{2125}，R_{2324}，R_{2325}，R_{2425}
R_{3132}，R_{3134}，R_{3135}，R_{3234}，R_{3235}，R_{3435}
R_{4142}，R_{4143}，R_{4145}，R_{4243}，R_{4245}，R_{4345}
R_{5152}，R_{5153}，R_{5154}，R_{5253}，R_{5254}，R_{5354}

C 型： R_{1234}，R_{1235}，R_{1245}，R_{1345}，R_{2345}
R_{1324}，R_{1325}，R_{1425}，R_{1435}，R_{2435}

A 型および C 型ではそれぞれ 10 個，B 型では 30 個もの成分があり，つまるところ全部で 50 個となる．公式からは，

$$\frac{n^2(n^2-1)}{12} = \frac{5^2(5^2-1)}{12} = \frac{(25)(24)}{12} = 50$$

となり先の計算と一致する．

リーマン曲率

問題 8.7　(8.11) を証明せよ．

解答

系 8.3 およびそれに対応する G_{ijkl} の結果により，

$$\begin{aligned} K &= \frac{R_{ijkl}U^iV^jU^kV^l}{G_{pqrs}U^pV^qU^rV^s} \\ &= \frac{R_{1212}[(U^1)^2(V^2)^2 - 2U^1V^2U^2V^1 + (U^2)^2(V^1)^2]}{G_{1212}[(U^1)^2(V^2)^2 - 2U^1V^2U^2V^1 + (U^2)^2(V^1)^2]} \end{aligned}$$

$$= \frac{R_{1212}}{G_{1212}} = \frac{R_{1212}}{g_{11}g_{22} - (g_{12})^2}$$

となる.

問題 8.8　問題 8.7 の結果を用いて，リーマン計量 $\varepsilon ds^2 = (x^1)^{-2}(dx^1)^2 - (x^1)^{-2}(dx^2)^2$ に対する K を計算せよ.

解答

$R_{1212} = g_{11}R^1_{212}$ を計算すればよい．0 でないクリストッフェル記号は，問題 6.4 より，

$$\Gamma^1_{11} = -\frac{1}{x^1} \qquad \Gamma^1_{22} = -\frac{1}{x^1} \qquad \Gamma^2_{12} = \Gamma^2_{21} = -\frac{1}{x^1}$$

である．その結果，

$$R^1_{212} = \frac{\partial \Gamma^1_{22}}{\partial x^1} - \frac{\partial \Gamma^1_{21}}{\partial x^2} + \Gamma^r_{22}\Gamma^1_{r1} - \Gamma^r_{21}\Gamma^1_{r2} = \frac{1}{(x^1)^2} - 0 + \Gamma^1_{22}\Gamma^1_{11} - \Gamma^2_{21}\Gamma^1_{22}$$

$$= \frac{1}{(x^1)^2} - \frac{1}{x^1}\left(-\frac{1}{x^1}\right) - \left(-\frac{1}{x^1}\right)\left(-\frac{1}{x^1}\right) = \frac{1}{(x^1)^2}$$

したがって，

$$K = \frac{g_{11}R^1_{212}}{g_{11}g_{22}} = \frac{R^1_{212}}{g_{22}} = \frac{(x^1)^{-2}}{-(x^1)^{-2}} = -1$$

となる.

問題 8.9　曲率方程式の形式 (8.12) を導出せよ.

解答

分子における C 型の項についての総和式を確立するだけでよい．残りの作業は例 8.4 で既に行っている.

まずはじめに，すべての R_{ijkl}（$i\,j\,k\,l$ は $a < b < c < d$ の異なる整数となる $a\,b\,c\,d$ の順列である）が，3 つの成分 R_{abcd}, R_{acbd}, R_{adbc} の歪対称性・ブロック対称性によって生成されることを確かめてみよう．対称演算子に関して明確な表記法を用いた表 8-1 の考察によると，順列の総数は $4! = 24$ 個

から成ることを示している．それゆえ，(8.12) の分子の C 型部分は，

$$2\sum R_{abcd}W_{abcd} + 2\sum R_{acbd}W_{acbd} + 2\sum R_{adbc}W_{adbc} \tag{1}$$

となる [前述の式 (8.10) を参照せよ].

第 1 の総和式は，基本集合におけるすべての $a<b<c<d$ にわたって 0 でない R_{abcd} をもたらしている．第 2 の総和式も同様である．第 3 の総和式は基本集合を含まないが，R_{ijkl} の対称性によって（W_{ijkl} も共通の対称性を備えている），最初の 2 つの総和式に吸収させることが可能である．したがって，ビアンキの恒等式により，

$$2R_{adbc}W_{adbc} = 2(-R_{abcd} - R_{acdb})W_{adbc} = -2R_{abcd}W_{adbc} - 2R_{acbd}W_{adcb} \tag{2}$$

となり，(2) を (1) に代入することで (8.12) で与えられた式を作ることができる．

表 8-1

対称演算子	添字列		
	abcd	***acbd***	***adbc***
I	$a\,b\,c\,d$	$a\,c\,b\,d$	$a\,d\,b\,c$
S_1	$b\,a\,c\,d$	$c\,a\,b\,d$	$d\,a\,b\,c$
S_2	$a\,b\,d\,c$	$a\,c\,d\,b$	$a\,d\,c\,b$
$S_1S_2 = S_2S_1$	$b\,a\,d\,c$	$c\,a\,d\,b$	$d\,a\,c\,b$
B	$c\,d\,a\,b$	$b\,d\,a\,c$	$b\,c\,a\,d$
$BS_1 = S_2B$	$c\,d\,b\,a$	$b\,d\,c\,a$	$b\,c\,d\,a$
$BS_2 = S_1B$	$d\,c\,a\,b$	$d\,b\,a\,c$	$c\,b\,a\,d$
$BS_1S_2 = S_1S_2B$	$d\,c\,b\,a$	$d\,b\,c\,a$	$c\,b\,d\,a$

問題 8.10　(8.13) を証明せよ．

解答

$$
\begin{aligned}
&W_{ijkl}(\lambda\boldsymbol{U}+\nu\boldsymbol{V},\,\mu\boldsymbol{U}+\omega\boldsymbol{V})\\
&\quad=\begin{vmatrix}\lambda U^i+\nu V^i & \lambda U^j+\nu V^j\\ \mu U^i+\omega V^i & \mu U^j+\omega V^j\end{vmatrix}\begin{vmatrix}\lambda U^k+\nu V^k & \lambda U^l+\nu V^l\\ \mu U^k+\omega V^k & \mu U^l+\omega V^l\end{vmatrix}\\
&\quad=\begin{vmatrix}\lambda & \nu\\ \mu & \omega\end{vmatrix}^2\begin{vmatrix}U^i & U^j\\ V^i & V^j\end{vmatrix}\begin{vmatrix}U^k & U^l\\ V^k & V^l\end{vmatrix}=(\lambda\omega-\nu\mu)^2W_{ijkl}(\boldsymbol{U},\,\boldsymbol{V})
\end{aligned}
$$

となるので，$K(\boldsymbol{x};\,\lambda\boldsymbol{U}+\nu\boldsymbol{V},\,\mu\boldsymbol{U}+\omega\boldsymbol{V})$ に関する (8.12) のすべての項から量 $(\lambda\omega-\nu\mu)^2$ の因子を括り出すことができ，$K(\boldsymbol{x};\,\boldsymbol{U},\,\boldsymbol{V})$ が残ることになる．

問題 8.11 計量

$$
g_{11}=1 \qquad g_{22}=g_{33}=(x^1)^2+1 \qquad g_{ij}=0 \quad (i\neq j)
$$

を持つリーマン空間 $\mathbf{R}^3$ における等方点を求め，それらの点での曲率 K を計算せよ．

解答

例 8.4 に倣う．問題 6.4 より，0 でないクリストッフェル記号は

$$
\Gamma^1_{22}=-x^1 \qquad \Gamma^1_{33}=-x^1
$$

$$
\Gamma^2_{12}=\Gamma^2_{21}=\frac{x^1}{(x^1)^2+1} \qquad \Gamma^3_{13}=\Gamma^3_{31}=\frac{x^1}{(x^1)^2+1}
$$

となる．そのとき次のようになる：

$$
R^1_{212}=\frac{\partial\Gamma^1_{22}}{\partial x^1}+\Gamma^1_{22}\Gamma^1_{11}-\Gamma^2_{21}\Gamma^1_{22}=-1-\frac{x^1}{(x^1)^2+1}(-x^1)=-\frac{1}{(x^1)^2+1}
$$

$$
R^1_{313}=\frac{\partial\Gamma^1_{33}}{\partial x^1}+\Gamma^1_{33}\Gamma^1_{11}-\Gamma^3_{31}\Gamma^1_{33}=-1-\frac{x^1}{(x^1)^2+1}(-x^1)=-\frac{1}{(x^1)^2+1}
$$

$$
R^2_{323}=\Gamma^1_{33}\Gamma^2_{12}=-x^1\cdot\frac{x^1}{(x^1)^2+1}=-\frac{(x^1)^2}{(x^1)^2+1}
$$

$$
R^1_{213}=R^2_{123}=R^3_{132}=0
$$

ここから

$$\text{(A)}\quad \begin{aligned} &R_{1212} = g_{11}R^1_{212} = -[(x^1)^2+1]^{-1} \\ &R_{1313} = g_{11}R^1_{313} = -[(x^1)^2+1]^{-1},\ R_{2323} = g_{22}R^2_{323} = -(x^1)^2 \end{aligned}$$

となる．B 型および C 型は一様に 0 となる．(8.10) の分母に対応する項は，

$$\text{(A)}\quad \begin{aligned} &G_{1212} = g_{11}g_{22} = (x^1)^2+1 \\ &G_{1313} = g_{11}g_{33} = (x^1)^2+1,\ G_{2323} = g_{22}g_{33} = [(x^1)^2+1]^2 \end{aligned}$$

この結果から，

$$\begin{aligned} K &= \frac{-[(x^1)^2+1]^{-1}W_{1212} - [(x^1)^2+1]^{-1}W_{1313} - (x^1)^2 W_{2323}}{[(x^1)^2+1]W_{1212} + [(x^1)^2+1]W_{1313} + [(x^1)^2+1]^2 W_{2323}} \\ &= -[(x^1)^2+1]^{-2}\frac{W_{1212} + W_{1313} + (x^1)^2[(x^1)^2+1]W_{2323}}{W_{1212} + W_{1313} + [(x^1)^2+1]W_{2323}} \end{aligned}$$

となる．もし K が（2 次元平面の方向で変化する）W_{ijkl} に依存しないとき，$(x^1)^2 = 1$ もしくは $x^1 = \pm 1$ となる．したがって，等方点は，曲率が $K = -[1+1]^{-2}\cdot 1 = -1/4$ の値を持つ 2 つの曲面からなる．

問題 8.12　計量

$$ds^2 = (x^1)^{-2}(dx^1)^2 + (x^1)^{-2}(dx^2)^2 + (x^1)^{-2}(dx^3)^2$$

に対して $\mathbf{R}^3$ のあらゆる点が等方的であることを示せ．

解答

問題 6.4 から，次の 0 とならないクリストッフェル記号が与えられる：

$$\Gamma^1_{11} = -\frac{1}{x^1} \qquad \Gamma^1_{22} = \frac{1}{x^1} \qquad \Gamma^1_{33} = \frac{1}{x^1}$$

$$\Gamma^2_{12} = \Gamma^2_{21} = -\frac{1}{x^1} \qquad\qquad \Gamma^3_{13} = \Gamma^3_{31} = -\frac{1}{x^1}$$

前回の問題と同様に，$R_{ijkl} = g_{ii}R^i_{jkl}$（総和しない）を用いて R_{ijkl} の基本集合を計算する．

$$R^1_{212} = \frac{\partial \Gamma^1_{22}}{\partial x^1} - \frac{\partial \Gamma^1_{21}}{\partial x^2} + \Gamma^r_{22}\Gamma^1_{r1} - \Gamma^r_{21}\Gamma^1_{r2}$$

$$= -\frac{1}{(x^1)^2} - 0 + \Gamma^1_{22}\Gamma^1_{11} - \Gamma^2_{21}\Gamma^1_{22}$$

$$= -\frac{1}{(x^1)^2} + \frac{1}{x^1}\left(-\frac{1}{x^1}\right) - \left(-\frac{1}{x^1}\right)\frac{1}{x^1} = -\frac{1}{(x^1)^2}$$

同じように，$R^1_{313} = -1/(x^1)^2$ となる．残りについては，偏微分項はすべて省かれ，

$$R^2_{323} = \Gamma^r_{33}\Gamma^2_{r2} - \Gamma^r_{32}\Gamma^2_{r3} = \Gamma^1_{33}\Gamma^2_{12} - 0 = -\frac{1}{(x^1)^2}$$

$$R^1_{213} = R^2_{123} = R^3_{132} = 0$$

を得る．したがって，0 でない項の基本集合は，

(A) $R_{1212} = R_{1313} = R_{2323} = -1/(x^1)^4$

となり，また例 8.3 より，G_{ijkl} の基本集合は

(A) $G_{1212} = G_{1313} = G_{2323} = 1/(x^1)^4$

である．式 (8.10) または (8.12) からただちに，

$$K = \frac{R_{1212}W_{1212} + R_{1313}W_{1313} + R_{2323}W_{2323}}{G_{1212}W_{1212} + G_{1313}W_{1313} + G_{2323}W_{2323}}$$

$$= \frac{[-(x^1)^{-4}](W_{1212} + W_{1313} + W_{2323})}{[(x^1)^{-4}](W_{1212} + W_{1313} + W_{2323})} = -1$$

を得る．

このリーマン空間はただ単に等方的であるのではない．これは**定曲率**の空間である．

リッチテンソル

問題 8.13　例 8.4 の計量に対して，(a) R_{ij}, (b) R^i_j, (c) R を計算せよ．

解答

(a) $R_{ij}=R^k_{ijk}=R^1_{ij1}+R^2_{ij2}+R^3_{ij3}$ および $g_{ij}=0\ (i\neq j)$ という事実より,

$$R_{ij}=g^{11}R_{1ij1}+g^{22}R_{2ij2}+g^{33}R_{3ij3} \tag{1}$$

ということになる（$g^{11}=1,\ g^{22}=1/2x^1,\ g^{33}=1/2x^2$）．ここで，$R_{ijkl}$ の基本集合は

$$R_{1221}(=-R_{1212})=-\frac{1}{2x^1}\qquad R_{2332}(=-R_{2323})=-\frac{1}{2x^2}$$

$$R_{3123}(=-R_{3132})=-\frac{1}{2x^1}$$

として計算されており，これらから生成される R_{aija} の形となる他の唯一の 0 でない成分は,

$$R_{2112}=-\frac{1}{2x^1}\qquad R_{3223}=-\frac{1}{2x^2}\qquad R_{3213}=-\frac{1}{2x^1}$$

である．ゆえに，0 でない R_{ij} は (1) から,

$$R_{11}=g^{22}R_{2112}=-\frac{1}{4(x^1)^2}$$

$$R_{22}=g^{11}R_{1221}+g^{33}R_{3223}=-\frac{1}{2x^1}-\frac{1}{4(x^2)^2}$$

$$R_{33}=g^{22}R_{2332}=-\frac{1}{4x^1x^2}$$

$$R_{12}=g^{33}R_{3123}=-\frac{1}{4x^1x^2}=g^{33}R_{3213}=R_{21}$$

と読み取ることができる．

(b) $$R^i_j=g^{ik}R_{kj}=g^{ii}R_{ij}\quad (i\ \text{上で総和しない})$$

(c) $R=R^1_1+R^2_2+R^3_3=g^{11}R_{11}+g^{22}R_{22}+g^{33}R_{33}$

$$=(1)\left[-\frac{1}{4(x^1)^2}\right]+\left(\frac{1}{2x^1}\right)\left[-\frac{1}{2x^1}-\frac{1}{4(x^2)^2}\right]+\left(\frac{1}{2x^2}\right)\left(-\frac{1}{4x^1x^2}\right)$$

$$=-\frac{x^1+2(x^2)^2}{(2x^1x^2)^2}$$

問題 8.14　(8.14) から (8.16) を導け.

解答

式 (8.14) は Γ^s_{is} の形の総和式を 2 つ含んでいる. (6.4) および (6.1b) より,

$$\begin{aligned}\Gamma^s_{is} &= g^{sr}\Gamma_{isr} = \frac{1}{2}g^{sr}(-g_{isr} + g_{sri} + g_{ris})\\ &= -\frac{1}{2}g^{sr}g_{sir} + \frac{1}{2}g^{sr}g_{sri} + \frac{1}{2}g^{rs}g_{sir}\\ &= \frac{1}{2}g^{sr}g_{rsi} \equiv \frac{1}{2}g^{sr}\frac{\partial g_{rs}}{\partial x^i} = \frac{\partial}{\partial x^i}(\ln\sqrt{|g|})\end{aligned}$$

となる. ここで, 最後のステップで補題 8.5 を使用した. そして (8.14) に代入すると次のようになる：

$$\begin{aligned}R_{ij} &= \frac{\partial^2(\ln\sqrt{|g|})}{\partial x^i\partial x^j} - \frac{\partial\Gamma^s_{ij}}{\partial x^s} + \Gamma^r_{is}\Gamma^s_{rj} - \Gamma^r_{ij}\frac{\partial(\ln\sqrt{|g|})}{\partial x^r}\\ &= \frac{\partial^2(\ln\sqrt{|g|})}{\partial x^i\partial x^j} - \left(\frac{1}{\sqrt{|g|}}\sqrt{|g|}\,\frac{\partial\Gamma^s_{ij}}{\partial x^s} + \frac{1}{\sqrt{|g|}}\frac{\partial(\sqrt{|g|})}{\partial x^s}\Gamma^s_{ij}\right) + \Gamma^r_{is}\Gamma^s_{rj}\\ &= \frac{\partial^2(\ln\sqrt{|g|})}{\partial x^i\partial x^j} - \frac{1}{\sqrt{|g|}}\frac{\partial}{\partial x^s}(\sqrt{|g|}\Gamma^s_{ij}) + \Gamma^r_{is}\Gamma^s_{rj}\end{aligned}$$

演習問題

問題 8.15　2 次元多様体 $\mathscr{M}$: $x^i = x^i(u, v)$ 上で定義されたテンソル $\boldsymbol{T} = (T^{i\cdots}_{j\cdots})$ の絶対偏微分は，

$$\frac{\delta \boldsymbol{T}}{\delta u} \equiv \left(T^{i\ldots}_{j\ldots,k}\frac{\partial x^k}{\partial u}\right) \qquad \text{and} \qquad \frac{\delta \boldsymbol{T}}{\delta v} \equiv \left(T^{i\ldots}_{j\ldots,k}\frac{\partial x^k}{\partial v}\right)$$

として定義される．$(\partial x^i/\partial u)$ と $(\partial x^i/\partial v)$ はベクトルなので，その内積は $\boldsymbol{T}$ と同じ型・階数のテンソルの組を生成する．ゆえに絶対偏微分の演算は無限回行うことができる．(V^i) が $\mathscr{M}$ で定義された任意の反変ベクトルとした場合，

$$\frac{\delta}{\delta u}\left(\frac{\delta V^i}{\delta v}\right) - \frac{\delta}{\delta v}\left(\frac{\delta V^i}{\delta u}\right) = R^i_{skl}V^s\frac{\partial x^k}{\partial u}\frac{\partial x^l}{\partial v}$$

となることを証明せよ．[ヒント：左辺を展開し，問題 8.16 を使え．]

問題 8.16　任意ベクトル (V^i) に対して，$V^i_{,kl} - V^i_{,lk} = -R^i_{skl}V^s$ となることを証明せよ．

問題 8.17　任意の 2 階反変テンソル (T^{ij}) に対して，

$$T^{ij}_{,kl} - T^{ij}_{,lk} = -R^i_{skl}T^{sj} - R^j_{skl}T^{is}$$

となることを示せ．[ヒント：添字を下げて，問題 8.3 を使え．]

問題 8.18　任意の混合テンソル (T^i_j) に対して，

$$T^i_{j,kl} - T^i_{j,lk} = -R^i_{skl}T^s_j + R^s_{jkl}T^i_s$$

となることを示せ．

問題 8.19 G_{ijkl}[(8.7) を見よ] や W_{ijkl}[(8.9) を見よ] に対して，対称性 (8.6) を確かめよ．

問題 8.20 (8.4) から (8.5) を導け．［ヒント：$\partial^2 g_{ij}/\partial x^k \partial x^l$ の表記法 g_{ijkl} を採用すると便利である．］

問題 8.21 $n = 4$ のときの R_{ijkl} の独立（0 でない）成分を列挙し，この場合における定理 8.2 を検証せよ．

問題 8.22 計量 $\varepsilon\, ds^2 = (dx^1)^2 - 2x^1(dx^2)^2$ に対して，リーマン曲率 K を計算せよ．

問題 8.23 (a) 計算し，そして (b) K が不変量であることに注意することで，極座標のユークリッド計量，

$$ds^2 = (dx^1)^2 + (x^1 dx^2)^2$$

に対して $K = 0$ であることを確認せよ．

問題 8.24 (a) $\boldsymbol{U}_{(1)} = (1,\ 0,\ 1)$，$\boldsymbol{V}_{(1)} = (1,\ 1,\ 1)$ や (b) $\boldsymbol{U}_{(2)} = (0,\ 1,\ 0)$，$\boldsymbol{V}_{(2)} = (2,\ 1,\ 2)$ の組に対して，例 8.4 を解き直せ．(c) 答えが (a) と (b) で同じになるべき理由を説明せよ．

問題 8.25 半径 a の 3 次元球の曲面を球座標において $x^1 = a$ と置くことで距離化し，x^2, x^3 をそれぞれ x^1, x^2 に置き換えてみよう：

$$ds^2 = a^2(dx^1)^2 + (a \sin x^1)^2(dx^2)^2$$

この非ユークリッド $\mathbf{R}^2$ に対する K を決定せよ．

問題 8.26　リーマン空間 $\mathbf{R}^3$ に対する計量が

$$g_{11} = f(x^2) \qquad g_{22} = g(x^2) \qquad g_{33} = h(x^2)$$

で与えられ，$g_{ij} = 0 \quad (i \neq j)$ であるとき，(a) $K(x^2;\ \boldsymbol{U},\ \boldsymbol{V})$, (b) R に対する明示的な式を書け.

問題 8.27　問題 8.26 の結果を $f(x^2) \equiv g(x^2) \equiv h(x^2)$ の場合に特殊化せよ.

問題 8.28　リーマン計量

$$ds^2 = (\ln x^2)(dx^1)^2 + (\ln x^2)(dx^2)^2 + (\ln x^2)(dx^3)^2 \qquad (x^2 > 1)$$

に対して，等方点を求め，それらの点での曲率 K を計算せよ．[ヒント：問題 8.27 を用いよ．]

問題 8.29　計量

$$g_{11} = e^{x^2} \qquad g_{22} = 1 \qquad g_{33} = e^{x^2} \qquad g_{ij} = 0 \quad (i \neq j)$$

の下での $\mathbf{R}^3$ が，あらゆる等方的な点で一定のリーマン曲率を有していることを示し，その曲率を求めよ.

問題 8.30　[(8.11) が成り立っている] 2 次元のリーマン空間において，以下を示せ：
(a) $R_{ij} = -g_{ij}K$, (b) $R^i_j = -\delta^i_j K$, (c) $R = -2K$

問題 8.31　問題 8.13 に対して，(8.16) を用いてリッチテンソル R_{ij} を計算し，以前に得られた答えと比較せよ.

問題 8.32　問題 8.30 を用いて，第一種・第二種リッチテンソルの両方と，問題 8.25 の球計量に対する曲率不変量を計算せよ．

問題 8.33　第一種・第二種リッチテンソルの両方と，問題 8.12 の（双曲的）計量に対する曲率不変量を計算せよ．[ヒント：ここでは問題 8.27 を使うことが役立つ．]

問題 8.34　任意のテンソル (T^{ij}) に対して，$T^{ij}_{,ij} = T^{ij}_{,ji}$ が対称的であるかどうか，証明せよ．[ヒント：問題 8.17 とリッチテンソルの対称性を用いよ．]

問題 8.35　リーマン曲率やリッチ曲率不変量は一様に消滅するか？ リーマン曲率があらゆるところで 0 でありリッチ曲率が 0 でない例を求めることができるか？

問題 8.36　空間における不変性は，2 つの曲率 K や R について等価であるか？

第 9 章

定曲率の空間; 正規座標

9.1 ゼロ曲率およびユークリッド計量

次の根本的な疑問は前章の中で未解決なことである：
「与えられた $\mathbf{R}^n$ の計量化がユークリッド的であるかをどのように知ることができるのか？」
"ユークリッド的" の意味をはっきりするために次の定義を設けよう.

定義 1: 座標系 (x^i) で指定されたリーマン計量 $\boldsymbol{g} = (g_{ij})$ は，ある許容座標変換 (3.1) の下で $\bar{\boldsymbol{g}} = (\delta_{ij})$ となる場合，**ユークリッド計量**である.

ここで，$\bar{g}_{ij} = \delta_{ij}$ における座標系 $(\bar{x}^i)$ は（第 3 章の定義 1 より）直交系である．したがって疑問は次のようになる：
「与えられたリーマン空間は直交座標となることを許すか？」

直交系 $(\bar{x}^i)$ が存在すると仮定する．このとき，$(\bar{x}^i)$ におけるクリストフェル記号は消滅するため，$\bar{K} = 0$ となる．しかし，リーマン曲率は不変量であるため，元の座標 (x^i) においても同様に $K = 0$ である．さらに，不変性より，

$$g_{ij}U^iU^j = \bar{U}^i\bar{U}^i \geqq 0$$

となる．こうして，不可欠な要素となる以下の定理が直ちに導かれる.

定理 9.1: リーマン計量 (g_{ij}) は，リーマン曲率 K があらゆる点で 0 で計量が正定値である場合に限りユークリッド計量となる.

この十分性を証明するために，与えられた座標 $x^j (j = 1, 2, \ldots, n)$ の関数として，n 個の直交座標 $\bar{x}^i$ に関する 1 次偏微分方程式を設定する．その系

は直ちに $G = J^T J$ もしくは

$$\frac{\partial \bar{x}^k}{\partial x^i}\frac{\partial \bar{x}^k}{\partial x^j} = g_{ij}(x^1, x^2, \ldots, x^n) \tag{9.1}$$

であると思い浮かぶ（定理 5.2）．しかし (9.1) はその非線形性のために一般的に扱いにくい．その代り，(6.6) 中の「バーあり」と「バーなし」を入れ替え，$\bar{\Gamma}^i_{jk}$ をゼロに等しくした次の線形系を選択する：

$$\frac{\partial^2 \bar{x}^k}{\partial x^i \partial x^j} = \Gamma^r_{ij}(\boldsymbol{x})\frac{\partial \bar{x}^k}{\partial x^r} \tag{9.2}$$

$w \equiv \bar{x}^k$ および $u_i \equiv \partial\bar{x}^k/\partial x^i$ と置くことで目的とする一次系となる．

$$\begin{aligned}\frac{\partial w}{\partial x^i} &= u_i \\ \frac{\partial u_i}{\partial x^j} &= \Gamma^r_{ij}u_r\end{aligned} \tag{9.3}$$

【例 9.1】

$K \equiv 0$ のとき，すべての $\bar{g}_{ij}$ が定数となる（すなわち，すべて $\bar{\Gamma}^i_{jk} = 0$ となる）座標系 $(\bar{x}^k)$ に関して (9.3) を解くことができるということが，問題 9.7 および問題 9.8 において証明される．そしてこれらの座標から，(g_{ij}) が正定値であれば，直交座標に到達することができる．

これらの結果を妥当のものとするために，2 次元の計量

$$g_{11} = 1 \qquad g_{12} = g_{21} = 0 \qquad g_{22} = (x^2)^2$$

を考えよう．この計量は明らかに正定値であり，0 とならないクリストッフェル記号が $\Gamma^2_{22} = 1/x^2$ であるために，$R_{1212} = 0 = K$ となる．そして対応するデカルト座標に関して直接 (9.1) が解け，その解が (9.3) の一般解に含まれることを確かめることができる．

記法

$$f_1 \equiv \frac{\partial \bar{x}^1}{\partial x^1} \qquad f_2 \equiv \frac{\partial \bar{x}^1}{\partial x^2} \qquad f_3 \equiv \frac{\partial \bar{x}^2}{\partial x^1} \qquad f_4 \equiv \frac{\partial \bar{x}^2}{\partial x^2} \tag{1}$$

を導入することによって，(9.1) は代数系

$$\begin{aligned} f_1^2 + f_3^2 &= 1 \\ f_1 f_2 + f_3 f_4 &= 0 \\ f_2^2 + f_4^2 &= (x^2)^2 \end{aligned} \tag{2}$$

となる．f_i の 3 つに対して，4 つ目の例えば f_1 を用いて次のように系 (2) を解くことができる：

$$f_1 = f_1 \quad f_2 = x^2\sqrt{1-f_1^2} \quad f_3 = \sqrt{1-f_1^2} \quad f_4 = x^2 f_1 \tag{3}$$

ここで，(1) は $\bar{x}^1$ 単体と $\bar{x}^2$ 単体の 2 つの単純な一次系になる：

$$\text{I}: \begin{cases} \dfrac{\partial \bar{x}^1}{\partial x^1} = f_1 \\ \dfrac{\partial \bar{x}^1}{\partial x^2} = x^2\sqrt{1-f_1^2} \end{cases} \quad \text{and} \quad \text{II}: \begin{cases} \dfrac{\partial \bar{x}^2}{\partial x^1} = \sqrt{1-f_1^2} \\ \dfrac{\partial \bar{x}^2}{\partial x^2} = x^2 f_1 \end{cases}$$

未知関数 f_1 は，2 つの方程式 I および II の両方が**適合**（*compatible*）するという要件によって決定される：

$$\frac{\partial f_1}{\partial x^2} = \frac{\partial}{\partial x^1}(x^2\sqrt{1-f_1^2}) \quad \text{and} \quad \frac{\partial}{\partial x^2}(\sqrt{1-f_1^2}) = \frac{\partial}{\partial x^1}(x^2 f_1)$$

2 つの適合条件を満たす唯一の関数は，

$$f_1 = \text{const.} = \cos\phi$$

であり，I および II はただちに積分でき

$$\begin{aligned} \bar{x}^1 &= x^1\cos\phi + \frac{1}{2}(x^2)^2\sin\phi + c \\ \bar{x}^2 &= x^1\sin\phi + \frac{1}{2}(x^2)^2\cos\phi + d \end{aligned} \tag{4}$$

を得る．もちろん，(4) に $\phi = c = d = 0$ を置くことは自由である．

次に (9.3) を検討すると，

$$(1')\ \frac{\partial w}{\partial x^1} = u_1,\ \frac{\partial w}{\partial x^2} = u_2$$

$$(2')\ \frac{\partial u_1}{\partial x^1}=0,\ \frac{\partial u_1}{\partial x^2}=0 \qquad (3')\ \frac{\partial u_2}{\partial x^1}=0,\ \frac{\partial u_2}{\partial x^2}=u_2\Gamma^2_{22}=\frac{u_2}{x^2}$$

を解く必要がある．これらの方程式が独自に適合条件を含んでいること に注意しよう！ 例えば，(2′) の第 2 式および (3′) の第 1 式は (1′) の 2 つの式の適合性を保証している．$K=0$ となるときはいつでも系 (9.3) が自動的に適合可能であるという事実は，定理 9.1 の証明にとって決定的に重要である．上の式を (3′)-(2′)-(1′) の順に積分していくことで，次を得る：

$$w=a_1x^1+a_2(x^2)^2+a_3 \qquad (a_1,\,a_2,\,a_3=\text{const.})$$

もしくは，添字 k と置き換えることで，

$$\bar{x}^k=a^k_1x^1+a^k_2(x^2)^2+a^k_3 \qquad (a^k_i=\text{const.}) \tag{5}$$

となる．先に述べたように，(5) は (4) を含んでいる．

あとで利用するために，[(9.3) のような線形系を含む] 準線形に対する適合定理を証明なしで以下に述べておく：

定理 9.2: 関数 $F_{\lambda j}$ の微分可能性が C^1 級である準線形な 1 次系

$$\frac{\partial u_\lambda}{\partial x^j}=F_{\lambda j}(u_0,u_1,\ldots,u_m,x^1,x^2,\ldots,x^n)$$
$$(\lambda=0,1,\ldots,m;\ j=1,2,\ldots,n)$$

は，$\mathbf{R}^n$ のある領域に限定された u_λ に関する非自明な解を，

$$\frac{\partial F_{\lambda j}}{\partial u_\nu}F_{\nu k}+\frac{\partial F_{\lambda j}}{\partial x^k}=\frac{\partial F_{\lambda k}}{\partial u_\nu}F_{\nu j}+\frac{\partial F_{\lambda k}}{\partial x^j} \quad (\lambda=0,1,\ldots,m;\ 1\leqq j<k\leqq n)$$

である場合にのみ有する．[ν-総和は 0 から m にかけて実行される．]

9.2 平坦なリーマン空間

計量を標準形式 (*standard form*)

$$\varepsilon ds^2=\varepsilon_1(d\bar{x}^1)^2+\varepsilon_2(d\bar{x}^2)^2+\cdots+\varepsilon_n(d\bar{x}^n)^2 \tag{9.4}$$

とする座標 $\bar{x}^i = \bar{x}^i(\boldsymbol{x})$ の変換が存在する場合，リーマン空間または定めた計量は**平坦** (*flat*) と呼ばれる（各 i に対して $\varepsilon_i = \pm 1$）．この条件はユークリッド計量の概念を一般化させる．（上で示した定理 9.1 を含めた）2 つの概念の本質的な違いは，正定値性に関するものであるから，正定値性が除かれた定理 9.1 とも言える定理は次のようになる：

定理 9.3: あらゆる点で $K = 0$ となる場合にのみリーマン空間は平坦となる．

系 9.4: $K = 0$ であるとき，$R = 0$ となる．

証明：$K = 0$ であるとき，定理 9.3 により空間は平坦となり，ゆえに $\bar{g}_{ij}$ はある座標系 $(\bar{x}^i)$ において定数となる．当然，$\bar{\Gamma}_{ijk}$，$\bar{\Gamma}^i_{jk}$，$\bar{R}^i_{jkl}$，$\bar{R}_{ij}$，そして $\bar{R}^i_j$ が消滅する．したがって，$\bar{R} = \bar{R}^i_i = 0$ となり，リッチ曲率は不変であるから $R = 0$ となる．

注意 1: 問題 8.35 では，系 9.4 の逆が成立しないことを示している．

【例 9.2】

リーマン計量

$$\varepsilon\, ds^2 = (dx^1)^2 + 4(x^2)^2(dx^2)^2 + 4(x^3)^2(dx^3)^2 - 4(x^4)^2(dx^4)^2$$

を考える．(a) リーマン曲率を計算せよ．(b) 空間が平坦であると推定される系 (9.3) の解を求めよ．

(a) 問題 6.4 を用いることで，0 とならないクリストッフェル記号として

$$\Gamma^2_{22} = \frac{1}{x^2} \qquad \Gamma^3_{33} = \frac{1}{x^3} \qquad \Gamma^4_{44} = \frac{1}{x^4}$$

を求める．$i = j = k$ でなければ $\Gamma^i_{jk} = 0$ となるので，偏微分項は (8.2) からなくなり，残るのは

$$R^i_{jkl} = \Gamma^r_{jl}\Gamma^i_{rk} - \Gamma^r_{jk}\Gamma^i_{rl} = \Gamma^i_{ii}\Gamma^i_{ii} - \Gamma^i_{ii}\Gamma^i_{ii} = 0 \quad (i \text{ は総和添字でない})$$

となる．するとこれは $R_{ijkl} = 0$ および $K = 0$ を意味している．

(b) 上で計算したクリストッフェル記号に対して，

$$\frac{\partial u_1}{\partial x^1} = 0 \qquad \frac{\partial u_2}{\partial x^2} = \frac{u_2}{x^2} \qquad \frac{\partial u_3}{\partial x^3} = \frac{u_3}{x^3} \qquad \frac{\partial u_4}{\partial x^4} = \frac{u_4}{x^4}$$

であり，$i \neq j$ の場合 $\partial u_i / \partial x_j = 0$ となる．これを積分することで，任意関数 f_i に関して

$$u_1 = f_1(x^2, x^3, x^4) \qquad u_2 = x^2 f_2(x^1, x^3, x^4)$$
$$u_3 = x^3 f_3(x^1, x^2, x^4) \qquad u_4 = x^4 f_4(x^1, x^2, x^3)$$

となる．一方で (9.3) の残りの方程式，$\partial w / \partial x^i = u_i$ は，$f_i = c_i = \mathrm{const.}$ の場合にのみ満たされる適合関係

$$\frac{\partial u_i}{\partial x^j} = \frac{\partial u_j}{\partial x^i}$$

を生じる．したがって，

$$w = a_1 x^1 + a_2 (x^2)^2 + a_3 (x^3)^2 + a_4 (x^4)^2 + a_5$$

となり，変換は一般形式

$$\bar{x}^k = a_1^k x^1 + a_2^k (x^2)^2 + a_3^k (x^3)^2 + a_4^k (x^4)^2 + a_5^k \quad (a_i^k \text{は定数})$$

でなければならない．

$\bar{G}$ が (9.4) に対応し，共変則 $G = J^T \bar{G} J$ が成り立つように定数を特殊化したい．取り敢えずの予測として

$$[a_i^k]_{45} = \begin{bmatrix} b_1 & 0 & 0 & 0 & 0 \\ 0 & b_2 & 0 & 0 & 0 \\ 0 & 0 & b_3 & 0 & 0 \\ 0 & 0 & 0 & b_4 & 0 \end{bmatrix}$$

と置くと，結果として共変則は

$$\begin{bmatrix} 1 & & & \\ & 4(x^2)^2 & & \\ & & 4(x^3)^2 & \\ & & & -4(x^4)^2 \end{bmatrix} =$$

$$\begin{bmatrix} b_1 & & & \\ & 2b_2x^2 & & \\ & & 2b_3x^3 & \\ & & & 2b_4x^4 \end{bmatrix} \begin{bmatrix} \varepsilon_1 & & & \\ & \varepsilon_2 & & \\ & & \varepsilon_3 & \\ & & & \varepsilon_4 \end{bmatrix} \begin{bmatrix} b_1 & & & \\ & 2b_2x^2 & & \\ & & 2b_3x^3 & \\ & & & 2b_4x^4 \end{bmatrix}$$

となる．ここで $b_1 = b_2 = b_3 = b_4 = 1$ という選択を考えることにより，$\varepsilon_1 = \varepsilon_2 = \varepsilon_3 = -\varepsilon_4 = 1$ となることがわかる．

(9.4) に関連して，興味深い定理（シルヴェスターの慣性法則 (Sylvester's law of inertia)）がある．平坦計量 (g_{ij}) の**符号数** (*signature*) として，標準形式における係数の符号（すなわち，$\bar{g}_{11}, \ldots, \bar{g}_{nn}$ の符号）から成る n 個の順序組

$$(\text{sgn}\ \varepsilon_1,\ \text{sgn}\ \varepsilon_2, \ldots, \text{sgn}\ \varepsilon_n)$$

を定義すると次の定理が成り立つ．

定理 9.5: 平坦計量の符号数は次数に応じて一意に決定される．

9.3　正規座標

リーマン空間において局所的な準直交座標を導入することが可能であり，それを用いることによって特定の複雑なテンソルの同定に関する証明が大いに簡単になる．

では，O が $\mathbf{R}^n$ の任意点を表し，$\boldsymbol{p} = (p^i)$ が O における任意の方向（の単位ベクトル）であるとしよう．**正定値の計量を仮定し**，測地線方程式 [(7.13) を参照]

$$\frac{d^2x^i}{ds^2} + \Gamma^i_{jk}\frac{dx^j}{ds}\frac{dx^k}{ds} = 0 \tag{9.5}$$

を考え，初期条件

$$\left.\frac{dx^i}{ds}\right|_{s=0} = p^i \tag{9.6}$$

を用いる．ここでは O で $s = 0$ となる弧長パラメータが選択されている．

注意 2: **不定** (*indefinite*) 計量の下では，弧長が定義できない状況においても O における方向が存在し得るが（例えば問題 7.22 を見よ），(p^i) を任意とした (9.6) を満たす見込みはない．

与えられた $\boldsymbol{p}$ に対して，(9.5) と (9.6) の系は一意の解を持つことを示せる．さらに，O のある近傍 $\mathscr{N}$ 内の各点 P に対して，（測地線である）解曲線 $x^i = x^i(s)$ が P を通過するような，O での方向 $\boldsymbol{p}$ の一意な選択が存在する．ゆえに，$\mathscr{N}$ 内の各 P に対し，P の座標として

$$y^i = sp^i \tag{9.7}$$

と取る．ここで，s は O から P までの測地線に沿った距離である．(y^i) の値は P の**正規座標** (*normal coordinates*)（または**測地座標** (*geodesic coordinates*)，**リーマン座標** (*Riemannian coordinates*)）と呼ばれる．

【例 9.3】

$\mathbf{R}^2$ に対するリーマン計量 $ds^2 = g_{ij}dx^i dx^j$ がユークリッド的で $g_{12} = 0$ となる点 O があるとき，原点 O を持つ正規座標 (y^i) は，ある直交座標系 (z^i) について，(z^i) の定数倍であることを示す．

点 O で $g_{12} = 0$ となるので，ベクトル $\boldsymbol{T} = (1/\sqrt{g_{11}}, 0)$ と $\boldsymbol{S} = (0, 1/\sqrt{g_{22}})$ は，O において，正規直交の組である．この空間はユークリッド的であるので，直交座標系を許容しており，特に系 (z^i) は原点 O および単位ベクトルである $\boldsymbol{T}$ と $\boldsymbol{S}$ を持つ（図 9.1）．繰り返しになるが空間がユークリッドであるという理由から，直線分 OP は O と任意の点 P を結ぶ一意の測地線である．したがって $s = \overline{OP}$ と OP の方向ベクトルである $\boldsymbol{p}$ を用いることで，ベクトル方程式

$$z^1\boldsymbol{T} + z^2\boldsymbol{S} = s\boldsymbol{p}$$

または成分ごとに

$$z^1\left(\frac{1}{\sqrt{g_{11}}}\right) = sp^1 \equiv y^1 \quad \text{and} \quad z^2\left(\frac{1}{\sqrt{g_{22}}}\right) = sp^2 \equiv y^2$$

を得る．QED.

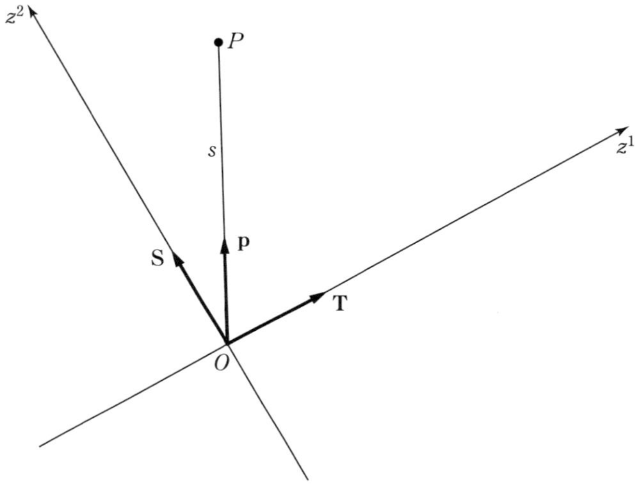

図 9-1

このリーマン座標の主要な価値は次の定理にある（問題 9.10）.

定理 9.6: 計量テンソル (g_{ij}) が正定値であるとき，リーマン座標系 (y^i) の原点で，$\partial g_{ij}/\partial y^k$ や $\partial g^{ij}/\partial y^k$，$\Gamma_{ijk}$，$\Gamma^i_{jk}$ はゼロとなる.

注意 3: 計量の偏微分だけでなくクリストッフェル記号でさえテンソル的でないことを振り返ると，(y^i) 表示は O でそれらをゼロとすることができ，(x^i) 表示はゼロとならなくても良い．例えば，(x^i) と (y^i) との間の変換は O で $J = I$ なので，(6.5) から次を得る：

$$\Gamma^i_{jk}(\boldsymbol{x})\Big|_O = \left.\frac{\partial^2 y^i}{\partial x^j \partial x^k}\right|_O$$

座標変換が線形でない限り，右辺は一般的に 0 ではない。

【例 9.4】

ビアンキの第一恒等式，$R_{ijkl} + R_{iklj} + R_{iljk} = 0$ を証明する.

定理 9.6 より，正規座標の原点，O にて，

$$R_{ijkl} = \frac{\partial \Gamma_{jli}}{\partial y^k} - \frac{\partial \Gamma_{jki}}{\partial y^l}$$

となることを含意している．$\partial\Gamma_{ijk}/\partial y^l$ の記法 Γ_{ijkl} を任意の i, j, k, l に対して用いると，

$$\begin{aligned} R_{ijkl} &= \Gamma_{jlik} - \Gamma_{jkil} \\ R_{iklj} &= \Gamma_{kjil} - \Gamma_{klij} \\ R_{iljk} &= \Gamma_{lkij} - \Gamma_{ljik} \end{aligned}$$

となる．これらの 3 つの関係式を足し合わせて生じる相殺に注意することで，座標 (y^i) における O で目的の恒等式が成り立つことがわかる．結果として，このテンソルの恒等式は，エイリアスな座標 (x^i) における O で変わらず有効でなければならないが，O は $\mathbf{R}^n$ の任意点であるので，証明は完了である．

【例 9.5】

ビアンキの第二恒等式

$$R_{ijkl,u} + R_{ijlu,k} + R_{ijuk,l} = 0 \tag{9.8}$$

を証明する．

第二種リーマンテンソルを扱うと，$(\partial\Gamma^r_{jl}/\partial y^u)\Gamma^i_{rk}$ のような項は O での Γ^i_{rk} と共に消滅するので，正規座標の原点 O で，

$$\begin{aligned} R^i_{jkl,u} = \frac{\partial R^i_{jkl}}{\partial y^u} &= \frac{\partial}{\partial y^u}\left(\frac{\partial\Gamma^i_{jl}}{\partial y^k} - \frac{\partial\Gamma^i_{jk}}{\partial y^l} + \Gamma^r_{jl}\Gamma^i_{rk} - \Gamma^r_{jk}\Gamma^i_{rl}\right) \\ &= \Gamma^i_{jlku} - \Gamma^i_{jklu} \end{aligned}$$

を得る．これにより，O での添字の順列によって

$$R^i_{jkl,u} + R^i_{jlu,k} + R^i_{juk,l} = 0$$

となり，共変微分が上付き添字を下げる操作と可換であるという事実から（問題 6.11），O における (9.8) は妥当ということになる．したがって，例 9.4 と同様に，(x^i) において (9.8) が一般に成り立つと結論付ける．

実は今回の例だけでなく例 9.4 においてでさえ，正定値計量を暗黙のうちに仮定してきたが，この仮定は施さなくても良い．これについては問題 9.13 を見よ．

9.4　シューアの定理

第 8 章より，2 次元リーマン空間（$\mathbf{R}^2$）の各点は等方的であるけれども，曲率 $(= R_{1212}/g)$ は等方点から次の等方点にかけて変化し得ることが知られている．しかしながら，問題 8.11 や 8.12，8.28，8.29 は，$\mathbf{R}^3$ において異なる状況が存在することを示唆している．**シューアの定理** (*Schur's theorem*) と呼ばれる，一般的な定理を証明するためには，予備的な結果となる (8.11) の一般化を確立する必要がある．

補題 9.7: $\mathbf{R}^n$ の等方点でのリーマン曲率は，$G_{abcd} \neq 0$ となるような特定の下付き添字列に対して，

$$K = \frac{R_{abcd}}{g_{ac}g_{bd} - g_{ad}g_{bc}} \equiv \frac{R_{abcd}}{G_{abcd}} \tag{9.9}$$

で与えられる [$G_{abcd} = 0$ である場合，$R_{abcd} = 0$ となる]．

証明に関しては，問題 9.8 を参照せよ．

定理 9.8 (シューアの定理)**:** リーマン空間 $\mathbf{R}^n$ における，ある $\mathscr{N}$ 近傍のあらゆる点が等方的で $n \geqq 3$ となるとき，K はその近傍の至るところで定数となる．

証明に関しては，問題 9.14 を参照せよ．

9.5　アインシュタインテンソル

アインシュタインテンソル (*Einstein tensor*) はリッチテンソル R_{ij} と曲率不変量 R（8.4 節）を使って次のように定義される：

$$G^i_{\ j} \equiv R^i_{\ j} - \frac{1}{2}\delta^i_{\ j} R \tag{9.10}$$

$(G^i_{\ j})$ が実際に 2 階の混合テンソルであることは明らかである．

ここで，直交座標 (x^i) に関連したベクトル場 $\boldsymbol{V} = (V^i)$ の発散記法

$$\mathrm{div}\boldsymbol{V} = \frac{\partial V^1}{\partial x^1} + \frac{\partial V^2}{\partial x^2} + \cdots + \frac{\partial V^n}{\partial x^n} \equiv \frac{\partial V^r}{\partial x^r}$$

の直接的な一般化として，一般テンソル $\boldsymbol{T} = (T^{i_1 i_2 \ldots i_k \ldots i_p}_{j_1 j_2 \ldots q})$ の k 番目の反変添字に関する**発散** (*divergence*) が，テンソル

$$\mathrm{div}\boldsymbol{T} \equiv (T^{i_1 i_2 \ldots r \ldots i_p}_{j_1 j_2 \ldots j_q, r}) \tag{9.11}$$

となるように定義する．

問題 9.15 において次の定義が証明される．

定理 9.9: 任意のリーマン計量に関して，アインシュタインテンソルの発散はあらゆる点において 0 となる．

例題

ゼロ曲率およびユークリッド計量

問題 9.1

$$\frac{\partial u_0}{\partial x^1} = \frac{u_0}{x^1} \qquad \frac{\partial u_0}{\partial x^2} = 2x^2 u_0 \tag{1}$$

の系に対して適合条件（定理 9.2）を検証せよ．適合する場合は，この系を解け．

解答

定理 9.2 の記法において，$\lambda = 0$, $j = 1$, $k = 2$ に対応する条件だけが満たされるべきである．

$$\frac{\partial F_{01}}{\partial u_0} F_{02} + \frac{\partial F_{01}}{\partial x^2} \stackrel{?}{=} \frac{\partial F_{02}}{\partial u_0} F_{01} + \frac{\partial F_{02}}{\partial x^1}$$

$$\frac{\partial}{\partial u_0}\left(\frac{u_0}{x^1}\right) \cdot 2x^2 u_0 + \frac{\partial}{\partial x^2}\left(\frac{u_0}{x^1}\right) \stackrel{?}{=} \frac{\partial}{\partial u_0}(2x^2 u_0) \cdot \frac{u_0}{x^1} + \frac{\partial}{\partial x^1}(2x^2 u_0)$$

$$\frac{2x^2 u_0}{x^1} = \frac{2x^2 u_0}{x^1}$$

したがって，系は適合する．(1) の第一式を積分し $u_0 = x^1 \phi(x^2)$ となる．このとき，第二式は

$$x^1 \phi' = 2x^2 x^1 \phi \qquad \text{whence} \qquad \phi = c \exp(x^2)^2$$

と与えられる[*1]．ゆえに (1) の解は $u_0 = cx^1 \exp(x^2)^2$ となる．

問題 9.2　計量 $ds^2 = [(x^1)^2 + (x^2)^2](dx^1)^2 + [(x^1)^2 + (x^2)^2](dx^2)^2 + (dx^3)^2$ の下の $\mathbf{R}^3$ がユークリッド的な計量であることを示せ．

[*1] 訳注：表式のダッシュは微分を表していることに注意しよう．

解答

この計量は $g_{33} = \text{const.}$ を持ち，g_{11} や g_{22} は x^3 に独立である．このとき問題 6.4 から，i, j または k が 3 に等しいときは常に $\Gamma^i_{jk} = 0$ となることがわかるので，結果として，リーマンテンソルの 6 個の独立成分の中で，R_{1212} だけが 0 ではない可能性が残る．一方で（問題 6.4 より），$z \equiv (x^1)^2 + (x^2)^2$ を用いると，

$$\Gamma^1_{11} = \frac{x^1}{z} \qquad \Gamma^1_{12} = \Gamma^1_{21} = \frac{x^2}{z} \qquad \Gamma^1_{22} = -\frac{x^1}{z}$$

$$\Gamma^2_{11} = -\frac{x^2}{z} \qquad \Gamma^2_{12} = \Gamma^2_{21} = \frac{x^1}{z} \qquad \Gamma^2_{22} = \frac{x^2}{z}$$

となるので，

$$\begin{aligned} R^1_{212} &= \frac{\partial \Gamma^1_{22}}{\partial x^1} - \frac{\partial \Gamma^1_{21}}{\partial x^2} + \Gamma^1_{22}\Gamma^1_{11} + \Gamma^2_{22}\Gamma^1_{21} - \Gamma^1_{21}\Gamma^1_{12} - \Gamma^2_{21}\Gamma^1_{22} \\ &= \frac{-z + x^1(2x^1)}{z^2} - \frac{z - x^2(2x^2)}{z^2} + \left(-\frac{x^1}{z}\right)\left(\frac{x^1}{z}\right) + \frac{x^2}{z}\left(\frac{x^2}{z}\right) \\ &\quad - \frac{x^2}{z}\left(\frac{x^2}{z}\right) - \frac{x^1}{z}\left(-\frac{x^1}{z}\right) = 0 \end{aligned}$$

を得る．したがって，$R_{1212} = 0 = K$ となる．計量としては明らかに正定値であるので，この空間は，定理 9.1 によってユークリッド的であることを意味している．

問題 9.3　問題 9.2 のユークリッド空間に関して，与えられた座標系 (x^i) から直交座標系 $(\bar{x}^i)$ への変換を明示せよ．

解答

問題 9.2 において計算したクリストッフェル記号を用いることで，(9.3) から u_i に関する以下の系を得る：

$$\frac{\partial u_1}{\partial x^1} = \frac{x^1 u_1 - x^2 u_2}{z} \qquad \frac{\partial u_1}{\partial x^2} = \frac{x^2 u_1 + x^1 u_2}{z} \qquad \frac{\partial u_1}{\partial x^3} = 0 \qquad (1)$$

$$\frac{\partial u_2}{\partial x^1} = \frac{x^2 u_1 + x^1 u_2}{z} \qquad \frac{\partial u_2}{\partial x^2} = \frac{-x^1 u_1 + x^2 u_2}{z} \qquad \frac{\partial u_2}{\partial x^3} = 0 \qquad (2)$$

$$\frac{\partial u_3}{\partial x^1} = 0 \qquad \frac{\partial u_3}{\partial x^2} = 0 \qquad \frac{\partial u_3}{\partial x^3} = 0 \quad (3)$$

こうして u_1 および u_2 は x^1, x^2 のみの関数であり，$u_3 = \text{const.}$ となる．g_{ij} はすべて x^1, x^2 についての 2 次の多項式であるので，未定係数法を使って，多項式の形

$$u_i = a_i(x^1)^2 + b_i x^1 x^2 + c_i (x^2)^2 + d_i x^1 + e_i x^2 + f_i \qquad (i = 1,\ 2)$$

を仮定する．(1) の第二式および (2) の第一式によって，（適合）関係 $\partial u_1/\partial x^2 = \partial u_2/\partial x^1$ は

$$b_1 = 2a_2 \qquad 2c_1 = b_2 \qquad e_1 = d_2$$

の要求を意味している．同様に，$\partial u_1/\partial x^1 = -\partial u_2/\partial x^2$ は

$$2a_1 = -b_2 \qquad b_1 = -2c_2 \qquad d_1 = -e_2$$

を意味する．(1) の第一式，もしくは $z(\partial u_1/\partial x^1) = x^1 u_1 - x^2 u_2$ を用いると，次を得る：

$$a_1 = 0 \quad a_2 = 0 \quad c_1 = b_2 \quad b_1 = -c_2 \quad d_1 = -e_2 \quad f_1 = 0 = -f_2$$

だから当然 $b_1 = b_2 = c_1 = c_2 = 0$ ということになり，したがって（d_1 と e_1 の表記を改めることで），

$$u_1 = ax^1 + bx^2 \qquad u_2 = bx^1 - ax^2 \qquad u_3 = c$$

となる．[注意：この (1)-(2)-(3) の解は前提となる仮定を持たずに**特性曲線法** (*method of characteristics*) から得ることができる．]

(9.3) の第一式は，

$$\frac{\partial w}{\partial x^1} = ax^1 + bx^2 \qquad \frac{\partial w}{\partial x^2} = bx^1 - ax^2 \qquad \frac{\partial w}{\partial x^3} = c$$

だからここで積分をして

$$w = \frac{a}{2}(x^1)^2 + bx^1x^2 - \frac{a}{2}(x^2)^2 + cx^3 + d$$

または，$\bar{x}^k$ や対応する上付き添字に置き換え，$d=0$ とすることで

$$\bar{x}^k = \frac{a^k}{2}(x^1)^2 + b^k x^1 x^2 - \frac{a^k}{2}(x^2)^2 + c^k (x^3)^2$$

を得ることができる．そして $c^1 = c^2 = 0 = a^3 = b^3$ や $c^3 = 1$ であることは明らかであるので次のようになる：

$$\begin{aligned}\bar{x}^1 &= \frac{1}{2}a^1(x^1)^2 + b^1 x^1 x^2 - \frac{1}{2}a^1(x^2)^2\\ \bar{x}^2 &= \frac{1}{2}a^2(x^1)^2 + b^2 x^1 x^2 - \frac{1}{2}a^2(x^2)^2\\ \bar{x}^3 &= x^3\end{aligned}$$

このヤコビ行列は，

$$J = \begin{bmatrix} a^1x^1 + b^1x^2 & b^1x^1 - a^1x^2 & 0\\ a^2x^1 + b^2x^2 & b^2x^1 - a^2x^2 & 0\\ 0 & 0 & 1\end{bmatrix}$$

である．$J^TJ = G$ だから，

$$(a^1)^2 + (a^2)^2 = 1 \qquad a^1b^1 + a^2b^2 = 0 \qquad (b^1)^2 + (b^2)^2 = 1$$

を得なければならないので $a^1 = 0,\ a^2 = 1,\ b^2 = 0,\ b^1 = 1$ ととることになる．こうして，（直交座標への）変換は

$$\bar{x}^1 = x^1x^2 \qquad \bar{x}^2 = \frac{1}{2}[(x^1)^2 - (x^2)^2] \qquad \bar{x}^3 = x^3$$

となる．

平坦なリーマン空間

問題 9.4 次の計量が平坦であるか，ユークリッド的であるかをそれぞれ決定せよ：

$$\varepsilon\, ds^2 = (dx^1)^2 - (x^2)^2(dx^2)^2 \qquad (n=2)$$

解答

計量が正定値でないため，ユークリッド計量とはなりえない．平坦性を決定するためには，$R_{1212} = g_{11}R^1_{212}$ を吟味すれば十分である．けれども問題 6.4 で $R^1_{212} = 0$ であることを示しているので，空間は平坦であると言える．

問題 9.5　計量テンソルが定数であるとき，空間が平坦であり，座標変換 $\bar{x} = Ax$（A は $G = (g_{ij})$ の固有ベクトルから成る階数 n の行列）が，計量を対角化する（つまり，$i \neq j$ のとき $\bar{g}_{ij} = 0$ となる）ことを示せ．

解答

あらゆる g_{ij} の偏微分が 0 だから，すべてのクリストッフェル記号が消え，完全に $R_{ijkl} = 0$ となり，$K = 0$ となるだろう．したがって，定理 9.3 から空間は平坦である．第 2 章や第 3 章から，$\bar{x} = Ax$ のとき，$J = A$ であるので，

$$G = J^T\bar{G}J = A^T\bar{G}A$$

となる．しかしながら，G は実対称であるから，その固有ベクトルはここで A として選択した直交行列を形成し，

$$AGA^{-1} = AGA^T = D \qquad (G \text{ の固有値から成る直交行列})$$

となる．ゆえに，$\bar{G} = AGA^T = D$ である． QED.

問題 9.6　計量

$$\begin{aligned}\varepsilon\, ds^2 = 4(dx^1)^2 + 5(dx^2)^2 - 2(dx^3)^2 + 2(dx^4)^2 - 4dx^2dx^3 \\ - 4dx^2dx^4 - 10dx^3dx^4\end{aligned}$$

の符号数を求めよ．

解答

問題 9.5 を考慮すると，$G = (g_{ij})$ の固有値 λ を求めれば十分である．特

性方程式は

$$
\begin{aligned}
|G-\lambda I| &= \begin{vmatrix} 4-\lambda & 0 & 0 & 0 \\ 0 & 5-\lambda & -2 & -2 \\ 0 & -2 & -2-\lambda & -5 \\ 0 & -2 & -5 & 2-\lambda \end{vmatrix} \\
&= (4-\lambda)\begin{vmatrix} 5-\lambda & -2 & -2 \\ -2 & -2-\lambda & -5 \\ -2 & -5 & 2-\lambda \end{vmatrix} \\
&= -(4-\lambda)\begin{vmatrix} 5-\lambda & 2 & 0 \\ -2 & 2+\lambda & -3+\lambda \\ -2 & 5 & 7-\lambda \end{vmatrix} \\
&= -(4-\lambda)[(5-\lambda)(29-\lambda^2)+8(5-\lambda)] \\
&= -(4-\lambda)(5-\lambda)(37-\lambda^2) = 0
\end{aligned}
$$

であり，これから固有値は $\lambda = +4,\ +5,\ +\sqrt{37},\ -\sqrt{37}$ となる．これは，明白な座標変換を伴って，計量を

$$
\begin{aligned}
\varepsilon\, ds^2 &= 4(dx^1)^2 + 5(dx^2)^2 + \sqrt{37}(dx^3)^2 - \sqrt{37}(dx^4)^2 \\
&= (d\bar{x}^1)^2 + (d\bar{x}^2)^2 + (d\bar{x}^3)^2 - (d\bar{x}^4)^2
\end{aligned}
$$

の形に変える変換が存在することを意味する．ゆえに，符号数は $(+++-)$，またはその順列である（定理 9.5）．

問題 9.7　条件 $R_{ijkl} = 0$ が (9.3) の適合性に相当していることを示せ．

解答

定理 9.2 の記法において，(9.3) は（$m = n$ として）

$$
\boldsymbol{\lambda = 0} \qquad \frac{\partial u_0}{\partial x^j} = F_{0j} \equiv u_j
$$

$$
\boldsymbol{\lambda > 0} \qquad \frac{\partial u_\lambda}{\partial x^j} = F_{\lambda j} \equiv u_r \Gamma^r_{\lambda j}(\boldsymbol{x})
$$

の形となる．対応する適合条件は，

$$
\boldsymbol{\lambda = 0} \qquad \delta^\nu_j u_r \Gamma^r_{\nu k} = \delta^\nu_k u_r \Gamma^r_{\nu j}
$$

もしくは $u_r\Gamma^r_{jk} = u_r\Gamma^r_{kj}$ となり，これは明らかに成り立つ．また，

$$
\boldsymbol{\lambda > 0} \qquad \delta^\nu_r \Gamma^r_{\lambda j} u_s \Gamma^s_{\nu k} + u_r \frac{\partial \Gamma^r_{\lambda j}}{\partial x^k} = \delta^\nu_r \Gamma^r_{\lambda k} u_s \Gamma^s_{\nu j} + u_r \frac{\partial \Gamma^r_{\lambda k}}{\partial x^j}
$$

となり，これは

$$\underbrace{\left(\frac{\partial\Gamma^r_{\lambda j}}{\partial x^k}-\frac{\partial\Gamma^r_{\lambda k}}{\partial x^j}+\Gamma^s_{\lambda j}\Gamma^r_{sk}-\Gamma^s_{\lambda k}\Gamma^r_{sj}\right)}_{R^r_{\lambda kj}}u_r=0$$

に整理できる．それゆえ，$R_{r\lambda kj}=0$ となり，$R^r_{\lambda kj}=0$ と適合性は強く結びついている．

問題 9.8　補題 9.7 を証明せよ．

解答

(R_{ijkl}) と (G_{ijkl}) はテンソルで [例 8.3 参照]，K は不変量なので，

$$(T_{ijkl})\equiv(R_{ijkl}-KG_{ijkl})$$

は同じ型・階数のテンソルと言える．ここでは等方点 P ですべて $T_{ijkl}=0$ となることを証明しなければならない．K は P 方向に無関係なので，T_{ijkl} も同様であり，(8.7) から

$$T_{ijkl}U^iV^jU^kV^l=0 \qquad (T_{ijkl}=T_{ijkl}(P)) \tag{1}$$

を得る．もし 2 階テンソル $(S_{ik})\equiv(T_{ijkl}V^jV^l)$ を定義すると，$S_{ik}=S_{ki}$ であり，そして (1) から，P における任意の (U^i) に対して $S_{ik}U^iU^k=0$ となることがわかる．結局 P においてすべて $S_{ik}=0$ であることになる．ここで $V^i=\delta^i_a$ とおくと，P において，任意の（固定された）添字 a に関して

$$0=S_{ik}=T_{ijkl}\delta^j_a\delta^l_a=T_{iaka}$$

となる．次に任意の固定された添字 a と b に関して $V^i=\delta^i_a+\delta^i_b$ とおく：

$$0=T_{ijkl}V^jV^l=T_{ijkl}(\delta^j_a+\delta^j_b)(\delta^l_a+\delta^l_b)=T_{iaka}+T_{iakb}+T_{ibka}+T_{ibkb}$$

あるいは上式は $T_{iakb}+T_{ibka}=0$ となる．したがって，T_{ijkl} は R_{ijkl} や G_{ijkl} と同じ対称性の法則に従うので，

$$T_{ijkl}-T_{iljk}=0 \tag{2}$$

$$T_{ijkl} + T_{iklj} + T_{iljk} = 0 \tag{3}$$

である[*2]．(2) と (3) を加え合わせると，

$$2T_{ijkl} + T_{iklj} = 0 \tag{4}$$

となる．ところで，(2) によって $T_{iklj} = T_{ijkl}$ となるから，(4) は $T_{ijkl} = 0$ を意味し，目的の式が得られる．

問題 9.9 定理 9.1 および定理 9.3 を証明せよ．

解答

空間がユークリッドまたは平坦である場合，$K \equiv 0$ であることを既に知っている．例えば，逆に $K \equiv 0$ と仮定しよう．するとあらゆる点が等方点となり，補題 9.7 からすべての R_{ijkl} が 0 となることを意味する．ゆえに問題 9.7 から，$\bar{\Gamma}^i_{jk} = 0$ あるいは $\bar{g}_{ij} = \text{const.}$ となる座標系 $(\bar{x}^i)$ が存在することになる．さらに問題 9.5 によって，計量が（実定数 a_i について）

$$\varepsilon\, ds^2 = \varepsilon_1 a_1^2 (dy^1)^2 + \varepsilon_2 a_2^2 (dy^2)^3 + \cdots + \varepsilon_n a_n^2 (dy^n)^2$$

の形になる別の座標系 (y^i) が存在することが言え，変換 $\bar{y}^1 = a_1 y^1$, $\bar{y}^2 = a_2 y^2$, ..., $\bar{y}^n = a_n y^n$ を用いて計量を

$$\varepsilon\, ds^2 = \varepsilon_1 (d\bar{y}^1)^2 + \varepsilon_2 (d\bar{y}^2)^2 + \cdots + \varepsilon_n (d\bar{y}^n)^2 \tag{1}$$

に還元できるようになり空間は平坦となる．これは定理 9.3 を証明している．そして与えられた計量が正定値であるとき，(1) において，各 i に関して $\varepsilon_i = 1$ となる．この場合はユークリッド計量であり，定理 9.1 を証明する．

正規座標

問題 9.10 定理 9.6 を証明せよ．

[*2] (2) 式は $S_{ik} = S_{ki}$ と第二歪対称性 (8.2 節) を用いて導かれる．

解答

(y^i) が正規座標であるとき，O や O のある $\mathscr{N}$ 近傍における任意点 P を通る測地線はパラメトリック形式

$$y^i = sp^i \qquad (p^i = \text{const.})$$

を持つことになる．結果としてこの測地線は微分方程式

$$\frac{dy^i}{ds} = p^i \qquad \text{and} \qquad \frac{d^2y^i}{ds^2} = 0$$

に従う．一方で，座標 (y^i) において，(9.5)，$\delta \boldsymbol{T}/\delta s = 0$ についても満たされねばならない：

$$\frac{d^2y^i}{ds^2} + \Gamma^i_{jk}\frac{dy^j}{ds}\frac{dy^k}{ds} = 0$$

こうして，置換によって，O のすべての方向 (p^i) について $\Gamma^i_{jk}p^jp^k = 0$ となるが，Γ^i_{jk} は各 i について対称であるために，すべての i, j, k に対して O で $\Gamma^i_{jk} = 0$ となる．そして，$\Gamma_{ijk} = g_{kr}\Gamma^r_{ij} = 0$ であるために，(6.2) によって，O で $\partial g_{ij}/\partial y^k = 0$ となる．最後に，$g^{ij}g_{jr} = \delta^i_r$ であるから，積の微分法則により O において $\partial g^{ij}/\partial y^k = 0$ となる．

問題 9.11　リーマン座標系 (y^i) の原点で，

$$\frac{\partial \Gamma^i_{ji}}{\partial y^k} = \frac{\partial \Gamma^i_{ki}}{\partial y^j} \quad (\text{すべての } j \text{ や } k \text{ で成り立ち}, i \text{ について総和する})$$

を証明せよ．

解答

リーマン座標系の原点 O で Γ^i_{jk} および $\partial g^{ij}/\partial y^k$ のすべてが 0 であるため，$g_{ijkl} \equiv \partial^2 g_{ij}/\partial y^k \partial y^l$ を用いて，O において，

$$\begin{aligned}\frac{\partial \Gamma^i_{ji}}{\partial y^k} &= \frac{\partial}{\partial y^k}(g^{ir}\Gamma_{jir}) = g^{ir}\frac{\partial}{\partial y^k}\left[\frac{1}{2}(-g_{jir} + g_{irj} + g_{rji})\right] \\ &= \frac{1}{2}g^{ir}(-g_{jirk} + g_{irjk} + g_{rjik})\end{aligned} \tag{1}$$

となる．しかし，$g^{ir} = g^{ri}$ だから，

$$g^{ir} g_{jirk} = g^{ri} g_{jirk} = g^{ir} g_{jrik} = g^{ir} g_{rjik}$$

となり，(1) は

$$\frac{\partial \Gamma^i_{ji}}{\partial y^k} = \frac{1}{2} g^{ir} g_{irjk} = \frac{1}{2} g^{ir} g_{irkj} = \frac{\partial \Gamma^i_{ki}}{\partial y^j}$$

となる．

問題 9.12　恒等式 $R_{ijkl,u} + R_{iljk,u} = R_{ikul,j} + R_{ikju,l}$ を証明せよ．

解答

ビアンキの第一恒等式 (8.6) の共変微分から $R_{ijkl,u} + R_{iklj,u} + R_{iljk,u} = 0$ を得る．このとき第二恒等式 (9.8) から，

$$R_{ijkl,u} + R_{iljk,u} = -R_{iklj,u} = R_{ikju,l} + R_{ikul,j}$$

がもたらされる．

問題 9.13　ビアンキの恒等式が不定計量の下でも有効であることを示せ．

解答

$\mathbf{R}^n$ のある点 P において，与えられた計量 (g_{ij}) が不定値で，その方向が最悪の場合でも超平面上を張っているというトポロジカルな事実に訴えることができる．したがって，P での接ベクトル (p^i) が超平面上にない測地線を沿う基底座標の構築が可能であり，問題 9.10 より，これらの方向については $\Gamma^i_{jk} p^j p^k = 0$ となる．しかし Γ^i_{jk} は連続的であり，超平面における任意の方向は超平面上にない方向の数列的極限として表せる．結果として，すべての (p^i) に対して $\Gamma^i_{jk} p^i p^j = 0$ となり，定理 9.6 およびビアンキの恒等式がもたらされる．

シューアの定理

> **問題 9.14**　シューアの定理 (定理 9.8) を証明せよ.

解答

補題 9.7 より，$\mathscr{N}$ 近傍で $R_{ijkl} = G_{ijkl}K$ である．両辺を x^u で共変微分し，添字を並び替えると次のようになる（一般に $g_{ij,u} = 0$ であるので $G_{ijkl,u} = 0$ となる）:

$$R_{ijkl,u} = G_{ijkl}K_{,u} \qquad R_{ijlu,k} = G_{ijlu}K_{,k} \qquad R_{ijuk,l} = G_{ijuk}K_{,l}$$

3 つの方程式を加え合わせて (9.8) を適用する：

$$G_{ijkl}K_{,u} + G_{ijlu}K_{,k} + G_{ijuk}K_{,l} = 0 \tag{1}$$

(1) の両辺に $g^{ik}g^{jl}$ をかけて総和していく．すると，

$$\begin{aligned} g^{ik}g^{jl}G_{ijkl} &= g^{ik}g^{jl}(g_{ik}g_{jl} - g_{il}g_{jk}) = \delta^k_k\delta^l_l - \delta^k_l\delta^l_k = n^2 - n \\ g^{ik}g^{jl}G_{ijlu} &= g^{ik}g^{jl}(g_{il}g_{ju} - g_{iu}g_{jl}) = \delta^k_l\delta^l_u - \delta^k_u\delta^l_l = \delta^k_u - n\delta^k_u \\ g^{ik}g^{jl}G_{ijuk} &= g^{ik}g^{jl}(g_{iu}g_{jk} - g_{ik}g_{ju}) = \delta^k_u\delta^l_k - \delta^k_k\delta^l_u = \delta^l_u - n\delta^l_u \end{aligned}$$

であるから，その総和は

$$\begin{aligned} 0 &= (n^2 - n)K_{,u} + (\delta^k_u - n\delta^k_u)K_{,k} + (\delta^l_u - n\delta^l_u)K_{,l} \\ &= (n^2 - n)K_{,u} + (1 - n)K_{,u} + (1 - n)K_{,u} = (n-2)(n-1)K_{,u} \end{aligned}$$

の関係をもたらす．$n \geqq 3$ に対しては，$K_{,u} = \partial K/\partial x^u = 0$ となる．u は任意であったので，K は $\mathscr{N}$ 上で定数でなければならないことになる．QED

アインシュタインテンソル

問題 9.15 定理 9.9 を証明せよ.

解答

$G^r_{i,r} = 0$ が成り立つことを証明しなければならない. (9.8) の両辺に $g^{il}g^{jk}$ をかけて総和すると次のようになる[*3]:

$$\begin{aligned} 0 &= g^{il}g^{jk}R_{ijkl,u} - g^{il}g^{jk}R_{ijul,k} - g^{il}g^{jk}R_{jiuk,l} \\ &= g^{jk}R^l_{jkl,u} - g^{jk}R^l_{jul,k} - g^{il}R^k_{iuk,l} = g^{jk}R_{jk,u} - g^{jk}R_{ju,k} - g^{il}R_{iu,l} \\ &= R^k_{k,u} - R^k_{u,k} - R^l_{u,l} = 2\left(\frac{1}{2}R_{,u} - R^k_{u,k}\right) \end{aligned}$$

また, 上式は u を i に, そして k を r に変更することで, $\frac{1}{2}\delta^r_i R_{,r} - R^r_{i,r} = 0$ とすることができる. 他方で, 問題 6.32 から, すべての i, j, r に対して $\delta^r_{i,j} = 0$ だから, ゆえに

$$\left(R^r_i - \frac{1}{2}\delta^r_i R\right)_{,r} = 0 \qquad \text{or} \qquad G^r_{i,r} = 0$$

となる.

問題 9.16 G^i_j の添字 i を下げることによって得られるアインシュタインテンソルの関連式 G_{ij} が対称的であることを示せ.

解答

定義により,

$$G_{ij} = g_{ik}G^k_j = g_{ik}\left(R^k_j - \frac{1}{2}\delta^k_j R\right) = R_{ij} - \frac{1}{2}g_{ij}R$$

となり,（リッチテンソルの対称性より）明らかに対称的である.

[*3] 訳注:(9.8) の二項目で第一歪対称性, 三項目で第二歪対称性を用いていることに注意されたい.

演習問題

問題 9.17　適合している場合，次の系 $\partial u_\lambda/\partial x^j = F_{\lambda j}$ を解け．

(a)
$$F_{01} = x^2/2u_0 \qquad F_{02} = x^1/2u_0$$

(b)　$F_{01} = u_0 x^1 \qquad F_{02} = u_1 x^2 \qquad F_{11} = u_0 x^1 \qquad F_{12} = u_1 x^2$

問題 9.18　$ds^2 = (dx^1)^2 + (x^1)^2(dx^2)^2$ が（極座標における）ユークリッド計量を表していることを確かめよ．

問題 9.19　計量 $\varepsilon\ ds^2 = (dx^1)^2 - (x^1dx^2)^2 - (x^1dx^3)^2$ を考える．$R_{2323} = -(x^1)^2$ となり，その結果として空間が平坦でないことを示せ．

問題 9.20　以下の計量が平坦であるか，ユークリッド計量であるかをそれぞれ決定せよ：

$$\varepsilon\ ds^2 = (dx^1)^2 - (x^1)^2(dx^2)^2 \qquad (n = 2)$$

問題 9.21　以下の計量が平坦であるか，ユークリッド計量であるかをそれぞれ決定せよ：

$$ds^2 = (dx^1)^2 + (x^3)^2(dx^2)^2 + (dx^3)^2$$

問題 9.22　$\mathbf{R}^3$ に対して，

$$\varepsilon\ ds^2 = 2(dx^1)^2 + 2(dx^2)^2 + 5(dx^3)^2 - 8dx^1dx^2 - 4dx^1dx^3 - dx^2dx^3$$

で与えられた計量の符号数を求めよ．

問題 9.23　$R^i_{ijk} = 0$ を証明せよ．[ヒント：(8.6) の一つ目の式を使え．]

問題 9.24　問題 9.11 を用いて，問題 8.34 の簡単な証明を得よ．

問題 9.25　空間が平坦であるとき，アインシュタイン不変量 (*Einstein invariant*)，$G \equiv G^i_i$ が 0 となることを示せ．[ヒント：系 9.4 を使え．]

問題 9.26　一般相対性理論では，φ や ψ が x^1 と x^4 のみの関数となるシュワルツシルト計量 (*Schwarzschild metric*)，

$$\varepsilon\, ds^2 = e^{\varphi}(dx^1)^2 + (x^1)^2[(dx^2)^2 + (\sin^2 x^2)(dx^3)^2] - e^{\psi}(dx^4)^2$$

と遭遇する．このときアインシュタインテンソルの 0 でない成分を計算せよ．[ヒント：問題 8.13($n = 4$) の方法を用いよ．また，$i \neq j$ のときは $G^i_j = R^i_j$ であり，そして各固定の添字 $i = j = \alpha$ に対しては $G^\alpha_\alpha = -\frac{1}{2}R^\alpha_\alpha - \frac{1}{2}R^i_i$（$i \neq \alpha$ となる添字について総和する）となることに注目すると良い．]

第 10 章

ユークリッド幾何学におけるテンソル

10.1 はじめに

3 次元ユークリッド空間の曲線と曲面に関する質問に答えるために展開される**微分幾何学** (*differential geometry*) の公式と，テンソルの諸等式との間には，驚くべき関係がある．アインシュタインの相対性理論の発展には微分幾何学が大きな強みとして使われた．

計量はユークリッド計量であると仮定していき，この事実を強調するために，$\mathbf{E}^3$ によって記号づける．これは計量

$$ds^2 = (dx^1)^2 + (dx^2)^2 + (dx^3)^2$$

を持つ $\mathbf{R}^3$ を意味している．さらに，(x^1, x^2, x^3) の代わりに慣れ親しんだ記法 (x, y, z) を用いていく．

10.2　曲線理論; 動標構

$\mathbf{E}^3$ における**曲線** (*curve*) $\mathscr{C}$ は，図 10-1 に示すように，実数値区間 $\mathscr{I}$ から $\mathbf{E}^3$ への，C^3 級写像 $\boldsymbol{r}$ の像である．この $\mathscr{I}$ の実数値 t の像は，C^3 級のベクトル場，

$$\boldsymbol{r}(t) \equiv (x(t),\, y(t),\, z(t)) \tag{10.1}$$

と表される．

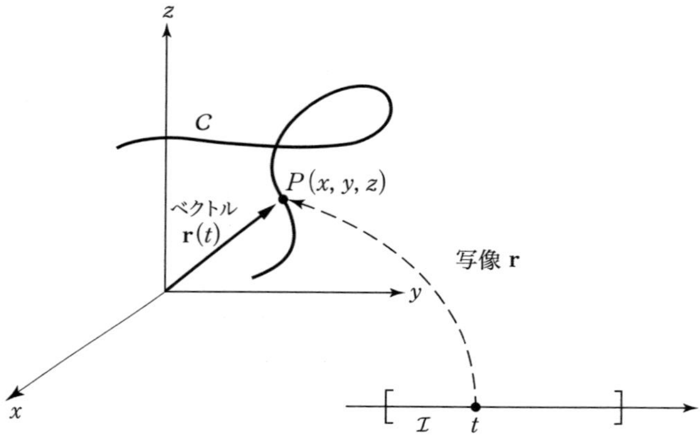

図 **10-1**

正則曲線

$\mathscr{C}$ の**接ベクトル** (*tangent vector*) は

$$\frac{d\boldsymbol{r}}{dt} \equiv \dot{\boldsymbol{r}} = \left(\frac{dx}{dt}, \frac{dy}{dt}, \frac{dz}{dt}\right) \tag{10.2}$$

で与えられる．$\mathscr{I}$ における各 t に対して $\dot{\boldsymbol{r}}(t) \neq \mathbf{0}$ である場合，$\mathscr{C}$ は**正則** (*regular*) であると言う．

注意 1: 正定値計量である場合，これは 7.3 節で与えた正則の定義と一致する．

【例 10.1】

楕円形の螺旋 (*elliptical helix*)（図 10-2）は xyz 空間において楕円柱 $x^2/a^2+y^2/b^2=1$ 上にある螺旋である．これは $\mathscr{C}$ ： $x=a\cos t$，$y=b\sin t$，$z=ct$ で与えられ，$\mathscr{I}$ は実数直線全体である．**ピッチ** (*pitch*) は数値 c として定義される．$a=b$ である場合，螺旋は**円形** (*circular*) と呼ばれ，**半径** (*radius*) は a である．

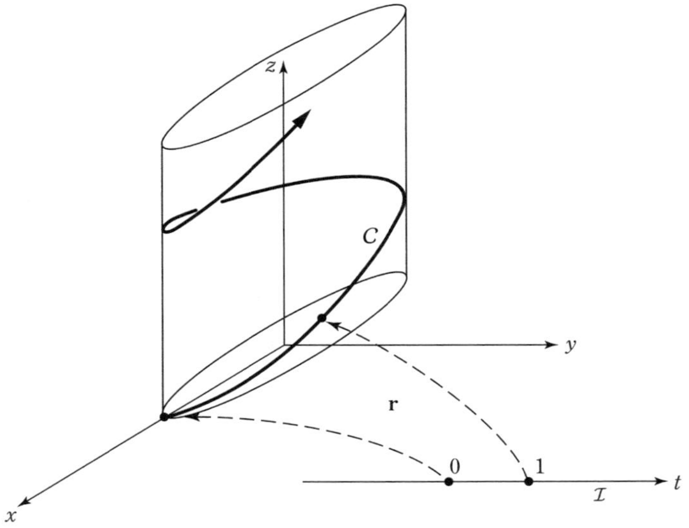

図 **10-2**

【例 10.2】

空間曲線 $\mathscr{C}$: $x = t,\ y = at^2,\ z = bt^3$ $(\mathscr{I} = \mathbf{R})$ は（式中の）すべての曲線の際立った局所的な特徴を捉えており，**ねじれ 3 次曲線** (*twisted cubic*) として知られている．図 10-3 で示すように，xy 平面における $\mathscr{C}$ の軌跡は放物線 $y = ax^2$，xz 平面における軌跡は通常の 3 次曲線 $z = bx^3$，そして yz 平面においては半 3 次放物線 $(y/a)^3 = (z/b)^2$ となる．

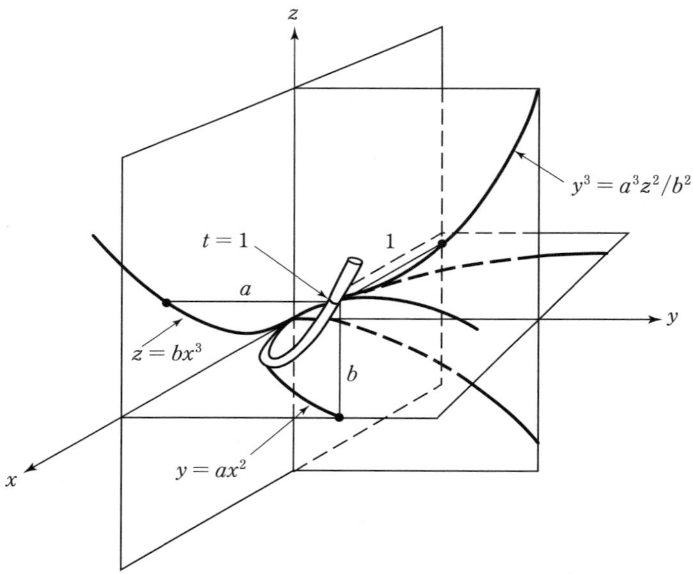

図 **10-3**

弧長

ユークリッド計量は正定値であるため，あらゆる正則曲線は

$$s = \int_a^t \left\| \frac{d\boldsymbol{r}}{du} \right\| du \qquad \text{or} \qquad \frac{ds}{dt} = \|\dot{\boldsymbol{r}}\| \tag{10.3}$$

のような弧長パラメータ表示 $\boldsymbol{r} = \boldsymbol{r}(s)$ を有している（$\dot{\boldsymbol{r}}$ にあるドットは t での微分を表すために使われ，また，$\boldsymbol{r}'$ にあるプライムは s での微分を表し

ている）．(10.3) によって定義される写像 $t \to s$ は $t = \varphi(s)$ によって明示的に与えられる逆の関係 $s \to t$ を持ち，φ は次のように微分可能でもある：

$$\frac{dt}{ds} = \varphi'(s) = \frac{1}{||\dot{\boldsymbol{r}}||} \tag{10.4}$$

動標構

ここで，曲線理論に対して基本的に重要な 3 つのベクトルについて記述していく．それらの内の 2 つは第 7 章において導入している：一つ目は**単位接ベクトル** (*unit tangent vector*)，すなわち（一意な）ベクトル

$$\boldsymbol{T} \equiv \boldsymbol{r}' = \left(\frac{dx}{ds}, \frac{dy}{ds}, \frac{dz}{ds}\right)$$

であり，二つ目は**単位主法線** (*unit principal normal*)，すなわち，$\boldsymbol{T}$ に直交し，$\boldsymbol{T}'$（$\boldsymbol{T}' \neq \boldsymbol{0}$）に平行な C^1 級単位ベクトル $\boldsymbol{N}$ である．そして三つ目の，曲線に関連する**従法線ベクトル** (*binormal vector*) は，単位ベクトル $\boldsymbol{B} \equiv \boldsymbol{T} \times \boldsymbol{N}$ であり [クロス積に関しては，(2.10) を参照せよ．]，$\boldsymbol{N}$ が選択されると $\boldsymbol{B}$ は一意に決定される．

すべての正則曲線が主法線ベクトルを持っているわけではない (問題 10.1 を参照せよ)．しかしながら，$\boldsymbol{T} = (\cos\theta, \sin\theta, 0)$ となる場合，あらゆる**平面**曲線が，

$$\boldsymbol{N} = (-\sin\theta, \cos\theta, 0) \qquad (z \text{ 平面} = 0)$$

の形の主法線を有していることは既に問題 7.14 において証明されている．そして次の結果はさらなる情報を提供する．

定理 10.1: あらゆる平面曲線は主法線ベクトルを持つ．もし空間曲線が主法線ベクトルを持つ場合，直線でない曲線の平面部分に対する曲線の平面上にそのベクトルは位置する．任意の直線分に沿って，主法線は，単位接ベクトルに直交する任意の C^1 級ベクトルとして選択することができる．

$\boldsymbol{N}$ が定義できる $\mathscr{C}$ の各点において，互いに直交する単位ベクトルの三つ組である $\boldsymbol{T}, \boldsymbol{N}, \boldsymbol{B}$ は，$\mathbf{E}^3$ に関する基底要素の右手系を成す．この三つ組は，$\mathscr{C}$ に沿って連続的に変化し（図 10-4），しばしば**動標構** (*moving frame*) または**動三つ組** (*moving triad*) と呼ばれる．また，$\boldsymbol{T}$ と $\boldsymbol{N}$ の平面は**接触平面** (*osculating plane*) として知られている．

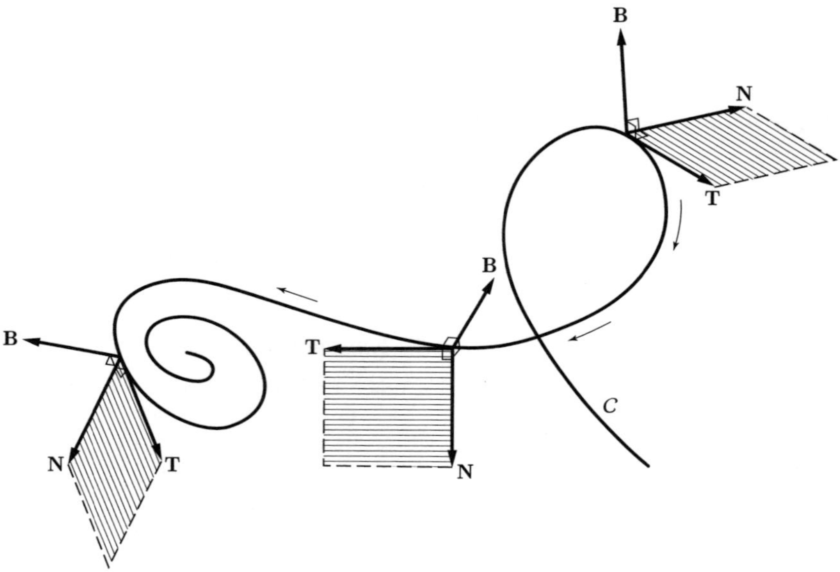

図 **10-4**

（上記の）動標構は，弧長パラメータ表示に対して定義されている．独自のパラメータ t を代わりに用いる必要がある場合は，$\dot{\boldsymbol{r}} \neq \mathbf{0}$ や $\dot{\boldsymbol{r}} \times \ddot{\boldsymbol{r}} \neq \mathbf{0}$ となる任意点に対して以下の式を確立される（問題 10.4）:

$$\boldsymbol{T} = \frac{\dot{\boldsymbol{r}}}{\|\dot{\boldsymbol{r}}\|} \qquad \boldsymbol{N} = \varepsilon\,\frac{(\dot{\boldsymbol{r}}\dot{\boldsymbol{r}})\ddot{\boldsymbol{r}} - (\dot{\boldsymbol{r}}\ddot{\boldsymbol{r}})\dot{\boldsymbol{r}}}{\|\dot{\boldsymbol{r}}\|\,\|\dot{\boldsymbol{r}} \times \ddot{\boldsymbol{r}}\|} \qquad \boldsymbol{B} = \varepsilon\,\frac{\dot{\boldsymbol{r}} \times \ddot{\boldsymbol{r}}}{\|\dot{\boldsymbol{r}} \times \ddot{\boldsymbol{r}}\|} \tag{10.5}$$

ここで，$\varepsilon = \pm 1$ であり，符号選択は C^1 級ベクトルとしての $\boldsymbol{N}$ の選択に依存する．

10.3　曲率と捩率

2 つの重要な値，もっと正確に言えば 2 つのスカラー場が空間曲率に関係している．

定義 1: $\mathbf{E}^3$ における曲線 $\mathscr{C}$: $\boldsymbol{r} = \boldsymbol{r}(s)$ の**曲率** (*curvature*) κ および**捩率** (*torsion*) τ は，それぞれ，

$$\kappa \equiv \boldsymbol{N}\boldsymbol{T}' \qquad \text{and} \qquad \tau \equiv -\boldsymbol{N}\boldsymbol{B}' \tag{10.6}$$

となる実数値である．κ の符号は，選択された $\boldsymbol{N}$ に依存するのだが，$\boldsymbol{B}$ や $\boldsymbol{B}'$ は $\boldsymbol{N}$ と併せて符号が変化するので τ は一意に決定される．

曲率や捩率の絶対値は

$$\kappa_0 \equiv |\kappa| = \|\boldsymbol{T}'\| \qquad \text{and} \qquad \tau_0 \equiv |\tau| = \|\boldsymbol{B}'\| \tag{10.7}$$

で与えられる（問題 7.13 参照）．したがって，κ_0 は単位接ベクトルの絶対変化率および任意の点での曲線の “曲がり” 量を測定しており，一方で τ_0 は法線ベクトルの絶対変化率および各点における接触平面からの曲線の “ねじれ” 具合を測定する．κ や τ についての負の値の意味は後ほど明らかになる．

注意 2: 2 つの関数 $\kappa = \kappa(s)$ および $\tau = \tau(s)$ は，$\mathbf{E}^3$ における曲線 $\mathscr{C}$ の剛体運動をも決定することがわかる．

$\mathscr{C}$ の t パラメータ表示においては，以下の式を得る（問題 10.7）:

$$\kappa = \frac{\varepsilon\|\dot{\boldsymbol{r}} \times \ddot{\boldsymbol{r}}\|}{\|\dot{\boldsymbol{r}}\|^3} \qquad \text{and} \qquad \tau = \frac{\det[\dot{\boldsymbol{r}}\,\ddot{\boldsymbol{r}}\,\dddot{\boldsymbol{r}}]}{\|\dot{\boldsymbol{r}} \times \ddot{\boldsymbol{r}}\|^2} \tag{10.8}$$

ここで $\varepsilon = \pm 1$ であり，$[\dot{\boldsymbol{r}}\,\ddot{\boldsymbol{r}}\,\dddot{\boldsymbol{r}}]$ は列ベクトルとして $\dot{\boldsymbol{r}}$ や $\ddot{\boldsymbol{r}}$，$\dddot{\boldsymbol{r}}$ を持つ 3×3 行列を表している．[3 つのベクトルの**スカラー三重積** (*triple scalar product*) に関して，恒等式

$$\boldsymbol{a} \cdot (\boldsymbol{b} \times \boldsymbol{c}) = \det[\boldsymbol{a}\,\boldsymbol{b}\,\boldsymbol{c}]$$

が成り立つことを思いだそう．]

フレネ・セレの公式

動標構を構成するベクトルの微分は

$$\begin{aligned} \boldsymbol{T}' &= \kappa \boldsymbol{N} \\ \boldsymbol{N}' &= -\kappa \boldsymbol{T} + \tau \boldsymbol{B} \\ \boldsymbol{B}' &= -\tau \boldsymbol{N} \end{aligned} \quad \text{or} \quad \begin{bmatrix} \boldsymbol{T} \\ \boldsymbol{N} \\ \boldsymbol{B} \end{bmatrix}' = \begin{bmatrix} 0 & \kappa & 0 \\ -\kappa & 0 & \tau \\ 0 & -\tau & 0 \end{bmatrix} \begin{bmatrix} \boldsymbol{T} \\ \boldsymbol{N} \\ \boldsymbol{B} \end{bmatrix} \tag{10.9}$$

で与えられる．係数行列の歪対称性に注意しよう．これらの公式のうちの一つ目は，問題 7.13 で確立され，他の二つは問題 10.8 において導出される．

10.4 正則曲面

曲面は一般に，$z = F(x, y)$ の形の計算の中で遭遇する．すなわち 3 次元空間における 2 変数関数のグラフとして表される．

定義 2: $\mathbf{E}^3$ における**曲面** (*surface*) $\mathscr{S}$ は，$\mathbf{E}^2$ 中のある領域 $\mathscr{V}$ を $\mathbf{E}^3$ に写像する C^3 級ベクトル関数の像，

$$\boldsymbol{r}(x^1, x^2) = (f(x^1, x^2), g(x^1, x^2), h(x^1, x^2))$$

である．

（図 10-5 を見よ．一般に，プライムは，xyz 空間の曲面上の対象に対応するパラメータ平面 (x^i) の対象を示している.）
写像 $\boldsymbol{r}$ のそれぞれの座標，

$$x = f(x^1, x^2) \qquad y = g(x^1, x^2) \qquad z = h(x^1, x^2) \tag{10.10}$$

は $\mathscr{S}$ の**ガウス形式** (*Gaussian form*) または**表示** (*representation*) と呼ばれる．

点 P は，P' において

$$\frac{\partial \boldsymbol{r}}{\partial x^1} \times \frac{\partial \boldsymbol{r}}{\partial x^2} \equiv \begin{vmatrix} \boldsymbol{i} & \boldsymbol{j} & \boldsymbol{k} \\ \dfrac{\partial f}{\partial x^1} & \dfrac{\partial g}{\partial x^1} & \dfrac{\partial h}{\partial x^1} \\ \dfrac{\partial f}{\partial x^2} & \dfrac{\partial g}{\partial x^2} & \dfrac{\partial h}{\partial x^2} \end{vmatrix} \neq \boldsymbol{0} \tag{10.11}$$

である場合，$\mathscr{S}$ の**正則点** (*regular point*) となり，そうでなければ，P は**特異点** (*singular point*) となる．$\mathscr{S}$ のあらゆる点が正則点であるとき，$\mathscr{S}$ は**正則曲面** (*regular surface*) となる．

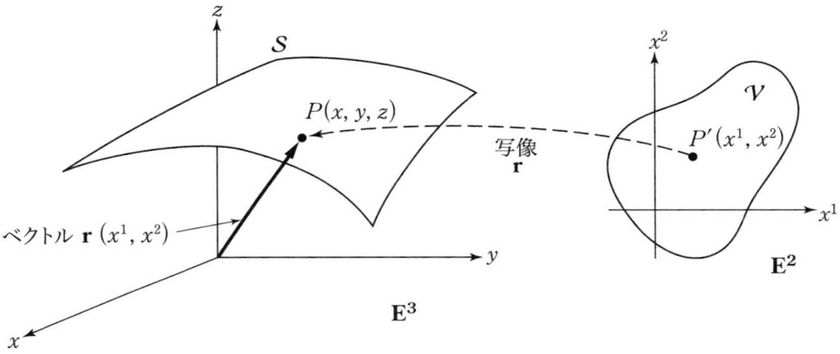

図 **10-5**

注意 3: 条件 (10.11) は，2 つのベクトル $(\partial\boldsymbol{r}/\partial x^1)_P$ と $(\partial\boldsymbol{r}/\partial x^2)_P$ の線形独立性に等しい．同様に，そして幾何学的に興味深いことにこの条件は，P' を通る $\mathscr{V}$ における正則**曲線**から $\boldsymbol{r}$ 下への像になるようにとった P を通る $\mathscr{S}$ におけるあらゆる**曲線**が，P の近傍において，10.2 節の意味で**正則**であることを保証している．

【例 10.3】

C^3 級関数 F に対して，グラフ $z = F(x, y)$ が正則曲面であることを示す．この曲面はガウス表示

$$x = x^1 \qquad y = x^2 \qquad z = F(x^1, x^2)$$

を持つので，任意曲面点 P において

$$\frac{\partial\boldsymbol{r}}{\partial x^1} \times \frac{\partial\boldsymbol{r}}{\partial x^2} = \begin{vmatrix} \boldsymbol{i} & \boldsymbol{j} & \boldsymbol{k} \\ 1 & 0 & \partial F/\partial x^1 \\ 0 & 1 & \partial F/\partial x^2 \end{vmatrix} = \left(-\frac{\partial F}{\partial x^1}, -\frac{\partial F}{\partial x^2}, 1\right) \neq \mathbf{0}$$

となる．(F が単に C^1 級であれば，これは真となる．)

偏微分についての下付き表記

今後，例えば (10.11) が $\boldsymbol{r}_1 \times \boldsymbol{r}_2 \neq 0$ とコンパクトな形になるように

$$\frac{\partial \boldsymbol{r}}{\partial x^1} \equiv \boldsymbol{r}_1 \qquad \frac{\partial \boldsymbol{r}}{\partial x^2} \equiv \boldsymbol{r}_2 \qquad \frac{\partial^2 \boldsymbol{r}}{\partial x^1 \partial x^1} \equiv \boldsymbol{r}_{11} \qquad \text{etc.}$$

と書くことにする．

10.5 パラメータ線; 接ベクトル空間

(x^i) をパラメータ平面 $\boldsymbol{E}^2$ における座標（今のところは，直交座標）としてとり，2 つの（直交する）座標線族を与えることにしよう[*1]：

$$\begin{cases} x^1 = t \\ x^2 = d \end{cases} \qquad \text{and} \qquad \begin{cases} x^1 = c \\ x^2 = \sigma \end{cases}$$

もし (c, d) が（曲面 $\mathscr{S}$ の原像である）$\mathscr{V}$ を通るとき，2 つの座標線族から $\boldsymbol{r}$ への像は，2 組の $\mathscr{S}$ 上のパラメータ線 (*parametric lines*)（もしくは座標曲線 (*coordinate curves*)）となる：

$$\underbrace{\boldsymbol{r} = \boldsymbol{r}(t,\, d) \equiv \boldsymbol{p}(t)}_{\boldsymbol{x^1}\ \text{曲線}} \qquad \underbrace{\boldsymbol{r} = \boldsymbol{r}(c,\, \sigma) \equiv \boldsymbol{q}(\sigma)}_{\boldsymbol{x^2}\ \text{曲線}}$$

図 10-6 から，パラメータ線の張る網も直交していることが示唆される．もちろんこれは一般に真ではない．実際には，x^1 曲線と x^2 曲線の接ベクトル場はそれぞれ $d\boldsymbol{p}/dt = \boldsymbol{r}_1$ と $d\boldsymbol{q}/d\sigma = \boldsymbol{r}_2$ であるため，$\mathscr{S}$ のあらゆる点で $\boldsymbol{r}_1\boldsymbol{r}_2 = 0$ の場合にのみこの網は直交するのである．

[*1] 訳注：本式における d と c が定数であり，t と σ が変数であることに注意しよう．

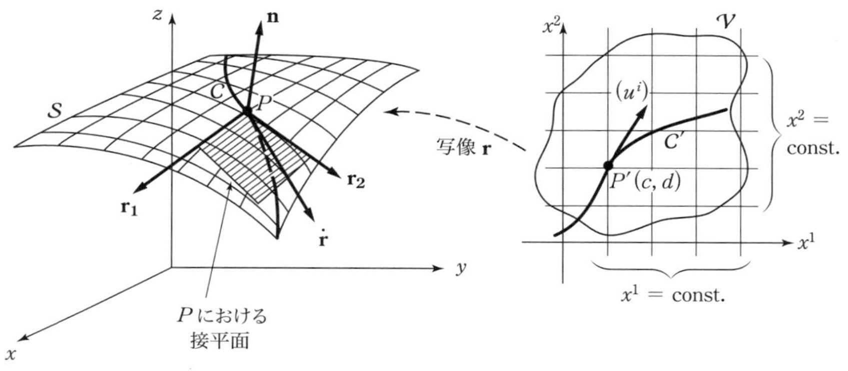

図 **10-6**

一般に曲面曲線に対しては，$\boldsymbol{r}(c, d)$ を通る曲線の接ベクトルは，以下の解析で示すように，ベクトル $\boldsymbol{r}_1$ および $\boldsymbol{r}_2$ の線形結合である．$\mathscr{C}'$: $x^1 = x^1(t), x^2 = x^2(t)$ としてパラメータ平面における曲線を与えよう．すると，曲面上の対応する曲線は，

$$\mathscr{C}\ :\ \boldsymbol{r} = \boldsymbol{r}(x^1(t), x^2(t)) \equiv \boldsymbol{r}(t)$$

であり，接ベクトル

$$\dot{\boldsymbol{r}} = \frac{\partial \boldsymbol{r}}{\partial x^1}\frac{dx^1}{dt} + \frac{\partial \boldsymbol{r}}{\partial x^2}\frac{dx^2}{dt} \equiv u^1\boldsymbol{r}_1 + u^2\boldsymbol{r}_2 \equiv u^i\boldsymbol{r}_i \tag{10.12}$$

を持つ．ここでは，$u^1 \equiv dx^1/dt, u^2 \equiv dx^2/dt$ となるので，パラメータ平面におけるベクトル (u^i) は P' における $\mathscr{C}'$ の正接となる（図 10-6 参照）．

定義 3: ベクトル $\boldsymbol{r}_1(P)$ および $\boldsymbol{r}_2(P)$ の線形結合の集合は P での $\mathscr{S}$ の**接ベクトル空間** (*tangent space*) と呼ばれる．**単位面法線** (*unit surface normal*) は $\boldsymbol{r}_1 \times \boldsymbol{r}_2$ の方向の単位ベクトル $\boldsymbol{n}$ である：

$$\boldsymbol{n} = \frac{1}{E}(\boldsymbol{r}_1 \times \boldsymbol{r}_2) \qquad (E \equiv \|\boldsymbol{r}_1 \times \boldsymbol{r}_2\| > 0) \tag{10.13}$$

幾何学的に実現させると接ベクトル空間は明らかに P における**接平面** (*tangent plane*) であり，面法線はこの接平面に垂直な P を通る線分と同一視することができる．つまり，図 10-6 で示されているように，P での曲面に直交している．

全体を要約すると，ベクトル $\boldsymbol{r}_1, \boldsymbol{r}_2, \boldsymbol{n}$ から成る（正則性に基づく）線形独立である三つ組は，図 10-7 に示すように，主法線を持つ正則曲線に対して動標構が存在するように，曲面に対する動標構を形成する．

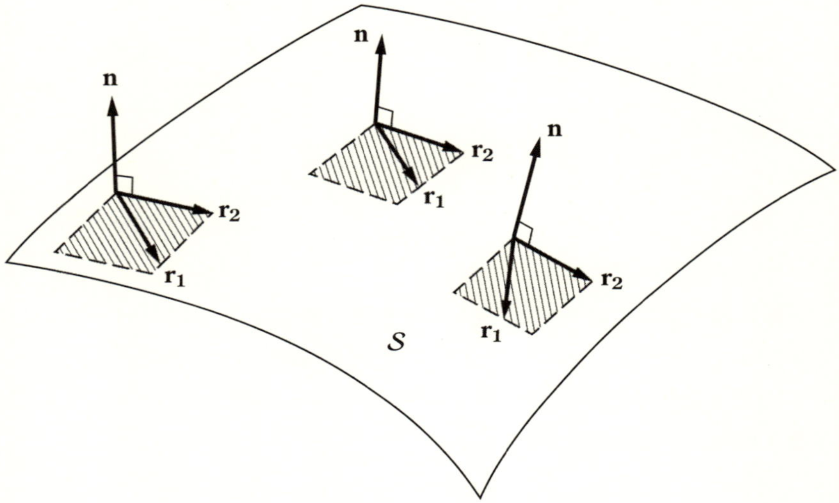

図 10-7

10.6　第一基本形式

$\mathscr{C}: \boldsymbol{r} = \boldsymbol{r}(x^1(t), x^2(t)) \equiv \boldsymbol{r}(t)$ で与えられる正則曲面 $\mathscr{S}: \boldsymbol{r} = \boldsymbol{r}(x^1, x^2)$ 上の曲線を，パラメータ平面内の原像 $\mathscr{C}': x^i = x^i(t)$ で考える．(10.12) を用いて（ユークリッド的）内積がベクトルの線形結合上で分配的であることを思い出すと，$\mathscr{C}$ に沿った弧長は

$$\left(\frac{ds}{dt}\right)^2 = \|\dot{\boldsymbol{r}}\|^2 = \dot{\boldsymbol{r}}\dot{\boldsymbol{r}} = (u^i\boldsymbol{r}_i)(u^j\boldsymbol{r}_j) \equiv g_{ij}u^iu^j \tag{10.14a}$$

として計算される．ここでは，

$$g_{ij} = \boldsymbol{r}_i\boldsymbol{r}_j \qquad (1 \leqq i, j \leqq 2) \tag{10.15}$$

と定義し，また，上記のように $u^i = dx^i/dt$ と定義する．等価となる微分形式では，

$$ds^2 = g_{ij}dx^i dx^j \equiv \mathrm{I} \tag{10.14b}$$

の弧長の式は，曲面 $\mathscr{S}$ の**第一基本形式** (*First Fundamental Form*)（FFF と略記される）として知られている．(10.12) と $\mathscr{S}$ の正則性を考慮すると，$u^1 = u^2 = 0$ の場合にのみ $\|\dot{\boldsymbol{r}}\| = 0$ となるので，これは次のことを証明する．

補題 10.2: 正則曲面の FFF は正定値である．

補題 10.2 は $g \equiv \det(g_{ij}) > 0$ を意味しており，実際にはラグランジュの恒等式,

$$(\boldsymbol{r}_1 \times \boldsymbol{r}_2)^2 = (\boldsymbol{r}_1^2)(\boldsymbol{r}_2^2) - (\boldsymbol{r}_1\boldsymbol{r}_2)^2$$

を用いて,

$$g = E^2 \tag{10.16}$$

を確立することができる．(10.13) を参照せよ．

【例 10.4】

常螺旋面（図 10-8），

$$\boldsymbol{r} = (x^1 \cos x^2,\, x^1 \sin x^2,\, ax^2)$$

に対する FFF を計算する．

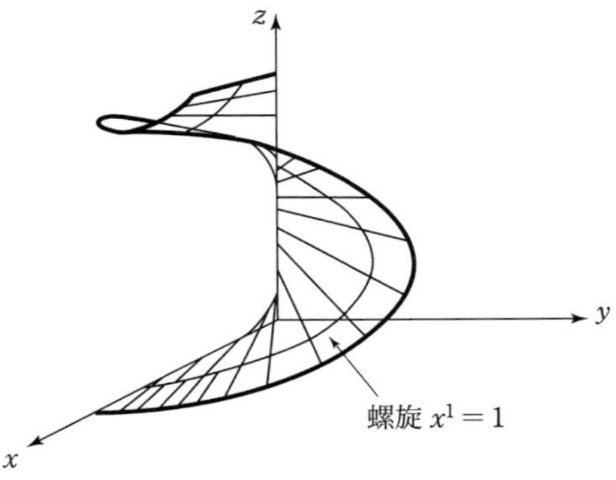

図 **10-8**

次を得る：

$$\boldsymbol{r}_1 = (\cos x^2,\, \sin x^2,\, 0) \qquad \boldsymbol{r}_2 = (-x^1 \sin x^2,\, x^1 \cos x^2,\, a)$$

その結果として

$$g_{11} = \boldsymbol{r}_1^2 = \cos^2 x^2 + \sin^2 x^2 + 0^2 = 1$$
$$g_{12} = \boldsymbol{r}_1\boldsymbol{r}_2 = (\cos x^2)(-x^1 \sin x^2) + (\sin x^2)(x^1 \cos x^2) = 0$$
$$g_{22} = \boldsymbol{r}_2^2 = (-x^1)^2(\sin^2 x^2) + (x^1)^2(\cos^2 x^2) + a^2 = (x^1)^2 + a^2$$

となり，

$$\mathrm{I} = (dx^1)^2 + [(x^1)^2 + a^2](dx^2)^2$$

を得る．

FFF に沿うことで，テンソル解析が姿を現してくる．$\mathbf{E}^3$ における特定の曲面 $\mathscr{S}$ の**内在的性質** (*intrinsic properties*) は（この性質は曲面上の距離を測定することで定義される），(10.14b) においてすべて暗示されており，これはパラメータ平面の固有なリーマン距離化として解釈することができる．ゆえに，曲面の内在的性質に関する分析は $\mathbf{R}^2$ におけるリーマン計量のテンソル解析となり，**これは $\mathbf{E}^3$ を何ら参照することなく行うことができる**．これまで考慮していた計量はすべて正定値（補題 10.2）であったが，必ずしもユークリッド的（定理 9.1 を見よ）ではないことに注意しよう．したがって，これ以降は一般座標 (x^i) と呼び，パラメータ平面に対する記号表示 $\mathbf{E}^2$ の使用をやめる．

【例 10.5】

常螺旋面（例 10.4）に対応する $\mathbf{R}^2$ に対する計量は，問題 10.27 で示すように，非ユークリッド的である．ここで，パラメータ x^1 と x^2 は，実際には $\mathbf{E}^3$ の xy 平面における極座標であり（図 10-8 を参照せよ），この平面がパラメータ空間として抽象的に考えられるときにその重要性を形式的に保つ．これは 3.1 節で述べたように，非ユークリッド空間におけるよく知られた座標系の形式的な使用例である．

単位接ベクトル

$\mathscr{C}: \boldsymbol{r} = \boldsymbol{r}(x^1(t), x^2(t))$ が $\mathscr{S}$ 上の任意曲線であるとき，(10.12) および (10.14a) により，

$$\boldsymbol{T} = \frac{\dot{\boldsymbol{r}}}{\|\dot{\boldsymbol{r}}\|} = \frac{u^i \boldsymbol{r}_i}{\sqrt{g_{jk} u^j u^k}} \tag{10.17}$$

となる．

2 つの曲線のなす角

$\mathscr{C}_1$ および $\mathscr{C}_2$ を，パラメータ平面における $x^i = \phi^i(t)$ および $x^i = \psi^i(\sigma)$ $(i = 1, 2)$ に対応する $\mathscr{S}$ 上の 2 つの交差する曲線とする．$u^i \equiv d\phi^i/dt$ や $v^i \equiv d\psi^i/d\sigma$ と書くことで，$\mathscr{C}_1$ の $\boldsymbol{T}_1$ と $\mathscr{C}_2$ の $\boldsymbol{T}_2$ 間のなす角 θ について次の式を得る：

$$\cos\theta = \boldsymbol{T}_1 \boldsymbol{T}_2 = \frac{u^i \boldsymbol{r}_i}{\sqrt{g_{pq} u^p u^q}} \cdot \frac{v^j \boldsymbol{r}_j}{\sqrt{g_{rs} v^r v^s}} = \frac{g_{ij} u^i v^j}{\sqrt{g_{pq} u^p u^q}\sqrt{g_{rs} v^r v^s}} \tag{10.18}$$

この式を (5.11) と比較せよ．

定理 10.3: 曲面点を通る 2 つのパラメータ線のなす角は

$$\cos\theta = \frac{g_{12}}{\sqrt{g_{11}}\sqrt{g_{22}}} \tag{10.19}$$

である．

系 10.4: 2 つのパラメータ線の族は，$\mathscr{S}$ のあらゆる点において $g_{12} = 0$ である場合にのみ直交網を形成する．

10.7 曲面上の測地線

テンソルとのさらなる関わりは，正則曲面に対する測地線の概念により提供される．直感的には，曲面上の 2 間でピンと張ったひもとして想像することができるだろう：これは球上では大円弧になり，直円柱上では螺旋円弧になる．曲面が無視され，(g_{ij}) がパラメータ平面の計量として取られる観点では，この（測地線を求めるという）問題は既に解決されている（7.6 節）．

$\mathscr{S}$ の FFF に関連し，公式 (6.1) と (6.4) を通してクリストッフェル記号を定義してみる（$n = 2$）．[問題 10.48 では $\boldsymbol{r}$ を用いた等価な "外的" の定義を与えている．] このとき，$\mathscr{S}$ 上の**測地線**は，パラメータ $\mathbf{R}^2$ 内の原像が微分方程式の系 (7.11)〜(7.12) を満たすような曲面における任意曲線 $\boldsymbol{r} = \boldsymbol{r}(x^1(t), x^2(t))$ である．そして $t = s =$ 弧長 である場合は，この支配系は (7.13) となる．[$\mathbf{R}^2$ において s で測定される（非ユークリッド的な）距離は，$\mathbf{E}^3$ における曲線としての測地線に沿ったユークリッド的な距離となることを思い出そう．]

同様に，6.5 節に戻ってみると，$\mathscr{S}$ における $\mathscr{C}$ の**内在曲率** (*intrinsic curvature*) は関数

$$\tilde{\kappa}(s) = \sqrt{g_{ij} b^i b^j} \tag{10.20}$$

となる（(6.12) を参照せよ）．（$\mathbf{R}^2$ における）**内在曲率ベクトル** (*intrinsic curvature vector*)(b^i) は (6.11) で与えられる．

注意 4: 内在曲率は，$\mathscr{C}$ の接ベクトルおよび曲線に沿って "平行に移動された" 接ベクトル空間における別のベクトル間のなす角の瞬間変化率として示すことができる．ここで，"平行" という用語はユークリッド的な平行性の特定の一般化を指している（問題 10.22 を見よ）．

定理 10.5: 曲面上の曲線は，その内在曲率 $\tilde{\kappa}$ が 0 である場合にのみ，測地線である．

上記の測地線についての内的な特徴付けとは対照的に，問題 10.18 で証明されるように，興味深くて有用となる（測地線についての）外的な特徴付けが存在する．これは，しばしば測地線の同定を直ちに可能にする視覚的な次元を加えることになる．

定理 10.6: 正則曲面上の曲線は，曲線に沿うすべての点において，曲面法線 $\boldsymbol{n}$ と一致する曲線の主法線 $\boldsymbol{N}$ が選択できる場合にのみ，測地線となる．

10.8　第二基本形式

x^1 および x^2 に関する $\boldsymbol{r}$ の 2 階偏微分と曲面法線のドット積をとることで，

$$f_{ij} \equiv \boldsymbol{n}\boldsymbol{r}_{ij} \tag{10.21}$$

となり，曲面の**第二基本形式** (*Second Fundamental Form*)（SFF）に関する（対称的な）係数を得る：

$$f_{ij}dx^i dx^j \equiv \mathrm{II} \tag{10.22}$$

直截口《ちょくせつこう》の曲率

$\mathscr{F}$ が $\mathscr{S}$ のある点 P での曲面法線 $\boldsymbol{n}$ を含んだ平面である場合（図 10-9），$\mathscr{C}_{\mathscr{F}}$ で示される $\mathscr{S}$ の**直截口**《ちょくせつこう》(*normal section*)（$\mathscr{F}$ と $\mathscr{S}$ が交わる曲線）についての曲率は，点 P における公式

$$\kappa_{\mathscr{F}} = \frac{f_{ij}u^i u^j}{g_{kl}u^k u^l} = \frac{\mathrm{II}}{\mathrm{I}} \tag{10.23}$$

で与えられる．ここで，$(u^i) = (dx^i/dt)$ は，パラメータ平面内の $C_{\mathscr{F}}$ に対応する曲線の P' における方向を与えている．問題 10.23 を見よ．

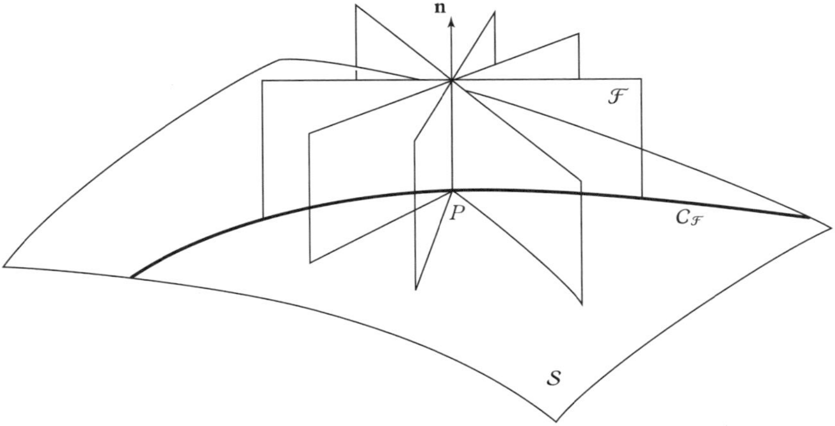

図 **10-9**

$\mathscr{F}$ が $\boldsymbol{n}$ を中心に回転すると，P における $\mathscr{C}_{\mathscr{F}}$ の曲率 $\kappa_{\mathscr{F}}$ は周期的となり，絶対最大値および絶対最小値に達するので，

$$\max \kappa_{\mathscr{F}} \equiv \kappa_1 \qquad \min \kappa_{\mathscr{F}} \equiv \kappa_2 \tag{10.24}$$

としよう．これらの 2 つの極限的な曲率を持つ 2 つの断面曲線は**主曲線** (*principal curves*) と呼ばれ，それらの方向は**主方向** (*principal directions*) という．P において $\kappa_1 = \kappa_2$ である場合，P でのすべての直截口は同じ曲線を持ち，一意の主方向は存在しなくなる（この場合，P は曲面の**臍《せい》点** (*umbilical point*) と呼ばれる）．

曲面曲率

曲面 $\mathscr{S}$ の曲率に関して 2 つの尺度が一般的に使用される．

定義 4: P での $\mathscr{S}$ の**ガウス曲率** (*Gaussian curvature*) は値 $\mathrm{K} = \kappa_1\kappa_2$ であり，**平均曲率** (*mean curvature*) は値 $\mathrm{H} = \kappa_1 + \kappa_2$ である．

極限的な曲率 κ_1 および κ_2 が，次の λ に関する 2 次方程式の根であることが問題 10.25 において証明されるだろう：

$$(g_{11}g_{22}-g_{12}^2)\lambda^2-(f_{11}g_{22}+f_{22}g_{11}-2f_{12}g_{12})\lambda+(f_{11}f_{22}-f_{12}^2)=0 \tag{10.25}$$

そして根と多項式の係数との関係は，次のようになる：

$$\mathrm{K} = \frac{f_{11}f_{22}-f_{12}^2}{g_{11}g_{22}-g_{12}^2} \qquad \mathrm{H} = \frac{f_{11}g_{22}+f_{22}g_{11}-2f_{12}g_{12}}{g_{11}g_{22}-g_{12}^2} \tag{10.26}$$

10.9 曲面に関する構造公式

2 つの基本形式の組は，曲面の動標構部分，$(\boldsymbol{r}_1, \boldsymbol{r}_2, \boldsymbol{n})$ を含んでいる．

ワインガルテンの公式

$\boldsymbol{n}^2 = 1$ だから，$\partial(\boldsymbol{n}^2)/\partial x^i = 2\boldsymbol{n}\boldsymbol{n}_i = 0 \quad (i = 1, 2)$ となる．ゆえに，各 i に対して，$\boldsymbol{n}_i$ は接ベクトル空間内にあり，すなわち（特定スカラー u_i^k に対して）$\boldsymbol{n}_i = u_i^1\boldsymbol{r}_1 + u_i^2\boldsymbol{r}_2$ となる．同様に，直交性から，

$$0 = (\boldsymbol{n}\boldsymbol{r}_i)_j = \boldsymbol{n}_j\boldsymbol{r}_i + \boldsymbol{n}\boldsymbol{r}_{ij} \qquad \text{or} \qquad \boldsymbol{n}_j\boldsymbol{r}_i = -f_{ij}$$

となる．その結果 $i=1,2$ に対して，

$$\boldsymbol{n}_i = -g^{jk} f_{ij} \boldsymbol{r}_k \tag{10.27a}$$

となることがわかる（問題 10.28）．計量の逆行列 (g^{ij}) の明示的な形式より，(10.27a) は g_{ij} と f_{ij} の対称性を用いて次のように記述することができる：

$$\begin{aligned}\boldsymbol{n}_1 &= \frac{g_{12}f_{12}-g_{22}f_{11}}{g}\boldsymbol{r}_1 + \frac{g_{12}f_{11}-g_{11}f_{12}}{g}\boldsymbol{r}_2 \\ \boldsymbol{n}_2 &= \frac{g_{12}f_{22}-g_{22}f_{12}}{g}\boldsymbol{r}_1 + \frac{g_{12}f_{12}-g_{11}f_{22}}{g}\boldsymbol{r}_2\end{aligned} \tag{10.27b}$$

ガウス方程式

$(\boldsymbol{r}_1, \boldsymbol{r}_2, \boldsymbol{n})$ は $\mathbf{E}^3$ に関する基底であるから，$\boldsymbol{r}_{ij} = u^1_{ij}\boldsymbol{r}_1 + u^2_{ij}\boldsymbol{r}_2 + u^3_{ij}\boldsymbol{n}$ と書くことができる．係数を評価すると（問題 10.29），

$$\boldsymbol{r}_{ij} = \Gamma^k_{ij}\boldsymbol{r}_k + f_{ij}\boldsymbol{n} \tag{10.28}$$

を導ける．

FFF と SFF 間の恒等式

$\boldsymbol{r}_{ijk} = \boldsymbol{r}_{ikj}$ であるから，(10.28) は $(\Gamma^s_{ij}\boldsymbol{r}_s + f_{ij}\boldsymbol{n})_k = (\Gamma^s_{ik}\boldsymbol{r}_s + f_{ik}\boldsymbol{n})_j$，または

$$(\Gamma^s_{ij})_k\boldsymbol{r}_s + \Gamma^s_{ij}\boldsymbol{r}_{sk} + f_{ijk}\boldsymbol{n} + f_{ij}\boldsymbol{n}_k = (\Gamma^s_{ik})_j\boldsymbol{r}_s + \Gamma^s_{ik}\boldsymbol{r}_{sj} + f_{ikj}\boldsymbol{n} + f_{ik}\boldsymbol{n}_j$$

となる．両辺に $\boldsymbol{r}_l$ をかけて定義 $\boldsymbol{r}_l\boldsymbol{r}_s \equiv g_{ls}$ や，関係式 $\boldsymbol{r}_l\boldsymbol{r}_{sk} = \Gamma_{skl}$（問題 10.48）および $\boldsymbol{r}_l\boldsymbol{n}=0$ を用いると次のようになる：

$$(\Gamma^s_{ij})_k g_{sl} + \Gamma^s_{ij}\Gamma_{skl} + f_{ij}\boldsymbol{n}_k\boldsymbol{r}_l = (\Gamma^s_{ik})_j g_{sl} + \Gamma^s_{ik}\Gamma_{sjl} + f_{ik}\boldsymbol{n}_j\boldsymbol{r}_l$$

次に (10.27a) の $\boldsymbol{n}_i$ を代入し，$\boldsymbol{r}_t\boldsymbol{r}_l \equiv g_{tl}$ および $g^{st}g_{tl} = \delta^s_l$ を用いて次のように結果を単純化する：

$$-f_{ij}f_{kl} + f_{ik}f_{jl} = g_{sl}\left(\frac{\partial\Gamma^s_{ik}}{\partial x^j} - \frac{\partial\Gamma^s_{ij}}{\partial x^k} + \Gamma^r_{ik}\Gamma^s_{rj} - \Gamma^r_{ij}\Gamma^s_{rk}\right)$$

最後に，(8.2) および (8.3) を通してリーマンテンソルを導入することで，

$$R_{ijkl} = f_{ik}f_{jl} - f_{il}f_{jk} \tag{10.29}$$

を得る．

(10.29) の左辺は，I の係数とその 1 次導関数および 2 次導関数にのみ依存しており，一方で右辺は II の係数にのみ依存している．2 つの基本形式の間のこの本質的な**適合関係**は，正則曲面のあらゆる点で成り立たなければならない．

ガウスの‘最も優れた定理’

(10.26) および (10.29) より，

$$\mathrm{K} = \frac{f_{11}f_{22} - f_{12}^2}{g_{11}g_{22} - g_{12}^2} = \frac{R_{1212}}{g} \tag{10.30}$$

ゆえに，K の分子は FFF から完全に導くことができる．そして分母もまた明らかに FFF から導かれるので，次を得る：

定理 10.7 (**驚愕定理** (*Theorema Egregium*))**:** ガウス曲率は曲面の内在的性質であり，第一基本形式とその微分にのみ依存している．

注意 5: リーマン曲率の定義 (8.7) の真意は今となっては明らかである．

10.10　等長写像

「霧で覆われた惑星の住人が，惑星の曲面上の距離を単に測定することによって，その曲率を決定することができるかどうか」この実践的な質問は，定理 10.7 によって肯定的に答えることができる．そして，さらに重要な結論が導かれる．

曲面 $\mathscr{S}^{(1)}: \boldsymbol{r}^{(1)} = \boldsymbol{r}^{(1)}(x^1, x^2)$ および $\mathscr{S}^{(2)}: \boldsymbol{r}^{(2)} = \boldsymbol{r}^{(2)}(x^1, x^2)$ が平面の同じ領域 $\mathscr{V}$ にわたって定義され，$\mathscr{V}$ 上で第一基本形式が定められていると仮定する．これは明らかに，（両辺の $\boldsymbol{r}^{(i)}$ が全単射となる $\mathscr{V}$ 近傍から生じる）2 つの小さな曲面片の間で全単射となるような，$\mathbf{E}^3$ における $\mathscr{S}^{(1)}$ と $\mathscr{S}^{(2)}$ との対応を求めることができるだろう．2 つの曲面は，曲面片から曲面片かけて，計量的に同一であることから，この対応は $\mathscr{S}^{(1)}$ と $\mathscr{S}^{(2)}$ 間の**局所等長写像** (*local isometry*) と呼ばれる．一方でこのとき，（定理 10.7 の）ガウス曲率 $\mathrm{K}^{(1)}$ および $\mathrm{K}^{(2)}$ は対応点において等しくなければならない．

定理 10.8: 2 つの曲面が局所等長写像であるとき，これらの曲面のガウス曲率は等しい．

ガウス曲率 K が定数である場合，ベルトラミの定理 (*Beltrami's theorem*) より，FFF が以下の形をとるような，$\mathscr{S}$ に対するパラメータ化が存在することになる：

$$\begin{aligned} ds^2 &= a^2(dx^1)^2 + (a^2 \sinh^2 x^1)(dx^2)^2 && \text{if} \quad \mathrm{K} = -1/a^2 < 0 \\ ds^2 &= (dx^1)^2 + (dx^2)^2 && \text{if} \quad \mathrm{K} = 0 \\ ds^2 &= a^2(dx^1)^2 + (a^2 \sin^2 x^1)(dx^2)^2 && \text{if} \quad \mathrm{K} = 1/a^2 > 0 \end{aligned}$$

【例 10.6】

平面および球は，それぞれ，一定のゼロ曲率および一定の正曲率である．負曲率の曲面に関しては，問題 10.49 を見よ．

ベルトラミの定理から定理 10.8 の部分的な逆を示唆することになる．

定理 10.9 (ミンディングの定理 (*Minding's Theorem*))**:** 2 つの曲面が同じ一定のガウス曲率であるとき，それらの曲面は局所等長である．

注意 6: ゼロ曲率についての定理 10.9 の証明は問題 9.9 で与えている．

例題

曲線定理; 動標構

問題 10.1 曲線

$$\mathscr{C}:\ \begin{cases} x = t \\ y = t^4 \\ z = 0 \end{cases} \quad (t < 0) \qquad \begin{cases} x = t \\ y = 0 \\ z = t^4 \end{cases} \quad (t \geqq 0)$$

は，部分的に xy 平面内にあり，部分的に xz 平面内にある（図 10-10）．この曲線が C^3 級の正則だが，主法線ベクトルを持たないことを示せ．

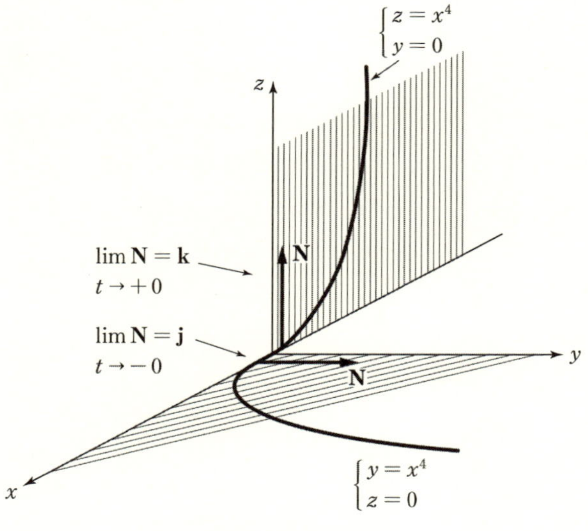

図 10-10

解答

$\boldsymbol{r}(t)$ に対する成分関数は

$$x(t) = t \qquad y(t) = \begin{cases} t^4 & t < 0 \\ 0 & t \geqq 0 \end{cases} \qquad z(t) = \begin{cases} 0 & t < 0 \\ t^4 & t \geqq 0 \end{cases}$$

である．$t<0$ のとき，$\dot{y}(t)=4t^3$ となる．$t\to 0$ とすると，

$$\lim_{t\to -0}\frac{y(t)-y(0)}{t-0}=\lim_{t\to -0}\frac{t^4}{t}=0 \qquad \lim_{t\to +0}\frac{y(t)-y(0)}{t-0}=\lim_{t\to +0}\frac{0}{t}=0$$

となるので，ゆえに $y(t)$ は $t=0$ において微分可能である．明らかに，$t>0$ に対しては $\dot{y}(t)=0$ となる．$z(t)$ に対して同様な解析を適用してみよう．結果として次のようになる：

$$\dot{y}(t)=\begin{cases}4t^3 & t<0\\ 0 & t\geqq 0\end{cases} \qquad \dot{z}(t)=\begin{cases}0 & t<0\\ 4t^3 & t\geqq 0\end{cases}$$

これは，連続関数である．3 次導関数まで分析を続けると次のようになる：

$$\dddot{y}(t)=\begin{cases}24t & t<0\\ 0 & t\geqq 0\end{cases} \qquad \dddot{z}(t)=\begin{cases}0 & t<0\\ 24t & t\geqq 0\end{cases}$$

ゆえに，$x(t)$ はすべてのオーダーに関して微分可能となり，$\boldsymbol{r}(t)$ は C^3 級である．さらに，$\dot{x}(t)\equiv 1$ であるので，すべての t について $\dot{\boldsymbol{r}}(t)\neq 0$ であり，$\mathscr{C}$ は正則である．しかしながら，$\mathscr{C}$ の（$t<0$ の場合は xy 平面に，$t>0$ の場合は xz 平面にある）別々の部分に存在する主法線は，$t=0$ で連続的ではなく，微分可能ですらない．したがって，$\mathscr{C}$ は主法線を持たない．

問題 10.2 (a) 曲線 $\boldsymbol{r}=(\cos t, \sin t, \tan^{-1} t)$ を説明せよ．ただし，$0\leqq t$ であり，アークタンジェントの主値が分かっているとする．(b) $\boldsymbol{r}(0)$ と $\boldsymbol{r}(1)$ 間の弧長を求めよ．

解答

(a) これは，ピッチ z/t が t の増加と共に減少することを除いて，円螺旋の一形式である．曲線は直円柱 $x^2+y^2=1$ 上にあり，(1, 0, 0) で始めると，円柱の周りを回り，そして $t\to\infty$ につれて漸近的に円 $x^2+y^2=1$，$z=\pi/2$ に近づいていく．

(b) $\dot{\boldsymbol{r}}=\left(-\sin t, \cos t, \dfrac{1}{t^2+1}\right)$ or $\dfrac{ds}{dt}=\sqrt{\sin^2 t+\cos^2 t+\dfrac{1}{(t^2+1)^2}}$

数値積分法が必要であるので，プログラム電卓でシンプソンの公式を用いると，

$$L = \int_0^1 \frac{\sqrt{t^4 + 2t^2 + 2}}{t^2 + 1} dt \approx 1.27797806$$

問題 10.3　曲線

$$\mathscr{C} : \boldsymbol{r} = \left(\frac{3 - 3t^3}{5}, \frac{4 + 4t^3}{5}, 3t \right) \qquad (\text{実数 } t)$$

に対する動標構を求めよ．曲線が実際には平面であるために従法線ベクトル $\boldsymbol{B}$ が一定であることを示せ．

解答

(10.5) で必要とされる計算を行う：

$$\dot{\boldsymbol{r}} = \left(\frac{-9t^2}{5}, \frac{12t^2}{5}, 3 \right) \qquad \|\dot{\boldsymbol{r}}\| = \sqrt{\frac{81}{25}t^4 + \frac{144}{25}t^4 + 9} = 3\sqrt{t^4 + 1}$$

and

$$\boldsymbol{T} = \frac{(-9t^2/5,\ 12t^2/5,\ 3)}{3\sqrt{t^4+1}} = \frac{(-3t^2,\ 4t^2,\ 5)}{5\sqrt{t^4+1}}$$

$$\ddot{\boldsymbol{r}} = \left(\frac{-18t}{5}, \frac{24t}{5}, 0 \right)$$

$$\dot{\boldsymbol{r}} \times \ddot{\boldsymbol{r}} = \begin{vmatrix} \boldsymbol{i} & \boldsymbol{j} & \boldsymbol{k} \\ -\frac{9}{5}t^2 & \frac{12}{5}t^2 & 3 \\ -\frac{18t}{5} & \frac{24t}{5} & 0 \end{vmatrix} = \left(-\frac{72t}{5}, -\frac{54t}{5}, 0 \right) = \frac{-18t}{5}(4,\ 3,\ 0)$$

$$\|\dot{\boldsymbol{r}} \times \ddot{\boldsymbol{r}}\| = \frac{18|t|}{5}\sqrt{4^2 + 3^2 + 0^2} = 18|t|$$

$$(\dot{\boldsymbol{r}}\dot{\boldsymbol{r}})\ddot{\boldsymbol{r}} = (9t^4 + 9)\left(-\frac{18}{5}t,\ \frac{24}{5}t,\ 0 \right)$$

$$= \left(-\frac{162}{5}t^5 - \frac{162}{5}t,\ \frac{216}{5}t^5 + \frac{216}{5}t,\ 0 \right)$$

$$(\dot{\boldsymbol{r}}\ddot{\boldsymbol{r}})\dot{\boldsymbol{r}} = \left(\frac{9\cdot 18}{25}t^3 + \frac{24\cdot 12}{25}t^3 + 0\right)\left(-\frac{9}{5}t^2,\ \frac{12}{5}t^2,\ 3\right)$$
$$= \left(-\frac{162}{5}t^5,\ \frac{216}{5}t^5,\ 54t^3\right)$$
$$(\dot{\boldsymbol{r}}\dot{\boldsymbol{r}})\ddot{\boldsymbol{r}} - (\dot{\boldsymbol{r}}\ddot{\boldsymbol{r}})\dot{\boldsymbol{r}} = \left(-\frac{162}{5}t,\ \frac{216}{5}t,\ -54t^3\right) = 18t\left(-\frac{9}{5},\ \frac{12}{5},\ -3t^2\right)$$

and
$$\boldsymbol{N} = \varepsilon\frac{-18t(9/5,\ -12/5,\ 3t^2)}{(3\sqrt{t^4+1})(18|t|)} = -\frac{\varepsilon t}{|t|}\frac{(3,\ -4,\ 5t^2)}{5\sqrt{t^4+1}}$$

ここで，$\varepsilon = +1$ もしくは -1 のときに $t < 0$ を選択すると，

$$\boldsymbol{N} = \frac{(3,\ -4,\ 5t^2)}{5\sqrt{t^4+1}}$$
$$\boldsymbol{B} = \varepsilon\frac{(-18t/5)(4,\ 3,\ 0)}{18|t|} = \frac{-\varepsilon t}{|t|}\left(\frac{4}{5},\ \frac{3}{5},\ 0\right) = \left(\frac{4}{5},\ \frac{3}{5},\ 0\right)$$

となる．

問題 10.4　任意パラメータ t を用いて，曲線 $\mathscr{C}$: $\boldsymbol{r} = \boldsymbol{r}(t)$ の動標構に関する一般公式 (10.5) を構築せよ．

解答

定義より，

$$\frac{ds}{dt} = \|\dot{\boldsymbol{r}}\| \equiv (\dot{\boldsymbol{r}}\dot{\boldsymbol{r}})^{1/2} \qquad \text{or} \qquad \frac{dt}{ds} = \|\dot{\boldsymbol{r}}\|^{-1}$$

となり，ただちに単位接ベクトル

$$\boldsymbol{T} = \boldsymbol{r}' = \dot{\boldsymbol{r}}\frac{dt}{ds} = \frac{\dot{\boldsymbol{r}}}{\|\dot{\boldsymbol{r}}\|}$$

を得る．

主法線を得るためには，まず

$$\frac{d}{dt}\|\dot{\boldsymbol{r}}\| \equiv \frac{d}{dt}(\dot{\boldsymbol{r}}\dot{\boldsymbol{r}})^{1/2} = \frac{1}{2}(\dot{\boldsymbol{r}}\dot{\boldsymbol{r}})^{-1/2}(\ddot{\boldsymbol{r}}\dot{\boldsymbol{r}} + \dot{\boldsymbol{r}}\ddot{\boldsymbol{r}}) = \frac{\dot{\boldsymbol{r}}\ddot{\boldsymbol{r}}}{\|\dot{\boldsymbol{r}}\|}$$

と計算する（一般公式 $d\|\boldsymbol{u}\|/dt = \boldsymbol{u}\dot{\boldsymbol{u}}/\|\boldsymbol{u}\|$ に注意しよう）．ゆえに，

$$\frac{d}{dt}\|\dot{\boldsymbol{r}}\|^{-1} = -\|\dot{\boldsymbol{r}}\|^{-2}\frac{d}{dt}\|\dot{\boldsymbol{r}}\| = -\frac{\dot{\boldsymbol{r}}\ddot{\boldsymbol{r}}}{\|\dot{\boldsymbol{r}}\|^3}$$

and
$$\dot{\boldsymbol{T}} = \ddot{\boldsymbol{r}}\frac{dt}{ds} + \dot{\boldsymbol{r}}\frac{d}{dt}\|\dot{\boldsymbol{r}}\|^{-1} = \frac{\ddot{\boldsymbol{r}}}{\|\dot{\boldsymbol{r}}\|} - \frac{(\dot{\boldsymbol{r}}\ddot{\boldsymbol{r}})\dot{\boldsymbol{r}}}{\|\dot{\boldsymbol{r}}\|^3} = \frac{\|\dot{\boldsymbol{r}}\|^2\ddot{\boldsymbol{r}} - (\dot{\boldsymbol{r}}\ddot{\boldsymbol{r}})\dot{\boldsymbol{r}}}{\|\dot{\boldsymbol{r}}\|^3}$$

$$\boldsymbol{T}' = \dot{\boldsymbol{T}}\frac{dt}{ds} = \frac{(\dot{\boldsymbol{r}}\dot{\boldsymbol{r}})\ddot{\boldsymbol{r}} - (\dot{\boldsymbol{r}}\ddot{\boldsymbol{r}})\dot{\boldsymbol{r}}}{\|\dot{\boldsymbol{r}}\|^4} = -\frac{\dot{\boldsymbol{r}} \times (\dot{\boldsymbol{r}} \times \ddot{\boldsymbol{r}})}{\|\dot{\boldsymbol{r}}\|^4}$$

ここで，最後の段階においてベクトル恒等式 $\boldsymbol{u}\times(\boldsymbol{v}\times\boldsymbol{w}) = (\boldsymbol{u}\boldsymbol{w})\boldsymbol{v} - (\boldsymbol{u}\boldsymbol{v})\boldsymbol{w}$ を使った．したがって，ベクトル

$$\boldsymbol{N}^* \equiv -\dot{\boldsymbol{r}} \times (\dot{\boldsymbol{r}} \times \ddot{\boldsymbol{r}})$$

を正規化することによって $\boldsymbol{N}$ を構築することができる．$\dot{\boldsymbol{r}}$ と $\dot{\boldsymbol{r}} \times \ddot{\boldsymbol{r}}$ は直交しているので，$\|\boldsymbol{N}^*\| = \|\dot{\boldsymbol{r}}\|\ \|\dot{\boldsymbol{r}} \times \ddot{\boldsymbol{r}}\|$ となり，それから $\dot{\boldsymbol{r}} \times \ddot{\boldsymbol{r}} \neq 0$ とすれば，

$$\boldsymbol{N} = \varepsilon\frac{(\dot{\boldsymbol{r}} \times \ddot{\boldsymbol{r}}) \times \dot{\boldsymbol{r}}}{\|\dot{\boldsymbol{r}} \times \ddot{\boldsymbol{r}}\|\ \|\dot{\boldsymbol{r}}\|} = \varepsilon\frac{(\dot{\boldsymbol{r}}\dot{\boldsymbol{r}})\ddot{\boldsymbol{r}} - (\dot{\boldsymbol{r}}\ddot{\boldsymbol{r}})\dot{\boldsymbol{r}}}{\|\dot{\boldsymbol{r}}\|\ \|\dot{\boldsymbol{r}} \times \ddot{\boldsymbol{r}}\|}$$

となる．

最後に，従法線ベクトルに関しては，$\boldsymbol{v} \equiv \dot{\boldsymbol{r}} \times \ddot{\boldsymbol{r}} \neq 0$ を用いて，

$$\begin{aligned}\boldsymbol{B} = \boldsymbol{T} \times \boldsymbol{N} = \frac{\dot{\boldsymbol{r}}}{\|\dot{\boldsymbol{r}}\|} \times \varepsilon\frac{\boldsymbol{v} \times \dot{\boldsymbol{r}}}{\|\boldsymbol{v}\|\ \|\dot{\boldsymbol{r}}\|} = \varepsilon\frac{(\dot{\boldsymbol{r}}\dot{\boldsymbol{r}})\boldsymbol{v} - (\dot{\boldsymbol{r}}\boldsymbol{v})\dot{\boldsymbol{r}}}{\|\dot{\boldsymbol{r}}\|^2\|\boldsymbol{v}\|} &= \varepsilon\frac{\|\dot{\boldsymbol{r}}\|^2\boldsymbol{v} - (0)\dot{\boldsymbol{r}}}{\|\dot{\boldsymbol{r}}\|^2\|\boldsymbol{v}\|} \\ &= \varepsilon\frac{\boldsymbol{v}}{\|\boldsymbol{v}\|}\end{aligned}$$

となる[*2]．

[*2] 訳注：スカラー三重積は循環性 $a \cdot (b \times c) = b \cdot (c \times a) = c \cdot (a \times b)$ を持つことから $\dot{\boldsymbol{r}}\boldsymbol{v} = 0$ が成り立つことに注意しよう．

曲率と捩率

問題 10.5　円螺旋

$$\boldsymbol{r} = \left(a\cos\frac{s}{c},\ a\sin\frac{s}{c},\ \frac{bs}{c}\right) \qquad (c = \sqrt{a^2+b^2})$$

についての曲率と捩率を求めよ（s は弧長である）.

解答

弧長で微分することにより,

$$\boldsymbol{T} = \boldsymbol{r}' = \left(-\frac{a}{c}\sin\frac{s}{c},\ \frac{a}{c}\cos\frac{s}{c},\ \frac{b}{c}\right) \qquad \boldsymbol{T}' = \left(-\frac{a}{c^2}\cos\frac{s}{c},\ -\frac{a}{c^2}\sin\frac{s}{c},\ 0\right)$$

となる. $\boldsymbol{T}'$ を正規化し,

$$\boldsymbol{N} = \left(-\cos\frac{s}{c},\ -\sin\frac{s}{c},\ 0\right)$$

を選択し，またこれと対応して,

$$\boldsymbol{B} = \boldsymbol{T}\times\boldsymbol{N} = \begin{vmatrix} \boldsymbol{i} & \boldsymbol{j} & \boldsymbol{k} \\ -\frac{a}{c}\sin\frac{s}{c} & \frac{a}{c}\cos\frac{s}{c} & \frac{b}{c} \\ -\cos\frac{s}{c} & -\sin\frac{s}{c} & 0 \end{vmatrix} = \left(\frac{b}{c}\sin\frac{s}{c},\ -\frac{b}{c}\cos\frac{s}{c},\ \frac{a}{c}\right)$$

$$\boldsymbol{B}' = \left(\frac{b}{c^2}\cos\frac{s}{c},\ \frac{b}{c^2}\sin\frac{s}{c},\ 0\right)$$

とする．このとき，(10.6) より,

$$\kappa = \frac{a}{c^2}\cos^2\frac{s}{c} + \frac{a}{c^2}\sin^2\frac{s}{c} + 0^2 = \frac{a}{c^2} \qquad \tau = \frac{b}{c^2}\cos^2\frac{s}{c} + \frac{b}{c^2}\sin^2\frac{s}{c} + 0^2 = \frac{b}{c^2}$$

となる. [“時間” パラメータ $t = cs$ を導入したとき，次を得る：

$$\frac{dz}{dt} = \frac{b}{c^2} = \tau$$

すなわち，螺旋が xy 平面（$t=0$ におけるその接触平面）から垂直方向に増加する割合は，その（一定の）捩率で与えられる.]

問題 10.6　曲線 $\boldsymbol{r} = (t^2 + t\sqrt{2},\, t^2 - t\sqrt{2},\, 2t^3/3)$ (実数 t) の曲率と捩率を求めよ.

解答

公式 (10.8) を用いる：

$$\dot{\boldsymbol{r}} = (2t+\sqrt{2},\, 2t-\sqrt{2},\, 2t^2) \quad \|\dot{\boldsymbol{r}}\| = \sqrt{(2t+\sqrt{2})^2 + (2t-\sqrt{2})^2 + 4t^4} = 2(t^2+1)$$

$$\ddot{\boldsymbol{r}} = (2,\, 2,\, 4t) \qquad \dddot{\boldsymbol{r}} = (0,\, 0,\, 4)$$

$$\dot{\boldsymbol{r}} \times \ddot{\boldsymbol{r}} = \begin{vmatrix} \boldsymbol{i} & \boldsymbol{j} & \boldsymbol{k} \\ 2t+\sqrt{2} & 2t-\sqrt{2} & 2t^2 \\ 2 & 2 & 4t \end{vmatrix} = 4(t^2 - t\sqrt{2},\, -(t^2+t\sqrt{2}),\, \sqrt{2})$$

$$(\dot{\boldsymbol{r}} \times \ddot{\boldsymbol{r}})^2 = 16[(t^2-t\sqrt{2})^2 + (t^2+t\sqrt{2})^2 + 2] = 32(t^2+1)^2$$

$$\det[\dot{\boldsymbol{r}}\,\ddot{\boldsymbol{r}}\,\dddot{\boldsymbol{r}}] = \dddot{\boldsymbol{r}} \cdot (\dot{\boldsymbol{r}} \times \ddot{\boldsymbol{r}}) = (0,\, 0,\, 4) \cdot 4(t^2 - t\sqrt{2},\, -t^2 - t\sqrt{2},\, \sqrt{2}) = 16\sqrt{2}$$

したがって,

$$\kappa = \frac{\varepsilon\sqrt{32(t^2+1)^2}}{8(t^2+1)^3} = \frac{\varepsilon}{\sqrt{2}(t^2+1)^2} \qquad \tau = \frac{16\sqrt{2}}{32(t^2+1)^2} = \frac{1}{\sqrt{2}(t^2+1)^2}$$

となる.

問題 10.7　(10.8) を証明せよ.

解答

問題 10.4 の結果を用いると,

$$\kappa = \boldsymbol{N}\boldsymbol{T}' = \left(\varepsilon\frac{(\dot{\boldsymbol{r}} \times \ddot{\boldsymbol{r}}) \times \dot{\boldsymbol{r}}}{\|\dot{\boldsymbol{r}}\|\,\|\dot{\boldsymbol{r}} \times \ddot{\boldsymbol{r}}\|}\right) \cdot \left(-\frac{\dot{\boldsymbol{r}} \times (\dot{\boldsymbol{r}} \times \ddot{\boldsymbol{r}})}{\|\dot{\boldsymbol{r}}\|^4}\right) = \varepsilon\frac{\|\dot{\boldsymbol{r}} \times (\dot{\boldsymbol{r}} \times \ddot{\boldsymbol{r}})\|^2}{\|\dot{\boldsymbol{r}}\|^5\,\|\dot{\boldsymbol{r}} \times \ddot{\boldsymbol{r}}\|}$$

$$= \varepsilon\frac{\|\dot{\boldsymbol{r}}\|^2\|\dot{\boldsymbol{r}} \times \ddot{\boldsymbol{r}}\|^2 \sin^2(\pi/2)}{\|\dot{\boldsymbol{r}}\|^5\|\dot{\boldsymbol{r}} \times \ddot{\boldsymbol{r}}\|} = \varepsilon\frac{\|\dot{\boldsymbol{r}} \times \ddot{\boldsymbol{r}}\|}{\|\dot{\boldsymbol{r}}\|^3}$$

を得る.

捩率は $\boldsymbol{B}'$ の計算を必要とする．(10.5) から，

$$\varepsilon \boldsymbol{B} = \frac{\dot{\boldsymbol{r}} \times \ddot{\boldsymbol{r}}}{\|\dot{\boldsymbol{r}} \times \ddot{\boldsymbol{r}}\|} \equiv \frac{\boldsymbol{v}}{\|\boldsymbol{v}\|}$$

となり，そこから，

$$\varepsilon \dot{\boldsymbol{B}} = \frac{d}{dt}\left(\frac{\boldsymbol{v}}{\|\boldsymbol{v}\|}\right) = \frac{1}{\|\boldsymbol{v}\|}\dot{\boldsymbol{v}} + \frac{d}{dt}\left(\frac{1}{\|\boldsymbol{v}\|}\right)\boldsymbol{v} = \frac{\dot{\boldsymbol{v}}}{\|\boldsymbol{v}\|} - \frac{(\boldsymbol{v}\dot{\boldsymbol{v}})\boldsymbol{v}}{\|\boldsymbol{v}\|^3}$$
$$= \frac{\|\boldsymbol{v}\|^2\dot{\boldsymbol{v}} - (\boldsymbol{v}\dot{\boldsymbol{v}})\boldsymbol{v}}{\|\boldsymbol{v}\|^3}$$

となる．一方で $\dot{\boldsymbol{v}} = d(\dot{\boldsymbol{r}} \times \ddot{\boldsymbol{r}})/dt = (\ddot{\boldsymbol{r}} \times \ddot{\boldsymbol{r}}) + (\dot{\boldsymbol{r}} \times \dddot{\boldsymbol{r}}) = \dot{\boldsymbol{r}} \times \dddot{\boldsymbol{r}}$ となるので，ゆえに，

$$\varepsilon \boldsymbol{B}' = \frac{\varepsilon \dot{\boldsymbol{B}}}{\|\dot{\boldsymbol{r}}\|} = \frac{\|\dot{\boldsymbol{r}} \times \ddot{\boldsymbol{r}}\|^2(\dot{\boldsymbol{r}} \times \dddot{\boldsymbol{r}}) - [(\dot{\boldsymbol{r}} \times \ddot{\boldsymbol{r}})(\dot{\boldsymbol{r}} \times \dddot{\boldsymbol{r}})](\dot{\boldsymbol{r}} \times \ddot{\boldsymbol{r}})}{\|\dot{\boldsymbol{r}}\|\ \|\dot{\boldsymbol{r}} \times \ddot{\boldsymbol{r}}\|^3}$$

という結果を得る．これを (10.5) から

$$\varepsilon \boldsymbol{N} = \frac{(\dot{\boldsymbol{r}}\dot{\boldsymbol{r}})\ddot{\boldsymbol{r}} - (\dot{\boldsymbol{r}}\ddot{\boldsymbol{r}})\dot{\boldsymbol{r}}}{\|\dot{\boldsymbol{r}}\|\ \|\dot{\boldsymbol{r}} \times \ddot{\boldsymbol{r}}\|}$$

でドット積をとり，$\boldsymbol{u} \cdot (\boldsymbol{u} \times \boldsymbol{w}) = 0$ を用いる：

$$-\tau = \boldsymbol{N}\boldsymbol{B}' = \varepsilon^2 \boldsymbol{N}\boldsymbol{B} = \frac{(\dot{\boldsymbol{r}}\dot{\boldsymbol{r}})\|\dot{\boldsymbol{r}} \times \ddot{\boldsymbol{r}}\|^2[\ddot{\boldsymbol{r}} \cdot (\dot{\boldsymbol{r}} \times \dddot{\boldsymbol{r}})] - 0 - 0 + 0}{\|\dot{\boldsymbol{r}}\|^2\ \|\dot{\boldsymbol{r}} \times \ddot{\boldsymbol{r}}\|^4}$$
$$= \frac{\|\dot{\boldsymbol{r}}\|^2(-\det[\dot{\boldsymbol{r}}\,\ddot{\boldsymbol{r}}\,\dddot{\boldsymbol{r}}])}{\|\dot{\boldsymbol{r}}\|^2\ \|\dot{\boldsymbol{r}} \times \ddot{\boldsymbol{r}}\|^2}$$

または

$$\tau = \frac{\det[\dot{\boldsymbol{r}}\,\ddot{\boldsymbol{r}}\,\dddot{\boldsymbol{r}}]}{\|\dot{\boldsymbol{r}} \times \ddot{\boldsymbol{r}}\|^2}$$

となる．

問題 10.8　(a) $\boldsymbol{N}' = -\kappa \boldsymbol{T} + \tau \boldsymbol{B}$，(b) $\boldsymbol{B}' = -\tau \boldsymbol{N}$ をそれぞれ証明せよ．

解答

(a) $\boldsymbol{N}\boldsymbol{N} = 1$ より，$(\boldsymbol{N}\boldsymbol{N})' = 2\boldsymbol{N}'\boldsymbol{N} = 0$ となり，$\boldsymbol{N}'$ は $\boldsymbol{N}$ と直交しているので，$\boldsymbol{T}$ と $\boldsymbol{B}$ で代えることができる．したがって，特定の実数 λ と μ を用いて，

$$\boldsymbol{N}' = \lambda \boldsymbol{T} + \mu \boldsymbol{B} \tag{1}$$

となる．両辺を $\boldsymbol{T}$，次に $\boldsymbol{B}$ でドット積をとり，$\boldsymbol{T}\boldsymbol{N}=0$，$\boldsymbol{T}'\boldsymbol{N}+\boldsymbol{T}\boldsymbol{N}'=0$，$\boldsymbol{N}'\boldsymbol{B}+\boldsymbol{N}\boldsymbol{B}'=0$，$\kappa=\boldsymbol{N}\boldsymbol{T}'$，$\tau=-\boldsymbol{N}\boldsymbol{B}'$ を用いると次のようになる：

$$\boldsymbol{T}\boldsymbol{N}'=\lambda\boldsymbol{T}^2+\mu\boldsymbol{T}\boldsymbol{B}=\lambda \qquad \text{or} \qquad \lambda=-\boldsymbol{T}'\boldsymbol{N}=-\kappa$$

$$\boldsymbol{B}\boldsymbol{N}'=\tau=\lambda\boldsymbol{B}\boldsymbol{T}+\mu\boldsymbol{B}^2=\mu$$

(1) の λ と μ に代入すると目的の結果が得られる．

(b) $\boldsymbol{B}=\boldsymbol{T}\times\boldsymbol{N}$ や (a) の一部から，

$$\begin{aligned}\boldsymbol{B}'&=\boldsymbol{T}'\times\boldsymbol{N}+\boldsymbol{T}\times\boldsymbol{N}'=(\kappa\boldsymbol{N})\times\boldsymbol{N}+\boldsymbol{T}\times(-\kappa\boldsymbol{T}+\tau\boldsymbol{B})\\&=0+0+\tau(\boldsymbol{T}\times\boldsymbol{B})=\tau(-\boldsymbol{N})=-\tau\boldsymbol{N}\end{aligned}$$

を得る．

問題 10.9　ある点において曲線が $\kappa'=0$ を持つとき，$\boldsymbol{N}''$ がその点で $\boldsymbol{T}$ と直交していることを証明せよ．

解答

$\boldsymbol{N}'=-\kappa\boldsymbol{T}+\tau\boldsymbol{B}$ から，$\boldsymbol{N}''=-\kappa'\boldsymbol{T}-\kappa\boldsymbol{T}'+\tau'\boldsymbol{B}+\tau\boldsymbol{B}'$ ということになる．しかし $\kappa'=0$ であり，$\boldsymbol{T}'$ と $\boldsymbol{B}'$ に対するフレネ・セレの公式より

$$\boldsymbol{N}''=-\kappa(\kappa\boldsymbol{N})+\tau'\boldsymbol{B}+\tau(-\tau\boldsymbol{N})=(-\kappa^2-\tau^2)\boldsymbol{N}+\tau'\boldsymbol{B}$$

を得る．$\boldsymbol{N}''$ は $\boldsymbol{N}$ と $\boldsymbol{B}$ の平面内にあるので，これは $\boldsymbol{T}$ に直交している．

ユークリッド空間における曲面

問題 10.10　回転面が正則であることを示し，単位曲面法線を明示せよ．

解答

z 軸周りの回転面（図 10-11）のガウス形式は

$$\boldsymbol{r}=(f(x^1)\cos x^2,\ f(x^1)\sin x^2,\ g(x^1)) \qquad (f(x^1)>0)$$

なので，

$$\boldsymbol{r}_1=(f'(x^1)\cos x^2,\ f'(x^1)\sin x^2,\ g'(x^1))$$

$$\boldsymbol{r}_2 = (-f(x^1)\sin x^2,\, f(x^1)\cos x^2,\, 0)$$

となる．これらから，$\boldsymbol{r}_1 \times \boldsymbol{r}_2 = (-fg'\cos x^2,\, -fg'\sin x^2,\, ff'(\cos^2 x^2 + \sin^2 x^2))$ となり，ノルムは

$$E = \sqrt{f^2 g'^2 \cos^2 x^2 + f^2 g'^2 \sin^2 x^2 + f^2 f'^2} = f\sqrt{f'^2 + g'^2}$$

となる．ここでは $f = f(x^1) \neq 0$ としている．さらに，母曲線は正則であり，これは $t = x^1$ とした場合，その母曲線の接ベクトル，

$$\left(\frac{dx}{dt},\, 0,\, \frac{dz}{dt}\right) = (f',\, 0,\, g')$$

はヌルでなく，$f'^2 + g'^2 \neq 0$ となることを意味している．したがって，$E \neq 0$ となり曲面は正則であると言える．

単位曲面法線は

$$\begin{aligned}\boldsymbol{n} &= \frac{1}{E}(\boldsymbol{r}_1 \times \boldsymbol{r}_2)\\ &= \left(-\frac{g'}{\sqrt{f'^2 + g'^2}}\cos x^2,\, -\frac{g'}{\sqrt{f'^2 + g'^2}}\sin x^2,\, \frac{f'}{\sqrt{f'^2 + g'^2}}\right)\end{aligned}$$

となる．

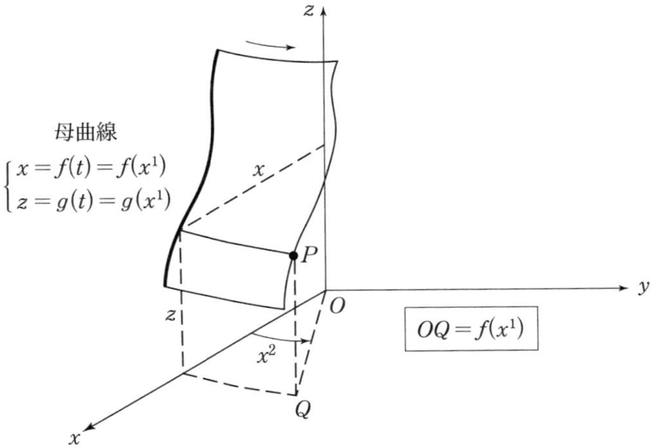

図 **10-11**

問題 10.11　常螺旋（例 10.4）についての x^1 曲線および x^2 曲線を明記し，x^1 曲線に沿った単位曲面法線のふるまいを説明せよ．

解答

x^1 曲線（$x^2 = \text{const.}$）は

$$\boldsymbol{r} = (0,\,0,\,ax^2) + x^1(\cos x^2,\,\sin x^2,\,0) \qquad (x^1 \geqq 0)$$

で与えられ，それゆえ xy 平面に平行な半直線が存在している．また，x^2 曲線（$x^1 = \text{const.}$）は

$$\sqrt{x^2+y^2} = x^1 \qquad z = ax^2$$

で与えられる．すなわち，半径 x^1 の円螺旋である．

次に以下を得る：

$$\boldsymbol{r}_1 = (\cos x^2,\,\sin x^2,\,0) \qquad \boldsymbol{r}_2 = (-x^1\sin x^2,\,x^1\cos x^2, a)$$

$$\boldsymbol{r}_1 \times \boldsymbol{r}_2 = \begin{vmatrix} \boldsymbol{i} & \boldsymbol{j} & \boldsymbol{k} \\ \cos x^2 & \sin x^2 & 0 \\ -x^1\sin x^2 & x^1\cos x^2 & a \end{vmatrix} = (a\sin x^2,\,-a\cos x^2,\,x^1)$$

そして，

$$\begin{aligned} \boldsymbol{n} = \frac{\boldsymbol{r}_1 \times \boldsymbol{r}_2}{\|\boldsymbol{r}_1 \times \boldsymbol{r}_2\|} &= \left(\frac{a\sin x^2}{\sqrt{a^2+(x^1)^2}},\,\frac{-a\cos x^2}{\sqrt{a^2+(x^1)^2}},\,\frac{x^1}{\sqrt{a^2+(x^1)^2}}\right) \\ &= (\cos\omega)\boldsymbol{u} + (\sin\omega)\boldsymbol{v} \end{aligned}$$

となる．ここで，$\omega \equiv \tan^{-1}(x^1/a)$, $\boldsymbol{u} \equiv (\sin x^2,\,-\cos x^2,\,0)$, $\boldsymbol{v} \equiv (0,\,0,\,1)$ である[*3]．$\boldsymbol{x}^1$ 線上では，$\boldsymbol{u}$ と $\boldsymbol{v}$ は固定された単位ベクトルであり，x^1 が 0 から ∞ へ増加すると ω は 0 から $\pi/2$ に増加していく．したがって，放線が示されているとき，$\boldsymbol{n}$ は円周の 4 分の 1 を描いている（図 10-12 を見よ）．

---

*3 訳注：$\cos(\tan^{-1} x) = \frac{1}{\sqrt{1+(x)^2}}$ が成り立つことに注意しよう．

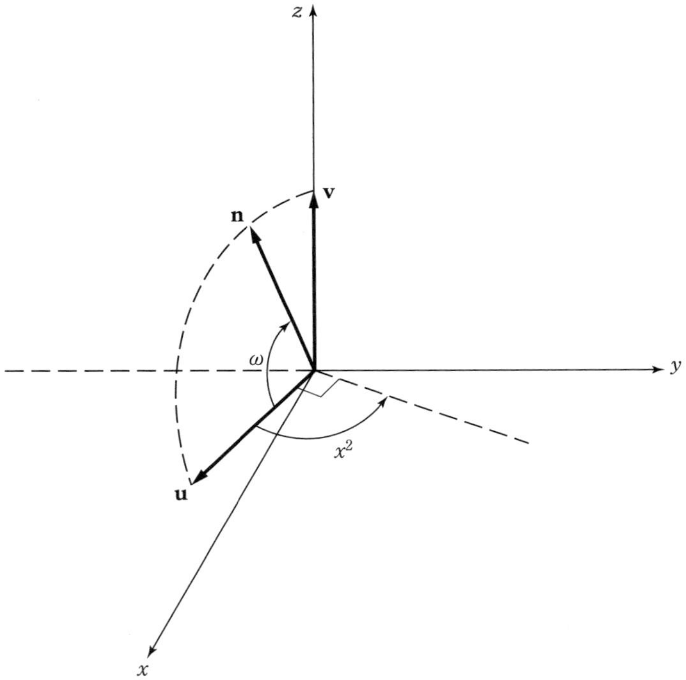

図 **10-12**

> **問題 10.12**　任意の回転面に関する FFF を求め，それから直円錐に特殊化せよ．

解答

問題 10.10 で得られる $\boldsymbol{r}_1$ と $\boldsymbol{r}_2$ を用いると，

$$g_{11} = \boldsymbol{r}_1\boldsymbol{r}_1 = (f'\cos x^2)^2 + (f'\sin x^2)^2 + (g')^2 = f'^2 + g'^2$$
$$g_{12} = g_{21} = \boldsymbol{r}_1\boldsymbol{r}_2 = -f'f\cos x^2\sin x^2 + f'f\sin x^2\cos x^2 + (g')(0) = 0$$
$$g_{22} = \boldsymbol{r}_2\boldsymbol{r}_2 = (-f\sin x^2)^2 + (f\cos x^2)^2 + 0^2 = f^2$$

となるので，

$$\mathrm{I} = (f'^2 + g'^2)(dx^1)^2 + f^2(dx^2)^2 \tag{1}$$

となる．

直円錐に関しては（図 10-13），$f = x^1$ および $g = ax^1$ となる．ゆえに，

$$\mathrm{I} = (1 + a^2)(dx^1)^2 + (x^1)^2(dx^2)^2 \tag{2}$$

である．

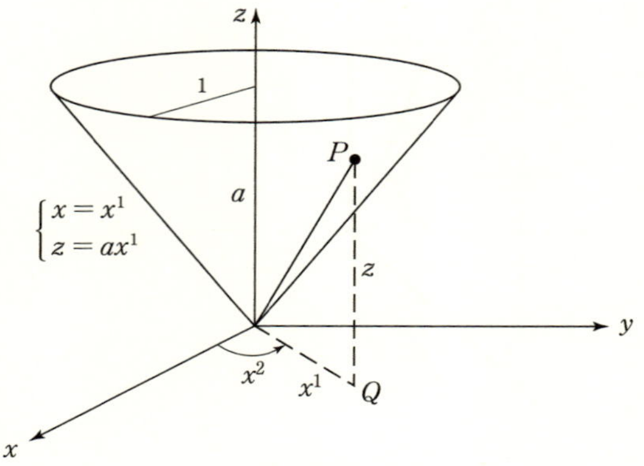

図 10-13

問題 10.13　懸垂面（図 10-14）に関する FFF を求め，$x^1 = t,\ x^2 = t$ $(0 \leqq t \leqq \ln(1+\sqrt{2}))$ で与えられる曲線の長さを計算せよ．

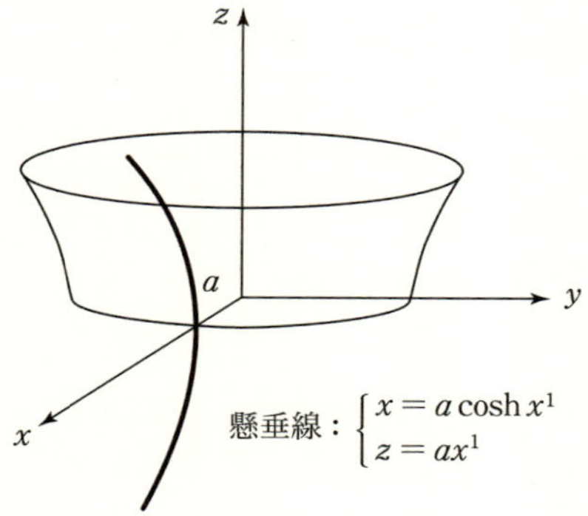

図 10-14

解答

ここで，$f(x^1) = a\cosh x^1$, $g(x^1) = ax^1$，そして問題 10.12 の (1) から，曲線に沿って，

$$\left(\frac{ds}{dt}\right)^2 = (a^2\cosh^2 x^1)\left(\frac{dx^1}{dt}\right)^2 + (a^2\cosh^2 x^1)\left(\frac{dx^2}{dt}\right)^2 = 2a^2\cosh^2 t$$

となり，

$$L = a\sqrt{2}\int_0^{\ln(1+\sqrt{2})}\cosh t dt = a\sqrt{2}\sinh[\ln(1+\sqrt{2})] = a\sqrt{2}$$

を得る．

問題 10.14 $\mathscr{C}_1$ および $\mathscr{C}_2$ を直円錐 $\boldsymbol{r} = (x^1\cos x^2,\, x^1\sin x^2,\, 2x^1)$ 上の 2 つの曲線とし，パラメータ平面におけるその原像が

$$\mathscr{C}_1\colon \begin{cases} x^1 = 3 - t \\ x^2 = t/2 \end{cases} \qquad \mathscr{C}_2\colon \begin{cases} x^1 = \sigma > 0 \\ x^2 = \sigma^2 \end{cases}$$

であるとする．交点において，$\mathscr{C}_1$ と $\mathscr{C}_2$ のなす角を求め，x^1x^2 平面における直交性が円錐に引き継がれないことを示せ．

解答

2 つの原像曲線の交点 P' は連立方程式

$$3 - t = \sigma \qquad \text{and} \qquad \frac{t}{2} = \sigma^2$$

で決定される．これは，$t = 2, \sigma = 1$ となり，$P' = (1,\, 1)$ を得る．ゆえに，P' での 2 つの接ベクトルは次のようになる：

$$(u^i) = \left(\frac{dx^i}{dt}\right)\Big|_{t=2} = (-1,\, \tfrac{1}{2}) \qquad (v^i) = \left(\frac{dx^i}{d\sigma}\right)\Big|_{\sigma=1} = (1,\, 2)$$

ユークリッド的な意味で，(u^i) と (v^i) は直交している．

P' の像での接ベクトルのなす角を表現するために，($a = 2$ とした）問題 10.12 の (2) を採用し，$x^1 = 1, x^2 = 1$ に対して (10.18) を適用する：

$$\cos\theta = \frac{(1+2^2)(-1)(1) + (1)^2(\frac{1}{2})(2)}{D} = \frac{-4}{D} \neq 0$$

したがって，P' の像においてこれらの曲線は直交していない．

問題 10.15　定理 10.3 を証明し，常螺旋（例 10.4）および任意の回転面（問題 10.12）について系 10.4 を幾何学的に確かめよ．

解答

証明は，単に (10.18) において $(u^i) = (1, 0)$ および $(v^i) = (0, 1)$ とすることで可能である．(問題 5.31 と比較せよ．)

問題 10.11 から明らかなように，常螺旋は，回転軸点が z 軸を移動する間 xy 平面に沿って回転する，z 軸周りを回転する半直線（x^1 曲線）によって生成される**線織曲面** (*ruled surface*) である．したがって，母線上（図 10-8）の点 P は螺旋 x^2 曲線を表しており，この母線は必然的にいたる所においても他方の母線（すなわち，x^1 曲線）に直交している．回転面に関しては，回転される平面曲線（x^1 曲線，または**子午線** (*meridians*)）や，平面曲線の各点を円系になぞったもの（x^2 曲線，または**緯線** (*parallels of latitude*)）と一致したパラメータ線は互いに直交していることが明らかである．前回の計算から，螺旋と一般回転面に関してはどちらも $g_{12} = 0$ となる．

問題 10.16　平面における座標変換 $x^1 = x^1(\bar{x}^1, \bar{x}^2)$, $x^2 = x^2(\bar{x}^1, \bar{x}^2)$ の下，曲面の計量 (g_{ij}) が 2 階の共変テンソルとして変換することを示せ．

解答

代入することで $\boldsymbol{r}(x^1, x^2) = \boldsymbol{r}(x^1(\bar{x}^1, \bar{x}^2), x^2(\bar{x}^1, \bar{x}^2)) \equiv \bar{\boldsymbol{r}}(\bar{x}^1, \bar{x}^2)$ となり，後者は $\mathscr{S}$ についての“新しい”パラメータ表示である．このパラメータ表示の下での計量を計算するためには，(偏微分についての連鎖律および内積の双線形性から)

$$\bar{g}_{ij} \equiv \bar{\boldsymbol{r}}_i \bar{\boldsymbol{r}}_j \equiv \frac{\partial \bar{\boldsymbol{r}}}{\partial \bar{x}^i} \frac{\partial \bar{\boldsymbol{r}}}{\partial \bar{x}^j} = \left(\frac{\partial \boldsymbol{r}}{\partial x^p} \frac{\partial x^p}{\partial \bar{x}^i} \right) \cdot \left(\frac{\partial \boldsymbol{r}}{\partial x^q} \frac{\partial x^q}{\partial \bar{x}^j} \right)$$

$$= \left(\boldsymbol{r}_p \frac{\partial x^p}{\partial \bar{x}^i} \right) \cdot \left(\boldsymbol{r}_q \frac{\partial x^q}{\partial \bar{x}^j} \right) = \boldsymbol{r}_p \boldsymbol{r}_q \frac{\partial x^p}{\partial \bar{x}^i} \frac{\partial x^q}{\partial \bar{x}^j} \equiv g_{pq} \frac{\partial x^p}{\partial \bar{x}^i} \frac{\partial x^q}{\partial \bar{x}^j}$$

と書く．これはテンソルの特性に関する正しい公式である．

測地線

問題 10.17 (a) 半径 a の球に対する第二種クリストッフェル記号を求めよ．(b) 北極と南極を通る大円（すなわち，x^1 曲線）が測地線であることを確かめよ．

解答

(a) 半径 a の球に対する FFF は問題 10.12 から計算できる：

$$g_{11} = a^2 \qquad g_{12} = 0 = g_{21} \qquad g_{22} = a^2 \sin^2 x^1$$

(g_{ij}) は対角形であるので，問題 6.4 からの公式を使うことができ，0 でないクリストッフェル記号は次のようになる：

$$\Gamma^1_{22} = -\sin x^1 \cos x^1 \qquad \Gamma^2_{12} = \Gamma^2_{21} = \cot x^1$$

(b) 曲線族 $x^1 = t$, $x^2 = d = \text{const.}$ が,

$$\frac{d^2x^i}{dt^2} + \Gamma^i_{jk}\frac{dx^j}{dt}\frac{dx^k}{dt} = \frac{1}{2}\frac{dx^i}{dt}\left[\frac{d}{dt}\ln\left(g_{jk}\frac{dx^j}{dt}\frac{dx^k}{dt}\right)\right]$$

や，または，与えられた計量に対して，

$$\boldsymbol{i=1} \qquad \frac{d^2x^1}{dt^2} - (\sin x^1 \cos x^1)\left(\frac{dx^2}{dt}\right)^2$$
$$= \frac{1}{2}\frac{dx^1}{dt}\left[\frac{d}{dt}\ln\left(a^2\left(\frac{dx^1}{dt}\right)^2 + (a^2\sin^2 x^1)\left(\frac{dx^2}{dt}\right)^2\right)\right]$$

$$\boldsymbol{i=2} \qquad \frac{d^2x^2}{dt^2} + (2\cot x^1)\frac{dx^1}{dt}\frac{dx^2}{dt} = \frac{1}{2}\frac{dx^2}{dt}\left[\frac{d}{dt}\ln \mathrm{I}\right]$$

と便宜的に書ける微分式系 (7.11)–(7.12) の積分曲線であることを示したい．$dx^1/dt = 1$ および $dx^2/dt = 0$ であることにより，両方程式は $0 = 0$ に帰着し，よって実証は完了となる．

問題 10.18　次の定理 10.6 を証明せよ：正則曲面上の曲は，$\boldsymbol{N}=\boldsymbol{n}$ と主法線を適切に選ぶ場合にのみ測地線である.

解答

曲面上の任意曲線が $\mathscr{C}$: $\boldsymbol{r}=\boldsymbol{r}(x^1(s), x^2(s))$ で与えられるとすると（$s=$ 弧長 であるとする），

$$\boldsymbol{T}=\boldsymbol{r}_i\frac{dx^i}{ds}$$

となり，(10.9) の第一式から

$$\kappa\boldsymbol{N}=\boldsymbol{T}'=\frac{d^2x^i}{ds^2}\boldsymbol{r}_i+\frac{dx^i}{ds}\left(\frac{\partial\boldsymbol{r}_i}{\partial x^j}\frac{dx^j}{ds}\right)\equiv\frac{d^2x^i}{ds^2}\boldsymbol{r}_i+\frac{dx^i}{ds}\frac{dx^j}{ds}\boldsymbol{r}_{ij}\tag{1}$$

が得られる．(1) の両辺をベクトル $\boldsymbol{r}_k$ でドット積し，問題 10.48 の結果を用いる：

$$\kappa\boldsymbol{r}_k\boldsymbol{N}=\frac{d^2x^i}{ds^2}\boldsymbol{r}_i\boldsymbol{r}_k+\frac{dx^i}{ds}\frac{dx^j}{ds}\boldsymbol{r}_{ij}\boldsymbol{r}_k\equiv\frac{d^2x^i}{ds^2}g_{ik}+\frac{dx^i}{ds}\frac{dx^j}{ds}\Gamma_{ijk}\tag{2}$$

そして (2) の両辺に g^{kl} をかけて k 上で足し合わせる：

$$g^{kl}\kappa\boldsymbol{r}_k\boldsymbol{N}=\frac{d^2x^i}{ds^2}\delta^l_i+\frac{dx^i}{ds}\frac{dx^j}{ds}g^{kl}\Gamma_{ijk}=\frac{d^2x^l}{ds^2}+\Gamma^l_{ij}\frac{dx^i}{ds}\frac{dx^j}{ds}\tag{3}$$

このとき $\mathscr{C}$ が測地線であった場合，(3) の右辺は 0 となり，これは $k=1,2$ について $\kappa\boldsymbol{r}_k\boldsymbol{N}=0$ となることを意味している．もし $\kappa\neq 0$ であるときは，$\boldsymbol{r}_1\boldsymbol{N}=0=\boldsymbol{r}_2\boldsymbol{N}$ となることから，$\boldsymbol{N}$ は $\boldsymbol{r}_1$ および $\boldsymbol{r}_2$ の両方（つまりは接ベクトル空間）に直交している．したがって，方向性から，$\boldsymbol{N}=\boldsymbol{n}$ となる．もしある点 P で $\kappa=0$ であり，曲線に沿って P に近づく $\kappa\neq 0$ となる点列が存在する場合，連続性により結果として $\boldsymbol{N}=\boldsymbol{n}$ となる．一方，ある区間で $\kappa=0$ であり，その区間で曲線が直線となるケースにおいては，その主法線 $\boldsymbol{N}$ を $\boldsymbol{n}$ と一致するように選択することができる．逆に，曲線がすべての点で $\boldsymbol{N}=\boldsymbol{n}$ となる性質を持っているとき，$\boldsymbol{r}_k\boldsymbol{N}=\boldsymbol{r}_k\boldsymbol{n}=0$ となるので (3) の左辺は 0 となり，これは $\mathscr{C}$ の原像が測地線についての微分方程式を満たすことを示している.

問題 10.19　トーラスの平面部分に定理 10.6 を適用せよ.

解答

トーラスおよび様々な平面部分の例を図 10-15 に示した．楕円形の垂直断面の (a) において，P での曲面法線は（曲線の法線を含む）曲線の平面上にないため，この断面は測地線とすることができない．水平断面が円形となる (b) においても，曲面法線は平面上にないので，この断面は測地線とはならない．(c) および (d) に示された円は，曲面法線が選択された曲線の主法線と正確に一致するので測地線である.

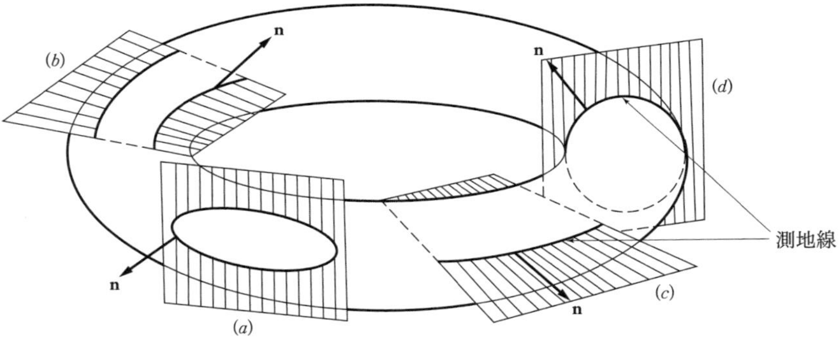

図 10-15

問題 10.20　ある曲面上の曲線の内在曲率 $\tilde{\kappa}$ は，$\mathbf{E}^3$ における曲線としてのその曲率 κ と異なることを示せ.

解答

半径 a の球面上における円を一例とする．もしこの円も半径 a を持つならば，その円は大円であり，ゆえに内在曲率が 0 となる測地線となる．しかし，$\mathbf{E}^3$ におけるその（平面）曲線としての曲率は $1/a$ である．もう一つの例は円螺旋である：その曲率は $\mathbf{E}^3$ における曲線としては 0 でないが，円柱上の測地線としてはその内在曲率は 0 となる.

第二基本形式

問題 10.21 (a) 問題 10.12 の直円錐についての SFF を求めよ．
(b) 点 $P(1,\ 0,\ a)$ において，P で方向 $\boldsymbol{j}$ を持つ直截口の曲率を計算せよ（図 10-16 を見よ）．

解答

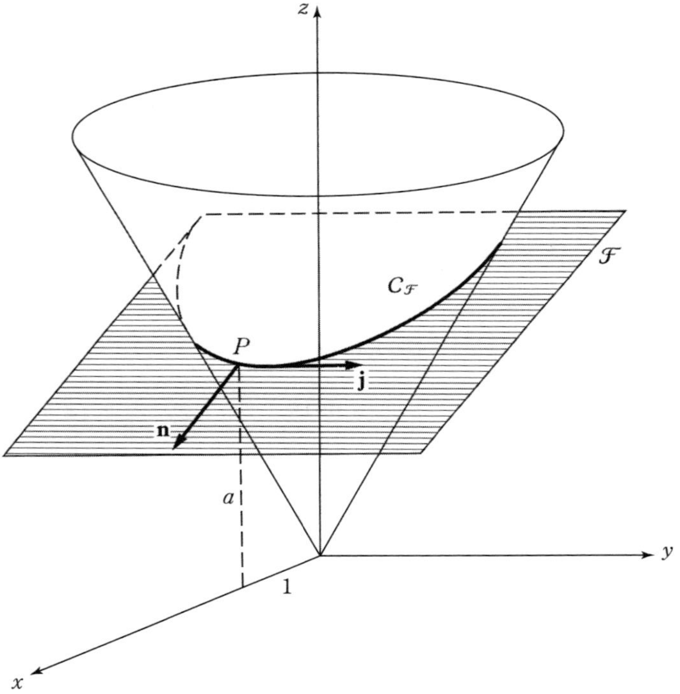

図 **10-16**

(a) $\boldsymbol{r} = (x^1 \cos x^2,\ x^1 \sin x^2,\ ax^1) \quad (x^1 > 0)$ から，次を得る：

$$\boldsymbol{r}_1 = (\cos x^2,\ \sin x^2,\ a) \qquad \boldsymbol{r}_2 = (-x^1 \sin x^2,\ x^1 \cos x^2,\ 0)$$

$$\boldsymbol{r}_{11} = (0,\ 0,\ 0) \qquad \boldsymbol{r}_{12} = \boldsymbol{r}_{21} = (-\sin x^2,\ \cos x^2,\ 0)$$

$$\boldsymbol{r}_{22} = (-x^1 \cos x^2,\ -x^1 \sin x^2,\ 0)$$

そして問題 10.10 から，$\boldsymbol{n} = (a^2+1)^{-1/2}(-a\cos x^2,\ -a\sin x^2,\ 1)$ となる．II における係数はゆえに $f_{11} \equiv \boldsymbol{n}\boldsymbol{r}_{11} = 0$, $f_{12} = f_{21} \equiv \boldsymbol{n}\boldsymbol{r}_{12} = 0$, $f_{22} \equiv \boldsymbol{n}\boldsymbol{r}_{22} = (a^2+1)^{-1/2}ax^1$ である．

(b) P での方向 $\boldsymbol{j}$ は，パラメータ平面における $P' = (1,\ 0)$ での方向 $(u^1,\ u^2)$ に対応しており，それは

$$\begin{aligned} \boldsymbol{j} &= u^1\boldsymbol{r}_1(P) + u^2\boldsymbol{r}_2(P) \\ (0,\ 1,\ 0) &= u^1(1,\ 0,\ a) + u^2(0,\ 1,\ 0) \\ (0,\ 1,\ 0) &= (u^1,\ u^2,\ au^1) \end{aligned}$$

となる．結果として，$u^1 = 0$ および $u^2 = 1$ となる．問題 10.12 から I を充てることで，

$$\kappa_{\mathscr{F}} = \frac{\mathrm{II}(u^1,\ u^2)}{\mathrm{I}(u^1,\ u^2)} = \frac{f_{22}(P)(u^2)^2}{(a^2+1)(u^1)^2 + (1)^2(u^2)^2} = f_{22}(P) = \frac{a}{\sqrt{a^2+1}}$$

を得る．

問題 10.22　正則曲面 $\mathscr{S}$ 上の曲線 $\mathscr{C}$ に沿ったベクトルの "平行移動" に関する幾何学的な概念を明らかにせよ．

解答

$\mathscr{C}$ を，その $\mathscr{S}$ ごと，ある固定平面 $\mathscr{F}$ 上で滑らせずに転がすことを想像しよう．要するに（固定平面との）接点が常に $\mathscr{C}$ 上にあり，接点における $\mathscr{S}$ についての接平面が $\mathscr{F}$ と常に一致するような仕方で転がす．これは $\mathscr{C}$ を，同じ弧長パラメータおよび同じ接ベクトルを持つ $\mathscr{F}$ における（平面）曲線 $\mathscr{C}^*$ に写像している．結果として，（固定平面の）接点に付随しており，その接点が $\mathscr{C}^*$ を記述するときに（通常のユークリッド的な意味で）それ自体に平行なままである $\mathscr{F}$ における任意ベクトルは——逆写像 $\mathscr{C}^* \to \mathscr{C}$ の下で——「**$\mathscr{C}$ に沿った平行移動**」をしているとみなされる．一般には，ある曲面上の閉曲線周りで，あるベクトルを平行移動させても，（平行移動する前の）初期ベクトルは再現されない．

問題 10.23　(10.23) を証明せよ．

解答

$\mathscr{S}$ 上の任意曲線 $\mathscr{C}$ の単位接ベクトルについての公式から始める：

$$\boldsymbol{T} = \frac{u^i \boldsymbol{r}_i}{\sqrt{g_{kl}u^k u^l}} \qquad \left(u^i \equiv \frac{dx^i}{dt}\right)$$

次に，

$$\dot{\boldsymbol{T}} = \frac{d}{dt}\left(\frac{u^i}{\sqrt{g_{kl}u^k u^l}}\right)\boldsymbol{r}_i + \frac{u^i}{\sqrt{g_{kl}u^k u^l}}\dot{\boldsymbol{r}}_i = Q^i \boldsymbol{r}_i + \frac{u^i}{\sqrt{g_{kl}u^k u^l}}\boldsymbol{r}_{ij}u^j \tag{1}$$

とする．ここで，Q^i は $\boldsymbol{r}_i$ のスカラー係数について省略したものである．ここでフレネの公式から $\kappa \boldsymbol{N} = \boldsymbol{T}' = \dot{\boldsymbol{T}}/\sqrt{g_{kl}u^k u^l}$ を得るので，(1) と併せて，次のようになる：

$$\kappa \boldsymbol{N} = \frac{Q_i}{\sqrt{g_{kl}u^k u^l}}\boldsymbol{r}_i + \frac{u^i u^j}{g_{kl}u^k u^l}\boldsymbol{r}_{ij} \tag{2}$$

(2) の両辺を $\boldsymbol{n}$（曲面法線）でドット積をとり，各 i について $\boldsymbol{r}_i \boldsymbol{n} = 0$ という事実を用いる：

$$\kappa \boldsymbol{n}\boldsymbol{N} = \frac{u^i u^j}{g_{kl}u^k u^l}\boldsymbol{r}_{ij}\boldsymbol{n} \equiv \frac{u^i u^j}{g_{kl}u^k u^l}f_{ij} \tag{3}$$

$\mathscr{C}$ が P での直截口 $\mathscr{C}_{\mathscr{F}}$ であり，そして P における κ や $\boldsymbol{N}$，(3) の右辺がすべて求められているとき，$\kappa = \kappa_{\mathscr{F}}$，$\boldsymbol{n}\boldsymbol{N} = \boldsymbol{n}^2 = 1$ となるので，(3) は目的の式

$$\kappa_{\mathscr{F}} = \frac{f_{ij}u^i u^j}{g_{kl}u^k u^l}$$

となる．

曲面の曲率

問題 10.24 $A = [a_{ij}]_{22}$, $B = [b_{ij}]_{22}$, $\boldsymbol{u} = (u^1, u^2) \neq (0, 0)$ とした関数

$$F(\boldsymbol{u}) = \frac{a_{ij}u^i u^j}{b_{kl}u^k u^l} = \frac{\boldsymbol{u}^T A\boldsymbol{u}}{\boldsymbol{u}^T B\boldsymbol{u}}$$

の最小値および最大値が，λ についての 2 次方程式

$$\det(A - \lambda B) \equiv \begin{vmatrix} a_{11} - \lambda b_{11} & a_{12} - \lambda b_{12} \\ a_{21} - \lambda b_{21} & a_{22} - \lambda b_{22} \end{vmatrix} = 0 \tag{1}$$

の 2 つの根（すなわち，$B^{-1}A$ の固有値）であり，F の極値が，x を $B^{-1}A$ の 2 つの固有値とした $(A - xB)\boldsymbol{u} = \boldsymbol{0}$ を満たすベクトル（すなわち $B^{-1}A$ の固有ベクトル）$\boldsymbol{u}$ から生じることを示せ.

解答

A と B が対称であると仮定しても一般性を失うことはない．$\mathscr{G}$ を，u^1u^2 平面において原点をその内部に持つ任意の単純閉曲線であるとしよう．$\mathscr{G}$ 上で $F(\boldsymbol{u})$ が最大となる値を取ることはワイエルシュトラスの定理から保証されているので，仮に $F(\boldsymbol{w}) = M$ としてみる．F は（任意の $\lambda \neq 0$ について $F(\lambda\boldsymbol{u}) = F(\boldsymbol{u})$ となって）原点から発する線上で一定であることから，$\mathscr{G}$ 上の最大は u^1u^2 平面において最大かつ極大である．ゆえに，F の勾配は $\boldsymbol{w}$ においてゼロとなる．つまりは次を得る：

$$\begin{aligned}\frac{\partial F(\boldsymbol{u})}{\partial u^p} &= \frac{(b_{kl}u^k u^l)(2a_{pj}u^j) - (a_{ij}u^i u^j)(2b_{pl}u^l)}{(b_{kl}u^k u^l)^2} \\ &= \frac{2}{b_{kl}u^k u^l}[a_{pj}u^j - F(\boldsymbol{u})(b_{pl}u^l)]\end{aligned}$$

または,

$$\nabla F(\boldsymbol{u}) = \frac{2}{\boldsymbol{u}^T B\boldsymbol{u}}[A\boldsymbol{u} - F(\boldsymbol{u})B\boldsymbol{u}]$$

したがって，$A\boldsymbol{w} - MB\boldsymbol{w} = \boldsymbol{0}$ となり,

(i) M は $B^{-1}A$ の固有値であり特性方程式 (1) の根である.

(ii) $\boldsymbol{w}$ は M に属する固有ベクトルである.

ことが示せる.

$\mathscr{G}$ 上の F の最小値 m について同様に考慮すると，別の固有値およびそれと関連した固有ベクトルが導かれる.

問題 10.25　極限的な法曲率 κ_1, κ_2 が 2 次方程式 (10.25) の 2 つの根であることを証明せよ.

解答

問題 10.24 において，$a_{ij} = f_{ij}$ および $b_{kl} = g_{kl}$ として (1) を展開すると (10.25) が得られる.

問題 10.26　$\max \kappa_{\mathscr{F}} = \kappa_1$ および $\min \kappa_{\mathscr{F}} = \kappa_2$ を与える，$\mathscr{S}$ 上の P を通る 2 つの直截口曲線は，$\kappa_1 \neq \kappa_2$ である（つまり，P は $\mathscr{S}$ 上の臍点ではない）場合，直交していることを証明せよ.

解答

問題 10.24 の記法で一般的な結果を証明しよう．まず次を考える：

$$A\boldsymbol{w} - MB\boldsymbol{w} = \boldsymbol{0} \qquad A\boldsymbol{v} - mB\boldsymbol{v} = \boldsymbol{0}$$

次に $\boldsymbol{p} \cdot \boldsymbol{q} \equiv \boldsymbol{p}^T B\boldsymbol{q}$ として定義される列ベクトルの内積を用いて，最初の方程式に $\boldsymbol{v}^T$ を掛け，2 番目の式に $\boldsymbol{w}^T$ を掛けてそれらを引く：

$$(m - M)\boldsymbol{v} \cdot \boldsymbol{w} = 0$$

結果として，$m \neq M$ である場合，$\boldsymbol{v}$ と $\boldsymbol{w}$ は直交している.

問題 10.27　常螺旋面についての K および H を計算せよ．$x^1 \to \infty$ とするにつれ，K が 0 になる（軸からの距離を際限なく増加するにつれて曲面はより “平坦” になっていく）ことを示せ.

解答

問題 10.11 および例 10.4 より，

$$\boldsymbol{n} = \frac{1}{\sqrt{(x^1)^2 + a^2}}(a \sin x^2,\ -a \cos x^2,\ x^1)$$

$$\boldsymbol{r}_{11} = (0,\ 0,\ 0) \qquad \boldsymbol{r}_{12} = \boldsymbol{r}_{21} = (-\sin x^2,\ \cos x^2,\ 0)$$

$$\boldsymbol{r}_{22} = (-x^1 \cos x^2,\ -x^1 \sin x^2,\ 0)$$

となるので，

$$f_{11} = \boldsymbol{n}\boldsymbol{r}_{11} = 0 \qquad f_{12} = f_{21} = -a/\sqrt{(x^1)^2 + a^2} \qquad f_{22} = 0$$

したがって，

$$\begin{aligned} \mathrm{K} &= \frac{f_{11}f_{22} - f_{12}^2}{g_{11}g_{22} - g_{12}^2} = \frac{0 - a^2/[(x^1)^2 + a^2]}{[(x^1)^2 + a^2]} \\ &= -\frac{a^2}{[(x^1)^2 + a^2]^2} \to 0 \quad \text{as} \quad x^1 \to \infty \end{aligned}$$

$$\mathrm{H} = \frac{f_{11}g_{22} + f_{22}g_{11} - 2f_{12}g_{12}}{g_{11}g_{22} - g_{12}^2} = \frac{0 + 0 - 2(0)}{g} = 0$$

となる．

構造公式; 等長写像

問題 10.28　(10.27a) を完全に証明せよ．

解答

関係 $\boldsymbol{n}_i = u_i^k \boldsymbol{r}_k$ および $\boldsymbol{n}_j \boldsymbol{r}_i = -f_{ij}$ は，

$$-f_{ij} = u_j^k g_{ki}$$

を意味している．両辺に g^{is} を掛けて i にわたって総和すると，$u_j^s = -g^{ls} f_{lj}$ を得る．したがって，

$$\boldsymbol{n}_i = u_i^k \boldsymbol{r}_k = -g^{lk} f_{li} \boldsymbol{r}_k = -g^{lk} f_{il} \boldsymbol{r}_k$$

となる.

問題 10.29　(10.28) を証明せよ.

解答

方程式 $\boldsymbol{r}_{ij} = u^1_{ij}\boldsymbol{r}_1 + u^2_{ij}\boldsymbol{r}_2 + u^3_{ij}\boldsymbol{n}$ は $\boldsymbol{r}_{ij} = u^s_{ij}\boldsymbol{r}_s + u^3_{ij}\boldsymbol{n}$ として書かれる. $\boldsymbol{n}$ でドット積すると, $u^3_{ij} = f_{ij}$ を得る. したがって,

$$\boldsymbol{r}_{ij} = u^s_{ij}\boldsymbol{r}_s + f_{ij}\boldsymbol{n} \tag{1}$$

(1) を $\boldsymbol{r}_k$ でドット積を行い, 問題 10.48 を用いる：

$$\boldsymbol{r}_{ij}\boldsymbol{r}_k = u^s_{ij}\boldsymbol{r}_s\boldsymbol{r}_k + 0 \qquad \text{or} \qquad \Gamma_{ijk} = u^s_{ij}g_{sk}$$

u^s_{ij} に関して解くと次のようになる：

$$g^{kt}\Gamma_{ijk} = u^s_{ij}g^{kt}g_{sk} \qquad \text{or} \qquad \Gamma^t_{ij} = u^s_{ij}\delta^t_s = u^t_{ij}$$

最後に (1) に代入する：

$$\boldsymbol{r}_{ij} = \Gamma^t_{ij}\boldsymbol{r}_t + f_{ij}\boldsymbol{n}$$

演習問題

問題 10.30

(a) パラメータ化されたベクトル方程式が

$$\boldsymbol{r} = (\cos t,\, \sin t,\, (1-t)^{-1}) \qquad (0 \leqq t < 1)$$

となる曲線を幾何学的に説明せよ．$t \to 1$ としたとき何が起こるだろうか？

(b) プログラム電卓でシンプソンの公式を用いて，$0 \leqq t \leqq 1/2$ に対する弧長を 6 桁まで正確に求めよ．

問題 10.31　空間曲線 $\boldsymbol{r} = (t^2 + t\sqrt{2},\, t^2 - t\sqrt{2},\, 2t^3/3) \qquad (-1 \leqq t \leqq 1)$ の正確な長さ求めよ．

問題 10.32

(a) 常円螺旋である，

$$\boldsymbol{r} = \left(a\cos\frac{s}{c},\, a\sin\frac{s}{c},\, \frac{bs}{c}\right) \qquad (c \equiv \sqrt{a^2+b^2})$$

の弧長パラメータ表示を用いて，任意点 $P \equiv \boldsymbol{r}(s)$ での螺旋に対する接線の座標方程式を求めよ．

(b) 接線が，$PQ = s$ となるような点 $Q \equiv \boldsymbol{r}^*(s)$ における xy 平面に交わることを示せ．

(c) 螺旋に沿った弦の巻き付きを考えることで，(b) の結果を解釈せよ．

問題 10.33　$\boldsymbol{r} = (t,\, t^5,\, 0)$ としてパラメータ化された，xy 平面における曲線 $y = x^5$ に関して，ベクトル $\boldsymbol{T}'/\|\boldsymbol{T}'\|$ が $t = 0$ で不連続点を持つことを示せ．

問題 10.34　曲線 $\boldsymbol{r} = (t,\, t^5 + a,\, t^5 - a)$ の曲率および捩率を求めよ．

問題 10.35　曲線が，その捩率が 0 となる場合にのみ，平面的となることを証明せよ．

問題 10.36　0 でない定曲率 κ を持つ平面曲線が円形であることを証明せよ．[ヒント：$\boldsymbol{T} = (\cos\theta,\, \sin\theta,\, 0)$ や $\boldsymbol{N} = (-\sin\theta,\, \cos\theta,\, 0)$ が $\kappa = \theta'$ または $\theta = \kappa s + a$ を意味しているので，半径が $1/\kappa$ であることを示そう．]

問題 10.37　円螺旋についてフレネ・セレの公式を検証せよ．

問題 10.38　写像 $\boldsymbol{r}(x^1,\, x^2)$ の範囲に含まれる場合，直円錐の頂点が特異点であることを示せ．

問題 10.39　図 10-14 においてパラメータ化されている懸垂面に対する単位法線を計算し，曲面が正則であることを示せ．

問題 10.40　パラメータ $a = 1$ とした特定な場合において，$1 \leqq t \leqq 2$ と併せて，$x^1 = t^2,\, x^2 = \ln t$ で与えられた常螺旋面（例 10.4）上の曲線の長さを求めよ．

問題 10.41　図 10-17 の放物面上の像が，$P(0,\ 2,\ 4)$ での円 $x^2+y^2=4,\ z=4$ と交わる，$\pi/3$ の角度でのパラメータ平面（極座標）における曲線 $\mathscr{C}'$ に対する 2 つの可能な方向を求めよ，

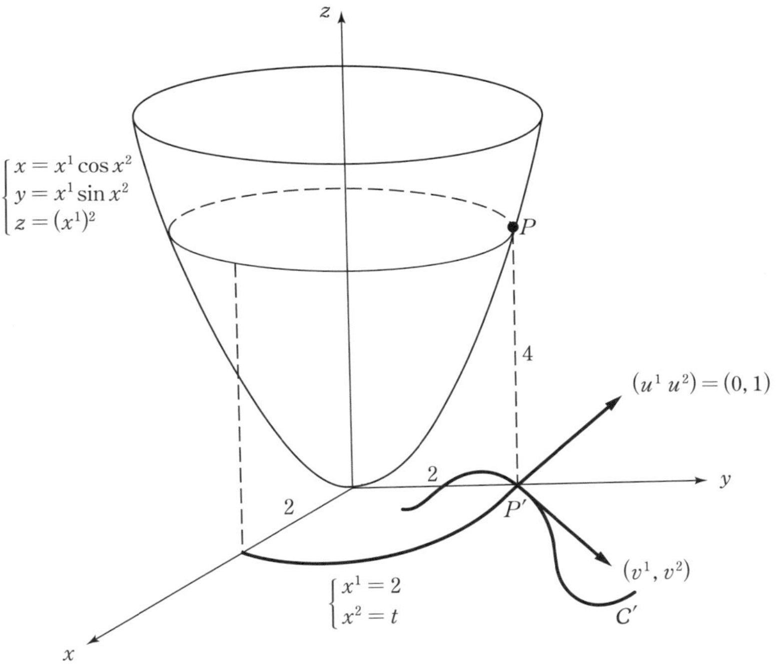

図 **10-17**

問題 10.42　楕円柱上の測地線が一般的に楕円形の螺旋ではないことを定理 10.6 を用いて示せ．

問題 10.43　常螺旋面（例 10.4）に対する第二種クリストッフェル記号を計算せよ．そして (7.14) を使って，($x^1=$ 定数 となる）曲面上の円螺旋が測地線ではないことを示せ．

問題 10.44　一般回転面（問題 10.10）に対する SFF を明示せよ．

問題 10.45　（問題 10.12 および問題 10.44 を参照し）$G \equiv g'/f'$ を用いて，任意回転面に対する以下の公式を確立せよ：

$$\mathrm{K} = \frac{GG'}{ff'(1+G^2)^2} \qquad \text{and} \qquad \mathrm{H} = \frac{fG' + g'(1+G^2)}{f|f'|(1+G^2)^{3/2}}$$

これらの公式を用いて半径 a の球が，ガウス曲率 $1/a^2$ および平均曲率 $2/a$ を持つことを確かめよ．

問題 10.46
(a) 放物面 $z = a(x^2 + y^2)$ の 2 つの異なるパラメータ表示に対する K および H を計算せよ：

(i) $f = x^1$, $g = a(x^1)^2$ の回転面として．
(ii) 曲面 $\boldsymbol{r} = (\bar{x}^1, \bar{x}^2, a(\bar{x}^1)^2 + a(\bar{x}^2)^2)$ として．

(b) (a) の結果を説明せよ．

問題 10.47　問題 10.45 から任意の懸垂面に対して $\mathrm{H} \equiv 0$ となることを推論せよ．[あらゆる点で $\mathrm{H} = 0$ となる曲面は**極小曲面** (*minimal surface*) と呼ばれる．極小曲面の中には，表面積が必然的に極小となる“シャボン玉”問題を解決するものがある．]

問題 10.48　$\Gamma_{ijk} = \boldsymbol{r}_{ij}\boldsymbol{r}_k$ を証明せよ．[ヒント：$(\boldsymbol{r}_i\boldsymbol{r}_j)_k = \boldsymbol{r}_{ik}\boldsymbol{r}_j + \boldsymbol{r}_i\boldsymbol{r}_{jk}$．]

問題 10.49 ガウス曲率が負の定数である曲面は非常に稀である．そのような曲面の 1 つは以下のように構成することができる．
(a) **トラクトリックス** (*tractrix*) は懸垂線の伸開線 (*involute*) である（問題 10.32(c) を参照）．垂直線 $\boldsymbol{r} = (a\cosh x^1,\, 0,\, ax^1)$ の伸開線に関するベクトル方程式を書け（図 10-14 を参照）．
(b) 問題 10.45 を用いて，(a) のトラクトリックスを z 軸周りで回転させることで生成される**トラクトロイド** (*tractroid*) について，$\mathrm{K} = -1/a^2$ であることを示せ．

問題 10.50 懸垂面，

$$\mathrm{I} = (a^2\cosh^2 x^1)(dx^1)^2 + (a^2\cosh^2 x^1)(dx^2)^2$$

および，常螺旋面，

$$\mathrm{I} = (d\bar{x}^1)^2 + [(\bar{x}^1)^2 + a^2](d\bar{x}^2)^2$$

が局所等長であることを証明せよ．

第 11 章

古典力学におけるテンソル

11.1　はじめに

古典力学はガリレオの研究に端を発し，ニュートンによって広範囲に展開された（古典力学は**ニュートン力学**と呼ばれることが多い）．これは固定された座標系（直交座標系）における粒子の運動を扱う．ニュートン力学の基本的な前提は，互いに対して一定速度である 2 つの基準系間に課する絶対時間測度の概念である（**ガリレイ標構** (*Galilean frames*) と呼ばれる）．これらの標構においては，計量がユークリッドである限り他の座標系を用いることができる．このことは，テンソルの理論のいくつかをこの研究に向けることができることを意味している．

11.2　直交座標における粒子の運動

P を，

$$\mathscr{C}\colon \boldsymbol{x} = (x^i(t)) \tag{11.1}$$

で与えられる $\mathbf{E}^3$ 内を辿る粒子であるとしよう（t は時間を表す）．P の**速度ベクトル** (*velocity vector*) は

$$\boldsymbol{v} \equiv \frac{d\boldsymbol{x}}{dt} \equiv \left(\frac{dx^1}{dt}, \frac{dx^2}{dt}, \frac{dx^3}{dt}\right) \equiv (\dot{x}^1, \dot{x}^2, \dot{x}^3) \tag{11.2}$$

として定義され,（瞬間）**速度** (*velocity*) または**速さ** (*speed*) はスカラーとして

$$v \equiv \|\boldsymbol{v}\| \equiv \sqrt{(\dot{x}^1)^2 + (\dot{x}^2)^2 + (\dot{x}^3)^2} \tag{11.3}$$

と定義される．さらに，**加速度ベクトル** (*acceleration vector*) は

$$\boldsymbol{a} \equiv \frac{d\boldsymbol{v}}{dt} \equiv \left(\frac{d^2x^1}{dt^2}, \frac{d^2x^2}{dt^2}, \frac{d^2x^3}{dt^2}\right) \equiv (\ddot{x}^1, \ddot{x}^2, \ddot{x}^3) \tag{11.4}$$

として定義し，**加速度** (*acceleration*) は

$$a = \|\boldsymbol{a}\| \equiv \sqrt{(\ddot{x}^1)^2 + (\ddot{x}^2)^2 + (\ddot{x}^3)^2} \tag{11.5}$$

と定義する．$\boldsymbol{v} = (v^i)$ そして $\boldsymbol{a} = (a^i)$ とした場合，上記の式は成分形式

$$v^i = \frac{dx^i}{dt} \qquad v = \sqrt{v^i v^i} \qquad a^i = \frac{d^2 x^i}{dt^2} \qquad a = \sqrt{a^i a^i} \tag{11.6}$$

を持つことになる．

曲線 $\mathscr{C}$ の幾何学に関しては，$v = ds/dt$ とすることで $\boldsymbol{v} = v\boldsymbol{T}$ となる．ゆえに（加速度については），

$$\boldsymbol{a} = \frac{d}{dt}(v\boldsymbol{T}) = \dot{v}\boldsymbol{T} + v\dot{\boldsymbol{T}} = \dot{v}\boldsymbol{T} + v\frac{d\boldsymbol{T}}{ds}\frac{ds}{dt} = \dot{v}\boldsymbol{T} + v^2\boldsymbol{T}'$$

となる．一方で，$\boldsymbol{T}' = \kappa\boldsymbol{N}$ であることから上記の式は

$$\boldsymbol{a} = \dot{v}\boldsymbol{T} + \kappa v^2 \boldsymbol{N} \tag{11.7}$$

ともなる．ピタゴラスの定理を通して，(11.7) は

$$a = \sqrt{\dot{v}^2 + \kappa^2 v^4} \tag{11.8}$$

を意味している．

【例 11.1】

式 (11.7) の形は，P の**接線加速度** (*tangential acceleration*) および**垂直加速度** (*normal acceleration*) をそれぞれ

$$\dot{v} = \frac{d^2 s}{dt^2} \qquad \text{and} \qquad \kappa v^2 = \frac{v^2}{\rho} \quad (\rho \equiv \text{曲率半径})$$

として定義するのに役立つ．一定速度の粒子については，$\boldsymbol{a} = \kappa v^2 \boldsymbol{N}$ および $a = |\kappa| v^2$ となる．すなわち，加速度は絶対曲率に比例し，また加速度ベクトル自身は粒子の進行方向に対して垂直となる．

11.3　曲線座標における粒子の運動

ここで，上記の式が非直交座標系ではどのように表されるかという問題が生じてくる．相対論的力学における応用は言うまでもなく，極座標または球座標でしか運動の微分方程式を解けない深刻な状況が存在しているので（例 11.3 参照），これは単なる学術的考察ではない．

バーあり直交座標における，速度ベクトルと加速度ベクトルの定義から始めよう：

$$\bar{v}^i = \frac{d\bar{x}^i}{dt} \qquad \text{and} \qquad \bar{a}^i = \frac{d\bar{v}^i}{dt}$$

$\mathscr{C}$ の接ベクトル場はテンソルであるため，任意の座標系 (x^i) における速度成分は単に $v^i = dx^i/dt$ である．しかしながら，第 6 章で見てきたように，加速度成分は $\mathscr{C}$: $a^i = \delta v^i/\delta t$ に沿った絶対微分で書かなければならない．したがって，ある任意座標系 (x^i) において，ユークリッド計量を表す (g_{ij}) を用いることで以下を得る：

$$v^i = \frac{dx^i}{dt} \qquad a^i = \frac{dv^i}{dt} + \Gamma^i_{rs} v^r v^s = \frac{d^2x^i}{dt^2} + \Gamma^i_{rs}\frac{dx^r}{dt}\frac{dx^s}{dt} \tag{11.9}$$

するとスカラーである速さや加速度

$$v = \sqrt{g_{ij}v^i v^j} \qquad a = \sqrt{g_{ij}a^i a^j} \tag{11.10}$$

は不変量となる．

【例 11.2】

式 (11.9) は，速度および加速度の**反変成分** (*contravariant components*) を与えている．これらの成分は古典物理学やベクトル解析で使われる成分では**ない**．そこでは，直交曲線座標系に対する計量は

$$ds^2 = h_1^2(dx_1)^2 + h_2^2(dx_2)^2 + h_3^2(dx_3)^2$$

として書かれ，速度ベクトルの**物理的成分**は

$$v_{(1)} = h_1\frac{dx_1}{dt} \qquad v_{(2)} = h_2\frac{dx_2}{dt} \qquad v_{(3)} = h_3\frac{dx_3}{dt}$$

となる．この結果，物理的成分は反変成分を通して．

$$v_{(\alpha)} = \sqrt{g_{\alpha\alpha}}v^{\alpha} \qquad (\alpha = 1,\, 2,\, 3;\ 総和規約でない) \tag{1}$$

で関連付けられる．力ベクトルや加速度に対しても同様である．(問題 11.24 を見よ.)

今説明した違いを，$g_{11} = 1,\, g_{22} = (x^1)^2,\, g_{33} = 1$ となるような円柱座標 $(x^1,\, x^2,\, x^3) = (x_1,\, x_2,\, x_3) = (r,\, \theta,\, z)$ における加速度の成分を計算することで説明してみよう．問題 6.26 より，

$$\Gamma^1_{22} = -x^1 \qquad \Gamma^2_{12} = \Gamma^2_{21} = 1/x^1 \qquad (他すべては 0 である)$$

となるため，(11.9) から反変成分については

$$a^1 = \frac{d^2r}{dt^2} - r\left(\frac{d\theta}{dt}\right)^2 \qquad a^2 = \frac{d^2\theta}{dt^2} + \frac{2}{r}\frac{dr}{dt}\frac{d\theta}{dt} \qquad a^3 = \frac{d^2z}{dt^2} \tag{2}$$

を得る．物理的成分は，

$$a_{(r)} = \frac{d^2r}{dt^2} - r\left(\frac{d\theta}{dt}\right)^2 \qquad a_{(\theta)} = r\frac{d^2\theta}{dt^2} + 2\frac{dr}{dt}\frac{d\theta}{dt} \qquad a_{(z)} = \frac{d^2z}{dt^2} \tag{3}$$

として (1) から得られる．(2) と (3) の間では θ 成分のみが異なるが，この違いは重要である．例えば，粒子の**コリオリ加速度** (*coriolis acceleration*) は (3) にあるように $2\dot{r}\dot{\theta}$ である．

11.4　曲線座標におけるニュートンの第二法則

質量 m の粒子の**運動量ベクトル** (*momentum vector*) は $\boldsymbol{M} = m\boldsymbol{v}$ として定義される．(慣性系であるという性質を持つ) 直交座標系に対して，運動のニュートンの第二運動法則は，粒子に作用する**力ベクトル** (*force vector*) を $\boldsymbol{F} = d\boldsymbol{M}/dt$ として実際に定義する．それに応じて，曲線座標 (x^i) においては，この第二法則は次のようになる：

$$\boldsymbol{F} = \frac{\delta\boldsymbol{M}}{\delta t} = m\frac{\delta\boldsymbol{v}}{\delta t} = m\boldsymbol{a} \tag{11.11}$$

ここでは一定の質量を仮定している．したがって，力の反変成分は

$$F^i = ma^i = m\left(\frac{d^2x^i}{dt^2} + \Gamma^i_{rs}\frac{dx^r}{dt}\frac{dx^s}{dt}\right) \tag{11.12a}$$

で与えられ，共変成分は

$$F_i = g_{ir}F^r = m\left(g_{ir}\frac{d^2x^r}{dt^2} + \Gamma_{rsi}\frac{dx^r}{dt}\frac{dx^s}{dt}\right) \tag{11.12b}$$

で与えられる．

粒子の**運動エネルギー** (*kinetic energy*) と呼ばれるスカラー不変量

$$T \equiv \frac{1}{2}mv^2 = \frac{1}{2}mg_{ij}v^iv^j$$

を導入すると，(11.12b) と等価な**ラグランジアン形式** (*Lagrangian form*)

$$F_i = \frac{d}{dt}\left(\frac{\partial T}{\partial v^i}\right) - \frac{\partial T}{\partial x^i} \tag{11.13}$$

で表すことができる（問題 11.5 を見よ）．(11.13) にある偏微分は，T を 6 つの独立変数,（g_{ij} 由来の）x^i および v^i，の関数としてみなして実行される．

【例 11.3 (中心力の下での運動)】

(a) 常にある固定点 O から（またはその方向へ）の力によって作用される粒子の軌跡に関する微分方程式を得よ．

(b) 中心力が重力であるときに，(a) の方程式を解くことで，衛星の軌道を決定せよ．

(a) 問題 11.18 より，運動は O を通るある平面に限定されることになる．O をその平面における極座標 $(x^1, x^2) = (r, \theta)$ の原点としてとると，力の場は $\boldsymbol{F} = (F^1, 0)$ の形を持つことになる．加速度成分を例 11.2 の (2) からとることで，運動方程式として以下を得る：

$$F^1 = ma^1 = m\left[\frac{d^2r}{dt^2} - r\left(\frac{d\theta}{dt}\right)^2\right]$$

$$0 = ma^2 = m\left[\frac{d^2\theta}{dt^2} + \frac{2}{r}\frac{dr}{dt}\frac{d\theta}{dt}\right] \equiv \frac{m}{r^2}\frac{d}{dt}\left(r^2\frac{d\theta}{dt}\right)$$

θ 方程式は（角運動量の保存となる）第 1 積分

$$r^2\frac{d\theta}{dt} = q = \text{const.}$$

を持ち，これは軌道のパラメータを t を θ に変化させるために用いることができる．それゆえ，$u \equiv 1/r$ と書くことで，次を得る：

$$\frac{dr}{dt} = \frac{d\theta}{dt}\frac{d}{d\theta}\frac{1}{u} = (qu^2)\left(-u^{-2}\frac{du}{d\theta}\right) = -q\frac{du}{d\theta}$$

$$\frac{d^2r}{dt^2} = -q\frac{d^2u}{d\theta^2}(qu^2) = -q^2u^2\frac{d^2u}{d\theta^2}$$

そして，r 方程式は

$$\frac{d^2u}{d\theta^2} + u = g(u,\,\theta) \tag{1}$$

になる．ここで，$g(u,\,\theta) = -F^1(u^{-1},\,\theta)/mq^2u^2$ である．

(b) 重力場に関しては，$F^1 = -k/r^2 = -ku^2$ ($k > 0$; 引力) となるため，前述した $g(u,\,\theta)$ の定義を用いることで直ちに $g(u,\,\theta) = Q = \text{const.}$ となることが分かる．結果として，(1) の解は $u = P\cos\theta + Q$，または

$$r = \frac{1/Q}{1 + e\cos\theta} \tag{2}$$

となる．これは，古典的な結果となる，焦点 O および離心率 $e = P/Q$ を有する円錐曲線である[*1]

11.5　発散, ラプラシアン, 回転

$\mathbf{E}^3$ 上の反変ベクトル $\boldsymbol{u} = (u^i)$ の**発散** (*divergence*) は，問題 8.14 の結果を用い，(9.11) によって定義される：

$$\operatorname{div}\boldsymbol{u} = u^i_{,i} = \frac{\partial u^i}{\partial x^i} + \Gamma^i_{ri}u^r = \frac{\partial u^i}{\partial x^i} + u^r\frac{\partial}{\partial x^r}(\ln\sqrt{g}) = \frac{\partial u^i}{\partial x^i} + u^i\frac{1}{\sqrt{g}}\frac{\partial}{\partial x^i}(\sqrt{g})$$

[*1] 訳注：円錐曲線は，円錐の平面による切り口として得られる曲線である．

これは偏微分についての積の微分法則から,

$$\operatorname{div} \boldsymbol{u} = \frac{1}{\sqrt{g}} \frac{\partial}{\partial x^i} (\sqrt{g} u^i) \tag{11.14}$$

とコンパクトな形で与えられる．発散についての別の記法としては $\nabla \cdot \boldsymbol{u}$ がある．

スカラー場 f の**ラプラシアン** (*Laplacian*) は $\nabla^2 f \equiv \operatorname{div}(\operatorname{grad} f)$ で与えられる．一般座標での発散は反変テンソルに対してのみ定義されているが, $\operatorname{grad} f = (\partial f/\partial x^i)$ は共変テンソルであるので（例 3.5）, まず下付き添字を上げてから, (11.14) によって発散を求める：

$$\nabla^2 f = \operatorname{div}\left(g^{ij} \frac{\partial f}{\partial x^j}\right) = \frac{1}{\sqrt{g}} \frac{\partial}{\partial x^i} \left(\sqrt{g} g^{ij} \frac{\partial f}{\partial x^j}\right) \tag{11.15}$$

ラプラシアンは, **スカラー波動方程式** (*scalar wave equation*),

$$\frac{\partial^2 f}{\partial t^2} = k^2 \nabla^2 f \qquad (k = \text{const.} = \text{波の速さ}) \tag{11.16a}$$

を通して電磁理論における重要な役割を果たしている．**デカルト座標でのみ**, ベクトル場のラプラシアンを $\nabla^2 \boldsymbol{u} \equiv (\nabla^2 u^i)$ として定義でき（$\nabla^2 u^i = u^i_{xx} + u^i_{yy} + u^i_{zz}$）, **ベクトル波動方程式** (*vector wave equation*),

$$\frac{\partial^2 \boldsymbol{u}}{\partial t^2} = k^2 \nabla^2 \boldsymbol{u} \tag{11.16b}$$

を 3 つのスカラー（成分の）波動方程式についての略記として書ける．

【例 11.4 円柱座標に対するラプラシアンを書く】

(11.15) において $g^{11} = 1$ や $g^{22} = 1/(x^1)^2$, $g^{33} = 1$, $g = (x^1)^2$ を用いることで,

$$\begin{aligned}\nabla^2 f &= \frac{1}{x^1} \left[\frac{\partial}{\partial x^1} \left(x^1 \frac{\partial f}{\partial x^1}\right) + \frac{\partial}{\partial x^2} \left(\frac{1}{x^1} \frac{\partial f}{\partial x^2}\right) + \frac{\partial}{\partial x^3} \left(x^1 \frac{\partial f}{\partial x^3}\right)\right] \\ &= f_{11} + \frac{1}{(x^1)^2} f_{22} + f_{33} + \frac{1}{x^1} f_1 \qquad (x^1 > 0)\end{aligned}$$

となる．最後の行では, 偏微分に関する下付き記法を使っている．

——curl $\boldsymbol{u}$，または $\nabla \times \boldsymbol{u}$，rot $\boldsymbol{u}$ で記号化される——ベクトル場 $\boldsymbol{u} = (u^i)$ の**回転** (*curl*) は，**直交座標系** (x^i) **において**

$$\operatorname{curl} \boldsymbol{u} \equiv \left(e_{ijk} \frac{\partial u^k}{\partial x^j} \right) \tag{11.17a}$$

で与えられる．e_{ijk} は交代記号である（第 2 章）．この定義は行列式の演算として次のように書き改めることができる：

$$\operatorname{curl} \boldsymbol{u} \equiv \begin{vmatrix} \boldsymbol{e}_1 & \boldsymbol{e}_2 & \boldsymbol{e}_3 \\ \dfrac{\partial}{\partial x^1} & \dfrac{\partial}{\partial x^2} & \dfrac{\partial}{\partial x^3} \\ u^1 & u^2 & u^3 \end{vmatrix} \tag{11.17b}$$

ここで，$(\boldsymbol{e}_1, \boldsymbol{e}_2, \boldsymbol{e}_3) = (\boldsymbol{i}, \boldsymbol{j}, \boldsymbol{k})$ は標準正規直交基底である．勾配や発散と異なり，回転はテンソル式によって曲線座標系に拡張することができない．

注意 1: 数理物理学において重要とされていることのすべてがテンソルであるというわけではない．問題 11.11 では (11.17) が正直交テンソルを定義していることを示しているが，ただそれだけである．これは，curl 演算子を曲線座標で定式化して使用することができないとまでは言及していない（ベクトル解析の教科書を参照して欲しい）．球座標の curl と（これは一例である），直交座標の curl がテンソル的に関係付けられないとうことを述べているにすぎない．

非相対論的なマクスウェル方程式

まず,

$$
\begin{aligned}
\mathbf{E} &= \text{電界の強さ}\\
\mathbf{D} &= \text{電気変位}\\
\mathbf{H} &= \text{磁界の強さ}\\
\mathbf{B} &= \text{磁気誘導}\\
\mathbf{J} &= \text{電流密度}\\
\rho &= \text{電荷密度}\\
\epsilon &= \text{誘電率}\\
\mu &= \text{透磁率}\\
c &= \text{光の速度}
\end{aligned}
$$

とする. このとき, **マクスウェル方程式** (*Maxwell's equations*) は以下のように書かれる:

$$
\begin{aligned}
\operatorname{curl}\mathbf{E} + \frac{1}{c}\frac{\partial \mathbf{B}}{\partial t} &= 0 \qquad\qquad \operatorname{div}\mathbf{B} = 0\\
\operatorname{curl}\mathbf{H} - \frac{1}{c}\frac{\partial \mathbf{D}}{\partial t} &= \frac{1}{c}\mathbf{J} \qquad\quad \operatorname{div}\mathbf{D} = \rho
\end{aligned}
\tag{11.18}
$$

電磁理論における標準的な公式から, $\mathbf{D} = \epsilon\mathbf{E}$ や $\mathbf{B} = \mu\mathbf{H}$, $\mathbf{J} = \rho\boldsymbol{u}$ を得る ($\boldsymbol{u}$ は電荷分布の速度場を表している). この公式を用いると (11.18) は

$$
\begin{aligned}
\operatorname{curl}\mathbf{E} &= -\frac{\mu}{c}\frac{\partial \mathbf{H}}{\partial t} \qquad\qquad \operatorname{div}\mathbf{H} = 0\\
\operatorname{curl}\mathbf{H} &= \frac{\epsilon}{c}\frac{\partial \mathbf{E}}{\partial t} + \frac{\rho}{c}\boldsymbol{u} \qquad \operatorname{div}\mathbf{E} = \frac{\rho}{\epsilon}
\end{aligned}
$$

となる. 電荷分布が自由空間中にあった場合 ($\epsilon = \epsilon_0$, $\mu = \mu_0$), 単位を適切に選択することで

$$
\begin{aligned}
\operatorname{curl}\mathbf{E} &= -\frac{1}{c}\frac{\partial \mathbf{H}}{\partial t} \qquad\qquad \operatorname{div}\mathbf{H} = 0\\
\operatorname{curl}\mathbf{H} &= \frac{1}{c}\frac{\partial \mathbf{E}}{\partial t} + \frac{\rho}{c}\boldsymbol{u} \qquad \operatorname{div}\mathbf{E} = \rho
\end{aligned}
\tag{11.19}
$$

の形にできる.

マクスウェル方程式を扱うには，以下に列挙したベクトルの恒等式が必要になる（問題 11.10 および問題 11.21 を見よ）.

$$\nabla \cdot (\nabla \times \boldsymbol{u}) = 0 \qquad \text{(for any } \boldsymbol{u}\text{)} \tag{11.20}$$

$$\nabla \times (\nabla \times \boldsymbol{u}) = \nabla(\nabla \cdot \boldsymbol{u}) - \nabla^2 \boldsymbol{u} \tag{11.21}$$

$$\frac{\partial}{\partial t}(\nabla \cdot \boldsymbol{u}) = \nabla \cdot \frac{\partial \boldsymbol{u}}{\partial t} \tag{11.22}$$

$$\frac{\partial}{\partial t}(\nabla \times \boldsymbol{u}) = \nabla \times \frac{\partial \boldsymbol{u}}{\partial t} \tag{11.23}$$

例題

速度と加速度

問題 11.1 運動方程式が（捩じれた 3 次式に沿って）$\boldsymbol{x} = (t, t^2, t^3)$ $(-1 \leqq t \leqq 1)$ となるような粒子に対して，その速度ベクトルおよび加速度ベクトル，スカラー v および a を求めよ．また，v と a の極値やどこでそれらが仮定されるかを決定せよ．

解答

$$\boldsymbol{v} = (1, 2t, 3t^2) \qquad \text{and} \qquad v = \sqrt{1 + 4t^2 + 9t^4}$$
$$\boldsymbol{a} = (0, 2, 6t) \qquad \text{and} \qquad a = \sqrt{4 + 36t^2}$$

ゆえに v と a は $t = \pm 1$ において極大となり，$v = \sqrt{14}$ および $a = \sqrt{40}$ となる．またそれらは $t = 0$ において極小となり，$v = 1$ および $a = 2$ となる．

粒子の動力学

問題 11.2 粒子が一定速度 v で正極率となる曲線上を移動する．曲率が最大であるとき，その加速度が最大となることを示せ．

解答

$\dot{v} = 0$ とした (11.8) より，$a = \kappa v^2$ または $a/\kappa = \text{const.}$ となる．

問題 11.3 $\bar{x}^1 = (x^1)^2$, $\bar{x}^2 = x^2$, $\bar{x}^3 = x^3$ によって直交座標系 $(\bar{x}^i)$ に関連付けられた座標系 (x^i) における反変加速度成分を計算せよ．

解答

(5.7) を用いる：

$$G = J^T J = \begin{bmatrix} 2x^1 & 0 & 0 \\ 0 & 1 & 0 \\ 0 & 0 & 1 \end{bmatrix} \begin{bmatrix} 2x^1 & 0 & 0 \\ 0 & 1 & 0 \\ 0 & 0 & 1 \end{bmatrix} = \begin{bmatrix} 4(x^1)^1 & 0 & 0 \\ 0 & 1 & 0 \\ 0 & 0 & 1 \end{bmatrix}$$

したがって，クリストッフェル記号は

$$\Gamma^1_{11} = \frac{\partial}{\partial x^1} \left[\frac{1}{2} \ln 4(x^1)^2 \right] = \frac{1}{x^1} \qquad \text{(その他はすべて 0 である)}$$

で与えられ，そして (11.9) から

$$a^1 = \frac{d^2 x^1}{dt^2} + \frac{1}{x^1} \left(\frac{dx^1}{dt} \right)^2 \qquad a^2 = \frac{d^2 x^2}{dt^2} \qquad a^3 = \frac{d^2 x^3}{dt^2}$$

を得る.

ニュートンの第二法則

問題 11.4　ニュートンの第二法則は次の**ニュートンの第一法則**と一致することを示せ：外力が作用しない粒子は，静止しているかまたは一定速度で直線に沿って動く.
直交座標系を仮定せよ.

解答

$\boldsymbol{F} = \boldsymbol{0}$ は $d\boldsymbol{v}/dt = \boldsymbol{0}$，または $\boldsymbol{v} = \boldsymbol{d}$ (一定) を意味している．したがって，

$$\frac{d\boldsymbol{x}}{dt} = \boldsymbol{d} \qquad \text{or} \qquad \boldsymbol{x} = t\boldsymbol{d} + \boldsymbol{x}_0$$

となる．これは（$\boldsymbol{d} = \boldsymbol{0}$ である場合には）点または（$\boldsymbol{d} \neq \boldsymbol{0}$ である場合には）$v = \|\boldsymbol{d}\| = \text{const.}$ に沿うような直線に対するパラメトリック方程式である.

問題 11.5　(11.13) および (11.12b) の同等性を証明せよ.

解答

話を簡単にするために，(11.13) において $m = 1$ と置く．連鎖律および (g_{ij}) の対称性より，

$$\begin{aligned}\frac{d}{dt}\left(\frac{\partial T}{\partial v^i}\right) - \frac{\partial T}{\partial x^i} &= \frac{d}{dt}(g_{ir}v^r) - \frac{\partial T}{\partial g_{rs}}\frac{\partial g_{rs}}{\partial x^i}\\ &= g_{ir}\frac{dv^r}{dt} - \frac{\partial T}{\partial g_{rs}}\frac{\partial g_{rs}}{\partial x^i} + \frac{dg_{ir}}{dt}v^r\\ &= g_{ir}\frac{dv^r}{dt} - g_{rsi}\left(\frac{1}{2}v^r v^s\right) + \frac{\partial g_{ir}}{\partial x^s}\frac{dx^s}{dt}v^r\\ &= g_{ir}\frac{dv^r}{dt} - \frac{1}{2}g_{rsi}v^r v^s + g_{irs}v^s v^r\\ &= g_{ir}\frac{dv^r}{dt} - \frac{1}{2}g_{rsi}v^r v^s + \frac{1}{2}g_{sir}v^s v^r + \frac{1}{2}g_{irs}v^s v^r\\ &= g_{ir}\frac{dv^r}{dt} + \Gamma_{rsi}v^r v^s\end{aligned}$$

最後の式はまさに (11.12b) の（$m = 1$ に対する）右辺である．

問題 11.6　力の場が

$$g(u,\, \theta) = Au + h(\theta)$$

の形であるとき，例 11.3 の (1) を解け．ただし，A は定数で $h(\theta)$ は周期 2π の周期関数である．

解答

プライムが θ 微分を表すとして，

$$u'' + u = Au + h(\theta) \qquad \text{or} \qquad u'' + (1 - A)u = h(\theta)$$

を解く必要がある．解斉次方程式についての一般解は

$$u = \begin{cases} P\cos(\sqrt{1-A}\theta + \alpha) & A < 1\\ \alpha\theta + \beta & A = 1\\ Q\exp(\sqrt{A-1}\theta) + R\exp(-\sqrt{A-1}\theta) & A > 1\end{cases}$$

となる．非斉次方程式の特殊解は，$u = u_H w$ の形で得ることができる．u_H は斉次方程式の任意の特殊解である．実際に，微分方程式に代入してみると

$$2u_H' w' + u_H w'' = h \qquad \text{or} \qquad (u_H^2 w')' = u_H h$$

となり，この最後の方程式は 2 つの求積法から解くことができる：

$$w'(\theta) = \frac{1}{u_H^2(\theta)} \int_0^\theta u_H(\phi) h(\phi) d\phi$$

and

$$w(\theta) = \int_0^\theta \frac{d\psi}{u_H^2(\psi)} \int_0^\psi u_H(\phi) h(\phi) d\phi$$

積分は，$h(\phi)$ がフーリエ級数として表されるときには容易に評価される．

問題 11.7　問題 11.6 において $h(\theta) = 0$ である場合，(a) $A = 0$，(b) $A = 1$，(c) $A = 5/4$ に対応する軌道を特定せよ．

解答

(a) 曲線 $1/r = P\cos(\theta + \alpha)$，または $r\cos(\theta + \alpha) = 1/P$ は，直線となる（図 11-1）．

(b) 曲線 $1/r = \alpha\theta + \beta$ は，$\alpha = 0$ に対して円に退化する双曲螺旋である．

(c) 曲線 $1/r = Qe^{\theta/2} + Re^{-\theta/2}$ は，$Q = 0$, $R = 1$ である場合に単純な対数螺旋 $r = e^{\theta/2}$ となるような複素螺旋である．

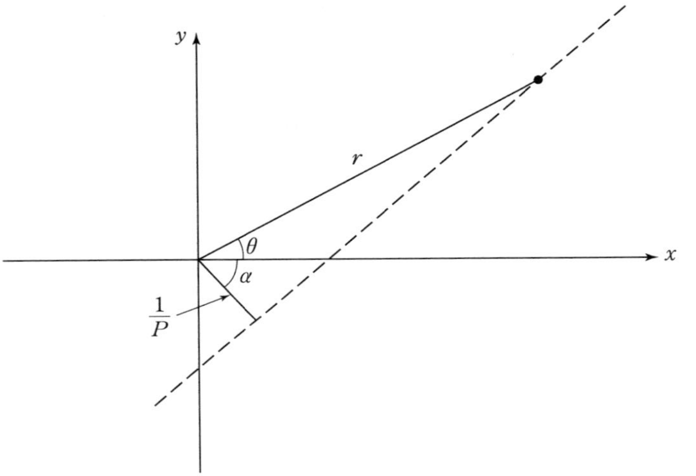

図 **11-1**

微分演算子

> **問題 11.8**　テンソル公式を用いて球座標に対するラプラシアンを計算せよ.（他の方法による計算は大変うんざりする.）

解答

まず,

$$G=\begin{bmatrix}1 & 0 & 0\\ 0 & (x^1)^2 & 0\\ 0 & 0 & (x^1\sin x^2)^2\end{bmatrix}\qquad G^{-1}=\begin{bmatrix}1 & 0 & 0\\ 0 & (x^1)^{-2} & 0\\ 0 & 0 & (x^1\sin x^2)^{-2}\end{bmatrix}$$

および $g=(x^1)^4\sin^2 x^2$ を得るので，(11.15) において，

$$\sqrt{g}g^{ij}\frac{\partial f}{\partial x^j}=(x^1)^2(\sin x^2)\left(g^{i1}\frac{\partial f}{\partial x^1}+g^{i2}\frac{\partial f}{\partial x^2}+g^{i3}\frac{\partial f}{\partial x^3}\right)$$

となる．したがって，

$$\sqrt{g}g^{1j}\frac{\partial f}{\partial x^j}=(x^1)^2(\sin x^2)\frac{\partial f}{\partial x^1}$$

$$\sqrt{g}g^{2j}\frac{\partial f}{\partial x^j} = (x^1)^2(\sin x^2)\frac{1}{(x^1)^2}\frac{\partial f}{\partial x^2} = (\sin x^2)\frac{\partial f}{\partial x^2}$$
$$\sqrt{g}g^{3j}\frac{\partial f}{\partial x^j} = (x^1)^2(\sin x^2)\frac{1}{(x^1\sin x^2)^2}\frac{\partial f}{\partial x^3} = (\csc x^2)\frac{\partial f}{\partial x^3}$$

となり，それから

$$\begin{aligned}\frac{\partial}{\partial x^i}\left[\sqrt{g}g^{ij}\frac{\partial f}{\partial x^j}\right] &= \frac{\partial}{\partial x^1}\left[(x^1)^2(\sin x^2)\frac{\partial f}{\partial x^1}\right] + \frac{\partial}{\partial x^2}\left[(\sin x^2)\frac{\partial f}{\partial x^2}\right] \\ &\quad + \frac{\partial}{\partial x^3}\left[(\csc x^2)\frac{\partial f}{\partial x^3}\right] \\ &= 2x^1(\sin x^2)\frac{\partial f}{\partial x^1} + (x^1)^2(\sin x^2)\frac{\partial^2 f}{(\partial x^1)^2} + (\cos x^2)\frac{\partial f}{\partial x^2} \\ &\quad + (\sin x^2)\frac{\partial^2 f}{(\partial x^2)^2} + (\csc x^2)\frac{\partial^2 f}{(\partial x^3)^2}\end{aligned}$$

を得る．最後のステップを書く際，$\rho = x^1$ や $\varphi = x^2$，$\theta = x^3$ に変換する：

$$\begin{aligned}\nabla^2 f &= \frac{1}{\sqrt{g}}\frac{\partial}{\partial x^i}\left[\sqrt{g}g^{ij}\frac{\partial f}{\partial x^j}\right] \\ &= \frac{1}{\rho^2\sin\varphi}\left[(2\rho\sin\varphi)\frac{\partial f}{\partial\rho} + (\rho^2\sin\varphi)\frac{\partial^2 f}{\partial\rho^2} + (\cos\varphi)\frac{\partial f}{\partial\varphi}\right. \\ &\qquad \left. +(\sin\varphi)\frac{\partial^2 f}{\partial\varphi^2} + (\csc\varphi)\frac{\partial^2 f}{\partial\theta^2}\right] \\ &= \frac{\partial^2 f}{\partial\rho^2} + \frac{1}{\rho^2}\frac{\partial^2 f}{\partial\varphi^2} + \frac{1}{\rho^2\sin^2\varphi}\frac{\partial^2 f}{\partial\theta^2} + \frac{2}{\rho}\frac{\partial f}{\partial\rho} + \frac{\cot\varphi}{\rho^2}\frac{\partial f}{\partial\varphi}\end{aligned}$$

問題 11.9　以下の球座標 (ρ, φ, θ) における発散を計算せよ．
(a) 反変ベクトル，$\boldsymbol{u} = (u^i)$.
(b) 物理的成分，$\boldsymbol{u} = u_{(1)}\boldsymbol{e}_1 + u_{(2)}\boldsymbol{e}_2 + u_{(3)}\boldsymbol{e}_3$ によって明示されるベクトル．

解答

(a) 式 (11.14) に代入すると次のようになる：

$$\operatorname{div}\boldsymbol{u} = \frac{1}{\sqrt{g}}\frac{\partial}{\partial x^i}(\sqrt{g}u^i) = \frac{\partial u^i}{\partial x^i} + u^i\frac{1}{\sqrt{g}}\frac{\partial}{\partial x^i}(\sqrt{g})$$

$$= \frac{\partial u^i}{\partial x^i} + u^i \frac{1}{(x^1)^2 \sin x^2} \frac{\partial}{\partial x^i}[(x^1)^2 \sin x^2]$$
$$= \frac{\partial u^i}{\partial x^i} + u^1 \left(\frac{2}{x^1}\right) + u^2 \left(\frac{\cos x^2}{\sin x^2}\right) + u^3(0)$$

したがって,

$$\operatorname{div} \boldsymbol{u} = \frac{\partial u^1}{\partial \rho} + \frac{\partial u^2}{\partial \varphi} + \frac{\partial u^3}{\partial \theta} + \frac{2}{\rho} u^1 + (\cot \varphi) u^2$$

となる.

(b) 例 11.2 から，成分

$$u^1 = \frac{u_{(1)}}{1} \qquad u^2 = \frac{u_{(2)}}{x^1} \qquad u^3 = \frac{u_{(3)}}{x^1 \sin x^2}$$

を有する反変ベクトルに (11.14) を適用する．結果として，(a) から，

$$\operatorname{div} \boldsymbol{u} = \frac{\partial}{\partial x^1} u_{(1)} + \frac{\partial}{\partial x^2}\left(\frac{u_{(2)}}{x^1}\right) + \frac{\partial}{\partial x^3}\left(\frac{u_{(3)}}{x^1 \sin x^2}\right) + u_{(1)}\left(\frac{2}{x^1}\right)$$
$$+ \frac{u_{(2)}}{x^1}(\cot x^2)$$
$$= \frac{\partial u_{(\rho)}}{\partial \rho} + \frac{1}{\rho}\frac{\partial u_{(\varphi)}}{\partial \varphi} + \frac{1}{\rho \sin \varphi}\frac{\partial u_{(\theta)}}{\partial \theta} + \frac{2}{\rho} u_{(\rho)} + \frac{\cot \varphi}{\rho} u_{(\varphi)}$$

となる．この最後の形は，“球座標における発散” は参考書において一般的に遭遇するものである.

問題 11.10　直交座標において恒等式

$$\nabla \times (\nabla \times \boldsymbol{u}) = \nabla(\nabla \cdot \boldsymbol{u}) - \nabla^2 \boldsymbol{u} \qquad (1)$$

を確立せよ（「回転の回転 **(curl curl)**」は「発散の勾配からナブラの 2 乗を引く **(grad div** $-\nabla^2$**)**」ことと等しい）.

解答

(1) の両辺は（直交）ベクトルであるので，それらが成分的に等価であることを示す.

(11.17a) より，curl $\boldsymbol{u}$ の i 番目の成分は $e_{ijk}(\partial u^k/\partial x^j)$ である．したがって，curl (curl $\boldsymbol{u}$) の i 番目の成分は次のようになる [(3.23) を用いる]：

$$e_{irs}\frac{\partial}{\partial x^r}\left(e_{sjk}\frac{\partial u^k}{\partial x^j}\right) = e_{irs}e_{sjk}\frac{\partial^2 u^k}{\partial x^r \partial x^j} = e_{sir}e_{sjk}\frac{\partial^2 u^k}{\partial x^r \partial x^j}$$
$$= (\delta_{ij}\delta_{rk} - \delta_{ik}\delta_{rj})\frac{\partial^2 u^k}{\partial x^r \partial x^j} = \frac{\partial^2 u^r}{\partial x^r \partial x^i} - \frac{\partial^2 u^i}{\partial x^r \partial x^r}$$
$$\equiv \frac{\partial}{\partial x^i}(\mathrm{div}\,\boldsymbol{u}) - \nabla^2 u^i$$

右辺の第一項は grad (div $\boldsymbol{u}$) の i 番目の成分であると認識でき，第二項は（定義より）ベクトル $\boldsymbol{u}$ のラプラシアンの i 番目の成分である．QED.

問題 11.11　直交座標 (x^i) において，

$$\mathrm{curl}\,\boldsymbol{u} = \left(e_{ijk}\frac{\partial u^k}{\partial x^j}\right)$$

で表された配列が正直交テンソルであることを証明せよ．

解答

$(\partial u^i/\partial x^j)$ は（正）直交テンソルであることが知られているので，(e_{ijk}) が正直交テンソルであることを示すだけで十分である．したがって，$|a^i_j| = +1$ となる直交変換 $\bar{x}^i = a^i_j x^j$ を与えて，$3^3 = 27$ 個の量

$$\tau_{ijk} \equiv e_{rst}\frac{\partial x^r}{\partial \bar{x}^i}\frac{\partial x^s}{\partial \bar{x}^j}\frac{\partial x^t}{\partial \bar{x}^k} = e_{rst}a^i_r a^j_s a^k_t$$

を定義する．これを次のように観察する：

(i) 2 つの下付き添字が同じ値を持つとき，$\tau_{ijk} = 0$ である．

例)　$$\tau_{i22} = e_{rst}a^i_r a^2_s a^2_t = -e_{rts}a^i_r a^2_s a^2_t = -e_{rts}a^i_r a^2_t a^2_s = -\tau_{i22}$$

(ii)　$$\tau_{123} = e_{rst}a^1_r a^2_s a^3_t = |a^i_j| = +1$$

(iii) 任意の 2 つの下付き添字を互換したとき，τ_{ijk} の符号が変わる．

例)　$$\tau_{kji} = e_{rst}a^k_r a^j_s a^i_t = -e_{tsr}a^k_r a^j_s a^i_t = -\tau_{ijk}$$

以上 3 つの性質から τ_{ijk} は $\bar{e}_{ijk}$ と同一であり，証明は完了となる．

問題 11.12　ゼロ電荷 $(\rho = 0)$ となる真空において，電界 $\mathbf{E}$ がベクトル波動方程式

$$\frac{\partial^2 \mathbf{E}}{\partial t^2} = c^2 \nabla^2 \mathbf{E}$$

を満たすことを示せ．

解答

マクスウェル方程式 (11.19) から，恒等式 (11.23) を用いると，

$$\nabla \times (\nabla \times \mathbf{E}) = -\frac{1}{c}\frac{\partial}{\partial t}(\nabla \times \mathbf{H}) = -\frac{1}{c}\left(\frac{1}{c}\frac{\partial^2 \mathbf{E}}{\partial t^2}\right) = -\frac{1}{c^2}\frac{\partial^2 \mathbf{E}}{\partial t^2}$$

となる．しかし，$\nabla \cdot \mathbf{E} = 0$ となることで問題 11.10 から $\nabla \times (\nabla \times \mathbf{E}) = -\nabla^2 \mathbf{E}$ が言えることにより，目的の波動方程式が導かれる．

演習問題

問題 11.13　v が一定であるとき，等しい時間内に等しい弧長を粒子が進むことを示せ．

問題 11.14
(a) 軌道が $\boldsymbol{x} = (\cos t,\ \sin t,\ \cot t)$　$(\pi/4 \leqq t < \pi/2)$ で与えられる粒子が，$t \to \pi/2$ とすることでその速度が $\sqrt{2}$ に減少することを示せ．
(b) $t \to \pi/2$ としたときの加速度の挙動はどのようなものであるか？
(c) この粒子について，v および a の極値を求めよ．

問題 11.15　どのような運動であれば，$a = dv/dt$ となるか？

問題 11.16　一定の速さ v を持つ粒子について，$\dot{\boldsymbol{a}}$ に対する公式を展開せよ．

問題 11.17　球座標 $(\rho,\ \varphi,\ \theta)$ において，（反変）加速度成分を計算せよ．

問題 11.18　中心力の下での運動が平面上にとどまることを証明せよ．

問題 11.19　円柱座標 $(r,\ \theta,\ z)$ に対するラプラシアンを計算せよ．

問題 11.20　$\nabla^2 f = g^{ij} f_{,ij}$ となることを示せ．[ヒント：リーマン座標の原点における (11.15) を書け．]

問題 11.21　(11.22) および (11.23) を証明せよ．

問題 11.22 任意の C^2 級スカラー場 f について，$\mathrm{curl}\,(\mathrm{grad}\, f) = \mathbf{0}$ となることを証明せよ．

問題 11.23 電荷のない真空において，(**E** だけでなく）**H** についてもベクトル波動方程式を満たしていることを示せ.

問題 11.24 直交曲線座標系 (x^1, x^2, x^3) に対して，任意の反変ベクトル $\boldsymbol{v} = (v^i)$ が

$$\boldsymbol{v} = v_{(1)}\boldsymbol{e}_1 + v_{(2)}\boldsymbol{e}_2 + v_{(3)}\boldsymbol{e}_3$$

の表示を持つことを示せ．ここで，$v_{(\alpha)}$ は物理的成分で $\boldsymbol{e}_\alpha$ は曲面 $x^\alpha = \mathrm{const.}$ の単位法線である．[ヒント：問題 5.19 および問題 5.20 を用いよ]

第 12 章

特殊相対性理論におけるテンソル

12.1 はじめに

光パルスの運動が通常の現象である場合，その速度を c としたある観測者は，その第一の観測者に対して速度 v で動いている第二観測者については値 $c-v$ を得ていると思うだろう．本仮説に基づいたこの光の性質は，すべての観測者に対する絶対時間測度の概念に依拠したものである．しかしながら，画期的な出来事である 1880 年代のマイケルソン・モーレーの実験をはじめとして，あらゆる実験的データは，この合理的な仮説の破棄させ，時間の測度よりも代わりに光速の方が絶対的な性質であるという疑いない事実を受け入れることを余儀なくさせるものであった．光は，光源から離れた観測者の運動とは無関係に，均一の速度，$c = 2.9979 \times 10^8\ m/s$，を持つことが観測されている．これは，高速粒子が関与するときに深刻となるようなニュートン力学に関する方程式の訂正を必要とする．

12.2 事象空間

まず，時間と空間の概念を結びつける必要がある．それゆえ，(原子衝突，稲妻などの) 各事象には，4 つの座標 (t, x, y, z) が割り当てられている．ここで，t は事象の時間（秒）であり，(x, y, z) は通常の直交座標における事象の位置（メートル）である．このような座標は，**時空** (*space-time*) 座標と呼ばれる．

定義 1: 事象空間 (*event space*) は $\mathbf{R}^4$ であり，その点は $(x^i) = (x^0, x^1, x^2, x^3)$ で座標化される**事象**となる．ここで，$x^0 = ct$ は事象の**時間座標**，$(x^1, x^2, x^3) = (x, y, z)$ は事象の**直角的位置座標**である．すべての i につい

て $x_1^i = x_2^i$ となる場合，2 つの事象 $E_1(\boldsymbol{x}_1)$ および $E_2(\boldsymbol{x}_2)$ は**同一**である．$x_1^0 = x_2^0$ の場合は**同時刻**，また $i = 1, 2, 3$ について $x_1^i = x_2^i$ の場合は**同位置**であるという．E_1 と E_2 間の**空間距離** (*spatial distance*) は値

$$d = \sqrt{(\Delta x^1)^2 + (\Delta x^2)^2 + (\Delta x^3)^2} \tag{12.1}$$

である（$i = 1, 2, 3$ に対して $\Delta x^i \equiv x_2^i - x_1^i$ となる）．

慣性系

アインシュタインの特殊相対性理論（以下 SR と略する）の一般的背景は，互いに対して一定の速度で移動する 2 人以上の観測者 $O, \bar{O}, \bar{\bar{O}}, \ldots$ からなり，彼らは事象で測定した値を記録し，実施する実験の計算をするための時空座標系 $(x^i), (\bar{x}^i), (\bar{\bar{x}}^i), \ldots$ を設定する．ニュートンの第一法則が各系で有効であると仮定すると，そのような一様な相対運動の座標系は**慣性系** (*inertial frames*) と呼ばれる．そのすべての系は，ある瞬間に $t = \bar{t} = \bar{\bar{t}} = \cdots = 0$ とみなされる共通の座標原点を持つと仮定される．

光錐

位置 (0, 0, 0) および時間 $t = 0$ で起こるある閃光は，方程式 $x^2+y^2+z^2 = c^2t^2$ または

$$(x^0)^2 - (x^1)^2 - (x^2)^2 - (x^3)^2 = 0 \tag{12.2}$$

を持つ球面波を放つ．(12.2) は事象空間における**光錐** (*light cone*) に関する方程式であり，慣性系 (x^i) に比例している．図 12-1 は，超平面 $x^3 = 0$ への光錐の射影を示している．他の任意の慣性系 $(\bar{x}^i)$ では，光錐の方程式はまったく同じである（すべての観測者が光の速度を c として測定するため）:

$$(\bar{x}^0)^2 - (\bar{x}^1)^2 - (\bar{x}^2)^2 - (\bar{x}^3)^2 = 0$$

例 7.6 において（少々異なる記法を用いているが），我々は $\mathbf{R}^4$ でのヌル測地線を使った光錐を，SR の計量の下で既に確認している．

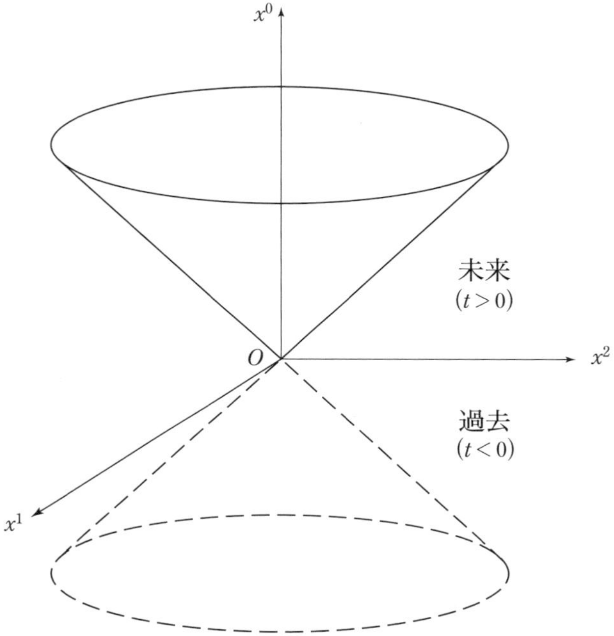

図 **12-1**

相対論的な長さ

任意の事象 $E(\boldsymbol{x})$ について，量 $(x^0)^2-(x^1)^2-(x^2)^2-(x^3)^2$ は，正，負または 0 であってもよい．$E(\boldsymbol{x})$ から原点 $E_0(\mathbf{0})$ までの**相対論的な長さ**は，

$$\varepsilon\, s^2=(x^0)^2-(x^1)^2-(x^2)^2-(x^3)^2 \qquad (\varepsilon=\pm 1)$$

のような実数 $s \geqq 0$ である．さらに一般的に，$E_1(\boldsymbol{x}_1)$ および $E_2(\boldsymbol{x}_2)$ 間の**相対論的な距離または間隔の長さ**は，

$$\varepsilon\,(\Delta s)^2=(\Delta x^0)^2-(\Delta x^1)^2-(\Delta x^2)^2-(\Delta x^3)^2 \qquad (\varepsilon=\pm 1) \qquad (12.3)$$

のような一意な実数 $\Delta s \geqq 0$ である（$i=0,\,1,\,2,\,3$ に対して $\Delta x^i \equiv x_2^i - x_1^i$ となる）．この長さの概念の主な意義は以下の定理にある．

定理 12.1: 相対論的な距離はあらゆる慣性系のいたるところで不変である．

証明に関しては問題 12.6 を見よ．

間隔のタイプ

$E_1(\boldsymbol{x}_1)$ および $E_2(\boldsymbol{x}_2)$ 間の間隔は以下のように分けられる．

(1) **空間的** (*spacelike*)：$(\Delta x^1)^2 + (\Delta x^2)^2 + (\Delta x^3)^2 > (\Delta x^0)^2$ のとき（または $\varepsilon = -1$ のとき．時間より距離が優位である）

(2) **光的** (*lightlike*)：$(\Delta x^0)^2 = (\Delta x^1)^2 + (\Delta x^2)^2 + (\Delta x^3)^2$ のとき（時間と距離が等しい）

(3) **時間的** (*timelike*)：$(\Delta x^0)^2 > (\Delta x^1)^2 + (\Delta x^2)^2 + (\Delta x^3)^2$ のとき（または $\varepsilon = +1$ のとき．距離より時間が優位である）

定理 12.1 より，この分類は特定の慣性系に左右されないことがわかる．

12.3 ローレンツ群および SR の計量

2 人の観測者 O と $\bar{O}$ が，速さ v で一様に相対運動していると考える．彼らは互いに，時間が負のときに接近し，そして時間が 0 のときに一致，それから時間が正であるときに遠ざかる（図 12-2(a)）．O と $\bar{O}$ が，$O = \bar{O}$ のときに $t = \bar{t} = 0$ となる同一ではあるが別個の時計，また同一のメートル定規を用いて，独立した基準系 (x^i) と $(\bar{x}^i)$ を構成しているとしよう．両方の系でニュートンの第一法則が保持され，それらが慣性系になると仮定されるだろう．

事象の一般的な観測では，各事象に固有な座標組が割り当てられているため，全単射の対応

$$\mathscr{T} : \bar{x}^i = F^i(x^0, x^1, x^2, x^3) \tag{12.4}$$

が（彼らの間で）設定される．以下の大部分では，O と $\bar{O}$ は偶然，それらの x 軸が運動線に沿って同方向を進み y 軸と z 軸が一致するような，単純化した操作を行うと仮定されることになる．この並進変換においては，y 軸と z 軸は平行のままである（図 12-2(b)）．

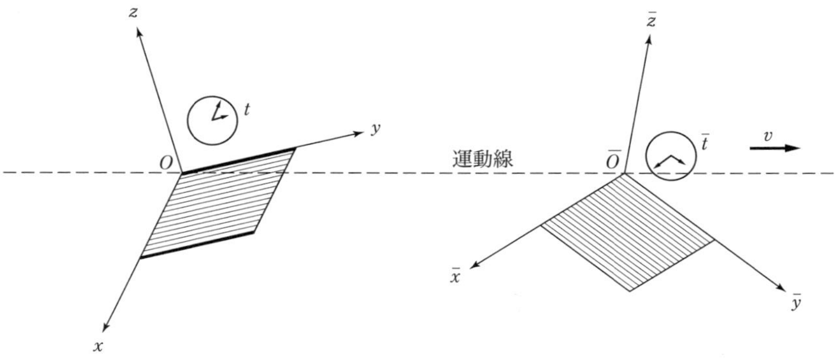

(*a*)

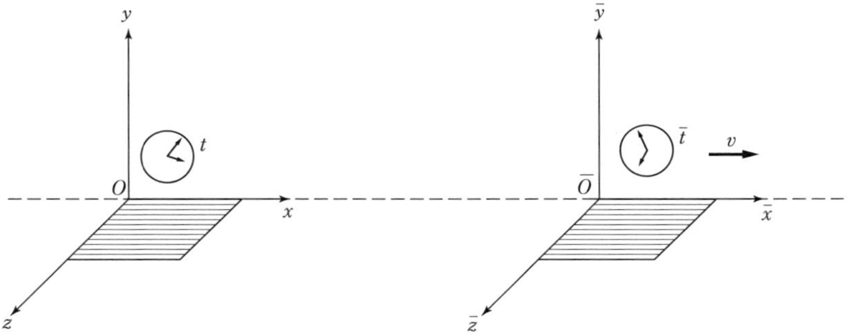

(*b*)

図 **12-2**

SR の公準

(1) **相対性原理**：物理学の法則はあらゆる慣性系で同じように成立する.

(2) **一様運動の不変性**：ある慣性系において一定速度で進む粒子は，あらゆる慣性系において一定速度で進む.

(3) **光速の不変性**：光速はあらゆる慣性系において不変である.

公準 2 は全単射な変換 (12.4) が，直線を直線に写像するようなものであることを要求している．したがって，各 F^i は線形関数でなければならない.

$F^i(\mathbf{0}) = \mathbf{0}$ であるから，定数 a^i_j は

$$\mathscr{T} : \bar{x}^i = a^i_j x^j \tag{12.5}$$

のように存在していることになる．

ローレンツ行列およびローレンツ変換

光錐の方程式の不変性は（公準 3 からの帰結から）

$$g_{ij} x^i x^j = 0 = g_{ij} \bar{x}^i \bar{x}^j \tag{12.6}$$

として表現できる．ここで，$g_{00} = 1$，$g_{11} = g_{22} = g_{33} = -1$ そして $g_{ij} = 0\ (i \neq j)$ である．(12.5) を (12.6) に代入すると次を得る：

$$g_{ij} a^i_r a^j_s = g_{rs} \tag{12.7a}$$

もしくは行列形式では，

$$A^T G A = G \tag{12.7b}$$

となり，

$$\begin{aligned} (a^0_0)^2 - (a^1_0)^2 - (a^2_0)^2 - (a^3_0)^2 &= 1 \\ (a^0_j)^2 - (a^1_j)^2 - (a^2_j)^2 - (a^3_j)^2 &= -1 \quad (j = 1,\ 2,\ 3) \\ a^0_i a^0_j - a^1_i a^1_j - a^2_i a^2_j - a^3_i a^3_j &= 0 \qquad (i \neq j) \end{aligned} \tag{12.7c}$$

と書き出せる．

$g_{ij} x^i x^j = 0$ が不変であることの要求は，q のあらゆる値に対して $g_{ij} x^i x^j = q$ の普遍性を要求することと同等であることは容易にわかる（問題 12.8）．こうして，(12.7) は二次形式 $g_{ij} x^i x^j$ が不変であるための基準となる．

定義 2: 二次形式 $\boldsymbol{x}^T G \boldsymbol{x}$ を保存する任意の 4×4 行列（または対応する線形変換）は，**ローレンツ行列** (*Lorentz matrix*)（または**ローレンツ変換** (*Lorentz transformation*)）と呼ばれる．

問題 12.10 において，ローレンツ行列の集合は行列の乗法の下で群（**ローレンツ群** (*Lorentz group*)）を構成することが示される．

SR の計量

項 $\bar{g}_{ij} \equiv g_{ij}$ が $(\bar{x}^i)$ 系に対して定義されているとき，(12.7a) は $g_{rs} = \bar{g}_{ij}a^i_r a^j_s$ となり，座標のローレンツ変換の下で (g_{ij}) は 2 階の共変テンソルになる．結果的に，$\mathbf{R}^4$ についての計量は

$$\varepsilon\, ds^2 = g_{ij}dx^i dx^j \equiv (dx^0)^2 - (dx^1)^2 - (dx^2)^2 - (dx^3)^2 \tag{12.8}$$

として選択される．

12.4　単純ローレンツ行列

O と $\bar{O}$ が，それら xyz 軸の整列を実行したものであると仮定しよう．このとき相対運動線に沿った軸を（中心に）含んだ任意の直円柱は，2 つの系で同じ方程式を持たなければならない．すなわち，$(x^2)^2 + (x^3)^2$ は不変量である．この状況に対するローレンツ変換は

$$\mathscr{T}\ :\ \begin{cases} \bar{x}^0 = a^0_0 x^0 + a^0_1 x^1 \equiv ax^0 + bx^1 \\ \bar{x}^1 = a^1_0 x^0 + a^1_1 x^1 \equiv dx^0 + ex^1 \\ \bar{x}^2 = x^2 \\ \bar{x}^3 = x^3 \end{cases} \tag{12.9}$$

の形をとることになる（問題 12.11 を見よ）．(12.7) により，

$$a^2 - d^2 = 1 \qquad b^2 - e^2 = -1 \qquad ab - de = 0 \tag{12.10}$$

である．O と $\bar{O}$ が互いの原点に割り当てる座標を考えると（問題 12.12 を見よ），

$$d = -(v/c)a \equiv -\beta a \qquad \text{and} \qquad a = e \tag{12.11}$$

であることがわかる（記法 $\beta = v/c$ は SR において標準的に使われる）．(12.10)，そして $a > 0$ という事実（どちらの時計も同じ向きに流れると仮定できることから）より，

$$a = (1 - \beta^2)^{-1/2} = e \qquad b = -\beta(1 - \beta^2)^{-1/2} = d \tag{12.12}$$

という結果になる．したがって，座標変換は単純化された形

$$\mathscr{T}:\begin{cases}\bar{x}^0=\dfrac{x^0-\beta x^1}{\sqrt{1-\beta^2}}\\ \bar{x}^1=\dfrac{-\beta x^0+x^1}{\sqrt{1-\beta^2}}\\ \bar{x}^2=x^2\\ \bar{x}^3=x^3\end{cases}\quad\text{or}\quad A=\begin{bmatrix}\dfrac{1}{\sqrt{1-\beta^2}} & \dfrac{-\beta}{\sqrt{1-\beta^2}} & 0 & 0\\ \dfrac{-\beta}{\sqrt{1-\beta^2}} & \dfrac{1}{\sqrt{1-\beta^2}} & 0 & 0\\ 0 & 0 & 1 & 0\\ 0 & 0 & 0 & 1\end{bmatrix}\tag{12.13}$$

をとる．

$$A=\begin{bmatrix}a & b & 0 & 0\\ b & a & 0 & 0\\ 0 & 0 & 1 & 0\\ 0 & 0 & 0 & 1\end{bmatrix}$$

の形となる（$a^2-b^2=1$），任意の 4×4 行列（線形変換）は**単純ローレンツ** (*simple Lorentz*) 行列（変換）と呼ばれる．A によってモデル化された物理的状況における相対速度は，$\beta=-b/a$ として取り出すことができる．

【例 12.1】

問題 12.9 より，単純ローレンツ行列の逆元は

$$A^{-1}=\begin{bmatrix}a & -b & 0 & 0\\ -b & a & 0 & 0\\ 0 & 0 & 1 & 0\\ 0 & 0 & 0 & 1\end{bmatrix}$$

である．ここで，その逆元自身は単純ローレンツ行列であり，β の符号の反転に対応している．[O に対する $\bar{O}$ の速度が v とすると，$\bar{O}$ に対する O の速度は $-v$ である．]

分解定理

軸の適当な回転によって任意のローレンツ行列を単純化できる可能性は，純粋に数学的に表現することができる．（問題 12.14 および問題 12.15 を見よ.）

定理 12.2: 任意のローレンツ行列 $L=(a^i_j)$ は

$$L=R_1L^*R_2$$

と表現される．ここで，L^* はパラメーター $a = |a_0^0| = \varepsilon a_0^0$ および $b = -\sqrt{(a_0^0)^2 - 1}$ を持つ単純ローレンツ行列であり，R_1 や R_2 は

$$R_1 = LR_2^T(L^*)^{-1} \qquad \text{and} \qquad R_2 = [\boldsymbol{e}_1 \ \ \boldsymbol{r}' \ \ \boldsymbol{s}' \ \ \boldsymbol{t}']^T \tag{12.14}$$

で定義される直交ローレンツ行列である．ここで，$\boldsymbol{e}_1 = (1, 0, 0, 0)$，$\boldsymbol{r}' = (\varepsilon/b)(0, a_1^0, a_2^0, a_3^0) \equiv (0, \boldsymbol{r})$，$\boldsymbol{s}' = (0, \boldsymbol{s})$，$\boldsymbol{t}' = (0, \boldsymbol{t})$ は，$\boldsymbol{s}$ と $\boldsymbol{t}$ が 3×3 の直交行列 $[\boldsymbol{r} \ \ \boldsymbol{s} \ \ \boldsymbol{t}]$ を完成させるように選択される．

系 12.3: $L = (a_j^i)$ が 2 つの慣性系を関連付けるとき，その系の間の相対速度は

$$v = c\sqrt{1 - (a_0^0)^{-2}} \tag{12.15}$$

である．

12.5　単純ローレンツ変換の物理的意味

長さの縮み

任意に固定された x^0 について，(12.13) から

$$\Delta\bar{x}^1 = \frac{1}{\sqrt{1-\beta^2}}\Delta x^1 \qquad \text{or} \qquad \Delta x^1 = \sqrt{1-\beta^2}\Delta\bar{x}^1 < \Delta\bar{x}^1$$

を得る．系 $\bar{O}$ が O に対して一様速度 v で移動している場合，$\bar{O}$ における距離は，観測者 O にとってはその運動方向に $\sqrt{1-\beta^2}$ 倍縮んでいるように見える．

時間の遅れ

任意に固定された $\bar{x}^1$ について，(12.13) の逆から

$$\Delta x^0 = \frac{1}{\sqrt{1-\beta^2}}\Delta\bar{x}^0 \qquad \text{or} \qquad \Delta t = \frac{1}{\sqrt{1-\beta^2}}\Delta\bar{t} > \Delta\bar{t}$$

を得る[*1]．系 $\bar{O}$ が O に対して一様速度 v で移動している場合，観測者 $\bar{O}$ の時計は，観測者 O にとっては $\sqrt{1-\beta^2}$ 倍遅く流れているように見える．

速度の合成

$\bar{O}$ が O に対して速度 v_1 で移動し，また，$\bar{\bar{O}}$ が $\bar{O}$ に対して速度 v_2 で移動しているとき，ニュートン力学的な速度の合成からは，$\bar{\bar{O}}$ は O に対して速度 $v_3 = v_1 + v_2$ で移動していると予測される．v_1 と v_2 が十分に光速ほどの割合でない限りこの誤りはあらわれないが，SR はニュートン理論が正しくないことを示している．速度合成の正しい公式は

$$v_3 = \frac{v_1 + v_2}{1 + v_1 v_2 / c^2} \tag{12.16}$$

となる（問題 12.20）．

12.6 相対論的運動学

4 元ベクトル

単一の慣性系 (x^i) 中で粒子の通常の速度および加速度から始める．**固有時間** (*proper time*) の概念を導入することにより，（これより **4 元ベクトル** (*4-vectors*) と呼ばれるような）ローレンツ変換に関連する速度および加速度を反変ベクトルとして得ることができる．一般に，$\bar{V}^i = a^i_j V^j$ の法則に従って変換する場合に，(V^i) は 4 元ベクトルであると言える．ここで，(a^i_j) は (12.5) のローレンツ行列である．4 元ベクトルに対して，以下の記法を用い

[*1] 訳注：前項では $\Delta\bar{x}^i = A\Delta x^i$ として長さの縮みを見てきたが，本項では $\Delta x^i = A^{-1}\Delta\bar{x}^i$ として時間の遅れを見ている．単純ローレンツ行列 A とその逆行列 A^{-1} 中の a に関する符号が共に同一であることに注目しよう．このことから，前項においては $\Delta x^1 = \frac{1}{\sqrt{1-\beta^2}}\Delta\bar{x}^1$，本項では $\Delta\bar{x}^0 = \frac{1}{\sqrt{1-\beta^2}}\Delta x^0$，と本文と違う式も提示できる．これは $\Delta\bar{x}^i = A\Delta x^i$ と $\Delta x^i = A^{-1}\Delta\bar{x}^i$ の物理的視点から由来しており，前者は O に対して $\bar{O}$ が一様速度 v しているが，後者は $\bar{O}$ に対して O の方が一様速度 $-v$ しており，すなわち両者の物理的視点は異なるのである．このことから結果として，お互いが相手の「長さが縮んで」,「時間が遅れて流れる」ように見えることが示唆される．

本議論は互いに一様運動の不変性（本文の公準 2）に基づいたものであることに注意しよう．

ることが慣習となっている：

$$(V^i) \equiv (V^0, \boldsymbol{V})$$
$$\text{where} \quad V^0 \equiv V_t \quad \text{and} \quad \boldsymbol{V} \equiv (V^1, V^2, V^3) \equiv (V_x, V_y, V_z)$$

V^0 はベクトルの**時間成分**と呼ばれ，(V_x, V_y, V_z) は通常の**空間成分**である．特に断りのない限り，すべての添字は 0, 1, 2, 3 の値の範囲にあると理解される．

非相対論的な速度および加速度

慣性系 $(x^i) = (x, y, z)$ において，粒子が C^2 級曲線

$$\mathscr{K} : (x^i) = (ct, \boldsymbol{r}(t)) = (ct, x(t), y(t), z(t))$$

を描くとしよう．このとき，古典的な公式

$$(v_i) = \left(\frac{dx^i}{dt}\right) \equiv (c, \boldsymbol{v}) \tag{12.17}$$

や（$\boldsymbol{v} = d\boldsymbol{r}/dt$ および $\hat{v} \equiv \|\boldsymbol{v}\| = \sqrt{v_x^2 + v_y^2 + v_z^2}$），また，

$$(a_i) = \left(\frac{d^2x^i}{dt^2}\right) \equiv (0, \boldsymbol{a}) \tag{12.18}$$

を得る（$\boldsymbol{a} = d\boldsymbol{v}/dt$ および $\hat{a} = \|\boldsymbol{a}\| = \sqrt{a_x^2 + a_y^2 + a_z^2}$）．定義されているように，この速度も加速度もローレンツ変換の下でテンソルではない．実際（問題 12.22），$(\bar{v}_i)$ および $(\bar{a}_i)$ が $(\bar{x}^i)$ において同類項であるなら，(12.13) から

$$\bar{v}_0 = c = v_0 \qquad \bar{v}_x = \frac{v_x - v}{1 - v_x v/c^2}$$
$$\bar{v}_y = \frac{v_y\sqrt{1-\beta^2}}{1 - v_x v/c^2} \qquad \bar{v}_z = \frac{v_z\sqrt{1-\beta^2}}{1 - v_x v/c^2} \tag{12.19}$$

$$\bar{a}_0 = 0 = a_0 \qquad \bar{a}_x = \frac{a_x(1-\beta^2)^{3/2}}{(1 - v_x v/c^2)^3}$$
$$\bar{a}_y = \frac{[a_y + (v_y a_x - v_x a_y)(v/c^2)](1-\beta^2)}{(1 - v_x v/c^2)^3} \tag{12.20}$$
$$\bar{a}_z = \frac{[a_z + (v_z a_x - v_x a_z)(v/c^2)](1-\beta^2)}{(1 - v_x v/c^2)^3}$$

の関係を得る．

逆の関係は，v を $-v$ で置き換え，すべてのバーありとバーなし項を交換することで手っ取り早く得ることができる．例えば，(12.19) における第 2 式は

$$v_x = \frac{\bar{v}_x + v}{1 + \bar{v}_x v/c^2}$$

に反転でき，これはちょうど $v_1 = \bar{v}_x$ および $v_2 = v$ と適用した (12.16) である．

固有時間; 4 元速度および 4 元加速度

曲線 $\mathscr{K}$ を再パラメーター化し，ここで

$$\tau = \frac{s}{c} = \frac{1}{c}\int_{t_0}^{t} \sqrt{\varepsilon g_{ij}\frac{dx^i}{du}\frac{dx^j}{du}}\,du \qquad \text{or} \qquad \frac{d\tau}{dt} = \sqrt{1 - \hat{v}^2/c^2} \tag{12.21}$$

の量を選んでみよう．いつも通り $\hat{v} < c$ である．新しい（距離を速度で割った）パラメーター τ は粒子についての**固有時間** (*proper time*) として知られる．つまり，問題 12.23 より，粒子に取り付いた（したがって，それに伴って加速や減速をする）時計が τ を読み取っているのである．

τ 微分が t 微分に取って代わるとき，速度および加速度はテンソルになる．すなわち，成分

$$u^i \equiv \frac{dx^i}{d\tau} \qquad b^i \equiv \frac{du^i}{d\tau} = \frac{d^2x^i}{d\tau^2} \tag{12.22}$$

は，(12.13) から

$$\bar{u}^0 = \frac{u^0 - \beta u^1}{\sqrt{1-\beta^2}} \qquad \bar{u}^1 = \frac{-\beta u^0 + u^1}{\sqrt{1-\beta^2}} \qquad \bar{u}^2 = u^2 \qquad \bar{u}^3 = u^3 \tag{12.23}$$

$$\bar{b}^0 = \frac{b^0 - \beta b^1}{\sqrt{1-\beta^2}} \qquad \bar{b}^1 = \frac{-\beta b^0 + b^1}{\sqrt{1-\beta^2}} \qquad \bar{b}^2 = b^2 \qquad \bar{b}^3 = b^3 \tag{12.24}$$

と得られる．

重要な恒等式

$$u_i u^i = c^2 \qquad u_i b^i = 0 \tag{12.25}$$

は問題 12.24 において証明され，また問題 12.25 からは以下の相対論的成分と非相対論的成分の数値間の接続公式が確立される：

$$u^i = \frac{v_i}{\sqrt{1-\hat{v}^2/c^2}} \qquad b^i = \frac{a_i}{1-\hat{v}^2/c^2} + \frac{(\boldsymbol{v}\boldsymbol{a})v_i}{c^2(1-\hat{v}^2/c^2)^2} \tag{12.26}$$

瞬間静止系

時間 $t = t_1$ において，$\mathscr{K}$ に沿って移動している粒子は瞬間位置 $P_1 = \boldsymbol{r}(t_1)$ および瞬間速さ $\hat{v}(t_1)$ を持っている．この粒子に対する**瞬間静止系** (*instantaneous rest frame*) は，P_1 における $\mathscr{K}$ の接線に沿って速さ $\hat{v}(t_1)$ で平行移動し，その原点が $t = t_1$ で P_1 と一致するような慣性系である．図 12-3 を見よ．

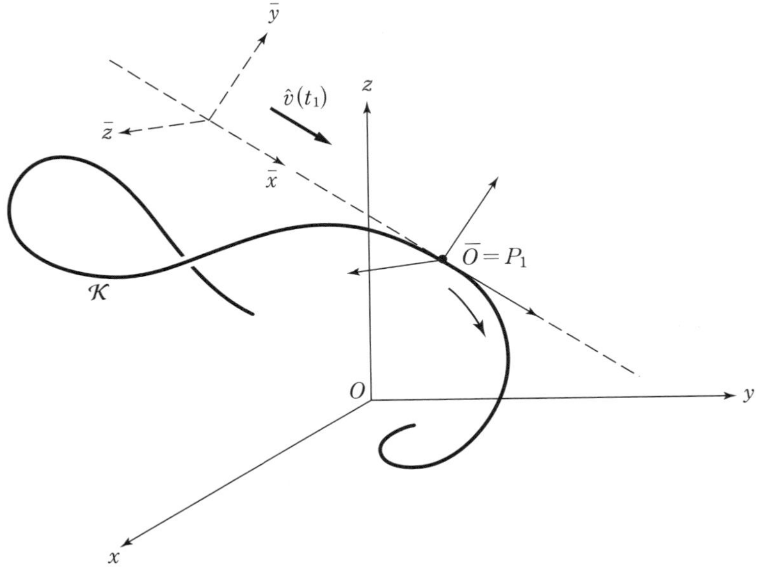

図 **12-3**

ある瞬間静止系 $\bar{O}$ に対する空間加速度，

$$\alpha = \hat{\bar{a}} = \sqrt{\bar{a}_x^2 + \bar{a}_y^2 + \bar{a}_z^2}$$

が軌道 $\mathscr{K}$ に沿って変化しなければ,（系 O に関する）粒子の運動は**等加速** (*uniformly accelerated*) していると言う.

【例 12.2】
一様磁場に垂直に放り込まれた電子は,（円形に）等加速運動している.

12.7　相対論的質量，力，およびエネルギー

適切な SR 版ニュートンの第二法則は，採用する質量の概念に依存している.

静止質量および相対論的質量

粒子の**静止質量** (*rest mass*) とは，その粒子の瞬間静止系におけるニュートン力学から推測または測定される質量である.

（O に対する）空間速度 $\boldsymbol{v}$ を持つ粒子の（O における）**相対論的質量** (*relativistic mass*) は,

$$\hat{m} = \frac{m}{\sqrt{1-\hat{v}^2/c^2}} \tag{12.27}$$

となる（m は粒子の静止質量である）. 問題 12.27 で示されるように，(12.27) は運動量の保存に必然的な帰結である.

相対論的運動量および力

SR の **4 元運動量** (*4-momentum*) は

$$(p^i) \equiv (p^0, \boldsymbol{p}) = (mu^i) = (\hat{m}v_i) \tag{12.28}$$

で定義され,（テンソルでない）**ローレンツ力** (*Lorentz force*)$(F_0, \boldsymbol{F})$ は 4 元運動量の時間微分で定義される：

$$F_0 \equiv \frac{dp^0}{dt} = \frac{d}{dt}\left(\frac{mc}{\sqrt{1-\hat{v}^2/c^2}}\right) \qquad \boldsymbol{F} \equiv \frac{d}{dt}\left(\frac{m\boldsymbol{v}}{\sqrt{1-\hat{v}^2/c^2}}\right) \tag{12.29}$$

速度と同様に，固有時間が導入されると力はテンソルとなる. 結果として，SR の **4 元力** (*4-force*)（**ミンコフスキー力** (*Minkowski force*)）は

$$(K^i) \equiv \left(\frac{dp^i}{d\tau}\right) \tag{12.30}$$

として定義される．(12.21) から，接続公式

$$K^i = \frac{F_i}{\sqrt{1-\hat{v}^2/c^2}} \tag{12.31}$$

を得る．問題 12.29 において，ローレンツ力およびミンコフスキー力に関する以下の恒等式が証明される：

$$u_i K^i = 0 \qquad K^0 = \frac{1}{c}\boldsymbol{vK} \qquad F_0 = \frac{1}{c}\boldsymbol{vF} \qquad \boldsymbol{vF} = \frac{d}{dt}\left(\frac{mc^2}{\sqrt{1-\hat{v}^2/c^2}}\right) \tag{12.32}$$

相対論的エネルギー

古典的な**仕事・エネルギー定理** (*work-energy theorem*) によれば，粒子に行われる仕事の割合（$\boldsymbol{vF}$）は，粒子の運動エネルギーの増加割合に等しい．したがって，(12.32) の最後の恒等式は，速度 $\hat{v}$ で移動する粒子のエネルギーについての SR に対する定義

$$\hat{E} = \frac{mc^2}{\sqrt{1-\hat{v}^2/c^2}} \equiv \hat{m}c^2 \tag{12.33}$$

を意味することになる．$\hat{v} \to 0$ の極限では，(12.33) は

$$E = mc^2 \tag{12.34}$$

となる．これは，静止質量 m を持った粒子の**静止エネルギー** (*rest energy*)E に関するアインシュタインの有名な公式である．

12.8 SR におけるマクスウェル方程式

特殊相対性理論についての計量が発散やラプラシアンの式に与える影響を手短に見ていき，そしてマクスウェル方程式を定式化するのに役立つ新しい種類の行列を検討すると有用である．

ベクトル解析およびローレンツ変換

SR の計量に関しては，あらゆるクリストッフェル記号が消滅するので，

$$\operatorname{div}\boldsymbol{u} = \frac{\partial u^i}{\partial x^i} \tag{12.35}$$

となり，また

$$\begin{aligned}\operatorname{div}(\operatorname{grad} f) \equiv \Box f &= \frac{\partial}{\partial x^i}\left(g^{ij}\frac{\partial f}{\partial x^j}\right) = g^{ij}\frac{\partial^2 f}{\partial x^i \partial x^j} \\ &= \frac{\partial^2 f}{(\partial x^0)^2} - \frac{\partial^2 f}{(\partial x^1)^2} - \frac{\partial^2 f}{(\partial x^2)^2} - \frac{\partial^2 f}{(\partial x^3)^2} \\ &= \frac{1}{c^2}\frac{\partial^2 f}{\partial t^2} - \nabla^2 f \end{aligned} \tag{12.36}$$

となる．SR では，ラプラシアン演算子が $\Box$ と表記され，∇^2 がその空間部分で確保されていることに注意しよう．問題 12.31 において，$\Box f$ がローレンツ変換の下で不変であることが確認され，これは，スカラー波動方程式はすべての慣性系で同じ形 $\Box f = 0$ を持つことを意味している．

微分演算子

$$\partial^i \equiv g^{ij}\frac{\partial}{\partial x^j} \tag{12.37}$$

を導入した場合，ベクトル $(w_i) \equiv (w_0,\, \boldsymbol{w})$ についての**連続方程式** (*equation of continuity*) を

$$\partial^i w_i = 0 \tag{12.38}$$

として表すことができる．(12.38) は $\partial w_0/\partial t = c \operatorname{div} \boldsymbol{w}$ と同等である．

事象空間におけるマクスウェル方程式

まず，任意の 2 つの 3 次元ベクトル $\boldsymbol{U} = (U^i)$ および $\boldsymbol{V} = (V^i)$ に関して，2 つの反対称行列

$$[f^{ij}]_{44} \equiv \begin{bmatrix} 0 & -V^1 & -V^2 & -V^3 \\ V^1 & 0 & U^3 & -U^2 \\ V^2 & -U^3 & 0 & U^1 \\ V^3 & U^2 & -U^1 & 0 \end{bmatrix} \quad [\tilde{f}_{ij}]_{44} \equiv \begin{bmatrix} 0 & U^1 & U^2 & U^3 \\ -U^1 & 0 & V^3 & -V^2 \\ -U^2 & -V^3 & 0 & V^1 \\ -U^3 & V^2 & -V^1 & 0 \end{bmatrix} \tag{12.39a}$$

を導入する．第 2 の行列は第 1 の行列で $\boldsymbol{V} \to -\boldsymbol{U}$ および $\boldsymbol{U} \to \boldsymbol{V}$ と置き換えることで得ることができる．これらの置換は反対合――すなわち，$\tilde{\tilde{f}}_{ij} = -f^{ij}$――を構成しているので，2 つの行列は互いに**双対** (*dual*) であると言われる．個々の成分で言えば次のようになる（e_{pqr} は 3 階の交代記号を

表している)：

$$f^{ij} = -f^{ji} \qquad f^{0q} = -V^q \qquad f^{pq} = e_{pqr}U^r$$
$$\tilde{f}_{ij} = -\tilde{f}_{ji} \qquad \tilde{f}_{0q} = U^q \qquad \tilde{f}_{pq} = e_{pqr}V^r \tag{12.39b}$$

ここで，$i, j \geqq 0$ および $p, q \geqq 1$ である．

それらの組み合わせによって，これらの行列は（あらゆる慣性系において行の発散が 0 となるとき）ローレンツ変換の下でテンソルとなる．証明は問題 12.32 で与えられる．さらには，これらのテンソルは

$$\frac{\partial f^{0j}}{\partial x^j} = -\mathrm{div}\,\boldsymbol{V} \qquad \frac{\partial \tilde{f}_{0j}}{\partial x^j} = \mathrm{div}\,\boldsymbol{U} \tag{12.40}$$

や，また，

$$\left(\frac{\partial f^{1j}}{\partial x^j}, \frac{\partial f^{2j}}{\partial x^j}, \frac{\partial f^{3j}}{\partial x^j}\right) = \mathrm{curl}\,\boldsymbol{U} + \frac{1}{c}\frac{\partial \boldsymbol{V}}{\partial t}$$
$$\left(\frac{\partial \tilde{f}_{1j}}{\partial x^j}, \frac{\partial \tilde{f}_{2j}}{\partial x^j}, \frac{\partial \tilde{f}_{3j}}{\partial x^j}\right) = \mathrm{curl}\,\boldsymbol{V} - \frac{1}{c}\frac{\partial \boldsymbol{U}}{\partial t} \tag{12.41}$$

となる性質を持っている（問題 12.33）．ここで，真空中のマクスウェル方程式 (11.19) を，この種の双対テンソルを介してどのように時空に拡張できるかを示す．マクスウェル方程式は次のとおりである：

$$\mathrm{div}\,\mathbf{H} = 0 \qquad \mathrm{curl}\,\mathbf{E} + \frac{1}{c}\frac{\partial \mathbf{H}}{\partial t} = \mathbf{0} \tag{12.42}$$

$$\mathrm{div}\,\mathbf{E} = \rho \qquad \mathrm{curl}\,\mathbf{H} - \frac{1}{c}\frac{\partial \mathbf{E}}{\partial t} = \frac{\rho}{c}\boldsymbol{v} \tag{12.43}$$

最後の式の $\boldsymbol{v}$ は電荷雲 ρ の古典的空間速度 (12.17) である．(12.39) を通じて（$\boldsymbol{U} = \boldsymbol{E}$ および $\boldsymbol{V} = \boldsymbol{H}$ とした）テンソル

$$\mathscr{F} = [F^{ij}]_{44} \equiv \begin{bmatrix} 0 & -H_1 & -H_2 & -H_3 \\ H_1 & 0 & E_3 & -E_2 \\ H_2 & -E_3 & 0 & E_1 \\ H_3 & E_2 & -E_1 & 0 \end{bmatrix}$$
$$\tilde{\mathscr{F}} = [\tilde{F}^{ij}]_{44} \equiv \begin{bmatrix} 0 & E_1 & E_2 & E_3 \\ -E_1 & 0 & H_3 & -H_2 \\ -E_2 & -H_3 & 0 & H_1 \\ -E_3 & H_2 & -H_1 & 0 \end{bmatrix} \tag{12.44}$$

を定義する．(12.40) および (12.41) の第 1 式を考慮することで，(12.42) は

$$\frac{\partial F^{ij}}{\partial x^j} = 0 \tag{12.45a}$$

と書くことができる．

同様に，$\boldsymbol{v}$ および ρ から

$$(s^i) \equiv \left(\rho,\ \frac{\rho}{c}\boldsymbol{v}\right) \tag{12.46}$$

と規定した 4 元ベクトルを作成すると (問題 12.52 を見よ)，残りのマクスウェル方程式 (12.43) は

$$\frac{\partial \tilde{F}^{ij}}{\partial x^j} = s^i \tag{12.45b}$$

としてテンソルで表される．

(12.45) の方程式は「相対論的なマクスウェル方程式」であり，あらゆる慣性系において有効である．$\tilde{F}$ は反対称であることから，(12.45b) から次を得る：

$$\frac{\partial s^i}{\partial x^i} = \frac{\partial^2 \tilde{F}^{ij}}{\partial x^i \partial x^j} = 0 \qquad \text{or} \qquad \frac{\partial}{\partial x^i}(g^{ij}s_j) = \left(g^{ji}\frac{\partial}{\partial x^i}\right)s_j \equiv \partial^j s_j = 0$$

このため，共変ベクトル (s_j) は連続方程式 (12.38) に従う．

例題

事象空間

問題 12.1　次の事象の組に対する ε および Δs を計算せよ：
(a) $E_1(5,\ 1,\ -2,\ 0)$ と $E_2(0,\ 3,\ 1,\ -3)$
(b) $E_1(5,\ 1,\ 3,\ 3)$ と $E_2(2,\ -1,\ 1,\ 1)$
(c) $E_1(7,\ 2,\ 4,\ 4)$ と $E_2(4,\ 1,\ 2,\ 6)$
(d) $E_1 \equiv$「シカゴでの午後 7 時の閃光」と $E_2 \equiv$「（400 マイルも離れた）セントルイスでの午後 7.000 000 61 時の閃光」
(e) 各々の場合の間隔のタイプを決定せよ．

解答

(a) $\varepsilon(\Delta s)^2 = 5^2 - (-2)^2 - (-3)^2 - 3^2 = 25 - 4 - 9 - 9 = 3$，すなわち $\Delta s = \sqrt{3}$ および $\varepsilon = 1$.
(b) $\varepsilon(\Delta s)^2 = 9 - 4 - 4 - 4 = -3$，すなわち $\Delta s = \sqrt{3}$ および $\varepsilon = -1$.
(c) $\varepsilon(\Delta s)^2 = 9 - 1 - 4 - 4 = 0$，すなわち $\Delta s = 0$ および $\varepsilon = 1$.
(d) $c = 186\,300\,\mathrm{mi/sec}$ を用いると，$\varepsilon(\Delta s)^2 = (0.002\,196c)^2 - (400)^2 \approx 7375\,\mathrm{mi}^2$，すなわち $\Delta s \approx 85.8\,\mathrm{mi}$ および $\varepsilon = 1$.
(e) それぞれ，時間的，空間的，光的，時間的である．

問題 12.2
(a) 同時刻の事象は空間的間隔を持つことを示せ．
(b) 同位置の事象は時間的間隔を持つことを示せ．
(c) 2 つの閃光の間隔は，ある一方の閃光側にいる観測者にとってそれらが同時刻としたとき，光的であることを示せ．

解答

(a) $$\varepsilon(\Delta s)^2 = 0^2 - (\Delta x^1)^2 - (\Delta x^2)^2 - (\Delta x^3)^2 < 0$$

(b) $$\varepsilon(\Delta s)^2 = (\Delta x^0)^2 - 0 > 0$$

(c) 観測者が最も近い閃光を $E_1(0, 0, 0, 0)$ として測定するとしよう．離れた閃光 $E_2(c\,\Delta t, \Delta x^1, \Delta x^2, \Delta x^3)$ は,

$$\Delta t = -\frac{\sqrt{(\Delta x^1)^2 + (\Delta x^2)^2 + (\Delta x^3)^2}}{c}$$

である場合に，$x^0 = 0$ で同時に記録される．一方でこのとき $\varepsilon(\Delta s)^2 = 0$ であるから間隔は光的である.（E_2 の（負の）時間座標は**計算された**ものであって測定されたものではないことに注意しよう.）

ローレンツ群

問題 12.3　(12.6) で与えられた SR の計量 g_{ij} に関する以下の補題を証明せよ.

補題 12.4: $g_{ij}x^i x^j = 0$ となるすべての (x^i) に対して，$C = (c_{ij})$ が $c_{ij}x^i x^j = 0$ となるような対称的な 4×4 の行列であるとき，$c_{ij} = \lambda g_{ij}$ $(C = \lambda G)$ の一定の実数 λ が存在する.

解答

ベクトル (1, ±1, 0, 0) が $g_{ij}x^i x^j = 0$ を満たしていることに注目してみよう．結果として，これらの成分を $c_{ij}x^i x^j = 0$ に代入することで（C の対称性から）

$$c_{00} \pm c_{01} \pm c_{10} + c_{11} = 0 \qquad \text{or} \qquad c_{00} + c_{11} = 0 = c_{01} = c_{10}$$

が得られる．同様に，ベクトル (1, 0, ±1, 0) と (1, 0, 0, ±1) を用いていくことで,

$$c_{00} = -c_{11} = -c_{22} = -c_{33} = \lambda \qquad c_{ij} = 0 \quad (i = 0 \text{ or } j = 0)$$

を得る．最後に，ベクトル $(\sqrt{2}, 1, 1, 0)$ と $(\sqrt{2}, 1, 0, 1)$，$(\sqrt{2}, 0, 1, 1)$ を採用することで，$c_{12} = c_{13} = c_{23} = 0$ を得る.

問題 12.4　SR についての公準の下で，慣性系の間の変換式 (12.7) を確立せよ.

解答

(12.6) および (12.5) より，

$$g_{ij}x^i x^j = 0 = g_{ij}\bar{x}^i\bar{x}^j = g_{ij}(a^i_r x^r)(a^j_s x^s) = g_{rs}a^r_i a^s_j x^i x^j$$

すなわち，

$$g_{rs}a^r_i a^s_j x^i x^j = 0 \qquad \text{whenever} \qquad g_{ij}x^i x^j = 0 \tag{1}$$

となる．次に，補題 12.4 を (1) に適用し，$g_{rs}a^r_i a^s_j = c_{ij}$ とする．ここで，$C = (c_{ij}) = A^T G A$ は対称行列である．それで

$$g_{rs}a^r_i a^s_j = \lambda g_{ij} \qquad \text{or} \qquad A^T G A = \lambda G \tag{2}$$

を得る．

$\lambda = 1$ を示すことが残っている．$G^2 = I$ であるから，行列 $\lambda^{-1}G$ を (2) に掛けると $(G(\lambda^{-1}A^T)G)A = I$ となり，これは A の逆元が

$$B = \frac{1}{\lambda}GA^T G = \begin{bmatrix} a^0_0/\lambda & -a^1_0/\lambda & -a^2_0/\lambda & -a^3_0/\lambda \\ -a^0_1/\lambda & a^1_1/\lambda & a^2_1/\lambda & a^3_1/\lambda \\ -a^0_2/\lambda & a^1_2/\lambda & a^2_2/\lambda & a^3_2/\lambda \\ -a^0_3/\lambda & a^1_3/\lambda & a^2_3/\lambda & a^3_3/\lambda \end{bmatrix} \equiv [b^i_j]_{44} \tag{3}$$

であることを示している．とりわけ，$b^0_0 = a^0_0/\lambda$ に注目する．ここで，観測者 O および $\bar{O}$ は互いに一定速度 v で遠ざかっており，同一の測定装置を用いていることから，それぞれの観測者は同じようにお互いを観測していることは明らかである．したがって，$a^0_0 = b^0_0$ であるので $\lambda = a^0_0/b^0_0 = 1$ となる（問題 12.5 を見よ）．

問題 12.5　問題 12.4 を参照し，$a^0_0 = b^0_0$ という結論に至る“思考実験”を行え．

解答

O および $\bar{O}$ の系についての運動を考える：点 $(ct, 0, 0, 0)$ を $\mathscr{T}$ の下で変換すると

$$\bar{x}^0 = c\bar{t} = a^0_0 ct \qquad \text{or} \qquad \bar{t} = a^0_0 t$$

を得る．ゆえに，O の時計の 1 秒は $\bar{O}$ の a^0_0 秒である．相互的に，$\bar{O}$ の時計 1 秒は O の b^0_0 秒である．結果として，$a^0_0 = b^0_0$ となる．

問題 12.6　(12.7) から定理 12.1 を証明せよ．[問題 12.4 は定理 12.1 を用いていないことに注意しよう．そのため証明は論理的に正しくなる．]

解答

(12.7) より，(g_{ij}) はローレンツ変換の下で共変テンソルであるため，$g_{ij}\Delta x^i \Delta x^j$ は（ローレンツ変換の下で）不変量となる．

問題 12.7　以下の行列がローレンツ行列であることを確認せよ：

$$\begin{bmatrix} \sqrt{3} & \sqrt{2} & 0 & 0 \\ 1 & \dfrac{\sqrt{6}}{2} & \dfrac{1}{2} & \dfrac{1}{2} \\ 1 & \dfrac{\sqrt{6}}{2} & -\dfrac{1}{2} & -\dfrac{1}{2} \\ 0 & 0 & -\dfrac{\sqrt{2}}{2} & \dfrac{\sqrt{2}}{2} \end{bmatrix}$$

解答

(12.7c) の条件を直接確認する：

$$(\sqrt{3})^2 - 1^2 - 1^2 - 0^2 = 3 - 2 = 1$$

$$(\sqrt{2})^2 - \left(\frac{\sqrt{6}}{2}\right)^2 - \left(\frac{\sqrt{6}}{2}\right)^2 - 0^2 = 2 - \frac{3}{2} - \frac{3}{2} = -1$$

$$0^2 - \left(\frac{1}{2}\right)^2 - \left(-\frac{1}{2}\right)^2 - \left(\pm\frac{\sqrt{2}}{2}\right)^2 = -1$$

$$(\sqrt{3})(\sqrt{2}) - (1)\left(\frac{\sqrt{6}}{2}\right) - (1)\left(\frac{\sqrt{6}}{2}\right) - 0 = 0$$

$$(\sqrt{3})(0) - (1)\left(\frac{1}{2}\right) - (1)\left(-\frac{1}{2}\right) - (0)\left(\pm\frac{\sqrt{2}}{2}\right) = 0$$

$$(\sqrt{2})(0)-\left(\frac{\sqrt{6}}{2}\right)\left(\frac{1}{2}\right)-\left(\frac{\sqrt{6}}{2}\right)\left(-\frac{1}{2}\right)-(0)\left(\pm\frac{\sqrt{2}}{2}\right)=0$$

$$0-\left(\frac{1}{2}\right)\left(\frac{1}{2}\right)+\left(\frac{1}{2}\right)\left(-\frac{1}{2}\right)+\left(\frac{\sqrt{2}}{2}\right)\left(\frac{\sqrt{2}}{2}\right)=0-\frac{1}{4}-\frac{1}{4}+\frac{1}{2}=0$$

問題 12.8　$\boldsymbol{x}^T G\boldsymbol{x}=0$ が成り立つ行列 A は，必ず $\boldsymbol{x}^T G\boldsymbol{x}=q$ が成り立つことを示せ．

解答

これは別の見方ではまさに問題 12.6 にあたる．問題 12.4 より，A は $A^T GA=G$ を満たさなければならない．しかし一方で，

$$(A\boldsymbol{x})^T G(A\boldsymbol{x})=\boldsymbol{x}^T(A^T GA)\boldsymbol{x}=\boldsymbol{x}^T G\boldsymbol{x}=q$$

となる．

問題 12.9

(a) 与えられたローレンツ行列 A の逆元 B を表わせ．

(b) 2 乗すると単位行列でさらに $A^T JA=J$ となる行列 J が存在するときに**擬直交** (*pseudo-orthogonal*) 行列 A を定義した場合，あらゆるローレンツ行列が擬直交行列であることを示せ．

解答

(a) 問題 12.4 の (3) で $\lambda=1$ と置くことで得られる．

(b) A がローレンツ行列であれば，G は擬直交行列の定義において J の役割を明らかに満たすことになる．

問題 12.10　ローレンツ行列が行列積の下で群を成していることを証明せよ．

解答

ここでは，

(a) 2 つのローレンツ行列の積がローレンツ行列であること．

(b) ローレンツ行列の逆行列がローレンツ行列であること.
を示す必要がある.

(a) $$(PQ)^T G(PQ) = Q^T (P^T GP)Q = Q^T GQ = G$$

(b) $\lambda = 1$ として問題 12.4 を用いることで，$B = A^{-1} = GA^T G$ だから，

$$B^T GB = (GA^T G)^T GB = GAG^2 B = GAB = G$$

となる.

単純ローレンツ行列

問題 12.11　「観測者 O および $\bar{O}$ が，彼らの共通な x 軸周りの円柱上で発生している事象をどのように観測するか」を考えることで，SR に対する変換方程式の単純な形式 (12.9) を導け.

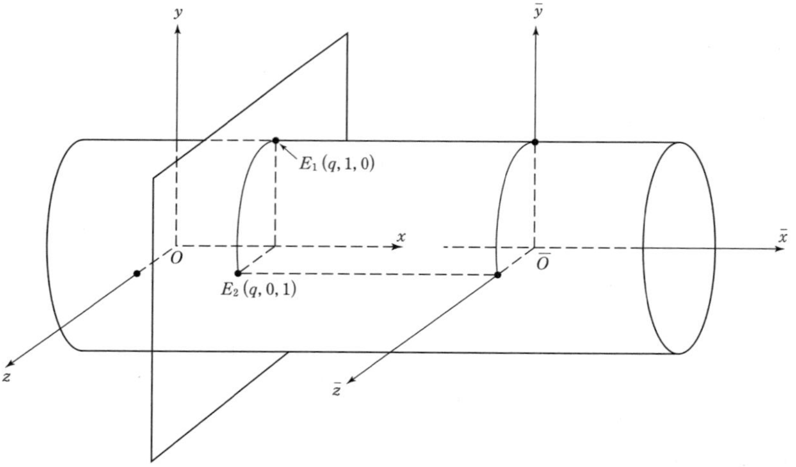

図 **12-4**

解答

任意の時間 t で，空間点 $(q,\ 1,\ 0)$ および $(q,\ 0,\ 1)$ で起こる 2 つの事象をそれぞれ E_1 および E_2 とし，O の x 軸周りの単位円柱上に置く（図 12-4）.

ゆえに，$p = ct$ とすることで，時空座標 $E_1(p,\, q,\, 1,\, 0)$ および $E_2(p,\, q,\, 0,\, 1)$ を得る．O の軸は $\bar{O}$ に対して回転していないので，これら 2 つの事象は $\bar{O}$ によって $E_1(\bar{p},\, \bar{q},\, 1,\, 0)$ および $E_2(\bar{p}^*,\, \bar{q}^*,\, 0,\, 1)$ としてそれぞれ観測されることになる．変換方程式 (12.5) は以下になる：

$$
\text{(I)}\ \begin{cases} \bar{p} = a_0^0 p + a_1^0 q + a_2^0 \\ \bar{q} = a_0^1 p + a_1^1 q + a_2^1 \\ 1 = a_0^2 p + a_1^2 q + a_2^2 \\ 0 = a_0^3 p + a_1^3 q + a_2^3 \end{cases}
\qquad
\text{(II)}\ \begin{cases} \bar{p}^* = a_0^0 p + a_1^0 q + a_3^0 \\ \bar{q}^* = a_0^1 p + a_1^1 q + a_3^1 \\ 0 = a_0^2 p + a_1^2 q + a_3^2 \\ 1 = a_0^3 p + a_2^3 q + a_3^3 \end{cases}
$$

(I) の最後の式および (II) の第 3 式にちょうど注目してみると，p と q は任意であるから，$p = q = 0$ や $p = 1, q = 0$，また $p = 0, q = 1$ とすることができる．その結果，6 つの係数すべてが消滅することになる：$a_0^2 = a_1^2 = a_3^2 = a_0^3 = a_1^3 = a_2^3 = 0$．次に (I) の第 3 式および (II) の最後の式を用いることで，$a_2^2 = a_3^3 = 1$ となることがわかる．これから，$\mathscr{T}$ の最後の 2 つの式は $\bar{x}^2 = x^2$ および $\bar{x}^3 = x^3$ に帰着することがわかる．ここで最初の 2 つの式に注目する： $p = q = 0$ のとき，事象 E_1 は (0, 0, 1, 0) となる——$t = \bar{t} = 0$ のときに $x^1 = 0$ において，$\bar{x}^1 = 0$ となる瞬間にこの事象は起こっている．つまり，$a_2^0 = a_2^1 = 0$ の結果から $\bar{p} = \bar{q} = 0$ となる．同様に，E_2 を用いると，$p = q = 0$ とすることは $\bar{p}^* = \bar{q}^* = 0$ および $a_3^0 = a_3^1 = 0$ を意味することになる．

問題 12.12　O 系の点 $(v,\, 0,\, 0)$ における時間 $t = 1$ s での稲光，事象 E_1 と，$\bar{O}$ 系の $(-v,\, 0,\, 0)$ における時間 $\bar{t} = 1$ s での稲光，事象 E_2 を考える．この向かい合っている基準系において対応する事象をそれぞれ決定することで，(12.11) を推定せよ．

解答

$t = 1$ で観測者 $\bar{O}$ は点 $(v,\, 0,\, 0)$ に到達するので，稲妻は時間 $\bar{t}$ のとき $\bar{O}$ の原点に落ちる．ゆえに，E_1 は O において座標 $(c,\, v,\, 0,\, 0)$，$\bar{O}$ において座標 $(c\bar{t},\, 0,\, 0,\, 0)$ を持つ．これらを $\mathscr{T}$ に代入すると

$$c\bar{t} = ac + bv \qquad 0 = dc + ev$$

を得る．第 2 の式は $d = -\beta e$ を与えている．

O は，E_2 が起こる時間 $\bar{t} = 1$ で $\bar{O}$ 中の点 $(-v, 0, 0)$ に向かって後方に進んでいるので，事象は O において座標 $(ct, 0, 0, 0)$，$\bar{O}$ において座標 $(c, -v, 0, 0)$ を持つ．これらを $\mathscr{T}$ に代入すると

$$c = act + b(0) \qquad -v = dct + e(0)$$

が生じ，これらを割ると $d = -\beta a$ が得られる．結果として $a = e$ となる．

問題 12.13　3×3 行列 $[\boldsymbol{r} \ \ \boldsymbol{s} \ \ \boldsymbol{t}]$ が直交行列となる

$$R = \begin{bmatrix} \pm 1 & 0 & 0 & 0 \\ 0 & r_1 & s_1 & t_1 \\ 0 & r_2 & s_2 & t_2 \\ 0 & r_3 & s_3 & t_3 \end{bmatrix} \tag{1}$$

の形を持つ場合にのみ，4×4 行列はローレンツ行列かつ直交行列であることを示せ．

解答

（$\lambda = 1$ とした）問題 12.4 で得られた逆行列 B が，A^T に等しくそれ自身が直交行列である場合に限り，ローレンツ行列 $A = (a^i_j)$ は直交であるとも言える．この見解から直ちに (1) の形が得られる．

問題 12.14　定理 12.2 を証明せよ．

解答

$\|\boldsymbol{r}\|^2 = b^{-2}[(a^0_1)^2 + (a^0_2)^2 + (a^0_3)^2] = b^{-2}[(a^0_0)^2 - 1] = 1$ であるから（問題 12.36 の結果を用いることで），行列 $[\boldsymbol{r} \ \ \boldsymbol{s} \ \ \boldsymbol{t}]$ は直交行列で R_2^T は問題 12.13 における行列の形を持つことになり，それはローレンツ行列かつ直交行列となる．結果として，$R_2^{-1} = R_2^T$ であることから R_2 は直交行列（でかつローレンツ行列）となる．したがって，$L = R_1 L^* R_2$ となることがわかる．

ここで，ローレンツ行列の積（の下で群を成している）という事実から，R_1 はローレンツ行列である．これが直交行列であることを示すために，

$LR_2^T(L^*)^{-1}$ を考えると，

$$\begin{bmatrix} a_0 & b_0 & c_0 & d_0 \\ a_1 & b_1 & c_1 & d_1 \\ a_2 & b_2 & c_2 & d_2 \\ a_3 & b_3 & c_3 & d_3 \end{bmatrix} \begin{bmatrix} 1 & 0 & 0 & 0 \\ 0 & r_1 & s_1 & t_1 \\ 0 & r_2 & s_2 & t_2 \\ 0 & r_3 & s_3 & t_3 \end{bmatrix} \begin{bmatrix} a & -b & 0 & 0 \\ -b & a & 0 & 0 \\ 0 & 0 & 1 & 0 \\ 0 & 0 & 0 & 1 \end{bmatrix}$$

$$= \begin{bmatrix} a_0 & b_0r_1 + c_0r_2 + d_0r_3 & b_0s_1 + c_0s_2 + d_0s_3 & b_0t_1 + c_0t_2 + d_0t_3 \\ & & \cdots & \\ & & \cdots & \\ & & \cdots & \end{bmatrix} \begin{bmatrix} a & -b & 0 & 0 \\ -b & a & 0 & 0 \\ 0 & 0 & 1 & 0 \\ 0 & 0 & 0 & 1 \end{bmatrix}$$

と書くことができる [省略された行は，$i = 1, 2, 3$ として，$(a_i, b_ir_1 + c_ir_2 + d_ir_3, b_is_1 + c_is_2 + d_is_3, b_it_1 + c_it_2 + d_it_3)$ の形を持つ．]．まず，この積の第 1 行および第 1 列が $(\pm 1, 0, 0, 0)$ になることの証明に注目する．この積の第 00 成分は，ローレンツ行列の転置がローレンツ行列となるという事実を再び用いることで，

$$\begin{aligned} a_0a + (b_0r_1 + c_0r_2 + d_0r_3)(-b) &= \varepsilon a_0^2 + \frac{\varepsilon}{b}(b_0^2 + c_0^2 + d_0^2)(-b) \\ &= \varepsilon(a_0^2 - b_0^2 - c_0^2 - d_0^2) = \varepsilon \end{aligned}$$

となる．第 1 行についての次の成分は，

$$-a_0b + (b_0r_1 + c_0r_2 + d_0r_3)a = -a_0b + \frac{b}{\varepsilon}(r^2)\varepsilon a_0 = -a_0b + ba_0 = 0$$

となる．第 3・第 4 番の成分については，

$$b_0s_1 + c_0s_2 + d_0s_3 = \frac{b}{\varepsilon}\boldsymbol{rs} = 0 \qquad \text{and} \qquad b_0t_1 + c_0t_2 + d_0t_3 = \frac{b}{\varepsilon}\boldsymbol{rt} = 0$$

となる． 今度はこの積の第 1 列について求める．その要素は,（最初の成分については既に与えているから）第 2 以降を求めると（$i = 1, 2, 3$），

$$a_ia + (b_ir_1 + c_ir_2 + d_ir_3)(-b) = \varepsilon a_ia_0 - \varepsilon(b_ib_0 + c_ic_0 + d_id_0) = 0$$

である．したがって，この行列積は

$$R_1 = \begin{bmatrix} \varepsilon & 0 & 0 & 0 \\ 0 & & & \\ 0 & & R & \\ 0 & & & \end{bmatrix}$$

となり，R_1 はローレンツ行列であるから，3×3 行列 R は直交行列でなければならない．

問題 12.15 問題 12.7 のローレンツ行列に定理 12.2 を適用し，2 人の観測者間についての速度 v を計算することで，この行列の物理的な意味を明らかにせよ．

解答

a, b，およびベクトル $\boldsymbol{r}$ や $\boldsymbol{s}$，$\boldsymbol{t}$ についての計算をする：

$$a = \sqrt{3} \qquad \varepsilon = 1 \qquad b = -\sqrt{3-1} = -\sqrt{2}$$

$$\boldsymbol{r} = -\frac{1}{\sqrt{2}}\,(\sqrt{2}, 0, 0) = (-1, 0, 0)$$

ゆえに，$\boldsymbol{s} = (0, 1, 0)$ および $\boldsymbol{t} = (0, 0, 1)$ ととることができ，

$$R_2 = \begin{bmatrix} 1 & 0 & 0 & 0 \\ 0 & -1 & 0 & 0 \\ 0 & 0 & 1 & 0 \\ 0 & 0 & 0 & 1 \end{bmatrix}$$

と

$$\begin{aligned} R_1 &= \begin{bmatrix} \sqrt{3} & \sqrt{2} & 0 & 0 \\ 1 & \sqrt{6}/2 & 1/2 & 1/2 \\ 1 & \sqrt{6}/2 & -1/2 & -1/2 \\ 0 & 0 & -\sqrt{2}/2 & \sqrt{2}/2 \end{bmatrix} \begin{bmatrix} 1 & 0 & 0 & 0 \\ 0 & -1 & 0 & 0 \\ 0 & 0 & 1 & 0 \\ 0 & 0 & 0 & 1 \end{bmatrix} \begin{bmatrix} \sqrt{3} & \sqrt{2} & 0 & 0 \\ \sqrt{2} & \sqrt{3} & 0 & 0 \\ 0 & 0 & 1 & 0 \\ 0 & 0 & 0 & 1 \end{bmatrix} \\ &= \begin{bmatrix} \sqrt{3} & -\sqrt{2} & 0 & 0 \\ 1 & -\sqrt{6}/2 & 1/2 & 1/2 \\ 1 & -\sqrt{6}/2 & -1/2 & -1/2 \\ 0 & 0 & -\sqrt{2}/2 & \sqrt{2}/2 \end{bmatrix} \begin{bmatrix} \sqrt{3} & \sqrt{2} & 0 & 0 \\ \sqrt{2} & \sqrt{3} & 0 & 0 \\ 0 & 0 & 1 & 0 \\ 0 & 0 & 0 & 1 \end{bmatrix} \\ &= \begin{bmatrix} 1 & 0 & 0 & 0 \\ 0 & -\sqrt{2}/2 & 1/2 & 1/2 \\ 0 & -\sqrt{2}/2 & -1/2 & -1/2 \\ 0 & 0 & -\sqrt{2}/2 & \sqrt{2}/2 \end{bmatrix} \end{aligned}$$

を得る．系 12.3 より，

$$v = c\sqrt{1 - \left(\sqrt{3}\right)^{-2}} = \sqrt{\frac{2}{3}}\,c$$

となる．

長さの縮み，時間の遅れ

問題 12.16 ある棒高跳び選手が速さ $(\sqrt{3}/2)c$ (m/s) で走り，彼の基準系では 20m の長さとなるポールを運んでいる [つまりポールの**静止長さ** (*rest length*) は 20m である]．彼は，地上の観測者が測定した両端の長さが 10m ある納屋に近づく．地上の観測者にとっては，ポールは納屋の中に収まるだろうか？ 棒高跳び選手の結論はどうなるか？

解答

地上の観測者にとって，ポールは $\sqrt{1-\beta^2}$（$\beta=\sqrt{3}/2$）を因子とする長さの縮みの影響を受ける．したがって，地上の観測者に対する基準系におけるポールの長さは

$$20\sqrt{1-(\sqrt{3}/2)^2}=10\,\mathrm{m}$$

であり,（瞬間的に）ポールはぴったり納屋の中に収まる．しかしながら，走者にとっては，納屋の長さは $10(1/2)=5$m であるから，20m のポールは収まらない．

この例は，ローレンツ変換の下で順序関係が保存されていないことを示している[*2]

[*2] 訳注：「納屋に収まる」ということは,「ポールの先端と末端が同時刻（$\Delta t=0$）に納屋の内部にある」と詳細に分解できる．この設問の解答においては，地上の観測者にとっての時間 t を用いていることからパラドックスが生じている．棒高跳び選手にとっての時刻は $\bar{t}$ であるから，$\Delta\bar{t}$ を評価する必要がある．実際，ローレンツ変換 (12.13) の第 1 式を使うと，$\Delta t=0$ とすることで，

$$\Delta\bar{t}=-\frac{\beta/c}{\sqrt{1-\beta^2}}\Delta x$$

を得る．結果として,「地上の観測者の基準系にとっての同時（$\Delta t=0$）は，棒高跳び選手の基準系にとっては同時ではない（$\Delta\bar{t}\neq 0$）」ことが言える．すなわち順序関係は保存されていない．このことは（状況は異なるが）問題 12.19 においても言及されている．

問題 12.17　(双子のパラドックス)
双子のうちの1人が宇宙空間への旅に乗り出し,(地球時間) 1年かけて $(3/4)c$ にまで加速し，それから15光年離れた銀河に達するため20年間を巡航して費やす．次に（他の）太陽系の内の1つを探索するため減速にもう1年間をかける．そこで1年間探索した後（$\beta = 0$），その双子は同じ計画で地球に帰ってくる——すなわち，1年間の加速，20年間の巡航，1年間の減速をしながら帰ってくる．この宇宙旅が終わった後の双子の年齢差を見積もれ．

解答

SRに適用するために，加速または減速する4つの期間を,(一定加速度の下での時間平均速度となる）速さ $(3/8)c$ で等速運動する4つ期間に置き換える．これらは地球時計では4年間と説明されるが．固有時間の（最短となる）間隔を測定する宇宙空間にいる双子にとっての時間経過は $(\beta = 3/8)$,

$$4\sqrt{1-(3/8)^2} \approx 3.71\,\text{年}$$

となる．同様に，$\beta = 3/4$ で巡航する地球の40年は,

$$40\sqrt{1-(3/4)^2} \approx 26.46\,\text{年}$$

の固有時間の間隔に対応する．したがって，地球にいる双子が $4+40+1=45$ 年歳をとる間，宇宙にいる双子は $3.71+26.46+1 \approx 31$ 年歳をとることになる．

結果的に宇宙にいる双子は生物学的に約14年若く帰ってくる．2人の双子間の加速と減速は相互的ではあるが，この状況における**力**は宇宙にいる双子にだけ作用している．

問題 12.18　v_1 および v_3 の関数として v_2 を代数的に解くことで，(12.16) に関する基礎の完全性を証明し，v_2 が速度の合成に対して正しい形式で従うことを検証せよ．

解答

実際に解くと,

$$v_2 = \frac{-v_1 + v_3}{1 - v_1 v_3/c^2}$$

となり,これは $(v_1, v_2, v_3) \to (-v_1, v_3, v_2)$ の置換の下で正確に (12.16) である.

問題 12.19　O で発生する光源は,速さ c で全方向に進む球面波を放出する(図 12-5(a)).これは,O で決定されるように,O を中心とする直径 AB の端部に同時刻で到達している.しかし $\bar{O}$ に関して言えば,$\bar{O}$ を中心とする球面波は(光錐の不変性から)その観測者と共に動いているので,点 A に達する前に点 B に到達することになる.$\beta = 1/2$ および $AB = 6\,\mathrm{m}$ とした場合,これら 2 つの事象(「B に到達する光」および「A に到達する光」)に対する $\bar{O}$ の時計上の時間差を計算せよ.

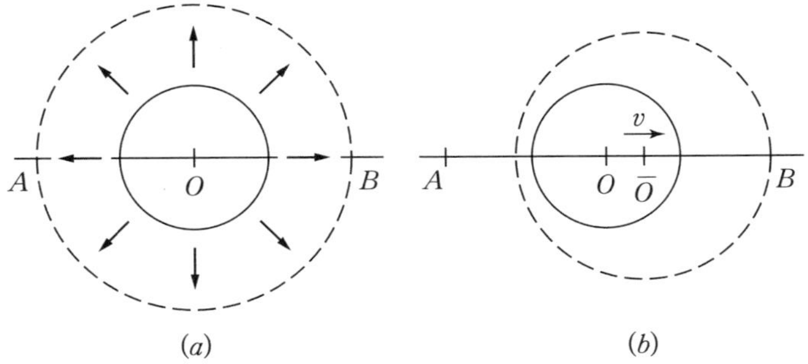

図 12-5

解答

$AB = 6\,\mathrm{m}$ および O が線分 AB の中間点であるから,O は端点に空間座標 $B(3, 0, 0)$ および $A(-3, 0, 0)$ を割り当てる.光が A と B に到達するには $3/c$ かかるので,O は時間座標を $x^0 = c(3/c) = 3\,\mathrm{m}$ として計算する.結果として 2 つの事象の時空座標は

$$E_B(3, 3, 0, 0) \qquad \text{and} \qquad E_A(3, -3, 0, 0)$$

となる.これらの値と $\beta = 1/2$ を (12.13) の第 1 式に代入すると,$\bar{t}_B =$

$\sqrt{3}/c$, $\bar{t}_A = 3\sqrt{3}/c$ を得る．したがって，$\Delta t = 0$ であるのにかかわらず，$\Delta\bar{t} = 2\sqrt{3}/c\,(\mathrm{s})$ となる．

以上より同時性はローレンツ変換についての不変量ではないことがわかる．

問題 12.20 速度の合成公式 (12.16) を導け．

解答

節 12.4 によると，$i = 1, 2, 3$ に対して $v_i = -b_i c/a_i$ でなければならない．単純ローレンツ変換を合成することで，

$$\begin{bmatrix} a_1 & b_1 & 0 & 0 \\ b_1 & a_1 & 0 & 0 \\ 0 & 0 & 1 & 0 \\ 0 & 0 & 0 & 1 \end{bmatrix} \begin{bmatrix} a_2 & b_2 & 0 & 0 \\ b_2 & a_2 & 0 & 0 \\ 0 & 0 & 1 & 0 \\ 0 & 0 & 0 & 1 \end{bmatrix} = \begin{bmatrix} a_1a_2 + b_1b_2 & a_1b_2 + a_2b_1 & 0 & 0 \\ a_2b_1 + a_1b_2 & b_1b_2 + a_1a_2 & 0 & 0 \\ 0 & 0 & 1 & 0 \\ 0 & 0 & 0 & 1 \end{bmatrix}$$

を得るので，これから $a_3 = a_1a_2 + b_1b_2$, $b_3 = a_1b_2 + a_2b_1$ であり，

$$v_3 = -\frac{(a_1b_2 + a_2b_1)c}{a_1a_2 + b_1b_2} = \frac{-\dfrac{a_1b_2c}{a_1a_2} - \dfrac{a_2b_1c}{a_1a_2}}{\dfrac{a_1a_2}{a_1a_2} + \dfrac{b_1b_2}{a_1a_2}} = \frac{-\dfrac{b_2c}{a_2} - \dfrac{b_1c}{a_1}}{1 + \dfrac{b_1b_2}{a_1a_2}} = \frac{v_2 + v_1}{1 + v_1v_2/c^2}$$

となる．

問題 12.21 ある物理学者が，2 つの等しい速度 $v = v_1 = v_2$ を合成して光速の 90% となる合成速度を作りたいと考えている．どんな速度を用いなければならないか？

解答

(12.16) より，

$$0.90c = \frac{2v}{1 + v^2/c^2} \qquad \text{or} \qquad 0.90 = \frac{2\beta}{1 + \beta^2}$$

となる．2 次式を解くことで，（ニュートン的な値が $0.45c$ となることに比べて）$\beta \approx 0.627$ および $v \approx 0.627c$ を得る．

相対性理論における速度および加速度

問題 12.22 O の系における粒子の動きを $\bar{O}$ がどのように追跡するかを定義する，速度および加速度のローレンツ変換 (12.19) および (12.20) を確立せよ．

解答

表記を簡単にするために，$\gamma \equiv (1-\beta^2)^{-1/2}$ とする．このとき $\mathscr{T}$ は

$$c\bar{t} = \gamma(ct - \beta x) \quad \bar{x} = \gamma(-\beta ct + x) \quad \bar{y} = y \quad \bar{z} = z$$

となる．第 1 式を $\bar{t}$ で微分し連鎖律を用いると次のようになる：

$$c = \gamma(c - \beta v_x)\frac{dt}{d\bar{t}} \qquad \text{or} \qquad \frac{dt}{d\bar{t}} = \frac{1}{\gamma(1 - vv_x/c^2)}$$

次に 3 つの式も ($\bar{t}$ で) 微分する：

$$\bar{v}_x = \gamma(-\beta c + v_x)\frac{dt}{d\bar{t}} = \frac{\gamma(-v + v_x)}{\gamma(1 - vv_x/c^2)} = \frac{v_x - v}{1 - v_x v/c^2}$$

$$\bar{v}_y = v_y\frac{dt}{d\bar{t}} = \frac{v_y}{\gamma(1 - vv_x/c^2)} = \frac{v_y\sqrt{1-\beta^2}}{1 - v_x v/c^2}$$

$$\bar{v}_z = v_z\frac{dt}{d\bar{t}} = \frac{v_z\sqrt{1-\beta^2}}{1 - v_x v/c^2}$$

今求めた速度成分を（さらに $\bar{t}$ で）微分することで，

$$\begin{aligned}
\bar{a}_x &= \frac{d\bar{v}_x}{dt}\frac{dt}{d\bar{t}} \\
&= \frac{(a_x - 0)(1 - v_x v/c^2) - (v_x - v)(0 - a_x v/c^2)}{(1 - v_x v/c^2)^2}\frac{1}{\gamma(1 - v_x v/c^2)} \\
&= \frac{a_x - a_x v_x v/c^2 + v_x a_x v/c^2 - a_x v^2/c^2}{\gamma(1 - v_x v/c^2)^3} = \frac{a_x(1-\beta^2)^{3/2}}{(1 - v_x v/c^2)^3}
\end{aligned}$$

$$\bar{a}_y = \frac{a_y(1 - v_x v/c^2) - v_y(0 - a_x v/c^2)}{(1 - v_x v/c^2)^2}\frac{1 - \beta^2}{1 - vv_x/c^2}$$

$$= \frac{a_y + (a_x v_y - v_x a_y)(v/c^2)}{(1 - v_x v/c^2)^3}(1 - \beta^2)$$

となる．$\bar{a}_z$ に対する公式は，$\bar{a}_y$ についてのあらゆる y を z に置き換えることで導かれる．

問題 12.23　O 系における運動曲線が $\bar{O}$ 自身の経路である場合，（時計が粒子と共に移動している）$\bar{O}$ 系での時計が固有時間を測定していることを示せ．

解答

問題 12.4 の (3) より，

$$x^0 = a_0^0 \bar{x}^0 - a_0^1 \bar{x}^1 - a_0^2 \bar{x}^2 - a_0^3 \bar{x}^3$$
$$x^i = -a_i^0 \bar{x}^0 + a_i^1 \bar{x}^1 + a_i^2 \bar{x}^2 + a_i^3 \bar{x}^3 \qquad (i = 1,\ 2,\ 3)$$

である．ここで，$\bar{O}$ 自身の相対的な運動は明らかに $\bar{x}^1 = \bar{x}^2 = \bar{x}^3 = 0$ となる．ゆえに，パラメーター $u = \bar{t}$ を用いて，

$$x^0 = a_0^0 cu \qquad x^1 = -a_1^0 cu \qquad x^2 = -a_2^0 cu \qquad x^3 = -a_3^0 cu$$

は O 系における $\bar{O}$ の軌道を与えている．その結果，この軌道に対する接ベクトル場は，

$$\left(\frac{dx^i}{du}\right) = (a_0^0 c,\ -a_1^0 c,\ -a_2^0 c,\ -a_3^0 c)$$

であるため，この曲線の固有時間パラメーターは

$$\tau = \frac{1}{c}\int_0^{\bar{t}} \sqrt{|(a_0^0 c)^2 - (a_1^0 c)^2 - (a_2^0 c)^2 - (a_3^0 c)^2|}\, du$$
$$= \sqrt{|(a_0^0)^2 - (a_1^0)^2 - (a_2^0)^2 - (a_3^0)^2|}\int_0^{\bar{t}} du$$

と定義される．逆元もローレンツ変換であるから，積分記号の前の係数は 1 に等しく，したがって $\tau = \bar{t}$ となる．

問題 12.24　恒等式 (12.25) を導け．

解答

(12.21) より，

$$u_i u^i = g_{ij} u^i u^j \equiv (u^0)^2 - (u^1)^2 - (u^2)^2 - (u^3)^2$$
$$= [(v_t)^2 - (v_x)^2 - (v_y)^2 - (v_z)^2] \left(\frac{dt}{d\tau}\right)^2 = [c^2 - \hat{v}^2] \frac{1}{1 - \hat{v}^2/c^2} = c^2$$

となり，またこれより，

$$0 = \frac{d}{d\tau}(c^2) = \frac{d}{d\tau}(u_i u^i) = 2u_i b^i$$

となる．

問題 12.25　(12.26) における公式を確立せよ．

解答

$$u^i = \frac{dx^i}{d\tau} = \frac{dx^i}{dt}\frac{dt}{d\tau} = \frac{v_i}{\sqrt{1 - \hat{v}^2/c^2}}$$

$$b^i = \frac{du^i}{d\tau} = \left[\frac{d}{dt}\left(\frac{v_i}{\sqrt{1 - \hat{v}^2/c^2}}\right)\right]\frac{dt}{d\tau}$$
$$= \frac{a_i(1 - \hat{v}^2/c^2)^{1/2} - v_i(1/2)(1 - \hat{v}^2/c^2)^{-1/2}(-2a_x v_x - 2a_y v_y - 2a_z v_z)/c^2}{1 - \hat{v}^2/c^2}\frac{dt}{d\tau}$$
$$= \frac{a_i(1 - \hat{v}^2/c^2) + v_i(a_x v_x + a_y v_y + a_z v_z)/c^2}{(1 - \hat{v}^2/c^2)^2}$$
$$= \frac{a_i}{1 - \hat{v}^2/c^2} + \frac{(\boldsymbol{va})v_i}{c^2(1 - \hat{v}^2/c^2)^2}$$

問題 12.26　慣性系の x 軸に沿った等加速運動に対する以下の方程式を導け：等加速

$$x^2 - c^2 t^2 = \frac{c^4}{\alpha^2}$$

解答

ある点 t_1 での瞬間静止系を $\bar{O}$ とし，運動曲線が描かれる所与の（止まった）系を O としよう．この運動は O の x 軸に沿っているから，

$$v_y = v_z = a_y = a_z = 0 \qquad \text{and} \qquad \bar{v}_y = \bar{v}_z = \bar{a}_y = \bar{a}_z = 0$$

これより $\bar{a}_x = \alpha = \text{const.}$ となる（$\bar{a}_x > 0$ と仮定している）．$t = t_1$, $v = v_x$ では（$\bar{O}$ の一定速度は，定義上，粒子の瞬間速度に等しいので），(12.20) より，

$$\alpha = \frac{a_x(1 - v^2/c^2)^{3/2}}{(1 - v_x v/c^2)^3} = \frac{a_x(1 - v_x^2/c^2)^{3/2}}{(1 - v_x^2/c^2)^3} = \frac{a_x}{(1 - v_x^2/c^2)^{3/2}} \tag{1}$$

t_1 は任意であるため，(1) はあらゆる t に対して成り立たなければならない．$x(t)$ の微分について $\dot{x}$, $\ddot{x}$ と書くことで，(1) より以下を得る：

$$c^3 \ddot{x} = \alpha(c^2 - \dot{x}^2)^{3/2} \tag{2}$$

$y = \dot{x}$ と置換することで，(2) は

$$c^3 \frac{dy}{dt} = \alpha(c^2 - y^2)^{3/2} \qquad \text{or} \qquad \int \frac{c^3\, dy}{(c^2 - y^2)^{3/2}} = \int \alpha\, dt \tag{3}$$

となる．標準的な積分の技術を使って,（初速度を 0 とした）第一積分

$$\frac{cy}{\sqrt{c^2 - y^2}} = \alpha t \tag{4}$$

を得る.（正の t に対して正と仮定された）y についての (4) を解き，方程式 $\dot{x} = y(t)$ を積分すると,（初期位置もまた 0 とした）

$$x = c\sqrt{c^2 + \alpha^2 t^2}/\alpha \qquad \text{or} \qquad x^2 - c^2 t^2 = c^4/\alpha^2$$

が得られる．これは，xt 平面内の双曲線を表す目的の式である．これとは対照的に，ニュートン力学的な方程式は放物線 $x = \frac{1}{2}\alpha t^2$ となる．

相対論的な質量や力，エネルギー

問題 12.27　以下の実験を考慮することで，速さ v で移動し，静止質量 m を持った粒子の観測質量が $\hat{m} = m(1 - v^2/c^2)^{-1/2}$ となることを示せ．O および $\bar{O}$ の各観測者が，原点近くで静止質量 m のボールを運んでおり，$t = \bar{t} = 0$（それらの原点が一致するとき）において斜めに衝突するように位置している．図 12-6 を見よ．この衝突は負の y 方向および正の $\bar{y}$ 方向に ε の相反速度を分け与えると仮定する．SR の方程式に基づいて，各観測者が観測する衝突前と衝突後の系の（保存される）運動量を計算せよ．そのとき，$\varepsilon \to 0$ として極限をとれ．

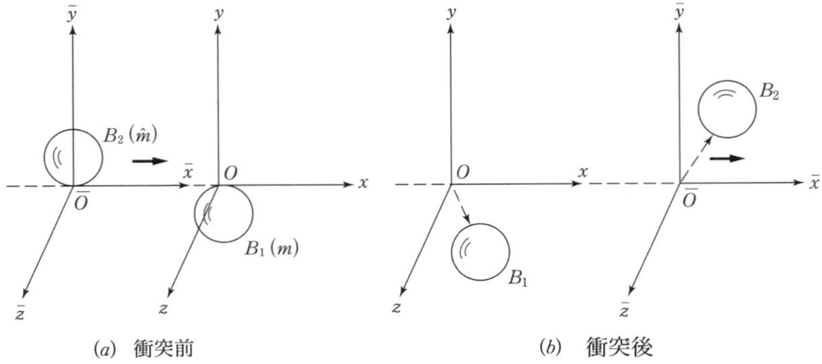

図 12-6

解答

衝突前のボール B_1 と B_2 の速度ベクトル $\boldsymbol{v}_1$ と $\boldsymbol{v}_2$ は，O にとっては $(0, 0, 0) = \mathbf{0}$ および $(v, 0, 0) = v\boldsymbol{i}$ として観測される．観測者 $\bar{O}$ は（相互関係か，または (12.19) を使って）これらのベクトルを $\bar{\boldsymbol{v}}_1 = (-v, 0, 0)$ および $\bar{\boldsymbol{v}}_2 = (0, 0, 0)$ として計算する．そして衝突後は，B_1 が B_2 と適切に並んでいると仮定することで，観測者 O は B_1 の速度を $\boldsymbol{v}_1 = (\varepsilon, -\varepsilon, 0) = \varepsilon\boldsymbol{i} - \varepsilon\boldsymbol{j}$ と算出する．逆に，観測者 $\bar{O}$ は B_2 の速度を $\bar{v}_2 = (\varepsilon, \varepsilon, 0)$ として算出する．

$\boldsymbol{v}_2$ を求めるためには，$\bar{v}_x = \varepsilon$，$\bar{v}_y = \varepsilon$ とし，(12.19) の逆元を使う：

$$\boldsymbol{v}_2 = v_x\boldsymbol{i} + v_y\boldsymbol{j} = \left(\frac{\varepsilon + v}{1 + \varepsilon v/c^2}\right)\boldsymbol{i} + \left(\frac{\varepsilon\sqrt{1-\beta^2}}{1+\varepsilon v/c^2}\right)\boldsymbol{j}$$

この結果として，m_1 に対する B_1 の静止質量 m および m_2 に対する B_2 の "知覚質量" $\hat{m}$ を用いて，観測者 O は系の最終的な運動量ベクトルを以下のように計算する：

衝突前　$m_1\boldsymbol{v}_1 + m_2\boldsymbol{v}_2 = m_1(\boldsymbol{0}) + m_2(v\boldsymbol{i}) = \hat{m}v\boldsymbol{i}$

衝突後　$m_1\boldsymbol{v}_1 + m_2\boldsymbol{v}_2 = m(\varepsilon\boldsymbol{i} - \varepsilon\boldsymbol{j}) + \hat{m}\left[\left(\frac{\varepsilon+v}{1+\varepsilon v/c^2}\right)\boldsymbol{i} + \left(\frac{\varepsilon\sqrt{1-\beta^2}}{1+\varepsilon v/c^2}\right)\boldsymbol{j}\right]$

$$= \left(m\varepsilon + \hat{m}\frac{\varepsilon+v}{1+\varepsilon v/c^2}\right)\boldsymbol{i} + \left(-m\varepsilon + \hat{m}\frac{\varepsilon\sqrt{1-\beta^2}}{1+\varepsilon v/c^2}\right)\boldsymbol{j}$$

O は自身の系に適用されるような物理学の普遍法則を使っているので，(SR の公理 1 から）上記 2 つの運動量ベクトルは同じでなければならない．したがって，

$$\hat{m}v = m\varepsilon + \hat{m}\frac{\varepsilon+v}{1+\varepsilon v/c^2} \qquad \text{and} \qquad 0 = -m + \hat{m}\frac{\sqrt{1-\beta^2}}{1+\varepsilon v/c^2}$$

となる（後者の式は ε で割っている）．ここで，$\varepsilon \to 0$ で極限をとると次のようになる：

$$\hat{m}v = \hat{m}v \qquad \text{and} \qquad 0 = -m + \hat{m}\sqrt{1-\beta^2}$$

右の方程式は，m と $\hat{m}$ 間の接続式である．

問題 12.28　ミンコフスキー力が 4 元ベクトルであることを示せ．

解答

$\bar{x}^i = a^i_j x^j$ が成り立つとき（(a^i_j) は任意のローレンツ行列），$\bar{K}^i = a^i_j K^j$ となることを示さなければならない．τ は不変量であるため $a^i_j = \text{const.}$ となることから，等号全体で座標変換を τ について微分できる（(u^i) が 4 元ベクトルであることを証明している）：

$$\frac{d}{d\tau}(\bar{x}^i) = \frac{d}{d\tau}(a^i_j x^j) \qquad \text{or} \qquad \bar{u}^i = a^i_j u^j$$

粒子の静止質量が不変量であるという事実を用いて，両辺に m をかけてから再び微分する：

$$\bar{K}^i = \frac{d}{d\tau}(\bar{m}\bar{u}^i) = \frac{d}{d\tau}(m\bar{u}^i) = \frac{d}{d\tau}(a^i_j m u^j) = a^i_j \frac{d}{d\tau}(mu^j) = a^i_j K^j$$

> **問題 12.29**　(12.32) を確立せよ．

解答

定義式 (12.30)，$K^i = d(mu^i)/d\tau = mb^i$ は (12.25) の 2 番目の恒等式とあわせて，ただちに $u_i K^i = 0$ を与える．

$u_i K^i = g_{ij} u^i K^j = u^0 K^0 - u^q K^q = 0$ および (12.26) の 1 番目の公式から，

$$\frac{v_0 K^0}{\sqrt{1-\hat{v}^2/c^2}} - \frac{v_q K^q}{\sqrt{1-\hat{v}^2/c^2}} = 0 \qquad \text{or} \qquad cK^0 = \boldsymbol{v}\boldsymbol{K}$$

を得る．(12.31) および $cK^0 = \boldsymbol{v}\boldsymbol{K}$ より，

$$\frac{1}{c}\boldsymbol{v}\boldsymbol{F} = \frac{1}{c}\boldsymbol{v}\boldsymbol{K}\sqrt{1-\hat{v}^2/c^2} = K^0\sqrt{1-\hat{v}^2/c^2} = F_0$$

となる．

そして (12.29) の 1 番目の定義を用いることで，

$$\boldsymbol{v}\boldsymbol{F} = cF_0 = \frac{d}{dt}\left(\frac{mc^2}{\sqrt{1-\hat{v}^2/c^2}}\right)$$

となる．

> **問題 12.30**　$\hat{v} \to 0$ として，$\hat{E} = mc^2 + \frac{1}{2}m\hat{v}^2 + O(\hat{v}^4/c^2)$ となることを示せ．そしてこの結果を説明せよ．

解答

相対論的エネルギーについての式，$\hat{E} = mc^2(1-\hat{v}^2/c^2)^{-1/2}$ は次の二項定理によって展開できる：

$$(1+x)^\alpha = 1 + \alpha x + \frac{\alpha(\alpha-1)}{2!}x^2 + \cdots \qquad (-1 < x < 1)$$

この結果,

$$\hat{E} = mc^2 + \frac{1}{2}m\hat{v}^2 + \frac{3m\hat{v}^4}{8c^2} + \cdots$$

となる．したがって，低速度では，粒子の全エネルギーは，その（あらゆる種類のポテンシャルエネルギーを含む）静止エネルギーと古典的な運動エネルギーとの和にほぼ等しい．

SR におけるマクスウェル方程式

問題 12.31　$\bar{\Box}\bar{f} = \Box f$ を証明せよ．

解答

g_{ij} は定数であるので，$\Box f \equiv g^{ij} f_{,ij} =$ 不変．である．

問題 12.32　(F^{ij}) があらゆる慣性系に対して $\partial F^{ij}/\partial x^j = 0$ ($i = 0, 1, 2, 3$)，またすべての i, j に対して $F^{ij}(\mathbf{0}, \mathbf{0}) = 0$（$\mathbf{0} = (0, 0, 0)$）となるような，3 元ベクトル $\boldsymbol{U}$ と $\boldsymbol{V}$ の関数から成る任意行列であるとき，(F^{ij}) はローレンツ変換の下で 2 階の反変テンソルであることを証明せよ．

解答

(u_i) をローレンツ変換の下で共変な，任意の定数ベクトルであるとする [ゆえに，$(\bar{u}_i) = (b_i^k u_k)$ も定数である．]．だから

$$S^i \equiv u_k F^{ki} \qquad \bar{S}^i \equiv \bar{u}_k \bar{F}^{ki}$$

と定義する．与えられた条件 $\partial \bar{F}^{ij}/\partial \bar{x}^j = 0$ より,

$$\frac{\partial \bar{S}^i}{\partial \bar{x}^i} = \bar{u}_k \frac{\partial \bar{F}^{ki}}{\partial \bar{x}^i} = 0 = \frac{\partial S^i}{\partial x^i}$$

となる．ある点 (x_0^i) で $\bar{S}^i = h^i(S^0, S^1, S^2, S^3)$ を仮定すると，$\partial S^i/\partial x^i = 0$ となる任意行列 $(\partial S^j/\partial x^k)$ に対して,

$$\frac{\partial \bar{S}^i}{\partial \bar{x}^i} = 0 = \frac{\partial h^i}{\partial S^j}\frac{\partial S^j}{\partial x^k}\frac{\partial x^k}{\partial \bar{x}^i} \qquad \text{or} \qquad \left(b_i^k \frac{\partial h^i}{\partial S^j}\right)\frac{\partial S^j}{\partial x^k} = 0$$

となる．よく知られた補題（問題 12.57）より，

$$b_i^k \frac{\partial h^i}{\partial S^j} = \lambda \delta_j^k \tag{1}$$

のような実数 $\lambda = \lambda(S^0, S^1, S^2, S^3)$ が存在していることになる．次に (1) の両辺を S^l で微分する：

$$b_i^k \frac{\partial^2 h^i}{\partial S^j \partial S^l} = \frac{\partial \lambda}{\partial S^l} \delta_j^k \tag{2}$$

この式は j と l において対称的である．したがって，すべての j, k, l に対して，

$$\frac{\partial \lambda}{\partial S^l} \delta_j^k = \frac{\partial \lambda}{\partial S^j} \delta_l^k \tag{3}$$

となる．(3) において $k = l \neq j$ とすると次のようになる：

$$\frac{\partial \lambda}{\partial S^k} \cdot 0 = \frac{\partial \lambda}{\partial S^j} \cdot 1 \qquad \text{or} \qquad \frac{\partial \lambda}{\partial S^j} = 0$$

結果として λ は S^i に対して一定であり，(1) で（b_i^k の）逆数をとり

$$\frac{\partial h^i}{\partial S^j} = \lambda a_j^i \tag{4}$$

となる．(4) を積分することで，

$$h^i \equiv \bar{S}^i = \lambda a_j^i S^j + T^i \tag{5}$$

を得る．特別な指定 $\boldsymbol{U} = \boldsymbol{V} = \boldsymbol{0}$ より，($\bar{\boldsymbol{0}} = \boldsymbol{0}$ となることから) 次を得る：

$$\begin{aligned} S^i &= (u_1)(0) + (u_2)(0) + (u_3)(0) + (u_4)(0) = 0 \\ \bar{S}^i &= (\bar{u}_1)(0) + (\bar{u}_2)(0) + (\bar{u}_3)(0) + (\bar{u}_4)(0) = 0 \end{aligned} \tag{6}$$

総合すると，(5) と (6) は $T^i = 0 \ (i = 0, 1, 2, 3)$ を意味しており，その結果

$$\bar{S}^i = \lambda a_j^i S^j \tag{7}$$

となる．

同様に，

$$S^i = \mu b_j^i \bar{S}^j \tag{8}$$

となるような実数 μ が存在していると言える．
したがって，$\bar{S}^i = \lambda a^i_j \mu b^j_k \bar{S}^k = \lambda\mu\bar{S}^i$，または $\lambda\mu = 1$ となることがわかる．しかし，問題 12.4 のように，観測者 O および $\bar{O}$ 間の相互関係を利用し，$\lambda = \mu$ となることを示すことができる．したがって，$\lambda = \mu = 1$ となり，(7) または (8) は（反変）4 元ベクトルの変換則となる．最後に，商定理から，任意の共変ベクトル (u_i) に対して $F^{ki}u_k \equiv S^i$ がテンソルである場合，(F^{ij}) は 2 階の反変テンソルであると結論付けることができる．

問題 12.33　(12.40) および (12.41) の関係を証明せよ．

解答

(12.39) および g_{ij} の不変性より，

$$\frac{\partial f^{0j}}{\partial x^j} = \frac{\partial f^{00}}{\partial x^0} + \frac{\partial f^{0q}}{\partial x^q} = \frac{\partial}{\partial x^q}(-V^q) = -\frac{\partial V^q}{\partial x^q} = -\mathrm{div}\,\boldsymbol{V}$$

となり，$p = 1, 2, 3$ に対して

$$\begin{aligned}\frac{\partial f^{pj}}{\partial x^j} &= \frac{\partial f^{p0}}{\partial x^0} + \frac{\partial f^{pq}}{\partial x^q} = -\frac{\partial f^{0p}}{\partial x^0} + \frac{\partial}{\partial x^q}(\varepsilon_{pqr}U^r) \\ &= \frac{\partial V^p}{\partial x^0} - \varepsilon_{prq}\frac{\partial U^r}{\partial x^q} = \left(\frac{1}{c}\frac{\partial \boldsymbol{V}}{\partial t} + \mathrm{curl}\,\boldsymbol{U}\right)_p\end{aligned}$$

となる．他の 2 つの公式は $\boldsymbol{U}$, $\boldsymbol{V}$ を $\boldsymbol{V}$, $-\boldsymbol{U}$ と置き換えることで導ける．

演習問題

問題 12.34　2 つの事象が光信号で構成され，ある観測者がその信号の内の 1 つを自分自身で送っていると仮定する．以下の状況において，事象間の時空間隔を分類せよ[*1]．

(a) 信号を送る前に遠方の光信号を見る場合．

(b) 信号を送った後に遠方の光信号を見る場合．

(c) 信号を送るのと同時刻で遠方の光信号を見る場合．

問題 12.35　c よりも遅い任意の速度に到達可能であると仮定しよう．ロサンゼルスでのコンサートが午後 8 時 5.08 分に始まり，3000 マイル離れた（これは正確な距離と考える）ニューヨーク市では，午後 8 時 5.06 分に始まるとする．物理的に両方のイベントに（オープニング小節だけ）出席できるだろうか？ この事象組は時間的または空間的のどちらだろうか？

問題 12.36　ローレンツ行列の転置がローレンツ行列であることを示せ．

問題 12.37　式 (12.12) を検証せよ．

問題 12.38　ある事象が，時間 $\bar{t}$ において $\bar{O}$ の原点で起こる．

(a) O はこの事象をどのように見るか？

(b) $a_0^0 > 0$ の意義は何だろうか？

問題 12.39　光の速度の 80% で離れていく慣性系 O と $\bar{O}$ を結ぶ単純ローレンツ変換を書け．

[*1] 訳注：一方の光信号は観測者から送られるので，その時点を中心とした光錐で考えると良い．

問題 12.40　以下を確認せよ．

(a) 光子（ある慣性系で光の速度を持つ粒子）が，他のすべての慣性系において光の速度を持つものとみなされること．

(b) そのような粒子の静止質量はどうなるか？

問題 12.41　以下の行列がローレンツ行列であることを示し，定理 12.2 を用いて，2 人の観測者間の行列 L^*，R_1，R_2 および速度 v を求めよ．

$$L = \begin{bmatrix} 5/4 & 1/2 & 1/4 & -1/2 \\ -3/4 & -5/6 & -5/12 & 5/6 \\ 0 & 2/3 & 2/15 & 11/15 \\ 0 & -1/3 & 14/15 & 2/15 \end{bmatrix}$$

問題 12.42　以下の行列がローレンツ行列であることを検証し，2 人の観測者間の速度を単純ローレンツ行列 L^* を求めずに計算せよ．

$$L = \begin{bmatrix} 3/\sqrt{3} & 1/\sqrt{3} & 2/\sqrt{3} & -1/\sqrt{3} \\ 1 & 1 & 1 & 0 \\ 1 & 0 & 1 & -1 \\ 0 & 1/\sqrt{3} & -1/\sqrt{3} & -1/\sqrt{3} \end{bmatrix}$$

問題 12.43　定義より，固有時間パラメータ τ がローレンツ変換に対して不変であることを示せ．

問題 12.44　以下に従い，速度の合成公式を検証せよ．

(i) 下の 2 つの単純ローレンツ行列を掛ける．

(ii) 2 つの行列に属する速度およびそれらの積を，(12.15) より計算する．

(iii) 3 つの速度が (12.16) に従うことを示す．

$$L_1 = \begin{bmatrix} 13/12 & 5/12 & 0 & 0 \\ 5/12 & 13/12 & 0 & 0 \\ 0 & 0 & 1 & 0 \\ 0 & 0 & 0 & 1 \end{bmatrix} \qquad L_2 = \begin{bmatrix} 17/8 & -15/8 & 0 & 0 \\ -15/8 & 17/8 & 0 & 0 \\ 0 & 0 & 1 & 0 \\ 0 & 0 & 0 & 1 \end{bmatrix}$$

問題 12.45 電子銃を使って光速の半分の速度で反対方向にそれぞれ粒子を放つ．どのくらいの相対速度で粒子が互いに遠ざかっているか？

問題 12.46 c より遅い 2 つの速度の合成もまた c より遅くなることを示せ．

問題 12.47 あなたが光速の 2/3 で移動した場合，あなたの時計は静止した時計に対してどのくらい遅く流れて見えるだろうか？

問題 12.48 20 歳で，ある宇宙飛行士は宇宙空間で探索するために双子の兄弟を地球上に残した．最初の 2 年間，宇宙船は光速の 95% の巡航速度にまで徐々に加速していった．25 年間その速度で進み，（23.75 光年の距離にある）離れた銀河に到達してからは，2 年間減速した．そして帰りの旅の前に 2 年間その銀河を探索してから，（行きと同じ工程で）旅の往路のスケジュールに従って地球に帰還した．80 歳の兄弟に再会したとき，宇宙飛行士は何歳か？（加速/減速した 8 年間の時間遅延については平均速度を使え.）

問題 12.49 地上観測者が納屋を 19 フィート 11 インチの長さだと判断する中，棒高跳び選手は，彼にとって 20 フィートとなるポールが（瞬間的に）納屋に収まるために，どのくらい速く走らなければいけないか？

問題 12.50 **一定ローレンツ力**の下での運動は，（問題 12.26 で示した）等加速運動の別定義である．この 2 つの定義が 1 次元運動に対して同等であることを検証せよ．

問題 12.51 $g^{rs}a^i_r a^j_s = g^{ij}$ を示せ．

問題 12.52　(12.46) の配列が 4 元ベクトルであることを証明せよ．

問題 12.53　(12.44) の行列 $\tilde{\mathscr{F}}$ および $\mathscr{F}$ が，$\tilde{F}^{ij} = \frac{1}{2}e_{ijkl}g_{kr}g_{ls}F^{rs}$ を通して接続されていることを示せ．[ヒント：まず，行列積 $GFG \equiv P$ を評価せよ．]

問題 12.54　ファラデーの 2 形式 (*Faraday's two-form*) を

$$\Phi \equiv G\tilde{\mathscr{F}}G = \begin{bmatrix} 0 & -E_1 & -E_2 & -E_3 \\ E_1 & 0 & H_3 & -H_2 \\ E_2 & -H_3 & 0 & H_1 \\ E_3 & H_2 & -H_1 & 0 \end{bmatrix} = [\Phi_{ij}]_{44}$$

または，これを逆として $\tilde{\mathscr{F}} = G\Phi G$ と定義する．

(a) $\mathscr{F}$ が $F^{ij} = -\frac{1}{2}e_{ijkl}\Phi_{kl}$ を介して Φ に関連していることを示せ．

(b) マクスウェル方程式が，単一行列 Φ を用いて

$$\frac{\partial \Phi_{ij}}{\partial x^k} + \frac{\partial \Phi_{ki}}{\partial x^j} + \frac{\partial \Phi_{jk}}{\partial x^i} = 0 \qquad g_{ik}g_{jl}\frac{\partial \Phi_{kl}}{\partial x^j} = s^i$$

として記述できることを示せ．

問題 12.55　電磁場におけるエネルギー流束は**ポインティング・ベクトル** (*Poynting vector*)，$\mathbf{p} = \boldsymbol{E} \times \boldsymbol{H}$ によって規定される．行列の直積または別の方法によって，公式

$$\frac{1}{2}(\tilde{\mathscr{F}}\mathscr{F} - \mathscr{F}\tilde{\mathscr{F}}) = \begin{bmatrix} 0 & 0 & 0 & 0 \\ * & 0 & p_3 & -p_2 \\ * & * & 0 & p_1 \\ * & * & * & 0 \end{bmatrix} \quad \text{(反対称行列)}$$

を導け．

問題 12.56　単純ローレンツ行列 A に対して（つまり，軸の回転は許されない），以下をそれぞれ検証せよ．

(a) $\tilde{\mathscr{F}}(\boldsymbol{U}, \boldsymbol{V}) = G\mathscr{F}(\boldsymbol{V}, \boldsymbol{U})G$.

(b) $\bar{\mathscr{F}}(\bar{\boldsymbol{V}}, \bar{\boldsymbol{U}}) = B^T\mathscr{F}(\boldsymbol{V}, \boldsymbol{U})B$（$B = A^{-1}$）.

(c) $\bar{\tilde{\mathscr{F}}}(\bar{\boldsymbol{U}}, \bar{\boldsymbol{V}}) = A\tilde{\mathscr{F}}(\boldsymbol{U}, \boldsymbol{V})A^T$（これにより，$(F^{ij})$ が単純ローレンツ変換の下において反変テンソルであることが証明される）.

問題 12.57　$A \equiv [A_{ij}]_{nn}$ が，ゼロトレース（$B_{ii} = 0$）を有するあらゆる $B \equiv [B_{ij}]_{nn}$ について $A_{ij}B_{ij} = 0$ を満たすならば，ある実数 λ について $A = \lambda I$ であることを証明せよ．[ヒント：まず，B のすべての要素が，非対角要素を 1 つ除いて 0 であるとみなす．次に $B_{\alpha\alpha} = -B_{\beta\beta} = 1$（$\alpha \neq \beta$; 総和しない）を選択し，他のすべての B_{ij} は 0 としよう．]

第 13 章 多様体上のテンソル場

13.1 はじめに

非座標的なテンソルに関する現代的なアプローチは，これまでの章でもっぱら採用していた座標成分的なアプローチに対する重要な代替手段として導入される．これはやや高度な数学を必要とする．

13.2 抽象ベクトル空間および群の概念

線形代数学は，実数（**スカラー** (*scalars*)）および多種多様な異なった種類の対象（**ベクトル** (*vectors*)）との間の代数的相互作用を体系的に学習する手段を提供している．ベクトルは，行列，実数の n 組，関数，微分演算子などがなり得る．本章では，(点，実数，群の元から成る）集合に大文字の太字を使用し，(これまでの章のように）ベクトルについては小文字の太字を使用するという決まりを採用する．しかしながら後者については，読みやすくなるだけでなく多くの標準的な教科書で使用されている表記法に準拠して，細字の大文字に向かうように段階的に廃止していく．

ベクトル空間の概念においては，スカラー $a, b, c, \ldots,$ と学習対象（ベクトル）$\boldsymbol{u}, \boldsymbol{v}, \boldsymbol{w}, \ldots$ を注意深く区別する必要がある．我々はスカラーと実数の場を常に結びつけているが，どんな場でも抽象ベクトル空間の構築に対しては役立つ．

ベクトル空間の代数的な性質

2 つの二項演算の観点から，ベクトル空間の公理は以下の通りである．

加法の公理

1. $\boldsymbol{u}+\boldsymbol{v}$ は常にベクトルである．
2. $\boldsymbol{u}+\boldsymbol{v}=\boldsymbol{v}+\boldsymbol{u}$
3. $(\boldsymbol{u}+\boldsymbol{v})+\boldsymbol{w}=\boldsymbol{u}+(\boldsymbol{v}+\boldsymbol{w})$
4. $\boldsymbol{u}+\boldsymbol{0}=\boldsymbol{u}$ となるようなベクトル $\boldsymbol{0}$ が存在する．
5. 各 $\boldsymbol{u}$ に対して $\boldsymbol{u}+(-\boldsymbol{u})=\boldsymbol{0}$ となるようなベクトル $-\boldsymbol{u}$ が存在する．

スカラー乗法の公理

6. $a\cdot\boldsymbol{u}\equiv a\boldsymbol{u}$ は常にベクトルである．
7. $a(\boldsymbol{u}+\boldsymbol{v})=a\boldsymbol{u}+a\boldsymbol{v}$
8. $(a+b)\boldsymbol{u}=a\boldsymbol{u}+b\boldsymbol{u}$
9. $(ab)\boldsymbol{u}=a(b\boldsymbol{u})$
10. $1\boldsymbol{u}=\boldsymbol{u}$

【例 13.1】

4 つのよく知られたベクトル空間に対する表記を以下に与える．

(a) $\mathbf{R}^n\equiv$ 成分ごとに加法とスカラー乗法に従う実数の n 組．

(b) $\mathbf{P}^n\equiv$ 次数 n 以下の（変数 t を持った）多項式．$p(t)\equiv a_it^i$，$q(t)\equiv b_it^i$ の場合，$p(t)+q(t)=(a_i+b_i)t^i$，$r\cdot p(t)=(ra_i)t^i$ とする．

(c) $C^k(\mathbf{R})\equiv k$ 回連続微分可能な（t の）関数 $f:\mathbf{R}\to\mathbf{R}$（実数値から実数値への写像）．$+$ や $\cdot$ を定義するために，$f(t)+g(t)=(f+g)(t)$ および $r\cdot f(t)=(rf)(t)$ と書く．

(d) $\mathbf{M}^n(\mathbf{R})\equiv\mathbf{R}$ 上の $n\times n$ 行列．$A=(a_{ij})$ および $B=(b_{ij})$ の場合，加法およびスカラー乗法は $A+B=(a_{ij}+b_{ij})$ および $rA=(ra_{ij})$ と定義される．

群の代数的な性質

公理 1〜5 から，ベクトル空間は加法に関してアーベル（可換）群を成す．群の一般的な定義では，二項演算は “乗法” として指定され，可換の要件はなくなる．

乗法の公理

1. uv は群に属する．
2. $(uv)w = u(vw)$
3. $eu = ue = u$ となるような単位元 e が存在する．
4. 各 u に対して $uu^{-1} = u^{-1}u = e$ となるような逆元 u^{-1} が存在する．

【例 13.2】

以下はいくらか頻繁に遭遇する群である．

(a) 通常の加法に関する実数 **R** は群を成す．また，この集合から 0 を除いた場合，通常の乗法に関する実数も群を成す．

(b) 複素数の通常の乗法に関して 1 の立方根，$\mathbf{C}^3 = \{1, \omega, \omega^2\}$ は群を成す（$\omega = \frac{1}{2}(-1 + i\sqrt{3})$）．このタイプは巡回 (*cyclic*) 群と呼ばれ，一般に（位数 k の巡回群）$\mathbf{C}^k$ と表される．$\mathbf{C}^k$ はアーベル群でなければならない．

(c) 規則 $u^2 = s^2 = b^2 = e, b = us$ や，乗法の結合法則の下で，4 元群 $\{e, u, s, b\}$ は群を成す．この 4 元群はアーベル群ではあるが，4 つの元から生成される巡回群 $\mathbf{C}^4$ と同等ではない．

(d) 行列の加法に関して $\mathbf{M}^n(\mathbf{R})$ は群を成す．

(e) $\mathbf{GL}(n, \mathbf{R}) \equiv$ 実数 $n \times n$ 正則行列で，行列の乗法に関して群を成す．これを（非アーベル的）**一般線形群** (*general linear group*) と言う．$\mathbf{GL}(n, \mathbf{R})$ は（**部分群** (*subgroups*) と呼ばれる）多くのとても重要な小さな群を含んでいる．これらの内いくつかは次の通りである：$\mathbf{SL}(n, \mathbf{R}) \equiv$ 行列式が $+1$ である実数の $n \times n$ 行列．$\mathbf{SO}(n) \equiv n \times n$ 直交行列．$\mathbf{L}(n) \equiv n \times n$ ローレンツ行列 [12.3 節における $\mathbf{L}(4)$ の定義を

見よ].
(f) $\mathbf{GL}(n, \mathbf{C}) \equiv$ 複素 $n \times n$ 正則行列で，行列の乗法に関して群を成す．重要な部分群として，($A = \bar{A}^T$ となるような（バーは複素共役を示す））$n \times n$ エルミート行列で構成される**ユニタリ群** (*unitary group*)，$\mathbf{U}(n)$ がある．

13.3 ベクトル空間に関する重要な概念

基底

ベクトル空間の**基底** (*basis*) は，線形独立のベクトル $\boldsymbol{b}_1, \boldsymbol{b}_2, \ldots$ の極大集合である[*1]．この集合が有限で n 個の元を持つとき，ベクトル空間は次元 n の**有限次元**である．有限でなければ，**無限次元**と言う．

【例 13.3】
(1) $\mathbf{R}^n$ の基底は，**標準** (*standard*) 基底と呼ばれるベクトル

$$\boldsymbol{e}_1 = (1, 0, 0, \ldots, 0), \quad \boldsymbol{e}_2 = (0, 1, 0, \ldots, 0), \ \ldots, \ \boldsymbol{e}_n = (0, 0, \ldots, 0, 1)$$

の集合であることは明らかである．
(2) $\mathbf{P}^n$ は，次元 $n+1$ の有限次元である．基底の一つは $\{t^i\}$ $(0 \leqq i \leqq n)$ である．
(3) 多項式全体のベクトル空間は，ベクトル空間 $C^k(\mathbf{R})$ と同様に，無限次元である．問題 13.4 を見よ．

同型写像，線形写像

同じタイプの（2 つのベクトル空間もしくは 2 つの群のような）2 つの数学的な系は，それらが構造的に同一であって用語だけが異なるとき，**同型** (*isomorphic*) と呼ばれる．2 つのベクトル空間の場合，**同型写像** (*isomorphism*) は一方の空間から他方の空間への（全単射の）1 対 1 の線形写像 φ である．ここで，**線形**という用語は（すべてのベクトル $\boldsymbol{u}, \boldsymbol{v}$ やスカラー a に

*1 訳注：つまり，与えられたベクトル空間の全てはこの集合で表すことができる．

関する）次の性質を指している：

$$\varphi(\boldsymbol{u}+\boldsymbol{v}) = \varphi(\boldsymbol{u}) + \varphi(\boldsymbol{v}) \qquad \text{and} \qquad \varphi(a\boldsymbol{u}) = a\varphi(\boldsymbol{u}) \tag{13.1}$$

群の場合，群のすべての元に対して，同型写像は $\psi(uv) = \psi(u)\psi(v)$ の性質を持つ全単射 ψ である．また，群にとって重要な，より一般的な写像は**準同型写像** (*homomorphism*) である．これは，1 対 1 対応を要求する必要はなく，すべての u と v に対して $\psi(uv) = \psi(u)\psi(v)$ を単に要求するものである．

ベクトル空間の積

U および **V** が任意の 2 つのベクトル空間であるとき，**U** の $\boldsymbol{u}$ と **V** の $\boldsymbol{v}$ を持った順序対 $(\boldsymbol{u}, \boldsymbol{v})$ の集合となる通常のデカルト積 $\mathbf{U} \times \mathbf{V}$ は，対の加法およびスカラー乗法

$$(\boldsymbol{p}, \boldsymbol{q}) + (\boldsymbol{r}, \boldsymbol{s}) = (\boldsymbol{p}+\boldsymbol{r}, \boldsymbol{q}+\boldsymbol{s}) \qquad \text{and} \qquad a(\boldsymbol{p}, \boldsymbol{q}) = (a\boldsymbol{p}, a\boldsymbol{q})$$

を定義することによってベクトル空間にすることができる．このような積空間は $\mathbf{U} \otimes \mathbf{V}$ で表され，$\mathbf{U} = \mathbf{V}$ である場合は $\mathbf{U} \otimes \mathbf{V}$ は $\mathbf{U}^2$ として書かれる．より一般的には，ベクトル空間 $\mathbf{V}_1, \mathbf{V}_2, \ldots, \mathbf{V}_k$ の任意個の積は上記のように容易に定義できるので，この積は，$\mathbf{V}_1 \otimes \mathbf{V}_2 \otimes \mathbf{V}_3 \otimes \cdots \otimes \mathbf{V}_k$ と表される．$\mathbf{V}_1 = \mathbf{V}_2 = \cdots = \mathbf{V}_k = \mathbf{V}$ である場合，積空間は $\mathbf{V}^k$ と書かれる．（この表記法は，本書では扱われない概念である 2 つのベクトル空間の**テンソル積**としてもしばしば使われる．）

13.4　ベクトル空間の代数的双対

ベクトル空間 **V** が実数 **R** に線形的に写像され，(13.1) を満たすとき，この写像は**線形汎関数** (*linear functional*) または 1 **次形式** (*one-form*) と呼ばれる．例 13.1(c) などの場合，**V** 上のすべての線形汎関数の集合はそれ自身ベクトル空間として構築できる．このベクトル空間は，**V** 上のすべてのベクトルを **R** 上の 0 とする写像としてのゼロ汎関数を持つ．

定義 1: ベクトル空間 **V** の**代数的双対** (*algebraic dual*) は，ベクトル空間を形成する全ての線形汎関数から成る集合 $\mathbf{V}^*$ である．このベクトル空間は通

常の点ごと (pointwise) の加法やスカラー乗法に従う：

$$(f+g)(\boldsymbol{v}) = f(\boldsymbol{v}) + g(\boldsymbol{v}) \qquad (\lambda f)(\boldsymbol{v}) = \lambda f(\boldsymbol{v})$$

$\mathbf{R}^n$ 上の任意の線形汎関数は座標の線形関数として表せるから，

$$\boldsymbol{v} = v^1\boldsymbol{e}_1 + v^2\boldsymbol{e}_2 + \cdots + v^n\boldsymbol{e}_n \quad \to \quad f(\boldsymbol{v}) = a_1v^1 + a_2v^2 + \cdots + a_nv^n$$

となる．ここで，各 i に対して $a_i = f(\boldsymbol{e}_i)$ であり，汎関数は n 組 $(a_1, a_2, \ldots, a_n)$ によって完全に決定される．

微分表記：1 次形式

上述の結果として，異なる汎関数は

$$f \leftrightarrow (a_1, a_2, \ldots, a_n)$$
$$g \leftrightarrow (b_1, b_2, \ldots, b_n)$$
$$\cdots$$

のように異なる n 組に対応し，次のように **1 次形式**のコンパクトな表記法によって線形関数を表現することが慣例となっている：

$$\boldsymbol{\omega} = a_1dx^1 + a_2dx^2 + \cdots + a_ndx^n$$
$$\boldsymbol{\sigma} = b_1dx^1 + b_2dx^2 + \cdots + b_ndx^n$$
$$\cdots$$

なぜ座標が dx^i なのか？ その動機は微分幾何学に由来している．$\mathbf{R}^n$ 上の任意の C^1 級多変数関数 $F(x^1, x^2, \ldots, x^n)$ は，勾配 $\nabla F = (\partial F/\partial x^i)$ や（$(dx^1, dx^2, \ldots, dx^n)$ 方向の）方向微分

$$dF = \frac{\partial F}{\partial x^1}dx^1 + \frac{\partial F}{\partial x^2}dx^2 + \cdots + \frac{\partial F}{\partial x^n}dx^n$$

を有していることを振り返って欲しい．これらは，特定の空間点において，$\mathbf{R}^n$ 上の線形関数を定義する 1 次形式（そしてすなわち，全ての方向から成る集合）である．また，通常の 1 次元の微積分と同様に，

$$dx = \Delta x \equiv \text{不特定の実数}$$

は必ずしも小さく**ない**ことも思い出して欲しい．

【例 13.4】

(a) $\mathbf{R}^3$ において,（線形関数である）1 次形式

$$\boldsymbol{\omega} = 4\,dx^1 - dx^2 \quad \boldsymbol{\sigma} = 2\,dx^1 + 3\,dx^2 - dx^3 \quad \boldsymbol{\omega} + \boldsymbol{\sigma} = 6dx^1 + 2dx^2 - dx^3$$

の下での $\boldsymbol{v} = (1, 3, 5)$ の写像を求めよう.

(b) $\boldsymbol{\omega}(\boldsymbol{v})$, $\boldsymbol{\sigma}(\boldsymbol{v})$ および $(\boldsymbol{\omega} + \boldsymbol{\sigma})(\boldsymbol{v})$ の間の関係はどのようになるか？

(a)

$$\begin{aligned}
\boldsymbol{\omega}(\boldsymbol{v}) &= 4 \cdot 1 - 1 \cdot 3 + 0 \cdot 5 = 4 - 3 + 0 = 1 \\
\boldsymbol{\sigma}(\boldsymbol{v}) &= 2 \cdot 1 + 3 \cdot 3 - 1 \cdot 5 = 2 + 9 - 5 = 6 \\
(\boldsymbol{\omega} + \boldsymbol{\sigma})(\boldsymbol{v}) &= 6 \cdot 1 + 2 \cdot 3 - 1 \cdot 5 = 6 + 6 - 5 = 7
\end{aligned}$$

(b) $$\boldsymbol{\omega}(\boldsymbol{v}) + \boldsymbol{\sigma}(\boldsymbol{v}) = 1 + 6 = 7 = (\boldsymbol{\omega} + \boldsymbol{\sigma})(\boldsymbol{v})$$

$\mathbf{R}^n$ と異なるベクトル空間については，任意の基底に対応するベクトルの成分に関して例 13.4 の手順を用いることに同意する．つまり，1 次形式 $\boldsymbol{\omega} = a_i\,dx^i$ の下で $\boldsymbol{v} = v^1\boldsymbol{b}_1 + v^2\boldsymbol{b}_2 + \cdots + v^n\boldsymbol{b}_n \equiv v^i\boldsymbol{b}_i$ の写像を評価するためには，単に

$$\boldsymbol{\omega}(\boldsymbol{v}) = \boldsymbol{\omega}(v^j\boldsymbol{b}_j) \equiv (a_i dx^i)(v^j\boldsymbol{b}_j) = a_i v^i \tag{13.2}$$

と記述する．

(13.2) の双対表示は，$\mathbf{V}$ と $\mathbf{V}^*$（ベクトルと 1 次形式）の間の関係のより良い理解を与えている．v^i を変化させている間に（$\mathbf{V}$ の基底を固定するのと同じように）a_i を固定して考えると——すなわち，“通常” の状態である——，$\mathbf{V}$ から $\mathbf{R}$ への線形写像は一意に定義されることになる．一方，ベクトル成分 v^i を固定し，係数 a_i を変換させることができる場合（要するに $\mathbf{V}^*$ における基底を固定することになる），$\mathbf{V}^*$ から $\mathbf{R}$ への線形写像が定義される（後者の写像は実際には空間 $\mathbf{V}^{**}$ の元である）．式 $a_i v^i$ は，2 つのベクトル変数 $\boldsymbol{v}$ および $\boldsymbol{\omega}$ において**双線形**である．

定理 13.1: $\mathbf{V}$ が有限次元ベクトル空間であるとき，$\mathbf{V}^*$ は，同次元で有限次元あり，$\mathbf{V}$ と同型である．

証明は問題 13.6 で与えられる．

双対基底

$\mathbf{V}$ に対する基底 $\boldsymbol{b}_1, \boldsymbol{b}_2, \ldots, \boldsymbol{b}_n$ は，双対空間 $\mathbf{V}^*$ の基底を非常に自然な形で決定する．$\mathbf{V}$ における各 $\boldsymbol{v}$ は表現 $\boldsymbol{v} = v^j \boldsymbol{b}_j$ を持っており，ゆえに線形汎関数

$$\varphi(\boldsymbol{v}) = v^1\, dx^1 + v^2\, dx^2 + \cdots + v^n\, dx^n \tag{13.3}$$

を定義する．結果として

$$\varphi(\boldsymbol{b}_i) \equiv \boldsymbol{\beta}^i \qquad (i = 1, 2, \ldots, n) \tag{13.4a}$$

と定義される n 次線形汎関数（$\mathbf{V}^*$ におけるベクトル）は，$\mathbf{V}^*$ に対する基底を形成する（問題 13.6 を見よ）．$\mathbf{V}^*$ における $\{\boldsymbol{\beta}^i\}$ は，$\mathbf{V}$ における基底 $\{\boldsymbol{b}_i\}$ の**双対基底** (*dual basis*) であると言う．評価規則 (13.2) は，双対基底のより簡単な特徴付けを提供している：

$$\begin{aligned}\boldsymbol{\beta}^i(\boldsymbol{v}) &= (\varphi(\boldsymbol{b}_i))(v^j \boldsymbol{b}_j) \\ &= (0 \cdot dx^1 + 0 \cdot dx^2 + \cdots + 1 \cdot dx^i + \cdots + 0 \cdot dx^n)(v^j \boldsymbol{b}_j) \\ &= v^i\end{aligned} \tag{13.4b}$$

したがって，$\boldsymbol{\beta}^i = dx^i$ は，$\mathbf{V}$ における任意のベクトルの $\{\boldsymbol{b}_k\}$ に対して i 番目の成分を取り出す線形汎関数である．(13.4b) の特殊な応用として，全ての i, j に対して，

$$\boldsymbol{\beta}^i(\boldsymbol{b}_j) = \delta^i_j \tag{13.5}$$

が得られる．

【例 13.5】

$\mathbf{R}^n$ に対する標準基底 $\boldsymbol{e} = \{\boldsymbol{e}_1, \boldsymbol{e}_2, \ldots, \boldsymbol{e}_n\}$ は $(\mathbf{R}^n)^*$ に対する標準基底を生成し，

$$\boldsymbol{\beta}^1(\boldsymbol{e}) = dx^1 \qquad \boldsymbol{\beta}^2(\boldsymbol{e}) = dx^2 \quad \ldots \quad \boldsymbol{\beta}^n(\boldsymbol{e}) = dx^n$$

のような 1 次形式で与えられる．次に，$\mathbf{R}^3$ が（非標準）基底と呼ばれる

$$\boldsymbol{b}_1 = (1, 1, 0) \quad \boldsymbol{b}_2 = (1, 0, 1) \quad \boldsymbol{b}_3 = (0, 1, 1)$$

を与えられていると仮定する．これは，形式的な行列乗法を通して標準基底 $\{\boldsymbol{e}_i\}$ を用いて記述できる：

$$\begin{bmatrix}\boldsymbol{b}_1\\ \boldsymbol{b}_2\\ \boldsymbol{b}_3\end{bmatrix} = \begin{bmatrix}1 & 1 & 0\\ 1 & 0 & 1\\ 0 & 1 & 1\end{bmatrix}\begin{bmatrix}\boldsymbol{e}_1\\ \boldsymbol{e}_2\\ \boldsymbol{e}_3\end{bmatrix}$$

同じ行列積としての標準基底 (dx^i) を用いて，$(\mathbf{R}^3)^*$ に対する双対基底 $\{\boldsymbol{\beta}^i\}$ を表してみる．

$\boldsymbol{\beta}^i = a^i_1\,dx^1 + a^i_2\,dx^2 + a^i_3\,dx^3$ としてみると，成分 a^i_j について解かなれければならないことがわかる．$i = 1$ に対しては，(13.5) より次を得る：

$$\begin{aligned}\boldsymbol{\beta}^1(\boldsymbol{b}_1) = \boldsymbol{\beta}^1(1,\,1,\,0) = a^1_1\cdot 1 + a^1_2\cdot 1 + a^1_3\cdot 0 = a^1_1 + a^1_2 \equiv x + y = 1\\ \boldsymbol{\beta}^1(\boldsymbol{b}_2) = \boldsymbol{\beta}^1(1,\,0,\,1) = x\cdot 1 + y\cdot 0 + z\cdot 1 = x + z = 0\\ \boldsymbol{\beta}^1(\boldsymbol{b}_3) = \boldsymbol{\beta}^1(0,\,1,\,1) = x\cdot 0 + y\cdot 1 + z\cdot 1 = y + z = 0\end{aligned}$$

（ここで，$x \equiv a^1_1,\ y \equiv a^1_2,\ z \equiv a^1_3$ としている）．これを解くことで，$x = \frac{1}{2} = y,\ z = -\frac{1}{2}$ となる．同様な解析を用いて，a^2_j および a^3_j を決定することができる．最終的な結果は

$$\begin{aligned}\boldsymbol{\beta}^1 &= \tfrac{1}{2}dx^1 + \tfrac{1}{2}dx^2 - \tfrac{1}{2}dx^3\\ \boldsymbol{\beta}^2 &= \tfrac{1}{2}dx^1 - \tfrac{1}{2}dx^2 + \tfrac{1}{2}dx^3\\ \boldsymbol{\beta}^3 &= -\tfrac{1}{2}dx^1 + \tfrac{1}{2}dx^2 + \tfrac{1}{2}dx^3\end{aligned}\quad \text{or}\quad \begin{bmatrix}\boldsymbol{\beta}^1\\ \boldsymbol{\beta}^2\\ \boldsymbol{\beta}^3\end{bmatrix} = \begin{bmatrix}\frac{1}{2} & \frac{1}{2} & -\frac{1}{2}\\ \frac{1}{2} & -\frac{1}{2} & \frac{1}{2}\\ -\frac{1}{2} & \frac{1}{2} & \frac{1}{2}\end{bmatrix}\begin{bmatrix}dx^1\\ dx^2\\ dx^3\end{bmatrix}$$

である．2 つの基底が結びついた行列は，互いに形式的な逆行列であることに注目して欲しい．

V および V* における基底の変更

例 13.5 の結果は一般化することができる．$\{\boldsymbol{b}_i\}$ と $\{\bar{\boldsymbol{b}}_i\}$ を $\mathbf{V}$ の 2 つの基底とし，$\{\boldsymbol{\beta}^i\}$ と $\{\bar{\boldsymbol{\beta}}^i\}$ をそれぞれ $\mathbf{V}^*$ の双対基底としよう．このとき，

$$\bar{\boldsymbol{b}}_i = A^j_i\boldsymbol{b}_j \quad \to \quad \bar{\boldsymbol{\beta}}^i = \bar{A}^i_j\boldsymbol{\beta}^j \qquad \text{with} \qquad (\bar{A}^i_j) = (A^i_j)^{-1} \tag{13.6}$$

となり，矢印は含意 (implication) を示す.（問題 13.7 を見よ.）

13.5 ベクトル空間上のテンソル

（テンソルの定義については）以下の**多重線形汎関数** (*multilinear functional*) の概念が必要となる： $f(\boldsymbol{v}^1, \boldsymbol{v}^2, \ldots, \boldsymbol{v}^m)$ が，変数の 1 つを除く全てを固定して得られる制限写像が線形汎関数となるような，写像 m 個のベクトル変数から実数への写像を表すならば，f はそのすべての変数について**多重線形** (*multilinear*) であると言われる．

定義 2: タイプ $\binom{p}{q}$ テンソルは任意の多重線形汎関数 $T:\ (\mathbf{V}^*)^p \otimes \mathbf{V}^q \to \mathbf{R}$ であり，p 個の 1 次形式と q 個のベクトルから実数への写像である．この実数写像は

$$T(\boldsymbol{\omega}^1, \ldots, \boldsymbol{\omega}^p;\ \boldsymbol{v}^1, \ldots, \boldsymbol{v}^q)$$

と表される．

【例 13.6】

以下において，T は線形汎関数を表しているとしよう．タイプ $\binom{1}{0}$ テンソルは全ての 1 次形式 $\boldsymbol{\omega}$ を引数として実数 $T(\boldsymbol{\omega})$ を持つ．後に見るように，そのようなテンソルは反変ベクトルと同一である．タイプ $\binom{0}{1}$ テンソルは全てのベクトル $\boldsymbol{v}$ を引数として実数 $T(\boldsymbol{v})$ を持つ．そしてこれは共変ベクトルに対応することを示せる．タイプ $\binom{1}{1}$ テンソルは全ての $\mathbf{V}^* \otimes \mathbf{V}$ における順序対を引数とする $U(\boldsymbol{\omega};\ \boldsymbol{v})$ を持ち，U は双線形汎関数となる．

【例 13.7】

n 次元ベクトルの場合，通常のスカラー積 $\boldsymbol{u}\cdot\boldsymbol{v} \equiv \boldsymbol{u}\boldsymbol{v}$ は，$G(\boldsymbol{u}, \boldsymbol{v}) = \boldsymbol{u}\boldsymbol{v}$ の形でタイプ $\binom{0}{2}$ テンソルを定義する．なぜならスカラー積の基本性質は，G をベクトル対から実数への双線形写像とするためである．より一般的には，E が $n \times n$ 行列である 2 次形式

$$G(\boldsymbol{u}, \boldsymbol{v}) = \boldsymbol{u}^T E \boldsymbol{v}$$

によって任意に定義される内積は，タイプ $\binom{0}{2}$ テンソルを定義している．

定義 3: タイプ $\binom{0}{2}$ テンソルの $G(\boldsymbol{u}, \boldsymbol{v})$ は，

(i) すべての $\boldsymbol{u}$ および $\boldsymbol{v}$ に対して，

$$G(\boldsymbol{u}, \boldsymbol{v}) = G(\boldsymbol{v}, \boldsymbol{u})$$

となるとき，**対称**である．

(ii)

$$[\boldsymbol{u} \text{ において全く同様に，} G(\boldsymbol{u}, \boldsymbol{v}) = 0] \quad \to \quad \boldsymbol{v} = \boldsymbol{0}$$

となるとき，**正則**である．

(iii) 任意の 0 でないベクトル $\boldsymbol{u}$ に対して，

$$G(\boldsymbol{u}, \boldsymbol{u}) > 0$$

となるとき，**正定値**である．

対称的で正則なタイプ $\binom{0}{2}$ は**計量テンソル** (*metric tensor*) と呼ばれる（正定値のテンソルは必然的に正則である）．

【例 13.8】

$C = [C^i_j]_{nn}$ を正方行列とし，(a_i) と (v^i) を，$\mathbf{R}^n$ とその双対における標準基底に関連する $\boldsymbol{\omega}$ と $\boldsymbol{v}$ のそれぞれの成分とする．このとき，行列積

$$T(\boldsymbol{\omega};\, \boldsymbol{v}) = \boldsymbol{\omega} C \boldsymbol{v} \equiv a_i C^i_j v^j \quad \text{(双線形形式)}$$

は，ベクトル空間 $\mathbf{R}^n$ 上でタイプ $\binom{1}{1}$ テンソルを定義する．

テンソル成分

例 13.6～13.8 で考慮した 3 つのタイプのテンソルにおいて，我々は以下のようにテンソル成分を定義することができ，明白な方法で任意のテンソルに一般化することができる．$\boldsymbol{b}_1, \ldots, \boldsymbol{b}_n$ を $\mathbf{V}$ に対する基底とし，$\mathbf{V}^*$ における $\boldsymbol{\beta}^1, \ldots, \boldsymbol{\beta}^n$ をその双対とする．このとき，各 i に対して，

タイプ $\binom{1}{0}$ $\qquad T^i = T(\boldsymbol{\beta}^i)$

タイプ $\binom{0}{1}$ $\qquad T_i = T(\boldsymbol{b}_i)$

$$\text{タイプ}\binom{1}{1} \qquad T^i_j = T(\boldsymbol{\beta}^i;\ \boldsymbol{b}_j)$$

と書く．

【例 13.9】

例 13.8 の方法で構築された $\mathbf{V}$ 上のタイプ $\binom{1}{1}$ テンソルについて，$\mathbf{V} = \mathbf{R}^n$ の標準基底に関する成分を求める，

実際に構築することで，$\boldsymbol{\omega}$ および $\boldsymbol{v}$ に対して $T(\boldsymbol{\omega};\ \boldsymbol{v}) = a_i C^i_j v^j$ となる．次に $\boldsymbol{\omega} = \boldsymbol{\beta}^p = dx^p$ と $\boldsymbol{v} = \boldsymbol{b} = \boldsymbol{e}_q$ を代入することで，

$$T^p_q \equiv T(dx^p;\ \boldsymbol{e}_q) = \delta^p_i C^i_j \delta^j_q = C^p_q$$

と求められる．したがって，T の成分は，引数 $\boldsymbol{\omega}$ および $\boldsymbol{v}$ の成分から独立しており，行列 C の成分のみに依存している．

テンソル成分の基底変換についての影響

基底の変換の下で，(13.6) は，

$$\begin{aligned}
&\text{タイプ}\binom{1}{0} && \bar{T}^i = T(\bar{\boldsymbol{\beta}}^i) = T(\bar{A}^i_r \boldsymbol{\beta}^r) = \bar{A}^i_r T(\boldsymbol{\beta}^r) = T^r \bar{A}^i_r \\
&\text{タイプ}\binom{0}{1} && \bar{T}_i = T(\bar{\boldsymbol{b}}_i) = T(A^r_i \boldsymbol{b}_r) = A^r_i T(\boldsymbol{b}_r) = T_r A^r_i \\
&\text{タイプ}\binom{2}{1} && \bar{T}^{ij}_k = T(\bar{\boldsymbol{\beta}}^i,\ \bar{\boldsymbol{\beta}}^j;\ \bar{\boldsymbol{b}}_k) = T(\bar{A}^i_r \boldsymbol{\beta}^r,\ \bar{A}^j_s \boldsymbol{\beta}^s;\ A^t_k \boldsymbol{b}_t) \\
& && \qquad = \bar{A}^i_r \bar{A}^j_s A^t_k T(\boldsymbol{\beta}^r,\ \boldsymbol{\beta}^s;\ \boldsymbol{b}_t) = T^{rs}_t \bar{A}^i_r \bar{A}^j_s A^t_k \\
&\cdots\cdots && \cdots\cdots\cdots\cdots\cdots\cdots\cdots\cdots\cdots\cdots\cdots\cdots
\end{aligned}$$

となる．

【例 13.10】

$\mathbf{V}$ がユークリッド $\mathbf{R}^n$ である場合，基底の変換 $\bar{\boldsymbol{b}}_i = A^j_i \boldsymbol{b}_j$ は座標の変換 $x^i = A^i_j \bar{x}^j$ を誘発し，

$$\bar{J} \equiv \left(\frac{\partial x^i}{\partial \bar{x}^j} \right) = A \qquad \text{and so} \qquad J = \bar{J}^{-1} = \bar{A}$$

である．上記の変換式は，アフィンテンソルについての古典的な法則に還元される——(3.21) と比較してみよう．

13.6　多様体の理論

多様体は，曲面をより高次元へと自然に拡張し，$\mathbf{R}^n$ よりも一般的な空間にも拡張するものである．まずは多様体を $\mathbf{R}^n$ における超曲面として考えると有用である．

我々は**点の近傍** (*neighborhood of a point*) という表現によって，与えられた点から固定距離内の $\mathbf{R}^n$ におけるすべての点から成る集合や，またはそのような点を含む任意集合を理解することになる．p の近傍は $\mathbf{U}_p$ と表される．$\mathbf{R}^m$ での距離に使用される概念がユークリッドであるとき，あらゆる近傍 $\mathbf{U}_p$ は，ある正の半径を持ち p を中心にした，立体となる球体（もしくは，$n > 3$ である場合は“超球体”）を含む．**ある集合における**ある点 p 近傍は，その近傍 $\mathbf{U}_p$ とその集合の共通部分となる．ある集合の各点が，その集合の点で完全に構成される近傍を持つ場合，集合は**開** (*open*) であると言う．開近傍は，単に開集合ともなる近傍である（立方球の近傍である場合，球の周辺境界は，それを開近傍にするために取り除かなければならない）．

多様体の記述的定義

多様体 (*manifold*) とは，各点が，その点の開近傍で有効な局所座標の原点として機能することができるという特性を有する集合であり，その近傍は，$\mathbf{R}^n$ における点の開近傍の正確な“写し”となる．このような定義で，計量空間，位相空間，バナッハ空間，または他の抽象的な数学的系での成立を多様体は可能にするが，$\mathbf{R}^m$ のような一段と単純な空間で多様体に入門するほうが最善である．したがって次のようにする：

定義 4: **多様体**は，その多様体における各点 p について，$\mathbf{M}$ の開近傍 $\mathbf{U}_p$ が存在し，さらに $\mathbf{R}^n$ の近傍に $\mathbf{U}_p$ を運ぶ写像 φ_p が存在するという性質を有するような $\mathbf{R}^m$ 内の任意集合 $\mathbf{M}$ である．この写像は**同相写像** (*homeomorphism*) でなければならない．すなわち，

(1)　φ_p は連続である．

(2)　φ_p は $\mathbf{U}_p$ からその範囲 $\varphi_p(\mathbf{U}_p)$ 上で全単射である．

(3)　φ_p^{-1} は連続である．

となる．図 13-1 を見よ．

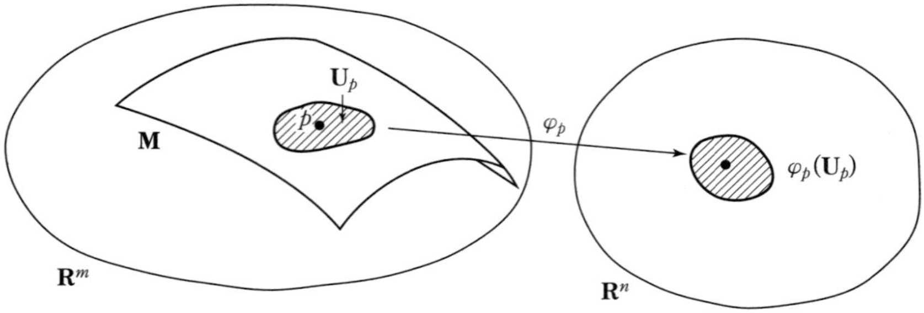

図 **13-1**

座標パッチ，アトラス

M 中の p についての近傍 $\mathbf{U}_p$ は，正しい次元を有する **M** に座標を局所的に帰属させるための手段を提供する（例えば，3 次元空間にある平面は現に 2 次元であり，多様体として，節 10.4 のように 3 つ組の代わりに実数の対によって座標化されている）．**M** における任意点 p について，対 $(\mathbf{U}_p, \varphi_p)$ は **M** の**座標パッチ** (*coordinate patch*) と呼ばれ（**チャート** (*chart*)，もしくは**局所座標化** (*local coordinatization*) とも呼ばれる），さらに近傍 $\mathbf{U}_p$ が組み合わさって **M** を覆うような対の集まりは，**M** の**アトラス** (*atlas*) と呼ばれる．座標パッチは各点で **M** を n 次元にするので，**M** は $\boldsymbol{n}$ **次元多様体** (*n-manifold*) と呼ばれることもある．

多くの場合，アトラスは有限個のチャートで十分である（例 13.11）．$\mathbf{R}^m$ の多様体が閉じており，$\mathbf{R}^m$ の距離に関して有界である場合，有限個のチャートが常に十分であることを証明することができる．

【例 13.11】

(a) $\mathbf{S}^2$ で表す **2 次元球面** (*2-sphere*) は，半径 a を持つ $(0, 0, 0)$ を中心とする 3 次元空間 (y^i) 中の通常の球面である．次のように，2 つだけのチャートから成るアトラスによって座標化される．[通常の球座標

(φ, θ) は，極で 1 対 1 対応の写像を与えられず，θ が不定であることに注意して欲しい．]

$$y^1 = \frac{2a^2x^1}{(x^1)^2 + (x^2)^2 + a^2}$$

$$y^2 = \frac{2a^2x^2}{(x^1)^2 + (x^2)^2 + a^2}$$

$$y^3 = \varepsilon a \frac{(x^1)^2 + (x^2)^2 - a^2}{(x^1)^2 + (x^2)^2 + a^2} \qquad (\varepsilon = \pm 1)$$

図 13-2 に示すように，$\varepsilon = +1$ に対応するチャートは，（座標を $x^1 = x^2 = 0$ とする）南極点を中心とし，北極点を除く球の各点を含む $\mathbf{U}_p = 0$ を有する．もう片方のチャート $(\varepsilon = -1)$ は，赤道面についての最初のチャートの鏡像である．このアトラスの導出については，問題 13.15 を参照して欲しい．

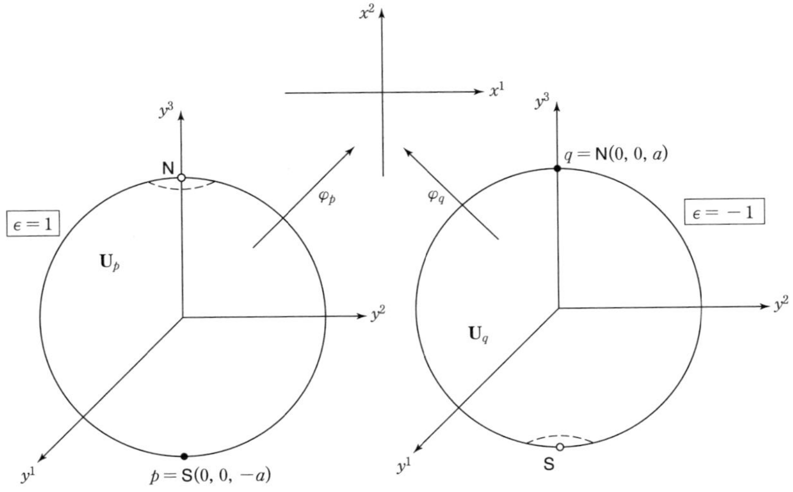

図 **13-2**

(b) $\mathbf{R}^{n+1}$ 中の $\boldsymbol{n}$ 次元球面 $\mathbf{S}^n$ は，

$$(y^1)^2 + (y^2)^2 + (y^3)^2 + \cdots + (y^{n+1})^2 = a^2$$

のように，（半径が a で，(0, 0, 0, ..., 0) を中心とした）$\mathbf{R}^{n+1}$ における点 (y^i) の集合として定義することができる．(0, 0, ..., a) 近傍に対する座標パッチは次のようになる：

$$\begin{aligned} y^1 &= x^1 \\ y^2 &= x^2 \\ &\cdots \\ y^n &= x^n \\ y^{n+1} &= \sqrt{a^2 - (x^1)^2 - (x^2)^2 - \cdots - (x^n)^2} \end{aligned}$$

この写像は，n 次元近傍 $(x^1)^2 + \cdots + (x^n) < a^2$（$\mathbf{S}^{n-1}$ の内部）にある．他の "正反対の" 端点の周りに類似のパッチを確立すると $2n+2$ 個のチャートから成るアトラスが得られる．(アトラスを小さくするには，より巧妙なアプローチが必要になる．)

微分可能多様体

必然的に，$\mathbf{M}$ における近傍が重なるような対 $(\mathbf{U}_p, \varphi_p)$ と $(\mathbf{U}_q, \varphi_q)$ が存在している（図 13-3）．そのため，**重複集合** (*overlapping set*) と呼ばれる共通領域 $\mathbf{U}_p \cap \mathbf{U}_q \equiv \mathbf{W}$ は，φ_p と φ_q の下で $\mathbf{W}$ の像同士の写像 φ を生成する．明確にすると（図 13-3 での経路を辿ることで），$\varphi = \varphi_q \circ \varphi_p^{-1}$ になる．

φ および φ^{-1} がどちらも連続であることは明らかである．もし φ および φ^{-1} が（各点で k 階の連続偏導関数を持つ）C^k 級であるとき，重複集合 $\mathbf{W}$ は C^k 級であると考えられている．

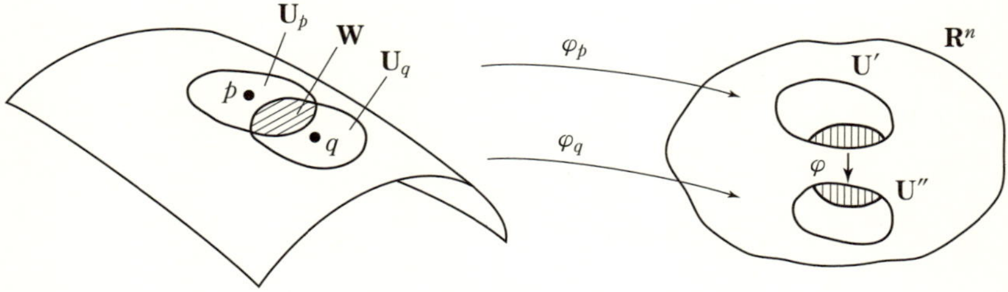

図 13-3

定義 5: **微分可能** (*differentiable*) 多様体は全ての重複集合が C^1 級であるようなアトラスを有する多様体である．C^k（C^∞ または C^ω）級多様体は重複集合が C^k（C^∞ または C^ω）級となるアトラスを有する多様体である．

注意 1: **無限回微分可能** (C^∞) と**解析的** (C^ω) の区別を振り返って欲しい．

この文脈で多様体が C^k 級であることを保証する 1 つの方法は，各 φ_p および φ_p^{-1} が C^k 級であることの要求にある．便宜上，以後すべての多様体は C^∞ 多様体であると仮定する．

【例 13.12】

例 13.11 の球面多様体の場合，写像関数 φ_p^{-1} は分母が 0 になることのない有理数か，正多項式の平方根かのいずれかである．確かに C^∞ 級（その上，C^ω 級となる）多様体が存在している．

表記を微分幾何学に近づけるために（節 10.4 参照），**M** と座標 (x^i) を結ぶ写像 φ_p^{-1} を次のように再指定する：

$1 \leqq j \leqq m$ に対して

$$\varphi_p^{-1}(x^1, x^2, \ldots, x^n) \equiv \boldsymbol{r}(x^1, x^2, \ldots, x^n) \equiv (y^j(x^1, x^2, \ldots, x^n))$$

とする（図 13-4 を見よ）．

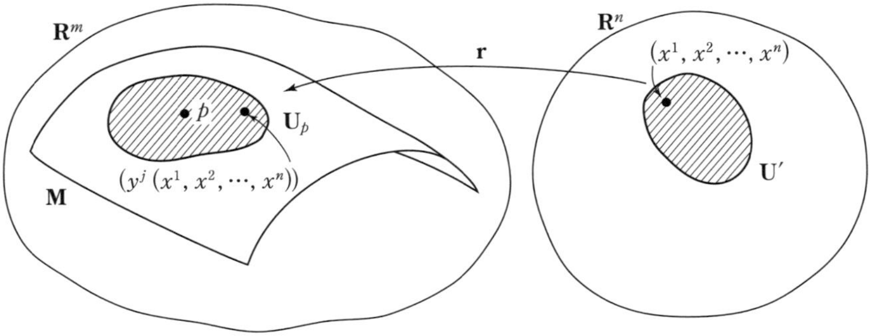

図 **13-4**

13.7　接ベクトル空間; 多様体上のベクトル場

直感的に表現すると，多様体 $\mathbf{M}$ 上のベクトル場 V は，点から点で少し連続的（かつ微分可能）な振る舞いが異なるような，$\mathbf{M}$ に対する接ベクトルである（図 13-5）．より正確に言えば，$\mathbf{M}$ のあらゆる点で接ベクトルは常に与えなければいけないものである．($\mathbf{R}^3$ における場合）ベクトル場を得る 1 つの方法は，可変法線ベクトル $\boldsymbol{n}$ をとり，それをある固定されたベクトル $\boldsymbol{a}$ と外積することである．こうして $V = \boldsymbol{n} \times \boldsymbol{a}$ は微分可能なベクトル場となる．しかしこの定義は，（**外的**となる）多様体の外側を持ち出していることになるから，多様体そのものにとどまるような方法を模索していく（これは，身近な空間に埋め込まれない抽象的な多様体に対しても直ちに適用可能である）．そのような試みは**内的**な方法と呼ばれる．

この内的な方法の手がかりとなるのは，ある曲線を $\mathbf{M}$ 上で考え，その曲線の接ベクトル場として V を定義することである．もしこの曲線が，

$$\boldsymbol{c} = \boldsymbol{r}(x^1(t), x^2(t), \ldots, x^n(t)) = (y^j(x^1, x^2, \ldots, x^n)) \qquad (1 \leqq j \leqq m)$$

の座標パッチを通して定義されている場合，連鎖律により，

$$\frac{d\boldsymbol{c}}{dt} = \frac{d\boldsymbol{r}}{dt} = \frac{\partial \boldsymbol{r}}{\partial x^i}\frac{dx^i}{dt} = V \qquad \text{or} \qquad V = V^i \boldsymbol{r}_i$$

が与えられる．ここで，ベクトル $\boldsymbol{r}_i \equiv \partial \boldsymbol{r}/\partial x^i$ はそれ自身 $\mathbf{M}$ に接することになる．

定義 6: 任意点 p で座標パッチ $\mathbf{U}_p$ を有する任意の（微分可能）多様体 $\mathbf{M}$ に対して，[$\varphi_p(p)$ で評価される] ベクトル $\boldsymbol{r}_1, \boldsymbol{r}_2, \ldots, \boldsymbol{r}_n$ のスパン[*2]は，p における**接ベクトル空間** (*tangent space*) と言い，$T_p(\mathbf{M})$ で表される．$\mathbf{M}$ のあらゆる p について，すべての接ベクトル空間 $T_p(\mathbf{M})$ の和集合は $\mathbf{M}$ の**接束** (*tangent bundle*) と呼ばれ，$T(\mathbf{M})$ で表される．

[*2] 訳注：ベクトルの組によって張られる空間を指す．

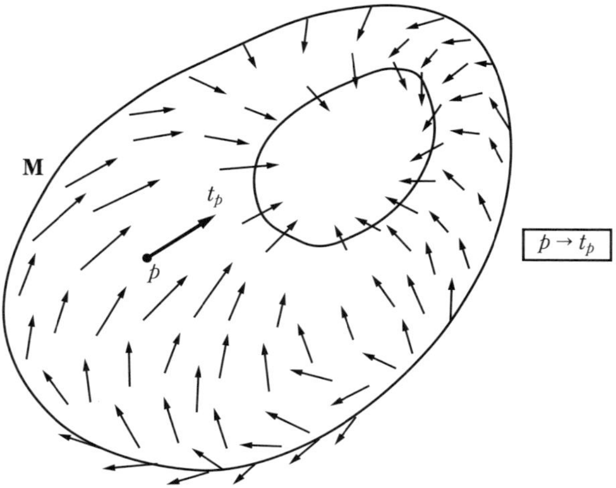

図 **13-5**

各 $T_p(\mathbf{M})$ はベクトル空間であるが，これは $T(\mathbf{M})$ がベクトル空間であることを保証するものではない．例えば，$T_p(\mathbf{M})$ におけるベクトルと $T_q(\mathbf{M})$ におけるベクトルの和は一般に $\mathbf{M}$ に接していないだろう．

定義 7: 多様体 $\mathbf{M}$ 上の**ベクトル場** (*vector field*) V は，$\mathbf{M}$ をその接束 $T(\mathbf{M})$ に写像する任意の C^∞ 級関数である．すなわち，$\mathbf{M}$ の各点 p について，写像 $\mathbf{V}(p) = \mathbf{V}_p$ は，p での接ベクトル空間 $T_p(\mathbf{M})$ に属するベクトルである．明示的には，あるスカラー関数 V^i に対して，

$$V = V^i \boldsymbol{r}_i = \left(V^i \frac{\partial y^j}{\partial x^i} \right) \qquad (j = 1, 2, \ldots, m) \tag{13.7a}$$

となる．

多様体上のベクトル場に関する基本定理は，常微分方程式の系についての基礎理論から証明することができる．

定理 13.2: ある多様体 $\mathbf{M}$ 上のあらゆるベクトル場は，各点の接ベクトルがその点で与えられるベクトル場と一致する曲線として定義されるような，$\mathbf{M}$ 上の**流れ曲線** (*flow curves*) または**積分曲線** (*integral curves*) の系を有する．

表記法

座標化した写像 $\varphi_p : \mathbf{U}_p \to \mathbf{R}^n$ について特定の選択にあまり重きを置かないために，$T_p(\mathbf{M})$ の基底に関する上記の説明からベクトル $\boldsymbol{r}$ を省略し，

$$\frac{\partial}{\partial x^1}, \frac{\partial}{\partial x^2}, \ldots, \frac{\partial}{\partial x^n} \quad \text{in place of} \quad \frac{\partial \boldsymbol{r}}{\partial x^1}, \frac{\partial \boldsymbol{r}}{\partial x^2}, \ldots, \frac{\partial \boldsymbol{r}}{\partial x^n}$$

と書くか，あるいはより大まかに $\partial_1, \partial_2, \ldots, \partial_n$ と書くのが通例である．多くの教科書では，この表記をもっぱら用いており，(13.7a) を

$$V = V^i \partial_i \tag{13.7b}$$

と記述する．このような短縮された形は，特定の多様体の座標写像 φ_p^{-1} が指定されていない場合（例えば，ある実数値関数 F に対して $F(y^1, y^2, \ldots, y^m) = 0$ の式で多様体が定義されている場合）に特に便利である．このような状況では，$\boldsymbol{r}_1, \boldsymbol{r}_2, \ldots, \boldsymbol{r}_n$ は明示的に定義されていないので，$\mathbf{M}$ 上の**座標標構** (*coordinate frame*) を表すために表記 $E_1, E_2, \ldots, E_n$ の表記を使用する．この座標標構は，$\mathbf{M}$ の各 p での $T_p(\mathbf{M})$ に対して制約を持ち，$T_p(\mathbf{M})$ の基底となるようなものである．$E_i \equiv \partial_i \quad (i = 1, 2, \ldots, n)$ と同一視すると，

$$V = V^i E_i \tag{13.7c}$$

が得られる．

ベクトル場の外的な表示

（しばしば構築が複雑または困難であるという欠点を持つ）座標パッチを参照せずに，多様体上にベクトル場 V を表示することが可能である．つまり，直角であると仮定する (y^i) 系に完全にとどまることができる．ここで，ある C^k 級の関数 F に対して，単一方程式 $F(y^1, y^2, \ldots, y^m) = 0$ によって $\mathbf{M}$ が与えられていると仮定する．点 (y^i) が $\mathbf{M}$ 上にあることを要求する（つまり $F(y^1, y^2, \ldots, y^m) = 0$ である）場合，$\omega_i = \omega_i(y^1, y^2, \ldots, y^m)$ である 1 次形式 $\sigma = \omega_i dy^i$ は，**M に制限される**と言われる．多次元解析からよく知られているように，勾配 $\nabla F = (\partial F / \partial y^i)$ は $\mathbf{M}$ に垂直であるので，σ

写像が ∇F を 0 に制限することをさらに必要とする場合

$$\omega_i \frac{\partial F}{\partial y^i} = 0$$

（成分 dy^i を持った）$V = \sigma$ は $\mathbf{M}$ 上のベクトル場となる．

【例 13.13】

$\mathbf{R}^3$ における放物面 $\mathbf{P}$ を考え，

$$F(y^1, y^2, y^3) = (y^1)^2 + (y^2)^2 - y^3 = 0$$

で与えられるとする．$\mathbf{P}$ への $\sigma = y^1 y^2 dy^1 + (y^2)^2 dy^2 + 2y^2 y^3 dy^3$ の制限が $\mathbf{P}$ 上のベクトル場となることを示そう．

$(y^1 y^2, (y^2)^2, 2y^2 y^3)$ と $\nabla F = (2y^1, 2y^2, -1)$ の内積が 0 であることを示す必要がある：

$$(y^1 y^2)(2y^1) + (y^2)^2(2y^2) + (2y^2 y^3)(-1) = [(y^1)^2 + (y^2)^2 - y^3]2y^2 = 0$$

13.8　多様体上のテンソル場

双対接束

$\mathbf{M}$ の各 p において，$T_p^*(\mathbf{M})$ はベクトル空間 $T_p(\mathbf{M})$ の双対を表すとし，またすべての空間 $T_p^*(\mathbf{M})$ の和集合を $T^*(\mathbf{M})$ で表すとする．集合 $T^*(\mathbf{M})$ は，$\mathbf{M}$ の双対接束 (*dual tangent bundle*) と呼ばれ，($T(\mathbf{M})$ がそうでなかったのと同じように）ベクトル空間である必要はない．

我々は，$T^*(\mathbf{M})$ の特定の元を明示する必要がある．

M 上の微分

関数 $f\colon \mathbf{R}^n \to \mathbf{R}$ の微分は，各対 $(\boldsymbol{x}, \boldsymbol{v})$——$\boldsymbol{x}$ は $\mathbf{R}^n$ における点で $\boldsymbol{v} = (dx^1, dx^2, \ldots, dx^n)$ は $\mathbf{R}^n$ における方向である——から実数値

$$df(\boldsymbol{x}, \boldsymbol{v}) \equiv \frac{\partial f}{\partial x^1}dx^1 + \frac{\partial f}{\partial x^2}dx^2 + \cdots + \frac{\partial f}{\partial x^n}dx^n = f_i dx^i \tag{13.8}$$

に写像する 2 ベクトル関数 $df\colon (\mathbf{R}^n)^2 \to \mathbf{R}$ として厳密に定義される．ここで，f_i は $\boldsymbol{x}$ において評価される．もし f が $\mathbf{M}$ 上において C^k 級で任意の実

数値関数であったとき，

$$f(x^1, x^2, \ldots, x^n) \equiv f(y^1(x^1, \ldots, x^n), y^2(x^1, \ldots, x^n), \ldots, y^m(x^1, \ldots, x^n))$$

の微分は $\mathbf{M}$ 上の**微分体** (*differential field*) と呼ばれ，1 次形式

$$df = \frac{\partial}{\partial x^i}(f(\boldsymbol{r}(x)))dx^i = \frac{\partial f}{\partial y^k}\frac{\partial y^k}{\partial x^i}dx^i = (\nabla f \cdot \boldsymbol{r}_i)dx^i$$

となる．したがって，df は $\mathbf{M}$ から $T^*(\mathbf{M})$ への写像と考えることができ，p での df の計算は $T_p^*(\mathbf{M})$ における 1 次形式 $(\nabla f(p) \cdot \boldsymbol{r}_i(p))dx^i$ に一致している．

ここで，$\mathbf{M}$ 上の 2 種類の「場・体」(fields) を比較しよう．

	写像	$\mathbf{U}_p$ への制限
ベクトル場 (*vector field*)	$V\colon \mathbf{M} \to T(\mathbf{M})$	$V = V^i E_i$
微分体 (*differential field*)	$df\colon \mathbf{M} \to T^*(\mathbf{M})$	$\omega = (\nabla f \cdot E_i)dx^i$

定義 8: $\mathbf{M}$ 上のタイプ $\binom{r}{s}$ の**テンソル場** (*tensor field*) とは，$\mathbf{M}$ 上の r 個の微分体および s 個のベクトル場を $\mathbf{R}^m$ 上の C^k 級実数値関数 f とした写像 $T\colon [T^*(\mathbf{M})]^r \otimes [T(\mathbf{M})]^s \to C^k(\mathbf{R}^m)$ である．$\mathbf{M}$ 上の点 p における T の計算は，

$$T_p(\omega^1, \ldots, \omega^r;\ V_1, \ldots, V_s) = T(\omega_p^1, \ldots, \omega_p^r;\ V_{1p}, \ldots, V_{sp}) \equiv f(p)$$

で与えられ，各写像 T_p は多重線形であるとみなされる．

【例 13.14】

(a) $\mathbf{M}$ 上の固定された各 p で，写像 T_p は定義 2 に従って [ベクトル空間 $[T_p^*(\mathbf{M})]^r \otimes [T_p(\mathbf{M})]^s$ 上で，タイプ $\binom{r}{s}$ の] **テンソル**である．

(b) $\mathbf{M}$ 上の任意のベクトル場 V は，写像 $T(\omega) = \omega(V)$ を通してタイプ $\binom{1}{0}$ のテンソル場として解釈することができる．問題 13.20 と比較しよう．

例題

抽象ベクトル空間および群の概念

問題 13.1 (a) 多項式の集合

$$p_1(t) = 1 + t \qquad p_2(t) = t + t^2 \qquad p_3(t) = t^2 + t^3 \qquad p_4(t) = t^3 - 1$$

がベクトル空間 $\mathbf{P}^3$ (「次数 $\leqq 3$」の多項式) に対する基底となることを示せ.
(b) この基底に対して多項式 $p(t) = t^3$ の成分を求めよ.

解答

(a) $\mathbf{P}^3$ の次元が 4 でベクトルが 4 個存在するから，それらが線形独立であることを示すだけで十分である．すべての t について，

$$\lambda^1(1+t) + \lambda^2(t+t^2) + \lambda^3(t^2+t^3) + \lambda^4(t^3-1) = 0$$

または,

$$(\lambda^1 - \lambda^4)\cdot 1 + (\lambda^1 + \lambda^2)t + (\lambda^2 + \lambda^3)t^2 + (\lambda^3 + \lambda^4)t^3 = 0$$

と仮定する．これは恒等式であるため,

$$0 = \lambda^1 - \lambda^4 = \lambda^1 + \lambda^2 = \lambda^2 + \lambda^3 = \lambda^3 + \lambda^4$$

を得なければならない．したがって，$\lambda^1 = \lambda^4$, $\lambda^1 = -\lambda^2 = \lambda^3$ となる．そして最後の式から $\lambda^1 + \lambda^1 = 0$ もしくは $\lambda^1 = 0$ と得られるので，すべての λ^i は 0 になり，結果として線形独立が証明される.
(b) $p(t) = t^3$ を生ずる線形結合を求めるためには,

$$\lambda^1(1+t) + \lambda^2(t+t^2) + \lambda^3(t^2+t^3) + \lambda^4(t^3-1) = t^3$$

と書く．これはすなわち,

$$(\lambda^1 - \lambda^4)\cdot 1 + (\lambda^1 + \lambda^2)t + (\lambda^2 + \lambda^3)t^2 + (\lambda^3 + \lambda^4 - 1)t^3 = 0$$

もしくは

$$\lambda^1 = \lambda^4 \qquad \lambda^1 = -\lambda^2 = \lambda^3 \qquad \lambda^1 + \lambda^1 - 1 = 0$$

となる．ゆえに，$\lambda^1 = -\lambda^2 = \lambda^3 = \lambda^4 = 1/2$ である．

問題 13.2

(a) 通常の $8\frac{1}{2}$ インチ × 11 インチ 用紙[*1]を次のように操作することで 4 元群を形作れ：

用紙を（本をめくるように）**横向き**に回転し元の位置に置く操作を s とする．u は，用紙を**上下を**（逆さに）回転させる操作．b は，**両方**の操作（s の後に u が続き，結果としてページが表向きに 180° 回転する）．そして e は**何もしない**（単位元）操作である．群演算（乗法）を**ある操作とそれに続く別の操作**として解釈せよ（ゆえに，例えば上記定義では $b = su$ であり，左から右へ読んでいく）．

(b) 4 個の元が循環する群，$\mathbf{C}^4$ と同型でないことを示せ．

解答

(a) これは数式や方程式を使わずに扱うのが最良となる数学的問題の 1 つである．単純な観測事実から，操作 us もまた 180° 回転になるから，$b = su = us$ となる．さらに，s を 2 回または u を 2 回適用すると，用紙は元の状態のままとなることについても明らかであり，$s^2 = u^2 = e$ である．次に，操作の**順序**に手を付けない限りは，結合法則が有効であることを確認しよう．

$$b^2 = (su)(us) = s(u)^2 s = s^2 = e$$

となることがわかる．すべての群の要素に b を掛けると，次を得る：

$$be = b \qquad bb = e \qquad bu = (su)u = su^2 = s \qquad bs = (su)s = (us)s = u$$

したがって，この群の次のような乗法に関する表は，4 元群の乗法に関する表と一致するとみなすことができる：

[*1] 訳注：北米で使われているレターサイズを指している．もちろん手元にある任意の用紙を使ってもらって構わない．

$\cdot$	e	s	u	b
e	e	s	u	b
s	s	e	b	u
u	u	b	e	s
b	b	u	s	e

(b) ある z について $z^4 = e$ となる循環群 $\{e, z, z^2, z^3\}$ に対して，4 元群のすべての要素の特性である $z^2 = e$ を持つことができない．

問題 13.3　単純ローレンツ群は，4×4 行列を 2×2 行列に圧縮して検討することができる：

$$\begin{bmatrix} a & b & 0 & 0 \\ b & a & 0 & 0 \\ 0 & 0 & 1 & 0 \\ 0 & 0 & 0 & 1 \end{bmatrix} \to \begin{bmatrix} a & b \\ b & a \end{bmatrix} \quad (a^2 - b^2 = 1)$$

上の形式のうちの全ての 2×2 実行列が，行列の乗法の下でアーベル群を成し（$\mathbf{L}(2)$ の群），$\mathbf{L}(2)$ が，より大きい以下の 2 つの群の部分群であることを明示的に示せ：

$$\mathbf{GL}(2, \mathbf{R})\colon \begin{bmatrix} a & b \\ c & d \end{bmatrix} \text{の形の行列，} \quad ad \neq bc$$

$$\mathbf{SU}(2)\colon \begin{bmatrix} a & b \\ c & d \end{bmatrix} \text{の形の行列，} \quad ad - bc = 1$$

解答

$\mathbf{L}(2)$ において行列が

$$ad - bc = a^2 - b^2 = 1$$

となるので，このような行列はすべて $\mathbf{SU}(2)$ に属し，それは $\mathbf{GL}(2, \mathbf{R})$ の部分群である．次に群の性質を確認していく：

(1) uv は，すべての u, v の群に属する．

もし

$$A = \begin{bmatrix} a & b \\ b & a \end{bmatrix} \qquad B = \begin{bmatrix} c & d \\ d & c \end{bmatrix}$$

であるとき，

$$AB = \begin{bmatrix} a & b \\ b & a \end{bmatrix} \begin{bmatrix} c & d \\ d & c \end{bmatrix} = \begin{bmatrix} ac + bd & ad + bc \\ bc + ad & bd + ac \end{bmatrix} \equiv \begin{bmatrix} x & y \\ y & x \end{bmatrix}$$

となり，さらに，

$$x^2 - y^2 = \det AB = (\det A)(\det B) = (1)(1) = 1$$

となる．

(2) $(uv)w = u(vw)$ となる．

そのようになる：行列の乗法は結合法則を満たす．

(3) ある e とすべての u に対して，$eu = ue = u$ となる．

そのようになる：単位元の行列は $1^2 - 0^2 = 1$ を持つため，$\mathbf{L}(2)$ の要素である．

(4) u を与えれば，ある u^{-1} に対して $u^{-1}u = uu^{-1} = e$ となる．

$$\begin{bmatrix} a & b \\ b & a \end{bmatrix}^{-1} = \frac{1}{a^2 - b^2} \begin{bmatrix} a & -b \\ -b & a \end{bmatrix} = \begin{bmatrix} a & -b \\ -b & a \end{bmatrix}$$

となり，これは $\mathbf{L}(2)$ の中にある．

(5) $uv = vu$（アーベル群）である．

$$BA = \begin{bmatrix} c & d \\ d & c \end{bmatrix} \begin{bmatrix} a & b \\ b & a \end{bmatrix} = \begin{bmatrix} ca + db & cb + da \\ da + cb & db + ca \end{bmatrix} = \begin{bmatrix} x & y \\ y & x \end{bmatrix} = AB$$

ベクトル空間の概念

問題 13.4
(a) 実変数 x におけるすべての実数値の多項式から成る空間 $\mathbf{P}$ が，無限次元であることを示せ．
(b) $C^k(\mathbf{R})$ が無限次元であると結論付けよ．

解答

(a) $\mathbf{P}$ が有限基底 $\{p_1, p_2, \ldots, p_n\}$ を持つと仮定する．このとき，任意の実多項式 $p(x)$ に対して，

$$a_1p_1(x) + a_2p_2(x) + \cdots + a_np_n(x) = p(x) \tag{1}$$

となるような定数 $a_1, \ldots, a_n$ が存在していることになる．行列方程式として $n+1$ 個の値 $x_1 < x_2 < \cdots < x_{n+1}$ に対して (1) を次のように記述する：

$$a_1 \begin{bmatrix} p_1(x_1) \\ p_1(x_2) \\ \cdots \\ p_1(x_{n+1}) \end{bmatrix} + a_2 \begin{bmatrix} p_2(x_1) \\ p_2(x_2) \\ \cdots \\ p_2(x_{n+1}) \end{bmatrix} + \cdots + a_n \begin{bmatrix} p_n(x_1) \\ p_n(x_2) \\ \cdots \\ p_n(x_{n+1}) \end{bmatrix} = \begin{bmatrix} p(x_1) \\ p(x_2) \\ \cdots \\ p(x_{n+1}) \end{bmatrix} \tag{2}$$

左辺の列ベクトルは $\mathbf{R}^{n+1}$ の元であり，結果として n 個の列ベクトルは $\mathbf{R}^{n+1}$ を張ることができない（問題 13.5 を見よ）．証明を終えるためには，(2) の左辺で張られないような，(2) の右辺のベクトルを選択すればよく――例えば $(z_1, z_2, \ldots, z_{n+1})$ とする――，その後に $x_1, x_2, \ldots, x_{n+1}$ でそのような値を持つ多項式 p を示す必要がある．**ラグランジュの補間公式** (*Lagrange's interpolation formula*) がその役割を果たしてくれる．
(b) 任意の k に対して，ベクトル空間 $C^k(\mathbf{R})$ は無限次元の部分空間 $\mathbf{P}$ を含んでいる．このため，このベクトル空間も同じように無限次元である．

問題 13.5 固定された n 個のベクトル集合 $\{\boldsymbol{b}_1, \boldsymbol{b}_2, \ldots, \boldsymbol{b}_n\}$ の線形結合全体から成る集合 $\mathbf{S}$ は，与えられたベクトルの**スパン** (*span*) と呼ばれる．これは明らかにベクトル空間である．この空間が $m \leqq n$ の次元を持ち，与えられたベクトルが線形独立である場合に限り等価となることを証明せよ．

解答

まず，$\mathbf{S}$ における任意の $n+1$ 個のベクトルが線形従属であることを示そう．逆に，$\{\boldsymbol{u}_1, \boldsymbol{u}_2, \ldots, \boldsymbol{u}_{n+1}\}$ は線形独立であると仮定する．このとき，ベクトル列

$$\boldsymbol{u}_1 \quad \boldsymbol{b}_1 \quad \boldsymbol{b}_2 \quad \ldots \quad \boldsymbol{b}_n$$

は必然的に従属的であるため，良く知られた**交換定理** (*exchange lemma*) よりベクトル列

$$\boldsymbol{u}_1 \quad \boldsymbol{b}_1 \quad \ldots \quad \boldsymbol{b}_{j-1} \quad \boldsymbol{b}_{j+1} \quad \ldots \quad \boldsymbol{b}_n$$

もまた，ある j に対して $\mathbf{S}$ を張っていることになる．この議論をさらに $n-1$ 回繰り返すと，ベクトル

$$\boldsymbol{u}_n \quad \boldsymbol{u}_{n-1} \quad \ldots \quad \boldsymbol{u}_2 \quad \boldsymbol{u}_1$$

が $\mathbf{S}$ を張ることになり，$\boldsymbol{u}_{n+1}$ がそれらに従属であるという結果に到達する．これは上の仮定に矛盾する．

したがって，$\{\boldsymbol{b}_i\}$ が線形独立である場合，それらは $\mathbf{S}$ の基底を構成し，$m = n$ となる．一方で，$\boldsymbol{b}_i$ の $m < n$ だけが線形独立であるならば，どんな基底もちょうど m 個のベクトルからなることを上の議論は示すだろう．

双対空間

問題 13.6 定理 13.1 を証明せよ．

解答

次元 n の任意な 2 つのベクトル空間が同型であることはほとんど自明である [$\{\boldsymbol{b}_i^{(1)}\}$ と $\{\boldsymbol{b}_i^{(2)}\}$ が基底である場合，$v^i\boldsymbol{b}_i^{(1)} \leftrightarrow v^i\boldsymbol{b}_i^{(2)}$ の対応が生じる]. 結果として，$\mathbf{V}$ が n 次元ならば，$\mathbf{V}^*$ が n 次元であることだけを証明する必要がある．言い換えると，(13.4) で定義されたベクトル $\{\boldsymbol{\beta}^i\}$ が以下を満たす必要がある（すると問題 13.5 から，直ちに定理 13.1 を得るだろう）.

(i) $\{\boldsymbol{\beta}^i\}$ は線形独立である.

(ii) $\{\boldsymbol{\beta}^i\}$ はそのスパンとして $\mathbf{V}^*$ を持つ.

(i) の証明：(13.5) より，$j = 1, 2, \ldots, n$ に対して，

$$\lambda_i\boldsymbol{\beta}^i(\boldsymbol{v}) = 0 \;\;\rightarrow\;\; \lambda_i\boldsymbol{\beta}^i(\boldsymbol{b}_j) = 0 \;\;\rightarrow\;\; \lambda_i\delta^i_j = 0 \;\;\rightarrow\;\; \lambda_j = 0$$

となる.

(ii) の証明：$\boldsymbol{\beta}(\boldsymbol{v})$ が $\mathbf{V}^*$ の任意の元であるならば，(13.4b) より，

$$\boldsymbol{\beta}(\boldsymbol{v}) = \boldsymbol{\beta}(v^i\boldsymbol{b}_i) = \boldsymbol{\beta}(\boldsymbol{b}_i)v^i = \boldsymbol{\beta}(\boldsymbol{b}_i)\boldsymbol{\beta}^i(\boldsymbol{v})$$

となる．つまり，$\boldsymbol{\beta}$ は $\boldsymbol{\beta}^i$ の線形結合である.

問題 13.7　(13.6) の行列 A と $\bar{A}$ 間の逆関係を証明せよ.

解答

定義では $\bar{\boldsymbol{b}}_i = A^j_i\boldsymbol{b}_j$ と $\bar{\boldsymbol{\beta}}^j = \bar{A}^j_k\boldsymbol{\beta}^k$ となるので，次のような (13.5) に注目する：$\bar{\boldsymbol{\beta}}^j(\bar{\boldsymbol{b}}_i) = \delta^j_i$．写像についての代数と，各 $\bar{\boldsymbol{\beta}}^j$ および $\boldsymbol{\beta}^k$ が線形であるという事実から，

$$\begin{aligned}\delta^j_i = \bar{\boldsymbol{\beta}}^j(\bar{\boldsymbol{b}}_i) &= (\bar{A}^j_k\boldsymbol{\beta}^k)(\bar{\boldsymbol{b}}_i) = \bar{A}^j_k\boldsymbol{\beta}^k(\bar{\boldsymbol{b}}_i) = \bar{A}^j_k\boldsymbol{\beta}^k(A^r_i\boldsymbol{b}_r)\\ &= \bar{A}^j_kA^r_i\boldsymbol{\beta}^k(\boldsymbol{b}_r) = \bar{A}^j_kA^r_i\delta^k_r = \bar{A}^j_kA^k_i\end{aligned}$$

となる．つまり，$\bar{A}A = I$ となる.

ベクトル空間上のテンソル

問題 13.8　次のうち，($\mathbf{R}^3$ 上で 1 次形式を実数とする) $(\mathbf{R}^3)^*$ の線形写像を表し，タイプ $\binom{1}{0}$ の（反変）テンソルを構成するものはどれか？

(a) $T(a_1\,dx^1 + a_2\,dx^2 + a_3\,dx^3) = a_1 a_2 a_3$　(b) $T(a_i\,dx^i) = a_1 - a_3$

(c) $T(a_i\,dx^i) = 1$　(d) $T(a_i\,dx^i) = 0$

解答

(b) と (d) だけが線形写像である．

問題 13.9　次元 n のベクトル空間の特定の基底 $\{\boldsymbol{b}_i\}$ に関連して，ある数の集合 $\{C_k^{ij};\ \ i, j, k = 1, \ldots, n\}$ が与えられている．次に，別の数の集合 $\{\bar{C}_k^{ij};\ \ i, j, k = 1, \ldots, n\}$ を定義して（あらゆる基底の変換に対して同様の定義を仮定する），

$$\bar{C}_k^{ij} = \bar{A}_r^i \bar{A}_s^j A_k^t C_t^{rs}$$

とし，これらの数を新しい基底 $\{\bar{\boldsymbol{b}}_i\}$ 上の“テンソル”C の成分と呼ぶ．この“テンソル”は実際に定義 2 を通じてテンソルであることを示せ．

解答

検証によってタイプ $\binom{2}{1}$ テンソルとなるような汎関数

$$T(\boldsymbol{\omega}_1, \boldsymbol{\omega}_2; \boldsymbol{v}) = T(a_i\boldsymbol{\beta}^i, b_j\boldsymbol{\beta}^j; v^k\boldsymbol{b}_k) = a_i b_j C_k^{ij} v^k$$

を定義すればよい．次を得る：

$$T_k^{ij} = T(\boldsymbol{\beta}^i, \boldsymbol{\beta}^j; \boldsymbol{b}_k) = T(\delta_r^i\boldsymbol{\beta}^r, \delta_s^j\boldsymbol{\beta}^s; \delta_k^t\boldsymbol{b}_t) = \delta_r^i\delta_s^j C_t^{rs}\delta_k^t = C_k^{ij}$$

$$\begin{aligned}\bar{T}_k^{ij} = T(\bar{\boldsymbol{\beta}}^i, \bar{\boldsymbol{\beta}}^j; \bar{\boldsymbol{b}}_k) = T(\bar{A}_r^i\boldsymbol{\beta}^r, \bar{A}_s^j\bar{\boldsymbol{\beta}}^s; A_k^t\boldsymbol{b}_t) &= \bar{A}_r^i\bar{A}_s^j A_k^t T(\boldsymbol{\beta}^r, \boldsymbol{\beta}^s; \boldsymbol{b}_t)\\ &= \bar{A}_r^i\bar{A}_s^j A_k^t C_t^{rs}\\ &\equiv \bar{C}_k^{ij}\end{aligned}$$

これは，T と C があらゆる座標系で一致することを示している．

問題 13.10 計量テンソル $G(\boldsymbol{u}, \boldsymbol{v})$ の成分 g_{ij} に関して，以下を示せ：
(a) G は，すべての i, j に対して $g_{ij} = g_{ji}$ となる場合にのみ，**対称**である．
(b) G は，$|g_{ij}| \neq 0$ となる場合にのみ，**正則**である．
(c) G は，すべてのベクトル $(u^i) \neq \mathbf{0}$ に対して $g_{ij}u^iu^j \neq 0$ および $g_{11} > 0$ となる場合，**正定値**である．

解答

13.5 節より，$\mathbf{V}$ に対して $\{\boldsymbol{b}_i\}$ がある基底となるような $g_{ij} = G(\boldsymbol{b}_i, \boldsymbol{b}_j)$ とする．このとき，$\boldsymbol{u} = u^i\boldsymbol{b}_i$ および $\boldsymbol{v} = v^i\boldsymbol{b}_i$ が $\mathbf{V}$ における任意の 2 個のベクトルである場合，

$$G(\boldsymbol{u}, \boldsymbol{v}) = u^iv^jG(\boldsymbol{b}_i, \boldsymbol{b}_j) = g_{ij}u^iv^j$$

となる．
(a) すべての実数 u^i, v^j について

$$g_{ij}u^iv^j = g_{ij}v^iu^j = g_{ji}u^iv^j \qquad \text{or} \qquad (g_{ij} - g_{ji})u^iv^j = 0$$

である場合に限り，あらゆる $\boldsymbol{u}, \boldsymbol{v}$ に対して，$G(\boldsymbol{u}, \boldsymbol{v}) = G(\boldsymbol{v}, \boldsymbol{u})$ となり，これは $g_{ij} = g_{ji}$ の場合にのみ真である．
(b) 行列形式では，正則となる基準は次のように示せる：

$$[\text{あらゆる } u \text{ に対して}, u^TGv = 0] \quad \rightarrow \quad v = 0$$

しかし一方で，Gv がゼロベクトルの場合に限り，u^TGv はあらゆる u に対して 0 となる．ゆえに，

$$Gv = 0 \quad \rightarrow \quad v = 0$$

の形をとり，G を（0 でない行列式を有する行列である）正則行列として定義する．
(c) 各固定された $\boldsymbol{u}$ およびスカラーパラメータ λ に対して，

$$g_{ij}(u^i + \lambda\boldsymbol{b}_1^i)(u^j + \lambda\boldsymbol{b}_1^j) = g_{ij}(u^i + \lambda\delta_1^i)(u^j + \lambda\delta_1^j)$$

$$= G(\boldsymbol{u}, \boldsymbol{u}) + b\lambda + g_{11}\lambda^2 \equiv P(\lambda)$$

を得る（$b \equiv (g_{1j} + g_{j1})u^j$）．$\boldsymbol{u}$ が $\boldsymbol{b}_1$ のスパンの中にない場合，仮定により，この二次形式は 0 でない．ゆえに，$P(\lambda)$ の判別式は次のように負となる：

$$b^2 - 4g_{11}G(\boldsymbol{u}, \boldsymbol{u}) < 0 \qquad \text{or} \qquad G(\boldsymbol{u}, \boldsymbol{u}) > \frac{b^2}{4g_{11}} \geqq 0$$

$\boldsymbol{u} = \kappa\boldsymbol{b}_1$ $(\kappa \neq 0)$ の場合は，$G(\boldsymbol{u}, \boldsymbol{u}) = \kappa^2 g_{11}$ となり，これもやはり正の値となることに注目しよう．

問題 13.11　タイプ $\binom{0}{2}$ テンソル G の正定値性は，その正則性を含意していることを示せ．

解答

すべての $\boldsymbol{u}$ とある $\boldsymbol{v}$ に対して $G(\boldsymbol{u}, \boldsymbol{v}) = 0$ となるとき，$G(\boldsymbol{v}, \boldsymbol{v}) = 0$ である．そして，正定値性により $\boldsymbol{v} = 0$ となる．

問題 13.12　共変テンソル $A(\boldsymbol{u}, \boldsymbol{v})$ は，あらゆる $\boldsymbol{u}, \boldsymbol{v}$ に対して $A(\boldsymbol{u}, \boldsymbol{v}) = -A(\boldsymbol{v}, \boldsymbol{u})$ となる場合に限り，**反対称**である．反対称の基準が次のようになることを示せ：

$$(\text{すべての } \boldsymbol{u} \text{ に対して}) \qquad A(\boldsymbol{u}, \boldsymbol{u}) = 0$$

解答

双線形性により，

$$A(\boldsymbol{u} + \boldsymbol{v}, \boldsymbol{u} + \boldsymbol{v}) = A(\boldsymbol{u}, \boldsymbol{u}) + A(\boldsymbol{u}, \boldsymbol{v}) + A(\boldsymbol{v}, \boldsymbol{u}) + A(\boldsymbol{v}, \boldsymbol{v})$$

となる．したがって，あらゆる $\boldsymbol{u}$ に対して $A(\boldsymbol{u}, \boldsymbol{u}) = 0$ のとき，

$$0 = 0 + A(\boldsymbol{u}, \boldsymbol{v}) + A(\boldsymbol{v}, \boldsymbol{u}) + 0 \qquad \text{or} \qquad A(\boldsymbol{u}, \boldsymbol{v}) = -A(\boldsymbol{v}, \boldsymbol{u})$$

となる．逆に，あらゆる $\boldsymbol{u}$ と $\boldsymbol{v}$ に対して $A(\boldsymbol{u}, \boldsymbol{v}) = -A(\boldsymbol{v}, \boldsymbol{u})$ とする．このとき，$\boldsymbol{u} = \boldsymbol{v}$ とすると，$A(\boldsymbol{u}, \boldsymbol{u}) = -A(\boldsymbol{u}, \boldsymbol{u})$ すなわち $A(\boldsymbol{u}, \boldsymbol{u}) = 0$ を得る．

多様体

問題 13.13

(a) 2 つのチャートでアトラスを構築することで，（$\mathbf{R}^2$ 中の円となる）1 次元球 $\mathbf{S}^1$ が C^∞ 級 1 次元多様体となることを示せ．

(b) 1 つのチャートから成るアトラスが存在しないことを示せ [したがって，線または区間に対して円は同相でない．].

解答

(a) 円の標準的なパラメータ化，

$$\varphi^{-1}\colon \begin{cases} y^1 = a\cos\theta \\ y^2 = a\sin\theta \end{cases} \qquad (0 \leqq \theta < 2\pi)$$

では不十分である．なぜなら，逆の写像 φ は点 p で不連続だからだ（図 13-6）．

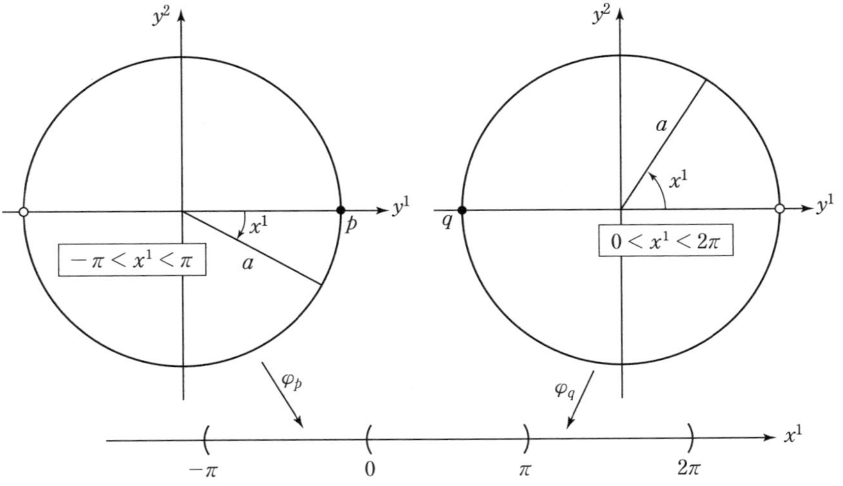

図 **13-6**

しかし一方で，

$$\varphi_p^{-1}\colon \begin{cases} y^1 = a\cos x^1 \\ y^2 = a\sin x^1 \end{cases} \qquad (-\pi < x^1 < \pi)$$

$$\varphi_q^{-1}\colon \begin{cases} y^1 = a\cos x^1 \\ y^2 = a\sin x^1 \end{cases} \qquad (0 < x^1 < 2\pi)$$

と定義するとき，$(\mathbf{S}^1 - q,\, \varphi_p)$ および $(\mathbf{S}^1 - p,\, \varphi_q)$ はアトラスを構成する．そこには “特異点” は存在しないので，φ_p, φ_q およびそれらの逆が C^∞ 級であることは明らかである．(b) $(\mathbf{U},\, \phi)$ が $\mathbf{S}^1$ $(\mathbf{U} = \mathbf{S}^1)$ を覆い，ϕ と ϕ^{-1} のどちらも連続であるとして，ϕ は実線 (x^1) に $\mathbf{S}^1$ を写像すると仮定する．次のように，ϕ が閉区間 $\mathbf{I}$ に円を写像ことを見るのはあまり難しくはない：連続写像では，有界閉集合を有界閉集合に，連結集合を連結集合にする．そして，実線について有界で，閉じており，連結した部分集合は，有界閉区間である．円上の任意点 P について，その正反対の点を P' としよう．写像 $g(t) \equiv \phi[(\phi^{-1}(t))']$ は，$\mathbf{I}$ での実数値 t をとり，これを $\mathbf{S}^1$ 上の一意な点 P に写像し，（一意の）正反対の点 P' に近づき，$\mathbf{I}$ での一意な実数 t' を返してくれる．このため，これは $\mathbf{I}$ から $\mathbf{I}$ への写像である．したがって，それは（よく知られた解析学の定理により）不動点を持たなければいけない：

$$\mathbf{I}\text{ における，ある } t_0 \text{に対して} \quad g(t_0) = t_0$$

しかし，これは ϕ が，$\mathbf{S}^1$ 上の正反対点の組から同じ実数値を返すことを意味し，ϕ の 1 対 1 対応を否定することになる．

問題 13.14　$\mathbf{R}^4$ における多様体がチャート ($k = \ldots, -2, -1, 0, 1, 2, \ldots; x^1 > 0$)

$$\boldsymbol{r}_{(k)}\colon \begin{cases} y^1 = x^1 \cos x^2 \cos x^3 \\ y^2 = x^1 \cos x^2 \sin x^3 \\ y^3 = x^1 \sin x^2 \\ y^4 = a(x^2 + x^3) \end{cases} \qquad \left((k-1)\frac{\pi}{2} < x^3 < (k+1)\frac{\pi}{2}\right)$$

によって定義されている．

(a) 各座標パッチ上で，写像 $\boldsymbol{r}_{(k)}$ が 1 対 1 対応であることを示せ．これゆえ，$\varphi_{(k)} = \boldsymbol{r}_{(k)}^{-1}\colon \mathbf{U}_{(k)} \to \mathbf{R}^3$ が存在している．

(b) $\varphi_{(k)}$ および $\varphi_{(k)}^{-1}$ がどちらも連続であることを示せ．

(c) この多様体が，$\mathbf{R}^4$ 中のある線がそれに直交する軸に沿って移動することで生成されることを示せ．この軸は（$\mathbf{R}^4$ におけるベクトル幾何学を用いて）超平面 $y^4 = 0$ と直交しているとする．さらにパラメーター x^1 が，多様体上の任意点からその軸までの距離を測定していることを検証せよ．

(d) パラメータ切断により $x^3 = 0$ とすると，超平面 $y^2 = 0$ 上の常螺旋面（例 10.4）となることを示せ（つまり $\mathbf{R}^3$ が y^1, y^3, y^4 によって座標化される）．

解答

(a) $\boldsymbol{r}_{(k)}(x^i) = \boldsymbol{r}_{(k)}(u^i)$ と仮定する．つまりは，$(x^1, x^2, x^3) = (u^1, u^2, u^3)$ となることを示したいのである．ここで，

$$\left.\begin{aligned} x^1 \cos x^2 \cos x^3 &= u^1 \cos u^2 \cos u^3 \\ x^1 \cos x^2 \sin x^3 &= u^1 \cos u^2 \sin u^3 \end{aligned}\right\} \to \quad \tan x^3 = \tan u^3$$

となるが，$\mathbf{U}_{(k)}$ については，タンジェント関数の引数は π 単位の範囲に制限されるので $x^3 = u^3$ を与える．そして，

$$a(x^2 + x^3) = a(u^2 + u^3) \quad \to \quad x^2 = u^2$$

となることがわかる．最後に，$x^1 \sin x^2 = u^1 \sin u^2$ より，$x^1 = u^1$ を得る．

(b) $\varphi_{(k)}^{-1} \equiv \boldsymbol{r}_{(k)}$ の形を見ると，この関数は C^∞ 級となる．($\varphi_{(k)}$ を求めるために）(x^i) を (y^i) の式で解くには，

$$(y^1)^2 + (y^2)^2 + (y^3)^2 = (x^1)^2(\cos^2 x^2)(\cos^2 x^3 + \sin^2 x^3) + (x^1)^2(\sin^2 x^2)$$
$$= (x^1)^2$$

あるいは $(x^1 > 0$ だから$)$ $x^1 = \sqrt{(y^1)^2 + (y^2)^2 + (y^3)^2}$ と書く．このとき，

$$\sin x^2 = \frac{y^3}{x^1} = \frac{y^3}{\sqrt{(y^1)^2 + (y^2)^2 + (y^3)^2}}$$

または関数 $\sin^{-1}$ の適当な枝 (branch) に対して，

$$x^2 = \sin^{-1}\left(\frac{y^3}{\sqrt{(y^1)^2 + (y^2)^2 + (y^3)^2}}\right)$$

となる．そして，

$$\varphi_{(k)}\colon \begin{cases} x^1 = \sqrt{(y^1)^2 + (y^2)^2 + (y^3)^2} \\ x^2 = \sin^{-1}\left(\dfrac{y^3}{\sqrt{(y^1)^2 + (y^2)^2 + (y^3)^2}}\right) \\ x^3 = \dfrac{y^4}{a} - \sin^{-1}\left(\dfrac{y^3}{\sqrt{(y^1)^2 + (y^2)^2 + (y^3)^2}}\right) \end{cases}$$

は連続（つまり，C^∞ 級）であることがわかる．

(c) $y^4 = 0$ に直交する軸は，$\mathbf{R}^4$ におけるベクトル $\boldsymbol{e}_4$ となる．多様体上の点 $y^4 = a(x^2 + x^3) = \text{const.}$ では，

$$y^1 = t\cos x^2 \cos x^3 \quad y^2 = t\cos x^2 \sin x^3 \quad y^3 = t\sin x^2 \quad y^4 = \text{const.}$$

を得る（x^2, x^3 を定数，また $x^1 = t$ とする）――これは $\boldsymbol{e}_4$ に直交する方向ベクトルを持つ直線である――．さらに上述した計算から，

$$\sqrt{(y^1)^2 + (y^2)^2 + (y^3)^2} = x^1$$

として，$\mathbf{M}$ 上の (y^1, y^2, y^3, y^4) から $(0, 0, 0, a(x^2 + x^3))$ までの距離が得られる．

(d) $x^3 = 0$ と置くと，写像は

$$y^1 = x^1 \cos x^2 \qquad y^2 = 0 \qquad y^3 = x^1 \sin x^2 \qquad y^4 = ax^2$$

に帰着する．

> **問題 13.15**　立体射影を使って（図 13-7），例 13.11(a) のチャートを導出せよ．

解答

P は，Q および N の“凸”結合であるから，

$$(y^1,\, y^2,\, y^3) = \lambda(x^1,\, x^2,\, 0) + (1-\lambda)(0,\, 0,\, a) \tag{1}$$

となる．$\lambda(\lambda > 0)$ を決定するためには，

$$a^2 = (y^1)^2 + (y^2)^2 + (y^3)^2 = (\lambda x^1)^2 + (\lambda x^2)^2 + [(1-\lambda)a]^2$$

と書き，これを解くことで

$$\lambda = \frac{2a^2}{(x^1)^2 + (x^2)^2 + a^2} \tag{2}$$

を得る [λ が，P が北半球または南半球に位置するに応じて，1 よりも小さいかまたは大きくなることに注意されたい．$\lambda \neq 0$ なので，このパッチは北極を省く．] そして (1) と (2) からチャート $\varepsilon = +1$ が得られる．$\varepsilon = -1$ は上の a を $-a$ に変更することで得られる（南極からの立体射影となる）．

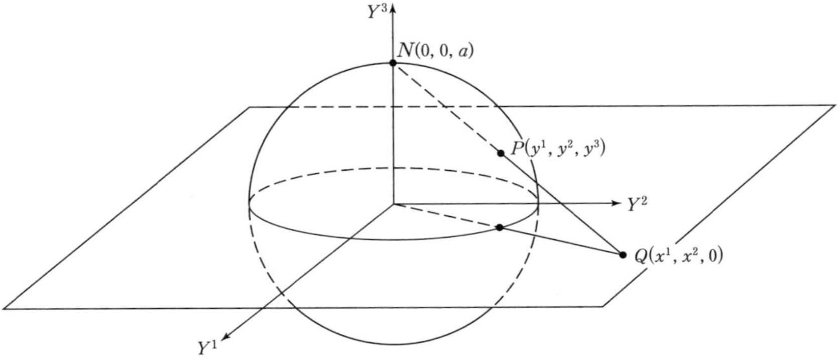

図 13-7

多様体上のベクトル場

問題 13.16　一葉双曲面 $4(y^1)^2+4(y^2)^2-(y^3)^2=16$ は，$\mathbf{U}_{(1)}=\mathbf{U}_p$ および $p=(2,\,0,\,0)$，$\mathbf{U}_{(2)}=\mathbf{U}_q$ および $q=(-2,\,0,\,0)$ として

$$\varphi_{(k)}^{-1}:\begin{cases}y^1=2\cos x^1\cosh x^2\\ y^2=2\sin x^1\cosh x^2\\ y^3=4\sinh x^2\end{cases}\qquad ((k-2)\pi<x^1<k\pi)$$

で座標化される（$k=1,2$），C^∞ 級 2 次元多様体 $\mathbf{M}$ である．

$$(V^i)=(4\sinh x^2,\,4\cosh x^2)$$

で与えられた $\mathbf{M}$ のベクトル場をそれぞれ (a) 接ベクトル空間 $T_p(\mathbf{M})$ についてのベクトル基底　(b) 外的　の観点で表わせ．そして，(c) この場を幾何学的に説明せよ．

解答

(a) 曲面理論についての通常の方法によって次のようになる（10.5 節）:

$$\boldsymbol{r}=(2\cos x^1\cosh x^2,\,2\sin x^1\cosh x^2,\,4\sinh x^2)$$
$$E_1=\boldsymbol{r}_1=(-2\sin x^1\cosh x^2,\,2\cos x^1\cosh x^2,\,0)$$
$$E_2=\boldsymbol{r}_2=(2\cos x^1\sinh x^2,\,2\sin x^1\sinh x^2,\,4\cosh x^2)$$
$$\begin{aligned}V&=V^iE_i\\&=(-8\sin x^1\sinh x^2\cosh x^2,\,8\cos x^1\sinh x^2\cosh x^2,\,0)\\&\qquad+(8\cos x^1\sinh x^2\cosh x^2,\,8\sin x^1\sinh x^2\cosh x^2,\,16\cosh^2 x^2)\\&=(4(\cos x^1-\sin x^1)\sinh 2x^2,\,4(\cos x^1+\sin x^1)\sinh 2x^2,\,16\cosh^2 x^2)\end{aligned}$$

(b) y^1, y^2, y^3 に対する方程式から，次のように計算できる：

$$\cosh x^2=\frac{1}{2}\sqrt{(y^1)^2+(y^2)^2}\qquad \sinh x^2=\frac{1}{4}y^3$$
$$\cos x^1=\frac{y^1}{\sqrt{(y^1)^2+(y^2)^2}}\qquad \sin x^1=\frac{y^2}{\sqrt{(y^1)^2+(y^2)^2}}$$

となるため,(双曲面の方程式を用いることで)

$$
\begin{aligned}
&E_1 = (-y^2,\, y^1,\, 0)\\
&E_2 = \left(\frac{y^1y^3}{2\sqrt{(y^1)^2+(y^2)^2}},\, \frac{y^2y^3}{2\sqrt{(y^1)^2+(y^2)^2}},\, 2\sqrt{(y^1)^2+(y^2)^2}\right)\\
&(V^i) = (y^3,\, 2\sqrt{(y^1)^2+(y^2)^2})\\
&V = V^iE_i = (-y^2y^3,\, y^1y^3,\, 0) + (y^1y^3,\, y^2y^3,\, 4(y^1)^2+4(y^2)^2)\\
&\qquad\quad = (y^3(y^1-y^2),\, y^3(y^1+y^2),\, (y^3)^2+16)
\end{aligned}
$$

となる．ゆえに，座標 (y^i) の観点では，

$$V = \sigma = y^3(y^1-y^2)dy^1 + y^3(y^1+y^2)dy^2 + [(y^3)^2+16]dy^3$$

となる．

(c) 図 13-8 を参照し，第 1 成分が平面 $y^1 = y^2$ で 0 となることに注意．ゆえに，この交差曲線に沿って，場は常に y^2y^3 平面に平行する．同様に，$y^1 = -y^2$ に沿って，場は y^1y^3 平面に平行する．$y^3 = 0$ の円上では，場は (0, 0, 16) つまり垂直である．第 3 成分は ≧ 16 なので，常に垂直成分が存在する．

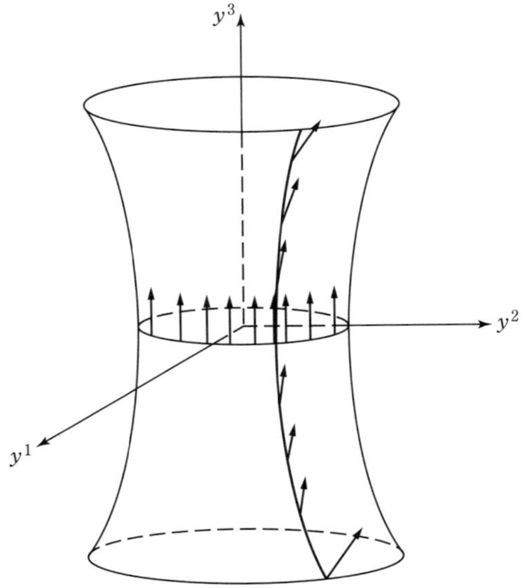

図 **13-8**

問題 13.17　球面 $(y^1)^2+(y^2)^2+(y^3)^2=a^2$ に対して
(a) $\sigma_1 = y^1 dy^2 - y^2 dy^1$
および
(b) $\sigma_2 = (y^2-y^3)dy^1 - (y^1+y^3)dy^2 + (y^1+y^2)dy^3$
の制限がそれぞれベクトル場となることを示せ（σ_1 の選択値に対するグラフは，図 13-9 参照）．よく知られた "毛玉の定理 (Hairy-Ball Theorem)" によれば（あらゆる頭髪は寝ないで立っている毛を持つ），$\mathbf{S}^2$（また，すべての偶数の整数 n について，$\mathbf{S}^n$ でも）上のあらゆる連続ベクトル場は，球面上のある点でゼロになる．実際に，場は，任意に選択された閉じた半球のある点で消滅しなければならない．
(c) このゼロとなる点を明示的に求めよ．

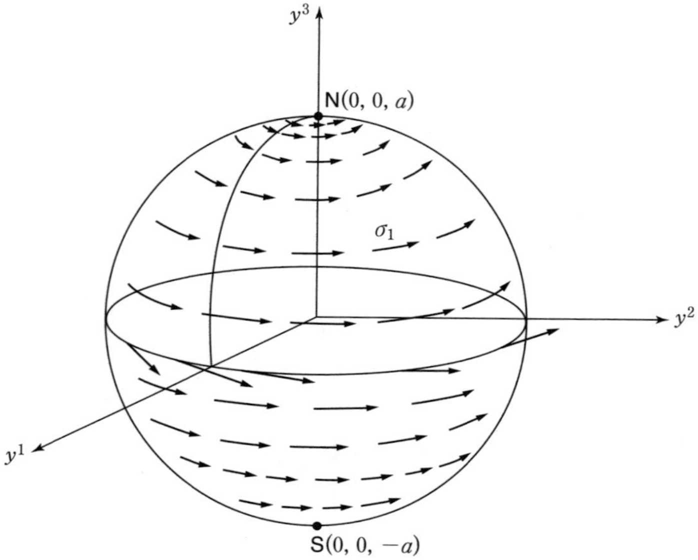

図 **13-9**

解答

(a) $\mathbf{S}^2$ に対する法線ベクトルは $\omega = 2y^1dy^1 + 2y^2dy^2 + 2y^3dy^3$ であるから,

$$\sigma_1 \cdot \frac{1}{2}\omega = (-y^2)(y^1) + (y^1)(y^2) + (0)(y^3) = 0$$

となる.

(b)
$$\begin{aligned}\sigma_2 \cdot \frac{1}{2}\omega &= (y^2 - y^3)(y^1) - (y^1 + y^3)(y^2) + (y^1 + y^2)(y^3)\\ &= y^1y^2 - y^1y^3 - y^1y^2 - y^2y^3 + y^1y^3 + y^2y^3 = 0\end{aligned}$$

(c) $\sigma_1 = 0$ の場合, $-y^2 = y^1 = 0$ となり $0^2 + 0^2 + (y^3)^2 = a^2$, すなわち $y^3 = \pm a$ となる. ゆえに, ゼロとなる点は $(0, 0, \pm a)$ である. $\sigma_2 = 0$ の場合は,

$$y^2 - y^3 = y^1 + y^3 = y^1 + y^2 = 0 \quad \rightarrow \quad y^2 = y^3 = -y^1$$

となり, $(y^1)^2 + (y^2)^2 + (y^3)^2 = a^2 = 3(y^1)^2$, すなわち $y^1 = \pm a/\sqrt{3}$ となる. ゆえに, ゼロとなる点は $\pm(a/\sqrt{3}, -a/\sqrt{3}, -a/\sqrt{3})$ である.

問題 13.18 座標化が容易に決定されない多様体を考える(例 13.2(e) の $\mathbf{SO}(n)$ は, $\mathbf{R}^{n^2}$ におけるそのような多様体である). そのため $T_p(\mathbf{M})$ に対する基底ベクトル $\boldsymbol{r}_i = E_i$ は利用できない. 点 p での "接ベクトル空間" に関する際立った性質を持つこの状況で, $T_p(\mathbf{M})$ の合理的な定義を展開せよ.

解答

何が望ましいかの発想を得るために, ベクトル $\boldsymbol{r}_1, \boldsymbol{r}_2, \ldots, \boldsymbol{r}_n$ が利用可能である場合を検討してみる. 各々の接ベクトルは $V = V^i\boldsymbol{r}_i$ の形を持ち, また, V が $\mathbf{M}$ 上の曲線 $\mathscr{C}$ の接ベクトル——座標空間 $\mathbf{R}^n$ における $\mathscr{C}' : x^i = x^i(t)$ の像——であるとき,

$$V = \frac{dx^i}{dt}\boldsymbol{r}_i \qquad \text{or} \qquad V^i = \frac{dx^i}{dt}$$

となる. このため (V^i) は方向ベクトルである. そして,

$$\boldsymbol{r} = \boldsymbol{r}(x^1, \ldots, x^n)$$

$$\equiv \boldsymbol{r}(y^1(x^1, \ldots, x^n), y^2(x^1, \ldots, x^n), \ldots, y^m(x^1, \ldots, x^n))$$

であることを振り返ると，結果として

$$\boldsymbol{r}_i = \left(\frac{\partial y^1}{\partial x^i}, \frac{\partial y^2}{\partial x^i}, \ldots, \frac{\partial y^m}{\partial x^i}\right)$$

となる．したがって，$V^i \boldsymbol{r}_i$ と書くときは，実際には各 $y^j(x^1, x^2, \ldots, x^n)$ が（$\mathbf{R}^n$ 中の座標 (x^i) を $\mathbf{M}$ の点と同一視するとき，$\mathbf{M}$ 上に定義されるような）C^∞ 級実数値関数となる m 個の方向微分

$$V^i \frac{\partial y^j}{\partial x^i} \equiv \nabla y^j \cdot V \qquad (1 \leqq j \leqq m)$$

を示していることになる．V 方向の関数 $f\colon \mathbf{R}^n \to \mathbf{R}$ に関する方向微分は，

$$V(f) \equiv \nabla f \cdot V$$

と表すのが通例である．結果として，各ベクトル V は，**微分可能な実数値関数 f を V 方向の方向微分に写像する**．この写像の性質は次のようになることが直ちにわかる： もし f と g が $\mathbf{M}$ から $\mathbf{R}$ への 2 つの微分可能関数を表す場合（fg は 2 つの関数の通常の積を表している），また，a と b が 2 つのスカラー定数である場合，次が言える．

線形性	$V(af + bg) = a\,V(f) + b\,V(g)$
ライプニッツ則	$V(fg) = V(f)\,g + f\,V(g)$

このことを念頭に置き，また，$\mathbf{M}$ 上のすべての関数に関する方向微分が，$\boldsymbol{r}$ が既知であるとき，基底 $\{\boldsymbol{r}_i\}$ を構成するのに十分な情報であるという知識を備えると，次の定義を構築できる．

定義 9: $\mathbf{C}^\infty(p)$ とすることで，p のある近傍が一致する任意の 2 つの関数を同一に扱うような，$\mathbf{U}_p$ 上の C^∞ 級の実数値関数が理解される．

定義 10: p における**接ベクトル空間** (*tangent space*) $T_p(\mathbf{M})$ は，すべての写像 $V_p\colon \mathbf{C}^\infty(p) \to \mathbf{R}$ から成る集合である．この写像は $\mathbf{R}$ 中の a と b や，$\mathbf{C}^\infty(p)$ 中の f, g に対して，2 つの条件

(i) $V_p(af+bg) = a\,V_p(f) + b\,V_p(g)$
(ii) $V_p(fg) = V_p(f)\,g + f\,V_p(g)$

を満たし，$T_p(\mathbf{M})$ におけるベクトル空間の演算は

$$(U_p + V_p)(f) \equiv U_p(f) + V_p(f)$$
$$(aV_p)(f) \equiv aV_p(f)$$

と定義される．

$T_p(\mathbf{M})$ 中の任意の V_p は，p **における** $\mathbf{M}$ **に対する接ベクトル**と呼ぶ．この定義は，座標を不要にするだけでなく，$\mathbf{M}$ の各点 p で（ある多様体からから他の多様体への）写像 $F\colon \mathbf{M} \to \mathbf{N}$ を写像 $F_*\colon T_p(\mathbf{M}) \to T_{p'}(\mathbf{N})$ に自然に拡張できるという利点を有する（$p' = F(p)$）．このような拡張は，より基本的な定義を用いて達成することはできない．

注意 2: 元々定義されていた $T_p(\mathbf{M})$ のベクトルは，$\mathbf{C}^\infty(p)$ 上の写像とされている場合，その抽象的な $T_p(\mathbf{M})$ の要素となる（定義 10）．より高度な扱いでは，その逆は真で，さらに $\dim T_p(\mathbf{M}) = \dim \mathbf{M} = n$ となることが示される．ゆえに，**接ベクトル空間への 2 つのアプローチは同等である．**

テンソル場

問題 13.19　テンソル場は，微分演算子とは異なり，スカラー関数（およびスカラー定数）に関して双線形であるという性質を常に持っていることを示せ．

解答

$\mathbf{M}$ 上の任意のスカラー関数 f および任意のタイプ $\binom{0}{r}$ のテンソル T に対して，

$$T(V_1, \ldots, fV_i, \ldots, V_r) = fT(V_1, \ldots, V_i, \ldots, V_r)$$

となることを示さなければならない．これは，$\mathbf{M}$ の各点 p で真であるから，

真となる：

$$\begin{aligned} T_p(V_1, \ldots, fV_i, \ldots, V_r) &\equiv T(V_{1p}, \ldots, f(p)V_{ip}, \ldots, V_{rp}) \\ &= f(p)T(V_{1p}, \ldots, V_{ip}, \ldots, V_{rp}) \\ &= fT_p(V_1, \ldots, V_i, \ldots, V_r) \end{aligned}$$

問題 13.20　曲面 **S** 上の曲線に対する接ベクトルを，タイプ $\binom{1}{0}$ の（反変）テンソルとしてどのように解釈するかを示せ.

解答

$\boldsymbol{c} = \boldsymbol{c}(t)$ が $\mathbf{M} = \mathbf{S}$ 上で与えられた曲線で，

$$\boldsymbol{c}_*(t) = \frac{d\boldsymbol{c}}{dt} = \frac{\partial \boldsymbol{y}}{\partial x^i}\frac{dx^i}{dt}$$

とする．任意の 1 次形式 $\boldsymbol{\omega} = a_i dz^i$ に対して，次のように $T^*(\mathbf{M})$ から $\mathbf{R}$ への線形写像を定義する：

$$T(\boldsymbol{\omega}) = a_i \frac{dx^i}{dt} \equiv \boldsymbol{\omega}\left(\frac{d\boldsymbol{x}}{dt}\right)$$

$T_p^*(\mathbf{M})$ に関する標準基底 $\{dz^1, dz^2, \ldots, dz^n\}$ の下では，$\boldsymbol{\omega} = dz^i \equiv \delta^i_j dz^j$ を用いて，

$$T^i = T(dz^i) = \delta^i_j \frac{dx^j}{dt} = \frac{dx^i}{dt}$$

となる（以前，dx^i/dt は反変成分であることを見ている）.

問題 13.21　関数の勾配を，タイプ $\binom{0}{1}$ のテンソルとしてどのように解釈するかを示せ.

解答

f が勾配 $\nabla f \equiv (\partial f/\partial x^i)$ を持つとする．そして線形写像

$$T(V) = V^i \frac{\partial f}{\partial x^i} \qquad \left(\frac{\partial f}{\partial x^i} \text{は固定されている}\right)$$

を定義する．$T_p(\mathbf{M})$ に対する基底 $\{E_1, E_2, \ldots, E_n\}$ を用いると，$V = E_i \equiv \delta_i^j E_j$ として，

$$T_i = T(E_i) = \delta_i^j \frac{\partial f}{\partial x^j} = \frac{\partial f}{\partial x^i}$$

となる．

演習問題

問題 13.22　すべての可能な組み合わせの符号を取る

$$\begin{bmatrix} \pm 1 & 0 \\ 0 & \pm 1 \end{bmatrix}$$

の形のすべての 2×2 から成る集合は，元が 4 つある $\mathbf{GL}(2,\, \mathbf{R})$ の部分集合である．これは部分群であるか？

問題 13.23　$\mathbf{SU}(n)$ が，行列式 $+1$ を有する複素数上のすべての $n \times n$ 行列からなる集合であり，$\mathbf{GL}(n,\, \mathbf{C})$ の部分群であることを証明せよ．[ヒント：複素行列に対して $\det AB = (\det A)(\det B)$ が成り立っている．]

問題 13.24　演算 $L(f) = \int_0^1 f(x)dx$ は，$[0,\, 1]$ 上の連続で実数値関数から成る集合にわたって，線形汎関数であることを示せ．

問題 13.25　$(\mathbf{R}^3)^*$ の標準基底 $\{dx^i\}$ を用いて，新しい基底が

$$\boldsymbol{\beta}^1 = dx^1 - 2dx^3 \qquad \boldsymbol{\beta}^2 = 2dx^1 + dx^2 \qquad \boldsymbol{\beta}^3 = dx^1 + dx^3$$

で定義されている．(13.6) を用いて，$\mathbf{R}^3$ の対応する双対基底 $\{\boldsymbol{b}_i\}$ を $(\boldsymbol{e}_i)$ の式で求めよ．$\omega(v) = \bar{\omega}(\bar{v})$ の形の計算をいくつか行いあなたの解答を確認せよ（基底の変化は線形汎関数がベクトルに割り当てる値に影響しない）．

問題 13.26　成分 T^i_j を持つ，次元 n のベクトル空間およびその双対上のテンソル $T(\boldsymbol{\omega};\, \boldsymbol{v})$ を考える．

(a) トレース $\tau(T) \equiv T^i_i$ が基底の変換の下で不変となることを示せ．

(b) $T(\boldsymbol{\omega};\, \boldsymbol{v}) = \boldsymbol{\omega}(\boldsymbol{v})$ と定義されるテンソルに対する $\tau(T)$ を求めよ．

問題 13.27　すべての計量テンソル G は，次のような定義の下で，ベクトル空間からその双対への 1 対 1 写像（これは線形であるため同型写像となる）$\hat{G}\colon \mathbf{V} \to \mathbf{V}^*$ を生成することを示せ： $\mathbf{V}$ 中の固定された各 $\boldsymbol{u}$ に対して，$\mathbf{V}$ のすべての $\boldsymbol{v}$ について $\hat{G}(\boldsymbol{u})$ を線形汎関数 $\hat{G}(\boldsymbol{u})(\boldsymbol{v}) = G(\boldsymbol{u}, \boldsymbol{v})$ とする．これは任意次元のベクトル空間に対して証明される：

定理 13.3: $\mathbf{V}$ が計量テンソルを持つとき，$\mathbf{V}$ はその双対 $\mathbf{V}^*$ に対して同型である．

問題 13.28　便宜的なアトラスを求めて，

$$(y^1)^2 + (y^2)^2 + (y^3)^2 - (y^4)^2 = a^2$$

の方程式で与えられる $\mathbf{R}^4$ 中の集合が C^∞ 級の 3 次元多様体になることを示せ．[ヒント：例 13.11(b) のように，累乗根を使え．ここでは，6 つのチャートで十分である．]

問題 13.29　$\mathbf{R}^4$ 上での $\sigma = y^1\,dy^2 - y^2\,dy^1 + y^3\,dy^4 - y^4\,dy^3$ の球面 $\mathbf{S}^3$ に対する制限は，$\mathbf{S}^3$ 上のゼロでないベクトル場となることを示せ．

問題 13.30　問題 13.29 を球面 $\mathbf{S}^{2k-1} (k \geqq 2)$ に対して拡張せよ．

問題 13.31　$\mathbf{S}^2$ 上で，ベクトル場がゼロとなる点が p_1 と p_2 の 2 点しか存在しない場合，これらの点は（直径の両端となる）対心点であることを示せ．

問題 13.32　幾何学的推論によって，トーラス上に連続したゼロでないベクトル場が存在することを示せ．

問題 13.33　$\mathbf{S}^4$，すなわち $(y^1)^2 + \cdots + (y^5)^2 = 1$ に対する，以下の 1 次形式の制限が，$\mathbf{S}^4$ 上のベクトル場となることを示し，そしてそれらがゼロとなる点を求めよ：

(a) $\sigma = y^2\,dy^1 - y^1\,dy^2 + y^4\,dy^3 - y^3\,dy^4$

(b) $\sigma = (y^2 - y^3 - y^4)dy^1 + (y^3 - y^1)dy^2 + (y^1 - y^2 + y^5)dy^3 + y^1 dy^4 - y^3 dy^5$

問題 13.34　ゼロとならない連続ベクトル場は 2 次元球面 $\mathbf{S}^2$ 上には存在しないが，**3 次元**だと，相互に直交した**単位**ベクトル場が $\mathbf{S}^3 \subset \mathbf{R}^4$ 上に存在している．これらは，$\mathbf{S}^3$ の外的表示すると，

$$\sigma_1 = -y^2\,dy^1 + y^1\,dy^2 + y^4\,dy^3 - y^3\,dy^4$$
$$\sigma_2 = -y^3\,dy^1 - y^4\,dy^2 + y^1\,dy^3 + y^2\,dy^4$$
$$\sigma_3 = -y^4\,dy^1 + y^3\,dy^2 - y^2\,dy^3 + y^1\,dy^4$$

となる．これを示せ．[注意：このようなベクトル場を持つ多様体は**平行化可能** (*parallelizable*) と呼ばれる．多様体 $\mathbf{S}^1$, $\mathbf{S}^3$, $\mathbf{S}^7$——これ以外に平行化可能となる n 次元球面は存在しない——およびトーラスはその例である．]

問題 13.35　$\mathbf{M}$ が一葉双曲面 $(y^1)^2 - 4(y^2)^2 + 4(y^3)^2 = 4$ である場合，座標パッチを用いずに，接ベクトル空間 $T(\mathbf{M})$ の集まりを外的に表せ．

問題 13.36　問題 13.35 の多様体 $\mathbf{M}$ に関して，$y^3 > 0$ で有効な座標パッチ

$$y^1 = x^1 \qquad y^2 = x^2 \qquad y^3 = \sqrt{1 - (x^1/2)^2 + (x^2)^2}$$

を考える．$T_p(\mathbf{M})$ 中の任意ベクトルに関する式を求めよ．

問題 13.37　2 つの曲面が直角に交わることを示す 1 つの方法は，交差曲線に沿って，法線ベクトルが他方の接ベクトル空間内にあることを示せば良い．この考えを，$(y^1)^2 + (y^2)^2 + (y^3)^2 = 16$ の球面と $(y^3)^2 = 9(y^1)^2 + 9(y^2)^2$ の錐について示せ．後者は，

$$y^1 = x^1 \qquad y^2 = x^2 \qquad y^3 = 3\sqrt{(x^1)^2 + (x^2)^2}$$

で座標化されている．

演習問題解答

第 1 章

1.15 $a_1b_1 + a_2b_2 + a_3b_3 + a_4b_4 + a_5b_5 + a_6b_6$

1.16 $R^1_{jk1} + R^2_{jk2} + R^3_{jk3} + R^4_{jk4}$. 添字 i はダミーの添字であり，一方 j と k はフリーの添字である．16 個の総和が存在している．

1.17 x_j

1.18 (a) n; (b) $\delta_{ij}\delta_{ij} = \delta_{ii} = n$; (c) $\delta_{ij}c_{ij} = c_{ii} = c_{11}+c_{22}+c_{33}+\cdots+c_{nn}$

1.19 $a_{i3}b_{i3} \quad (n = 3)$

1.20 $a_{ij}x_ix_j \quad (n = 3)$

1.21 $y_i = c_{ij}x_j \quad (n = 2)$

1.22 $a_{1k} \quad (k = 1,\, 2,\, 3)$

1.23 $\dfrac{\partial}{\partial x_k}(a_{ij}x_j) = a_{ij}\dfrac{\partial}{\partial x_k}(x_j) = a_{ij}\delta_{jk} = a_{ik}$

1.24 $a_{ik}[(x_i)^2 + 2x_ix_k]$ $[k$ について総和しない$]$

1.25 $(a_{lij} + a_{ilj} + a_{ijl})x_ix_j$

1.26 $a_{kl} + a_{lk}$

1.27 (a) $b^i_jT^{rr}_i$; (b) $a_{ij}b_{jr}x_r$; (c) $a_{ijk}b_{ir}b_{js}b_{kt}x_rx_sx_t$

1.28 (c) $a_{ij}(x_i + x_j) = a_{ij}(\varepsilon_jx_i + \varepsilon_ix_j)$

$$= a_{ij}\varepsilon_jx_i + a_{ij}\varepsilon_ix_j = a_{ji}\varepsilon_jx_i + a_{ij}\varepsilon_ix_j = 2a_{ij}\varepsilon_ix_j$$

第 2 章

2.24 (a) および (b) $\begin{bmatrix} u^{11} & u^{12} & u^{13} & u^{14} & u^{15} \\ u^{21} & u^{22} & u^{23} & u^{24} & u^{25} \\ u^{31} & u^{32} & u^{33} & u^{34} & u^{35} \end{bmatrix}$

$$(c)\ \begin{bmatrix} u^{11} & u^{12} & u^{13} \\ u^{21} & u^{22} & u^{23} \\ u^{31} & u^{32} & u^{33} \\ u^{41} & u^{42} & u^{43} \\ u^{51} & u^{52} & u^{53} \end{bmatrix} \quad (d)\ \begin{bmatrix} 1 & 0 & 0 & 0 & 0 & 0 \\ 0 & 1 & 0 & 0 & 0 & 0 \\ 0 & 0 & 1 & 0 & 0 & 0 \end{bmatrix}$$

2.25 (a) $\begin{bmatrix} 5 \\ 0 \\ 5 \end{bmatrix}$ (b) $\begin{bmatrix} 1 & 2 & -4 \\ 2 & 2 & -2 \end{bmatrix}$

2.29 (a) 17; (b) 0; (c) -1

2.30 (a) $-a_{12}a_{21}a_{33}a_{44} + a_{12}a_{21}a_{34}a_{43} + a_{12}a_{23}a_{31}a_{44} - a_{12}a_{23}a_{34}a_{41} - a_{12}a_{24}a_{31}a_{43} + a_{12}a_{24}a_{33}a_{41}$

(b) $-a_{12}\begin{vmatrix} a_{21} & a_{23} & a_{24} \\ a_{31} & a_{33} & a_{34} \\ a_{41} & a_{43} & a_{44} \end{vmatrix} \equiv a_{12}A_{12}$

2.32 (a) $\begin{bmatrix} 2 & -1 \\ -5 & 3 \end{bmatrix}$ (b) $\dfrac{1}{7}\begin{bmatrix} 1 & 3 & 2 \\ 1 & -4 & 2 \\ 3 & 2 & -1 \end{bmatrix}$

2.33 以下のみ，検証する必要がある．

(i) 隣り合った 1 組の添字を交換することで，積の中の単一な因子の符号が変化すること．

(ii)

$$\prod_{p>q} \frac{p-q}{|p-q|} = \prod 1 = 1$$

2.34 $2\pi/3$

2.35 その 1 組は (2, 3, 0) と (−3, −2, 5) である.

2.36 $\begin{bmatrix} x \\ y \end{bmatrix} = \begin{bmatrix} -1 \\ 5 \end{bmatrix}$

2.37 $Q = x_1^2 + 2x_2^2 - x_3^2 + 8x_1x_2 + 6x_1x_3$

2.38 $A = \begin{bmatrix} -3 & -\frac{1}{2} & -\frac{1}{2} & 3 \\ -\frac{1}{2} & -1 & 0 & 0 \\ -\frac{1}{2} & 0 & 1 & 0 \\ 3 & 0 & 0 & 0 \end{bmatrix}$

2.39 $\bar{c}_i = c_r b_{ri}\ ((b_{ij}) = (a_{ij})^{-1})$.

2.40 $g_{11} = 13/49,\ g_{12} = g_{21} = 4/49,\ g_{22} = 5/49$

2.41 $d(\bar{\boldsymbol{x}}, \bar{\boldsymbol{y}}) = 3 = d(x, y)$

第 2 章

3.23 (a) $\mathscr{J} = -2\exp(2x^1) < 0$

(b) $\mathscr{T}^{-1}\colon \begin{cases} x^1 = \frac{1}{2}\ln(\bar{x}^1\bar{x}^2) \\ x^2 = \frac{1}{2}\ln(\bar{x}^1/\bar{x}^2) \end{cases} \qquad (\bar{x}^1,\ \bar{x}^2 > 0)$

(c) $\bar{J} = \begin{bmatrix} 1/2\bar{x}^1 & 1/2\bar{x}^2 \\ 1/2\bar{x}^1 & -1/2\bar{x}^2 \end{bmatrix} = \begin{bmatrix} \exp(x^1 + x^2) & \exp(x^1 + x^2) \\ \exp(x^1 - x^2) & -\exp(x^1 - x^2) \end{bmatrix}^{-1}$

3.26 $\dfrac{\partial \bar{f}}{\partial \theta} = 0$ であるため，$f(x, y) = \bar{f}(r) = \bar{f}(\sqrt{x^2 + y^2}) = g(x^2 + y^2)$ となる.

3.29 $\delta_s^r \dfrac{\partial \bar{x}^i}{\partial x^r}\dfrac{\partial x^s}{\partial \bar{x}^j} = \dfrac{\partial \bar{x}^i}{\partial x^r}\dfrac{\partial x^r}{\partial \bar{x}^j} = \delta_j^i = \bar{\delta}_j^i$

3.30 (1, 2) での逆ヤコビ行列は

$$\bar{J} = \begin{bmatrix} \bar{x}^2 & \bar{x}^1 \\ 0 & 1 \end{bmatrix} = \begin{bmatrix} 2 & 1 \\ 0 & 1 \end{bmatrix}$$

となる．そして問題 3.14(a) より，行列

$$E \equiv [e_{ij}]_{22} = \begin{bmatrix} 0 & 1 \\ -1 & 0 \end{bmatrix}$$

の共変性は，行列方程式

$$\begin{bmatrix} 0 & 1 \\ -1 & 0 \end{bmatrix} = \begin{bmatrix} 2 & 0 \\ 1 & 1 \end{bmatrix} \begin{bmatrix} 0 & 1 \\ -1 & 0 \end{bmatrix} \begin{bmatrix} 2 & 1 \\ 0 & 1 \end{bmatrix}$$

または

$$\begin{bmatrix} 0 & 1 \\ -1 & 0 \end{bmatrix} = \begin{bmatrix} 0 & 2 \\ -2 & 0 \end{bmatrix}$$

を意味していることになり，これは明らかに偽である．

3.32 (a) $(T^i_j + T^j_i)$ は，

$$(T^r_s + T^s_r)\frac{\partial \bar{x}^i}{\partial x^r}\frac{\partial x^s}{\partial \bar{x}^j} = T^r_s\frac{\partial \bar{x}^i}{\partial x^r}\frac{\partial x^s}{\partial \bar{x}^j} + T^s_r\frac{\partial \bar{x}^j}{\partial x^s}\frac{\partial x^r}{\partial \bar{x}^i}$$

の場合に限りテンソルを表し，これは $JT\bar{J} = \bar{J}^T TJ^T$ を要求する．この最後の関係は一般に $\bar{J} = J^T$ を要求しており，すなわち，J は直交行列でなければならないことになる．

(b) $\bar{T} = JT\bar{J}$ であるため，$\bar{J} = J^T$ のとき $\bar{T}^T = \bar{T}$ となる．

3.35 $\boldsymbol{T}$ がテンソルである場合（例 3.4），アフィンテンソルとなる：$\bar{T}^i = a^i_r T^r$．したがって，

$$\frac{d\bar{T}^i}{dt} = a^i_r \frac{dT^r}{dt}$$

は，$d\boldsymbol{T}/dt$ もアフィンテンソルであることを示している*3．任意のアフィンテンソルは直交テンソルである．

*3 訳注：曲線座標の場合は，一般にテンソルとはならないことに注意．6.1 節参照．

3.36 (a) $\bar{u}_i\bar{u}_i = (a_{ir}u_r)(a_{is}u_s) = a_{ir}a_{is}u_ru_s = \delta_{rs}u_ru_s = u_ru_r$

(b) いいえ．任意の線形変換の下で距離と角度が保持されないためである．具体的に，$\bar{x}^1 = 3x^1$, $\bar{x}^2 = x^1 + x^2$ を考えよう．$(\bar{x}^i)$ におけるスカラー積は

$$\bar{u}_i\bar{v}_i = (3u_1,\, u_1 + u_2)\cdot(3v_1,\, v_1 + v_2) = 10u_1v_1 + u_1v_2 + u_2v_1 + u_2v_2$$

である．これは明らかに $u_1v_1 + u_2v_2$ と一致しない．

第 4 章

4.19 $[\boldsymbol{ST}] = (U^{ijk}_{lmn})$ と書く．反変添字の中で縮約添字 u と v の位置に対する選び方は $\binom{3}{2}$ 通りあり，それぞれについて，共変添字の中での位置に対する選び方は $\binom{3}{2}$ 通りある．また与えられた 4 つ組は，同値でない 2 通りで埋めることができる[*4]．結果として，目的の値は

$$\binom{3}{2}\cdot\binom{3}{2}\cdot 2 = 18$$

となる．

4.23 まず，問題 4.11 の機構を使って，$T^i_{jkl}U^kV^l$ がすべての (U^i) と (V^i) に対するテンソル成分であることを確立する．それから，商定理を 2 回適用する．

第 5 章

5.21 $L = a\pi$．半径 a の半円である．

5.22 いいえ：$Q(1,\, 0,\, 3) = -1$

5.23 $L = 2 + e$

[*4] 訳注：例えば，U^{uvk}_{uvn} の場合，$U^{uvk}_{vun}(= U^{vuk}_{uvn})$ の分を指しており，これらは一般に異なる値を持つので注意が必要である．

5.24 真の距離公式は，

$$\overline{P_1P_2} = \sqrt{(x_1^1 - x_2^1)^2 + (x_1^2 - x_2^2)^2 - 0.2021125(x_1^1 - x_2^1)(x_1^2 - x_2^2)}$$

でありこれは 4.751 となる．+0.249 の誤差である．

5.25 $G = \begin{bmatrix} (x^2)^2 & x^1x^2 & 0 \\ x^1x^2 & 1+(x^1)^2 & 0 \\ 0 & 0 & 1 \end{bmatrix}$

5.26 $(U_i) = (0,\, 1,\, 0)$, $(V_i) = (x^2,\, x^1,\, 0)$

5.27 (a) $\|\boldsymbol{U} + \boldsymbol{V}\|^2 = (\boldsymbol{U} + \boldsymbol{V})^2 = \boldsymbol{U}^2 + \boldsymbol{V}^2 + 2\boldsymbol{U}\boldsymbol{V} = \|\boldsymbol{U}\|^2 + \|\boldsymbol{V}\|^2 + 2\|\boldsymbol{U}\|\|\boldsymbol{V}\|\cos\theta$

(b) (a) において $\theta = \pi/2$ を取る．

5.28 (a) $x^2 = C\exp(-2bx^3/a^2)$（円柱 $x^1 = a$, $-\pi < x^3 < \pi$ 上の螺旋に関する 1 パラメーター族）

(b) いいえ：(a) の曲線は，それらの全ての長さに沿って接ベクトル場 $\boldsymbol{V}$ を有している．しかし，直交性に関しては，**擬似螺旋との交差における接線が** $\boldsymbol{V}$ であれば十分である．例えば，$x^1 = a$ 上の曲線 $x^2 = x^3$ も，点 $x^2 = -a^2/2b$, $x^3 = a^4/4b$ において擬似螺旋に直交している．

5.29 $x^1 = d\,\exp(-(x^2)^2/2) \qquad (d = \text{const.})$

5.30 交点において $f'(\theta_0)g'(\theta_0) = -a^2$.

5.32 (a) $g^{i\alpha} = \lambda(\alpha)\delta_\alpha^i$ となる．これは，$i \neq j$ に対して $g^{ij} = g_{ij} = 0$ と等しい．

5.33 $\|\boldsymbol{V}\| = 1$, $L = \pi/2$

5.34 $x^1 = a$, $x^3 = b\cot x^2 + c$ $(c = \text{const.})$

第 6 章

6.19 $\bar{x}^i = \dfrac{1}{2}a^i_{rs}x^r x^s + b^i_r x^r + c^i$ 　　（b^i_j および c^i は定数）

6.20 (a) $G = \begin{bmatrix} 16(x^1)^2 + 1 & 4x^1 - 3 \\ 4x^1 - 3 & 10 \end{bmatrix}$

(b) $\Gamma_{111} = 16x^1$, $\Gamma_{112} = 4$，他のすべては 0 である．

6.22 (x^i) における，$\partial x^i/\partial \bar{x}^j$ の値は，$J \equiv (\partial \bar{x}^i/\partial x^j)$ を逆にすることで一番簡単に求められる．最終的な結果は次の通りである：

$$\Gamma^1_{11} = \Gamma^1_{22} = \Gamma^2_{12} = \Gamma^2_{21} = 1$$

6.23 問題 6.21(b) より，$j \neq k$ に対しては $\Gamma^i_{jk} = 0$ となる．一方，$j = k = \alpha$ に対しては（α について総和しない），$\Gamma^\alpha_{\alpha\alpha} = d_\alpha$ $(\alpha = 1, 2, 3)$ となり，

$$\Gamma^i_{\alpha\alpha} = \frac{\partial}{\partial x^\alpha}\left(\frac{\partial \bar{x}^r}{\partial x^\alpha}\right)\frac{\partial x^i}{\partial \bar{x}^r} = \left(d_\alpha \frac{\partial \bar{x}^r}{\partial x^\alpha}\right)\frac{\partial x^i}{\partial \bar{x}^r} = d_\alpha \delta^i_\alpha$$

から残りはすべて 0 となる．

6.26 $-\Gamma_{221} = \Gamma_{212} = \Gamma_{122} = x^1$; $\Gamma^2_{21} = \Gamma^2_{12} = 1/x^1$, $\Gamma^1_{22} = -x^1$

6.27 $\bar{\mathscr{J}} = \begin{vmatrix} a^1_1 \exp \bar{x}^1 & 2a^1_2 \exp 2\bar{x}^2 & 3a^1_3 \exp 3\bar{x}^3 \\ a^2_1 \exp \bar{x}^1 & 2a^2_2 \exp 2\bar{x}^2 & 3a^2_3 \exp 3\bar{x}^3 \\ a^3_1 \exp \bar{x}^1 & 2a^3_2 \exp 2\bar{x}^2 & 3a^3_3 \exp 3\bar{x}^3 \end{vmatrix}$

$= [6\exp(\bar{x}^1 + 2\bar{x}^2 + 3\bar{x}^3)] \det(a^i_j) \neq 0$

ゆえに条件は $\det(a^i_j) \neq 0$ である．

6.29 $\bar{x}^i = A^i x^1 \sin x^2 + B^i x^1 \cos x^2 + C^i$ 　$(i = 1, 2)$，全単射に対して

$$x^1 \begin{vmatrix} A^1 & B^1 \\ A^2 & B^2 \end{vmatrix} \neq 0$$

である．

6.30 いいえ．(6.7) 中にクリストッフェル記号が存在するためである．

6.31 $T^i_{jrs,k} = \dfrac{\partial T^i_{jrs}}{\partial x^k} + \Gamma^i_{uk}T^u_{jrs} - \Gamma^u_{jk}T^i_{urs} - \Gamma^u_{rk}T^i_{jus} - \Gamma^u_{sk}T^i_{jru}$

6.36 $\kappa = 1/b$

6.37 (a) $\dfrac{d^2u}{ds^2} = \dfrac{d^2v}{ds^2} = 0$

(b) $x^2 = p(x^1)^2 + q$ （“放物線” に関する 2 パラメーター族）

6.38 (a) $\dfrac{d^2x^2}{ds^2} - (\sin x^2 \cos x^2)\left(\dfrac{dx^3}{ds}\right)^2 = 0$

$$\frac{d^2x^3}{ds^2} + (2\cot x^2)\frac{dx^2}{ds}\frac{dx^3}{ds} = 0$$

(b) $x^2 = \dfrac{1}{a}s \quad x^3 = 0$

(c) (b) の解は，球面上における特定の大円（通常のデカルト座標において，$x^2 + z^2 = a^2$）の弧を表している．球面の対称性により，すべての大円弧が，さらに言えばこれらのみが，測地線となるだろう．

第 7 章

7.24 $\varepsilon = \begin{cases} +1 & t \leqq \frac{1}{2} \\ -1 & t > \frac{1}{2} \end{cases}$

7.25 $t = 0,\ 1$

7.26 $L = 8\sqrt{2}/3$

7.27 $t = \pm\sqrt{5}/3$ [$\gamma \equiv |g_{ij}| = 0$ とする $t = 0$ は却下される]

7.28 $L = (64 + 11\sqrt{11})/216 \approx 0.465$

7.29 $(0,\ 2,\ 0)$ において $\theta = i \ln 2$． $(5,\ 2,\ 3)$ において $\theta = \cos^{-1}(7/4\sqrt{11})$．

7.30 (a) $L = 8(1+3\sqrt{3}) \approx 49.57$

(b) $x^1 = 3(\sigma s^{2/3}+4)$, $x^2 = (\sigma s^{2/3}+4)^{3/2}$．ここで，

$$\sigma = \begin{cases} -1 & -8 \leqq s < 0 \\ +1 & 0 \leqq s \leqq 24\sqrt{3} \end{cases}$$

である．

(c) ヌル点は $t=0$ $(s=-8)$ および $t=1$ $(s=0)$ である．

7.31 $L = 8(5\sqrt{5}-1) \approx 81.44$

7.32 $s \neq 0$ に対して，$\boldsymbol{T} = (2|s|^{-1/3},\ \sqrt{\sigma + 4s^{-2/3}})$ および $\|\boldsymbol{T}\|^2 = |-\sigma| = +1$.

7.33 $N^1 = T^2$, $N^2 = T^1$

7.34 $s \neq -8, 0$ に対して，

$$\kappa = \frac{-2}{3s\sqrt{\sigma s^{2/3}+4}} \qquad \kappa_0 = |\kappa|$$

となる．

7.36
$$\kappa_0 = |\kappa| = \frac{2}{3|s|(s^{2/3}-4)^{1/2}} \qquad (s \neq 8)$$

ヌル点 (0, 0) では，ユークリッドおよびリーマン絶対曲率はどちらも無限になるが，ヌル点 (12, 8) では，リーマン曲率のみが無限となる．

7.37 $\boldsymbol{T} = |1-4t|^{-1/2}(1,\ 2t)$, $\boldsymbol{N} = |1-4t|^{-1/2}(1,\ 1-2t)$, $\kappa = 2|1-4t|^{-3/2}$

7.38 (a) $L = a$.　(b) $L = 3a/2$.

(c) リーマン： $\boldsymbol{T} = |\cos 2t|^{-1/2}(-\cos t,\ \sin t)$

$\kappa_0 = (2/3a)(\csc 2t)|\cos 2t|^{-3/2}$;

ユークリッド： $\boldsymbol{T} = (-\cos t,\ \sin t)$

$\kappa_0 = (2/3a)\csc 2t$.

（リーマン計量に対して，曲線は $t = \pi/4$ において正則ではない.）

7.39 (a) $\Gamma^1_{11} = 1/2x^1$, $\Gamma^2_{22} = 1/2x^2$，他は 0 である．

第 8 章

8.16 問題 6.34 および (8.1) より，

$$\begin{aligned} V^i_{,kl} - V^i_{,lk} &= g^{ir}(V_{r,kl} - V_{r,lk}) = g^{ir} R^s_{rkl} V_s \\ &= g^{ir}(g_{st} R^s_{rkl}) V^t = (g^{ir} R_{trkl}) V^t = -R^i_{tkl} V^t \end{aligned}$$

8.22 $\mathrm{K} = 1/4(x^1)^2$

8.24 (a) および (b) $\mathrm{K} = \dfrac{x^1 + x^2}{4(x^1)^2 x^2 (1 + 2x^2)}$

(c) $\boldsymbol{U}_{(2)} = -\boldsymbol{U}_{(1)} + \boldsymbol{V}_{(1)}$, $\boldsymbol{V}_{(2)} = \boldsymbol{U}_{(1)} + \boldsymbol{V}_{(1)}$

8.25 $\mathrm{K} = 1/a^2$

8.26 0 とならない項の基本集合は次の通りである：

$$\text{(A)} \qquad R_{1212} = -\frac{1}{4}\left(2f'' - \frac{f'^2}{f} - \frac{f'g'}{g}\right), \quad R_{1313} = -\frac{1}{4}\frac{f'h'}{g},$$

$$R_{2323} = -\frac{1}{4}\left(2h'' - \frac{h'^2}{h} - \frac{h'g'}{g}\right)$$

また，

$$\text{(A)} \qquad G_{1212} = fg, \quad G_{1313} = fh, \quad G_{2323} = gh$$

であるため，

(a) $\mathrm{K}(x^2;\ \boldsymbol{U}, \boldsymbol{V}) = \dfrac{R_{1212} W_{1212} + R_{1313} W_{1313} + R_{2323} W_{2323}}{fg W_{1212} + fh W_{1313} + gh W_{2323}}$

(b) $R = -\dfrac{2}{fgh}(hR_{1212} + gR_{1313} + fR_{2323})$

8.27 (a) $\mathrm{K}(x^2;\ \boldsymbol{U}, \boldsymbol{V}) = \dfrac{-2(\ln|f|)''(W_{1212} + W_{2323}) - (\ln|f|)'^2 W_{1313}}{4f(W_{1212} + W_{1313} + W_{2323})}$

(b) $R=\dfrac{4f''f-3f'^2}{2f^3}$

8.28 等方点は曲面 $x^2=e^{-3/2}$ を構成し，$\mathrm{K}=2e^3/27$ にわたる．

8.29

$$\mathrm{K}=-1/4$$

$$R_{11}=-1,\ R_{12}=R_{21}=0,\ R_{22}=-\sin^2 x^1;$$

$$R^1_1=-1/a^2=R^2_2,\ R^1_2=0=R^2_1;\ R=-2/a^2$$

8.33

$$R_{11}=R_{22}=R_{33}=2/(x^1)^2,\ \text{他は}\ 0;$$

$$R^1_1=R^2_2=R^3_3=2,\ \text{他は}\ 0;$$

$$R=6$$

8.35 $g_{ij}=(x^1)^4\delta_{ij}$ は $R=0,\ \mathrm{K}\neq 0$ を持つ（問題 8.27 を用いる）．

8.36 どちらにせよ影響はない．

第 9 章

9.17 (a) $u_0=\pm\sqrt{x^1x^2+a}\quad (a=\text{const.})$; (b) 非適合

9.20 平坦で，非ユークリッド．

9.21 ユークリッド．

9.22 $(+\ +\ -)$

9.26 任意関数 f に対して，$f_i\equiv\partial f/\partial x^i$ の記法を用いると次のようになる：

$$G^1_1=\frac{1}{(x^1)^2}+e^{-\varphi}\left[-\frac{\psi_1}{x^1}-\frac{1}{(x^1)^2}\right]$$

$$G^2_2=e^{-\varphi}\left(-\frac{\psi_{11}}{2}-\frac{\psi_1^2}{4}+\frac{\varphi_1\psi_1}{4}+\frac{\varphi_1}{2x^1}-\frac{\psi_1}{2x^1}\right)$$

$$+e^{-\psi}\left(\frac{\varphi_{44}}{2}+\frac{\varphi_4^2}{4}-\frac{\varphi_4\psi_4}{4}\right)=G^3_3$$

$$G_4^4 = \frac{1}{(x^1)^2} + e^{-\varphi}\left[\frac{\varphi_1}{x^1} - \frac{1}{(x^1)^2}\right]$$

$$G_4^1 = -\varphi_4 e^{-\varphi}/x^1 \qquad G_1^4 = \varphi_4 e^{-\psi}/x^1$$

第 10 章

10.30 (a) 曲線は，点 (1, 0, 1) で始まり螺旋状に上昇する単位半径の直円柱上にあり，垂直線 $x = \cos 1,\ y = \sin 1$ に対して $t \to 1$ で漸近的に ∞ に近づく．

(b) $L = \displaystyle\int_0^{1/2} \frac{\sqrt{(1-t)^4+1}}{(1-t)^2}dt \approx 1.13209039$

10.31 16/3

10.32 (a) $\boldsymbol{T} = (-(a/c)\sin(s/c),\ (a/c)\cos(s/c),\ b/c)$．ゆえに，接線 $\boldsymbol{r}(t) \equiv \boldsymbol{r} + t\boldsymbol{T}$ は座標方程式

$$x = a\cos\frac{s}{c} - \frac{at}{c}\sin\frac{s}{c} \qquad y = a\sin\frac{s}{c} + \frac{at}{c}\cos\frac{s}{c} \qquad z = \frac{bs}{c} + \frac{bt}{c}$$

を持つ．

(b) Q は $t = -s$ に対応しており，$PQ = \|-s\boldsymbol{T}\| = s$ となる．

(c) 解釈として，Q は，螺旋から剥がされたぴんと張った弦の自由端として考えられている．[Q の軌跡 $\boldsymbol{r}^* = \boldsymbol{r}(s) - s\boldsymbol{r}'(s)$ は，螺旋の伸開線 (*involute*) と呼ばれている．]

10.33
$$\frac{\boldsymbol{T}'}{\|\boldsymbol{T}'\|} = \frac{t/|t|}{(1+25t^8)^{1/2}}(-5t^4,\ 1,\ 0)$$

10.34
$$\kappa = \frac{20t^3\sqrt{2}}{(1+50t^8)^{3/2}} \qquad \tau = 0$$

10.35 曲線 $\boldsymbol{r} = \boldsymbol{r}(s)$ は，$\boldsymbol{b} =$ const. および $\|\boldsymbol{b}\| = 1$ となるような，平面 $\boldsymbol{br} =$ const. 中にあるとする．次に s に関して 2 度微分する：$\boldsymbol{bT} = 0$

および $\boldsymbol{bT}' = 0$ となる．ゆえに，$\boldsymbol{b}(\kappa \boldsymbol{N}) = 0$ もしくは $\boldsymbol{bN} = 0$ である．当然 $\boldsymbol{b} = \boldsymbol{B}$ は従法線ベクトルであるから，$\boldsymbol{B}' = \boldsymbol{0}$ および $\tau = -\boldsymbol{B}'\boldsymbol{N} = 0$ ということになる．逆に言うと，曲線 $\boldsymbol{r} = \boldsymbol{r}(s)$ に対して $\tau = 0$ であるとき，$\boldsymbol{B}' = -\tau \boldsymbol{N} = \boldsymbol{0}$ また $\boldsymbol{B}$ は定単位ベクトルとなる．関数 $Q(s) \equiv \boldsymbol{B} \cdot (\boldsymbol{r}(s) - \boldsymbol{r}(0))$ を定義すると，

$$Q' = \boldsymbol{Br}' = \boldsymbol{BT} = 0$$

を得るから $Q = \text{const.} = Q(0) = 0$ となる．したがって，曲線は平面

$$\boldsymbol{Br} = \boldsymbol{Br}(0) = \text{const.}$$

にある．

10.38 $x^1 = 0$ において $E = |x^1|\sqrt{a^2+1} = 0$ となる．

10.39 $E = a^2 \cosh^2 x^1 > 0$, $\boldsymbol{n} = \dfrac{1}{\cosh x^1}(-\cos x^2,\ -\sin x^2,\ \sinh x^1)$

10.40
$$L = \int_1^2 \frac{\sqrt{5t^4+1}}{t} dt = \frac{1}{2}\left[9 - \sqrt{6} + \ln \frac{2}{5}(\sqrt{6}+1)\right]$$

10.41 $(v^1,\ v^2) = (\sqrt{12},\ \sqrt{17})$ もしくは $(-\sqrt{12},\ \sqrt{17})$.

10.43 $\Gamma^2_{12} = \Gamma^2_{21} = \dfrac{x^1}{(x^1)^2 + a^2}$, $\Gamma^1_{22} = -x^1$; 他はすべて 0 である．

10.44
$$\mathrm{II} = \frac{f'g'' - f''g'}{\sqrt{f'^2 + g'^2}}(dx^1)^2 + \frac{fg'}{\sqrt{f'^2 + g'^2}}(dx^2)^2$$

10.46 (a) (i) $\mathrm{K} = \dfrac{4a^2}{[1 + 4a^2(x^1)^2]^2}$, $\mathrm{H} = \dfrac{4a[1 + 2a^2(x^1)^2]}{[1 + 4a^2(x^1)^2]^{3/2}}$

(ii) $$\mathrm{K} = \frac{4a^2}{[1 + 4a^2(\bar{x}^1)^2 + 4a^2(\bar{x}^2)^2]^2}$$

$$\mathrm{H} = \frac{4a[1 + 2a^2(\bar{x}^1)^2 + 2a^2(\bar{x}^2)^2]}{[1 + 4a^2(\bar{x}^1)^2 + 4a^2(\bar{x}^2)^2]^{3/2}}$$

(b) K と H の不変性は変わらず，パラメーターの変更 $\bar{x}^1 = x^1 \cos x^2$,

$\bar{x}^2 = x^1 \sin x^2$ ——すなわち，パラメーター平面における極座標から直交座標への変換——により (i) の形が (ii) の形となる．

10.49 (a) $\boldsymbol{r}^* = (a \operatorname{sech} x^1,\, 0,\, ax^1 - a \tanh x^1)$

10.50 2 つの FFF は，写像 $\bar{x}^1 = a \sinh x^1$, $\bar{x}^2 = x^2$ の下で一致している．

第 11 章

11.14 (a) $v = \sqrt{1 + \csc^4 t} \to \sqrt{2}$; (b) $a = \sqrt{1 + 4\csc^4 t \cot^2 t} \to 1$;
(c) $\max v = \sqrt{5}$, $\max a = \sqrt{17}$ (最小値なし)

11.15 直線運動 [(11.8) を用いて κ が 0 でなければならないことを示す].

11.16 (11.7) および (10.9) より，$\dot{\boldsymbol{a}} = -\kappa^2 v^3 \boldsymbol{T} + \dot{\kappa} v^2 \boldsymbol{N} + \kappa\tau v^3 \boldsymbol{B}$ となる．

11.17 $$a^1 = \frac{d^2\rho}{dt^2} - (\rho \sin^2\varphi)\left(\frac{d\theta}{dt}\right)^2 - \rho\left(\frac{d\varphi}{dt}\right)^2,$$

$$a^2 = \frac{d^2\varphi}{dt^2} + \frac{2}{\rho}\frac{d\rho}{dt}\frac{d\varphi}{dt} - (\sin\varphi\cos\varphi)\left(\frac{d\theta}{dt}\right)^2,$$

$$a^3 = \frac{d^2\theta}{dt^2} + \frac{2}{\rho}\frac{d\rho}{dt}\frac{d\theta}{dt} + (2\cot\varphi)\frac{d\theta}{dt}\frac{d\varphi}{dt}$$

11.18 力の中心を $\boldsymbol{E}^3$ に対する直交座標の原点とし，粒子の経路が $\boldsymbol{r} = \boldsymbol{r}(t)$ で与えられているとする．ニュートンの第二法則により $f\boldsymbol{r} = m\ddot{\boldsymbol{r}}$ となるため，

$$\frac{d}{dt}(\boldsymbol{r} \times \dot{\boldsymbol{r}}) = \boldsymbol{r} \times \ddot{\boldsymbol{r}} = \boldsymbol{r} \times \left(\frac{f}{m}\boldsymbol{r}\right) = \boldsymbol{0}$$

そして $\boldsymbol{r} \times \dot{\boldsymbol{r}} = \boldsymbol{p} = \text{const.}$ となる．したがって $\boldsymbol{p} \cdot \boldsymbol{r} = 0$ となることがわかる．

11.19 $$\nabla^2 f = \frac{\partial^2 f}{\partial r^2} + \frac{1}{r^2}\frac{\partial^2 f}{\partial\theta^2} + \frac{\partial^2 f}{\partial z^2} + \frac{1}{r}\frac{\partial f}{\partial r}$$

第 12 章

12.34 (a) 時間的; (b) 空間的; (c) 光的;

12.35 できる：4167 mi/sec $\ll c$ で進む．時間的間隔である．

12.36 $A^TGA = G$ に AG を左からかけて，さらに $A^{-1}G$ を右からかける．

12.38 (a) $t = a^0_0\,\bar{t}$, $x^1 = -a^0_1\,ct$, $x^2 = -a^0_2\,ct$, $x^3 = -a^0_3\,ct$.

(b) t と $\bar{t}$ が同符号である場合，$a^0_0 > 0$ となる．つまり，2 人の観測者の時計がどちらも時計回りもしくは反時計回りに回っている場合である．

12.39 $\bar{x}^0 = \dfrac{5}{3}x^0 - \dfrac{4}{3}x^1 \qquad \bar{x}^1 = -\dfrac{4}{3}x^0 + \dfrac{5}{3}x^1 \qquad \bar{x}^2 = x^2 \qquad \bar{x}^3 = x^3$

12.40 (b) 0

12.41

$$L^* = \begin{bmatrix} 5/4 & -3/4 & 0 & 0 \\ -3/4 & 5/4 & 0 & 0 \\ 0 & 0 & 1 & 0 \\ 0 & 0 & 0 & 1 \end{bmatrix}$$

$$R_1 = \begin{bmatrix} 1 & 0 & 0 & 0 \\ 0 & 1 & 0 & 0 \\ 0 & 0 & 4/5 & -3/5 \\ 0 & 0 & 3/5 & 4/5 \end{bmatrix} \qquad R_2 = \begin{bmatrix} 1 & 0 & 0 & 0 \\ 0 & -2/3 & -1/3 & 2/3 \\ 0 & 1/3 & 2/3 & 2/3 \\ 0 & -2/3 & 2/3 & -1/3 \end{bmatrix}$$

$$v = (3/5)c$$

12.42 $v = \sqrt{\dfrac{2}{3}}c$

12.45 $v = (4/5)c$

12.47 約 25% 遅い．

12.48 約 45 歳.

12.49 $\approx 17\,000\,\mathrm{mi/sec}$

12.50 定数 $\hat{F}$ および $\hat{a} \equiv \hat{F}/m$ に関して，$\boldsymbol{F} = (\hat{F}, 0, 0)$ と $\boldsymbol{v} = (v_x, 0, 0)$ を用いることで，(12.29) は問題 12.26 の (1) と一致する.

12.52 $\partial \bar{s}^i/\partial \bar{x}^i = 0 = \partial s^i/\partial x^i$ より（連続の方程式），(s^i) は問題 12.32 のベクトル (S^i) で同定される.

12.54 (a) 問題 12.53 における $\frac{1}{2}e_{ijkl}P_{kl}$ の計算の類推により，

$$[\tfrac{1}{2}e_{ijkl}(-\Phi_{kl})]_{44} = \begin{bmatrix} 0 & -\Phi_{23} & \Phi_{13} & -\Phi_{12} \\ * & 0 & -\Phi_{03} & \Phi_{02} \\ * & * & 0 & -\Phi_{01} \\ * & * & * & 0 \end{bmatrix}$$
$$= \begin{bmatrix} 0 & -H_1 & -H_2 & -H_3 \\ * & 0 & E_3 & -E_2 \\ * & * & 0 & E_1 \\ * & * & * & 0 \end{bmatrix} = [F^{ij}]_{44}$$

となる.

(b) $(a\,b\,c\,d)$ は $(0\,1\,2\,3)$ の順列を表しているとする．このとき，$\Phi_{ab} = -e_{abcd}F^{cd}$ (総和でない) そして

$$\frac{\partial \Phi_{ab}}{\partial x^c} + \frac{\partial \Phi_{ca}}{\partial x^b} + \frac{\partial \Phi_{bc}}{\partial x^a} = -e_{abcd}\frac{\partial F^{cd}}{\partial x^c} - e_{cabd}\frac{\partial F^{bd}}{\partial x^b} - e_{bcad}\frac{\partial F^{ad}}{\partial x^a}$$
$$= -e_{abcd}\left(\frac{\partial F^{cd}}{\partial x^c} + \frac{\partial F^{bd}}{\partial x^b} + \frac{\partial F^{ad}}{\partial x^a}\right)$$
$$= \pm\frac{\partial F^{jd}}{\partial x^j} = 0$$

となる．第 2 組の方程式は，(12.45b) や Φ の定義，g_{ij} が定数であるという事実から直接導かれる.

第 13 章

13.22 はい．4 元群に同型である.

13.26 (a) (13.6) により,

$$\bar{T}_i^i = T(\bar{\boldsymbol{\beta}}^i,\, \bar{\boldsymbol{b}}_i) = T(\bar{A}_j^i \boldsymbol{\beta}^j,\, A_i^k \boldsymbol{b}_k) = \bar{A}_j^i A_i^k T(\boldsymbol{\beta}^j,\, \boldsymbol{b}_k) = \delta_j^k T_k^j = T_j^j$$

となる.

(b) $\tau(T) = n$

13.27 $\hat{G}(\boldsymbol{u}_1) = \hat{G}(\boldsymbol{u}_2)$ と仮定する.このときあらゆる $\boldsymbol{v}$ に対して, $G(\boldsymbol{u}_1,\, \boldsymbol{v}) = G(\boldsymbol{u}_2,\, \boldsymbol{v})$, もしくは対称性により $G(\boldsymbol{v},\, \boldsymbol{u}_1) = G(\boldsymbol{v},\, \boldsymbol{u}_2)$ となる.そして正則性により, $\boldsymbol{u}_1 = \boldsymbol{u}_2$ である.

13.28

$$\varphi_p^{-1}: \begin{cases} y^1 = \sqrt{a^2 - (x^1)^2 - (x^2)^2 + (x^3)^2} \\ y^2 = x^1 \\ y^3 = x^2 \\ y^4 = x^3 \end{cases}$$

$\boldsymbol{U}_p:\ y^1 > 0$
$p = (a,\, 0,\, 0,\, 0)$

$$\varphi_{-p}^{-1}: \begin{cases} y^1 = -\sqrt{a^2 - (x^1)^2 - (x^2)^2 + (x^3)^2} \\ y^2 = x^1 \\ y^3 = x^2 \\ y^4 = x^3 \end{cases}$$

$\boldsymbol{U}_{-p}:\ y^1 < 0$
$-p = (-a,\, 0,\, 0,\, 0)$

$$\varphi_{\pm q}^{-1}: \begin{cases} y^1 = x^1 \\ y^2 = \pm\sqrt{a^2 - (x^1)^2 - (x^2)^2 + (x^3)^2} \\ y^3 = x^2 \\ y^4 = x^3 \end{cases}$$

$\boldsymbol{U}_q:\ y^2 > 0$
$\boldsymbol{U}_{-q}:\ y^2 < 0$
$q = (0,\, a,\, 0,\, 0)$

$$\varphi_{\pm r}^{-1}: \begin{cases} y^1 = x^1 \\ y^2 = x^2 \\ y^3 = \pm\sqrt{a^2 - (x^1)^2 - (x^2)^2 + (x^3)^2} \\ y^4 = x^3 \end{cases}$$

$\boldsymbol{U}_r:\ y^3 > 0$
$\boldsymbol{U}_{-r}:\ y^3 < 0$
$r = (0,\, 0,\, a,\, 0)$

13.30 $\sigma = y^2\, dy^1 - y^1\, dy^2 + y^4\, dy^3 - y^3\, dy^4 + y^6\, dy^5 - y^5\, dy^6 + \cdots + y^{2k}\, dy^{2k-1} - y^{2k-1}\, dy^{2k}$

13.31 p_1 と p_2 が正反対でない場合，そのどちらも含まない（与えられた（連続的な）ベクトル場がゼロとならない）閉じた半球が存在することになる．これは問題 13.17(b) より，あり得ない．

13.32 図 13-10 に示すように，単位接ベクトルを生成円で構成してみよう．そしてその円を回転してトーラスをつくると，接ベクトルは明らかにトーラスの全ての点で連続的に広がっていくことになる．

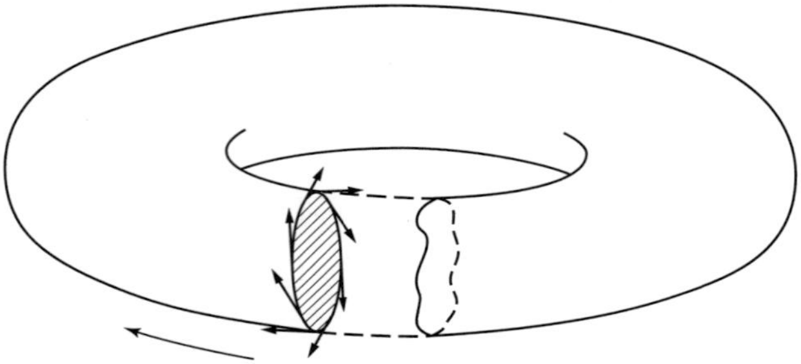

図 **13-10**

13.33 ゼロ点は次の通り：

(a) $(0, 0, 0, 0, \pm 1)$; (b) $\pm(0, 1/\sqrt{3}, 0, 1/\sqrt{3}, 1/\sqrt{3})$

13.35 $\omega \equiv 2(y^1\,dy^1 - 4y^2\,dy^2 + 4y^3\,dy^3)$ を用いると，C^∞ 級関数 f, g, h について，$\sigma = f\,dy^1 + g\,dy^2 + h\,dy^3$ は ω に対して直交でなければならない，だから，

$$y^1 f - 4y^2 g + 4y^3 h = 0$$

となる．次に f, g を $4y^3F, y^3G$ で置き換え，h について解く．同様に，g を y^1G，h を y_1H で置き換えて f について解く．等々．あらゆる可能な接ベクトルは、3 つの異なるタイプのうちの 1 つによって与えられる（F, G, H は y^1, y^2, y^3 に関する任意の C^∞ 級関数を表す）：

(1) $\sigma = 4y^3F\,dy^1 + y^3G\,dy^2 + (y^2G - y^1F)dy^3$

(2) $\sigma = (4y^2G - 4y^3H)\,dy^1 + y^1G\,dy^2 + y^1H\,dy^3$

(3) $\sigma = 4y^2F\,dy^1 + (y^1F + y^3H)\,dy^2 + y^2H\,dy^3$

13.36 (x^1, x^2) 上の，2 つの C^∞ 級任意関数 U^1, U^2 に対して，

$$\begin{aligned} U &= U^i \boldsymbol{r}_i \\ &\equiv (2U^1\sqrt{4-(x^1)^2+4(x^2)^2}, \\ &\quad 2U^2\sqrt{4-(x^1)^2+4(x^2)^2}, \\ &\quad -x^1U^1+4x^2U^2) \end{aligned}$$

となる．

13.37 球面に対する法線ベクトルは $\sigma = y^1\,dy^1 + y^2\,dy^2 + y^3\,dy^3$ で表される．そして錐の接ベクトル空間は

$$(\,U_1,\,U_2,\,(3x^1U^1+3x^2U^2)((x^1)^2+(x^2)^2)^{-1/2}\,)$$

で与えられる．$U^1 = y^1$ および $U^2 = y^2$ と置いてみよう．

訳者あとがき

テンソル解析は，数学者であるベルンハルト・リーマンやエルヴィン・クリストッフェル，グレゴリオ・リッチ，トゥーリオ・レヴィ・チヴィタらの研究によって発展した理論であり，“不変性”の定式化に扱われる数学的概念である．この不変性というのは，いわば我々生物と世界との間に働く"共通了解"に必要な性質であり，この性質が存在しているということは，我々は世界の本質に近づけることを意味しており，テンソルは我々の世界の説明にとって非常に重要である．事実としてテンソルの概念は，数学的な理論にとどまらず，20 世紀に入ってからはアルベルト・アインシュタインの手によって一般相対性理論の基礎となったり，現在でも場の量子論や超弦理論で登場したりと世界の本質への理解に関する段階を昇華してくれるものとなっている．それだけではない．近年では機械学習の分野でもテンソル解析が応用されており，その必要性は日々増していくばかりで，数学者・物理学者以外にも需要が高くなっているという状況である．

こうした中，いざテンソル解析を学ぼうとして“定義・証明”の叙述形式を典型とした数学専攻向けの教科書を手にとっても初学者はかなり苦労するだろうと思う．そこで本書は，テンソルの“成分的アプローチ”に着目することで，物理学・技術系・工学系の専門家に親切となり，また予備知識の仮定も少ないので入門しやすい形式で設計されている（線形代数と微積分，ベクトル解析を知っていれば良い）．特に技術者や工学者の多くは現実世界に直結するような用途で使うケースが多いので，本書のスタイルを学べばテンソル解析の基礎的知識に関しては十分であるといって良い．より洗練された議論（“非成分的アプローチ”）を知りたいという読者には，その橋渡しとして最終章を置いており，興味があれば更に高度な議論が展開された他書を読み進めるといい．きっと本書で培った能力が存分に発揮されるはずだ．

原著者デイヴィッド C. ケイ (David C. Kay) 氏のスタイルは，初学者に優しくかつ網羅的で，本文中で天下りに与えた式があってもこれを放置せずに解答付きの演習問題に記述し，丹念に説明していくもので大変好評を博している．こうした本を語学面でのハードルの高さを理由で学べないというのは非常にもったいなく，日本語訳として出版する意義は大いにあると考えており，これが原書の翻訳の動機付けとなった．テンソル解析への深い理解は短い期間では決して味わえないというのが私の意見であり，是非ともじっくり時間をかけて学んでいって欲しい．

最後に，翻訳にあたっては助言や指摘を数多くいただいた．骨折りな原著との照らし合わせ・検証作業を引き受けてくれた村上智香氏には大変感謝しており，氏の貢献が本書の明快さに繋がったと考えている．また，このような機会をくださり多くの励ましをいただいた富岡竜太氏，プレアデス出版の麻畑仁氏に感謝の意を表したい．

本書を通して，テンソル解析をマスターして様々な分野の最前線に立てれるようになる人が増えれば，訳者としてこれ以上嬉しいことはない．

CUSTODIO D. YANCARLOS J.

索引

記号／数字

あ

か

さ

た

な

は

ま

や

ら

わ

◉著者紹介

デイヴィッド C. ケイ

(David C. Kay)

ノースカロライナ大学アッシュビル校において数学の主任教授を務めており，
以前は17年間オクラホマ大学の大学院過程で教鞭をとっていた．
彼は1963年にミシガン州立大学で幾何学における博士号（Ph.D.）を取得し，
距離幾何学や凸面理論，関数解析学に関連した分野で30以上の論文を著す．

◉訳者略歴

Custodio De La Cruz Yancarlos Josue

（クストディオ・D・ヤンカルロス・J）

1992年　ペルー共和国リマ生まれ．
2015年　慶應義塾大学環境情報学部環境情報学科卒業．

テンソル解析

2018年11月1日　第1版第1刷発行
2021年11月1日　第1版第2刷発行

著　者　デイヴィッド C. ケイ
訳　者　クストディオ・D・ヤンカルロス・J
発行者　麻畑　　仁
発行所　㈲プレアデス出版
〒399-8301　長野県安曇野市穂高有明7345-187
TEL 0263-31-5023　FAX 0263-31-5024
http://www.pleiades-publishing.co.jp
装　丁　松岡　　徹
印刷所　亜細亜印刷株式会社
製本所　株式会社渋谷文泉閣

落丁・乱丁本はお取り替えいたします。定価はカバーに表示してあります。
ISBN978-4-903814-90-2　C3041　　Printed in Japan